De Gruyter Studium
Bock, Nießner • Trennungsmethoden der Analytischen Chemie

Weitere interessante Titel

Rechentafeln für die Chemische Analytik. Basiswissen für die Analytische Chemie
Friedrich W. Küster, Alfred Thiel, 2011
ISBN 978-3-11-022962-2, e-ISBN 978-3-11-022963-9

Maßanalyse. Theorie und Praxis der Titrationen mit chemischen und physikalischen Indikationen
Gerhart Jander, Karl-Friedrich Jahr, 2012
ISBN 978-3-11-024898-2, e-ISBN 978-3-11-024899-9

Compact NMR
Bernhard Blümich, Sabina Haber-Pohlmeier, Wasif Zia, 2014
ISBN 978-3-11-026628-3, e-ISBN 978-3-11-026671-9

Modern X-Ray Analysis on Single Crystals. A Practical Guide
Peter Luger, 2014
ISBN 978-3-11-030823-5, e-ISBN 978-3-11-030828-0

Führung und Management für Naturwissenschaftler. Von der akademischen Grundlagenforschung in die Industrie
Günther Wess, 2013
ISBN 978-3-11-031163-1, e-ISBN 978-3-11-031168-6

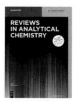

Reviews in Analytical Chemistry
Israel Schechter (Editor-in-Chief)
ISSN 0793-0135, e-ISBN 2191-0189

Rudolf Bock, Reinhard Nießner

Trennungsmethoden der Analytischen Chemie

DE GRUYTER

Autoren
Prof. Dr. Rudolf Bock †

Prof. Dr. Reinhard Nießner
Technische Universität München
Institut für Wasserchemie & Chemische Balneologie
Lehrstuhl für Analytische Chemie
Marchioninistr. 17
81377 München
E-Mail: reinhard.niessner@ch.tum.de

ISBN 978-3-11-026544-6
e-ISBN 978-3-11-026637-5

Library of Congress Cataloging-in-Publication Data
A CIP catalog record for this book has been applied for at the Library of Congress.

Bibliografische Information der Deutschen Nationalbibliothek
Die Deutsche Nationalbibliothek verzeichnet diese Publikation in der Deutschen Nationalbibliografie; detaillierte bibliografische Daten sind im Internet über http://dnb.dnb.de abrufbar.

© 2014 Walter de Gruyter GmbH, Berlin/Boston
Umschlaggestaltung: Yen-yu Shin/iStock/Thinkstock
Satz: PTP-Berlin, Protago-TEX-Production GmbH, Berlin
Druck und Bindung: Hubert & Co. GmbH & Co. KG, Göttingen
♾ Gedruckt auf säurefreiem Papier
Printed in Germany

www.degruyter.com

Vorwort

Trenntechniken werden überall benötigt. Selbst die neuesten Geräte-Generationen der Massenspektrometrie werden es dem Nutzer danken, ein Probengemisch zuvor einer intensiven Aufbereitung unterzogen zu haben, sei es aus Gründen der nötigen Nachweisstärke oder der Langlebigkeit der Hardware. Unzählige Fragestellungen aus den Bereichen der Life Sciences, der Material- und Umweltwissenschaften wären zum Scheitern verurteilt, würde nicht eine optimale „Trennung von Spreu und Weizen" zum Durchbruch verhelfen. Ebenso wird durch permanent steigende Reinheitsforderungen die Anwendung bester und effizienter Separationstechniken erzwungen.

Die nunmehr vorliegende Monographie *Trennungsmethoden der Analytischen Chemie* stellt den Versuch dar, in systematischer und umfassender Weise über den heutigen Stand der Trenntechniken zu analytischen Fragestellungen zu unterrichten. Der Erstautor, Prof. Dr. Rudolf Bock, hatte die erste Auflage dazu im Jahr 1974 veröffentlicht. Die von ihm vorgenommene Einteilung und Bewertung der seinerzeit geläufigen Methoden war wegweisend. Nicht nur an meiner Universität war diese Monographie, welche eigentlich nur einen Teil seines umfangreicheren Werkes, den *Methoden der Analytischen Chemie*, darstellte, ein essenzieller Baustein für die vertiefende Lehre angehender analytisch orientierter Chemiker. Bis heute findet dieses Werk intensive Verwendung, da selbst im internationalen Buchmarkt kein ähnlich strukturiertes Buch existiert.

Es bedurfte erfreulicherweise keiner großen Überredungskunst, den Verlag de Gruyter zu einer Neuauflage zu bewegen. Ich habe die Aufgabe einer umfangreichen Revision sehr gern auf mich genommen, da ich selbst erheblich von diesem Werk in Forschung und Lehre profitiert habe. Die systematische Gesamtschau von Trenntechniken *à la Bock* erlaubt nämlich auch ein erstes Herangehen an neue Aufgaben in der Messtechnik. Die von Bock gewählte Aufteilung nach Verteilung in zwei nicht mischbaren Phasen oder Separation durch unterschiedliche Wanderungsgeschwindigkeiten in einer Phase ist klassisch. Danach aber unterteilte er in logischer Weise die verschiedenen Trennverfahren so, dass die in den letzten 40 Jahren dazu gekommenen Techniken zwanglos eingebaut werden konnten. Dies spricht für das von ihm gewählte Raster. Dem Leser werden auch im jeweiligen Vorspann zu einem Kapitel die historischen Wurzeln einer Trenntechnik nicht vorenthalten. Dies erscheint mir wichtig, da es zum Lesen in längst vergessenen Journalen anregt. Gerade Doktoranden und Postdoktoranden sollten wissen, dass die Altvorderen durchaus äußerst einfallsreich mit Trennproblemen umgegangen sind. Und jedes Trennverfahren besitzt bekanntlich die Option zur Stoffanreicherung.

Das revidierte Werk ist in diversen Bereichen erheblich erweitert worden. Gerade Techniken, welche auf geladenen Teilchen oder der Brown'schen Molekularbewegung beruhen, haben einen starken Zuwachs erfahren. Jedes Kapitel schließt mit wichtigen Literaturzitaten zu weiterführenden Arbeiten ab, so dass ein leichter Einstieg in ein

Thema möglich ist. Außerdem, und das macht für mich den größten Charme dieses Buches aus, werden auch Techniken vorgestellt, welche auf den ersten Blick als exotisch und unbedeutend anmuten. In meinem eigenen Arbeitskreis gelangen diverse Neuentwicklungen beruhend auf derlei „vergessenen" Technologien.

Es ist daher meine feste Hoffnung, mit der revidierten Ausgabe wesentlich zur umfassenden Ausbildung von messtechnisch interessierten Wissenschaftlern aus Naturwissenschaft & Technik beizutragen, vielleicht auch Appetit zu machen auf die Weiterentwicklung verlockender, aber bislang mit neuen Materialien und Molekülen noch nicht erprobten Trennungsmethoden.

Ich selbst hatte leider nie die Ehre Rudolf Bock persönlich kennenzulernen. Er verstarb im September 2012 im Alter von 97 Jahren. Seine Beiträge zur deutschen Analytischen Chemie waren fundamental und sollten erhalten bleiben. Möge dieses Buch mit seinen Gedanken lange weiterleben und zahlreiche Verwendung finden.

Den Damen Julia Reindlmeier und Nicole Karbe mit ihrem Verlagsteam sei an dieser Stelle für hocheffiziente und geduldige Kooperation herzlichst gedankt.

München, im Oktober 2013
Reinhard Nießner

Inhalt

Vorwort —— v

Teil I   Einleitung

1   Bewertung von Trennverfahren —— 3
1.1   Ideale und reale Trennungen —— 3
1.2   Trennfaktor – Anreicherungsfaktor – Abreicherungsfaktor —— 3
1.3   Bei analytischen Trennungen erforderliche Trennfaktoren —— 4
1.4   Grenzen der Anwendbarkeit des Trennfaktors – Selektivität und Spezifität von Trennungen —— 5

2   Einteilung von Trennverfahren —— 7
2.1   Trennungen durch unterschiedliche Verteilung zwischen zwei nicht mischbaren Phasen —— 7
2.2   Trennungen durch unterschiedliche Wanderungsgeschwindigkeiten in einer Phase —— 7

3   Chemische Reaktionen bei Trennungen —— 9
3.1   Reaktionen der abzutrennenden Substanz —— 9
3.2   Maskierung von Störungen —— 9
3.3   Trennung durch Transportreaktion in der Gasphase —— 11
3.4   Zerstörung von Kontaminanten —— 12

4   Analytische Anwendung unvollständiger Trennungen —— 15
4.1   Allgemeines —— 15
4.2   Empirische Ausbeutebestimmung —— 15
4.3   Ausbeutebestimmung mit Hilfe von Verteilungskoeffizienten —— 15
4.4   Isotopenverdünnungsmethode —— 16
4.5   Trennungen mit substöchiometrischer Reagenszugabe —— 19
4.6   Standardadditionsverfahren —— 22

5   Konzentrationsangaben —— 25

Teil II   Trennungen durch unterschiedliche Verteilung zwischen zwei nicht mischbaren Phasen

6   Einführung —— 29
6.1   Merkmale des Einzelschrittes – Hilfsphasen – Verteilungskoeffizient – Verteilungsisotherme —— 29

6.2	Wirksamkeit von Trennungen durch Verteilung – Trennfaktor – graphische Darstellung der Wirksamkeit —— **31**	
6.3	Praktisch erreichbare Trennfaktoren —— **34**	
6.4	Verbessern von Trennungen durch optimierte Wahl der Bedingungen —— **35**	
6.5	Verbessern von Trennungen durch Zwischenschieben von Hilfssubstanzen —— **35**	
6.6	Verbessern von Trennungen durch Ausnutzen unterschiedlicher Geschwindigkeiten bei der Einstellung der Verteilungsgleichgewichte oder von unterschiedlichen Reaktionsgeschwindigkeiten —— **36**	
6.7	Verbessern von Trennungen durch Wiederholung des Einzelschrittes —— **36**	
6.8	Übersicht —— **61**	

7 **Verteilung zwischen zwei Flüssigkeiten —— 65**
- 7.1 Allgemeines —— **65**
- 7.2 Trennungen durch einmalige Gleichgewichtseinstellung —— **80**
- 7.3 Trennungen durch einseitige Wiederholung —— **82**
- 7.4 Trennungen durch systematische Wiederholung: Trennreihe —— **86**
- 7.5 Trennungen durch systematische Wiederholung: Säulenverfahren (Verteilungs-Chromatographie) —— **89**
- 7.6 Trennungen durch systematische Wiederholung: Dünnschicht-Technik (Dünnschicht-Verteilungs-Chromatographie) —— **96**
- 7.7 Gegenstromverteilung —— **96**

8 **Löslichkeit von Gasen in Flüssigkeiten —— 99**
- 8.1 Allgemeines —— **99**
- 8.2 Trennungen durch einmalige Gleichgewichtseinstellung —— **101**
- 8.3 Trennungen durch einseitige Wiederholung —— **105**
- 8.4 Trennungen durch systematische Wiederholung: Säulenverfahren (Gas-Chromatographie) —— **106**
- 8.5 Gegenstromverfahren —— **121**
- 8.6 Kreuzstromverfahren —— **121**

9 **Adsorption und Absorption von Gasen an Festkörpern —— 123**
- 9.1 Allgemeines —— **123**
- 9.2 Trennungen durch einmalige Gleichgewichtseinstellung —— **131**
- 9.3 Trennungen durch einseitige Wiederholung —— **132**
- 9.4 Trennungen durch systematische Wiederholung: Säulenverfahren (Gas-Adsorptions-Chromatographie) —— **133**
- 9.5 Gegenstromverfahren —— **137**

10	**Adsorption von gelösten Substanzen an Festkörpern** —— 141
10.1	Allgemeines —— 141
10.2	Trennungen durch einmalige Gleichgewichtseinstellung —— 150
10.3	Trennungen durch einseitige Wiederholung —— 151
10.4	Trennungen durch systematische Wiederholung: Trennreihe —— 153
10.5	Trennungen durch systematische Wiederholung: Säulenmethoden (Adsorptions-Chromatographie) —— 154
10.6	Trennungen durch systematische Wiederholung: Planar-Verfahren (Dünnschicht-Chromatographie, Papier-Chromatographie) —— 163
10.7	Kreuzstrom-Verfahren —— 167

11	**Ionenaustausch** —— 173
11.1	Allgemeines —— 173
11.2	Trennungen durch einmalige Gleichgewichtseinstellung —— 190
11.3	Trennungen durch einseitige Wiederholung —— 191
11.4	Trennungen durch systematische Wiederholung: Säulenmethoden (Ionenaustausch-Chromatographie) —— 193
11.5	Trennungen durch systematische Wiederholung: Planar-Technik (Dünnschicht-Ionenaustausch-Chromatographie) —— 200
11.6	Gegenstromverfahren —— 201

12	**Löslichkeit: Fällungsmethoden** —— 203
12.1	Allgemeines —— 203
12.2	Trennungen durch einmalige Gleichgewichtseinstellung: Arbeitsweise mit einer Hilfsphase —— 217
12.3	Trennungen durch einmalige Gleichgewichtseinstellung: Arbeitsweise mit zwei Hilfsphasen —— 236
12.4	Trennungen durch einseitige Wiederholung —— 243
12.5	Trennungen durch systematische Wiederholung: Fällungs-Chromatographie —— 245
12.6	Trennungen durch systematische Wiederholung: Dünnschicht-Technik (Fällungs-Papierchromatographie) —— 245

13	**Löslichkeit: Extraktion und Phasenanalyse** —— 249
13.1	Allgemeines – Definitionen – Hilfsphasen —— 249
13.2	Trennungen durch einmalige Gleichgewichtseinstellung —— 249
13.3	Trennungen durch einseitige Wiederholung —— 250
13.4	Gegenstromverfahren —— 256

14	**Löslichkeit: Kristallisation** —— 259
14.1	Allgemeines (Definitionen – Hilfsphasen – Schmelz- und Löslichkeitsdiagramme) —— 259

14.2	Trennungen durch einmalige Kristallisation —— 261	
14.3	Trennungen durch einseitige Wiederholung —— 262	
14.4	Systematische Wiederholung (Kristallisation im Dreieckschema – Trennreihe – Säulenverfahren) —— 265	
14.5	Gegenstromverfahren —— 267	

15 Verflüchtigung: Destillation und verwandte Verfahren —— 269
- 15.1 Allgemeines —— 269
- 15.2 Trennungen durch einmalige Gleichgewichtseinstellung —— 284
- 15.3 Trennungen durch einseitige Wiederholung ohne Hilfssubstanz —— 290
- 15.4 Trennungen durch einseitige Wiederholung mit Hilfssubstanz —— 296
- 15.5 Gegenstromverfahren ohne Hilfssubstanz —— 305
- 15.6 Gegenstromverfahren mit Hilfssubstanz —— 314
- 15.7 Wirksamkeit und Anwendungsbereich der Methode —— 315

16 Verflüchtigung: Sublimation —— 321
- 16.1 Allgemeines —— 321
- 16.2 Trennungen durch einseitige Wiederholung —— 322

17 Kondensation —— 331
- 17.1 Allgemeines —— 331
- 17.2 Trennungen durch einmalige Gleichgewichtseinstellung —— 331
- 17.3 Systematische Wiederholung von Kondensationen —— 333

Teil III Trennungen durch unterschiedliche Wanderungsgeschwindigkeiten in einer Phase

18 Einführung —— 337

19 Wanderung von Ladungsträgern in elektrischen und magnetischen Feldern (Massenspektrometrie) —— 339
- 19.1 Geschichtliche Entwicklung —— 339
- 19.2 Allgemeines —— 339
- 19.3 Eindimensionale massenspektrometrische Trennungen (Flugzeit-Massenspektrometer) —— 346
- 19.4 Zweidimensionale massenspektrometrische Trennungen —— 348
- 19.5 Wirksamkeit der Methode – Auflösungsvermögen —— 355

20 Wanderung gelöster Ladungsträger im elektrischen Feld (Elektrophorese; Elektrodialyse) —— 361
- 20.1 Geschichtliche Entwicklung —— 361
- 20.2 Allgemeines —— 361

20.3	Eindimensionale elektrophoretische Trennungen ohne Träger (Tiselius-Methode) —— 369
20.4	Eindimensionale elektrophoretische Trennungen mit Träger (Trägerelektrophorese) —— 370
20.5	Spezielle Effekte bei inhomogenen Trennstrecken —— 375
20.6	Eindimensionale Trennungen mit semipermeabler Membran (Elektrodialyse) —— 383
20.7	Gegenstrom-Elektrophorese —— 384
20.8	Zweidimensionale Arbeitsweise —— 385
20.9	Wirksamkeit und Anwendungsbereich der Methode —— 387

21 Wanderung von Teilchen im Konzentrationsgradienten (Diffusion) —— 391

21.1	Geschichtliche Entwicklung —— 391
21.2	Allgemeines —— 391
21.3	Eindimensionale Trennungen durch Diffusion —— 395
21.4	Pervaporation —— 397
21.5	Gegenstromverfahren —— 397
21.6	Zweidimensionale Trennungen durch Diffusion —— 398
21.7	Wirksamkeit und Anwendungsbereich der Methode —— 403

22 Wanderung von Teilchen im Gravitationsfeld (Sedimentation – Flotation) —— 409

22.1	Allgemeines – Definitionen – Zentrifugalkraft —— 409
22.2	Trennungen mit Hilfe von schweren Flüssigkeiten —— 410
22.3	Trennungen durch Sedimentation im Gravitationsfeld der Erde —— 410
22.4	Trennungen mit Hilfe der Ultrazentrifuge —— 411
22.5	Wirksamkeit und Anwendungsbereich der Methode —— 412

23 Trennung von Teilchen im gekreuzten Kraftfeld —— 415

23.1	Allgemeines – Definitionen – Asymmetrische Feldflussfraktionierung – Anwendungen —— 415

Stichwortverzeichnis —— 419

Teil I: Einleitung

1 Bewertung von Trennverfahren

1.1 Ideale und reale Trennungen

Das Ziel einer Trennungsoperation ist die möglichst vollständige Zerlegung eines Gemisches von – im einfachsten Falle – zwei Substanzen A und B. Wenn die Trennung vollständig ist, wird das Gemisch in zwei Teile geteilt, von denen der eine ausschließlich die Substanz A, der andere ausschließlich B enthält.

Eine derart vollständige Aufteilung ist jedoch in der Praxis nicht erreichbar; immer wird in dem Teil mit der Substanz A noch etwas B als Verunreinigung enthalten sein, und entsprechend in dem Teil mit B noch etwas A (vgl. Abb. 1.1).

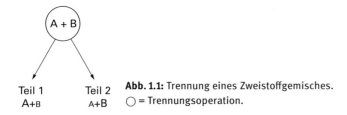

Abb. 1.1: Trennung eines Zweistoffgemisches. ○ = Trennungsoperation.

1.2 Trennfaktor – Anreicherungsfaktor – Abreicherungsfaktor

Das Ergebnis einer Trennungsoperation lässt sich durch Angabe der Verunreinigungen in A und in B oder durch Angabe der Ausbeuten an A und B wiedergeben; zur eindeutigen Charakterisierung der Wirksamkeit sind bei der Trennung von zwei Substanzen somit zwei Zahlen erforderlich (bei Systemen mit mehr als zwei Komponenten entsprechend mehr). Um zu einer einfacheren Beschreibung zu gelangen, verwendet man den (wohl erstmals von Chlopin angegebenen) „Trennfaktor" β, der folgendermaßen definiert ist:

$$\beta = \frac{\text{(Konzentration von A/Konzentration von B) in Teil 1}}{\text{(Konzentration von A/Konzentration von B) in Teil 2}}. \tag{1}$$

Der Trennfaktor ist ein Maß für die Wirksamkeit der Trennung zweier Substanzen. Ist nach der Trennung das Konzentrationsverhältnis in beiden Teilen gleich, d. h. [A]/[B] in Teil 1 = [A]/[B] in Teil 2, so ist $\beta = 1$; es hat keine Trennung stattgefunden.

Bei einer (idealen) vollständigen Trennung müsste entweder der Zähler oder der Nenner des Doppelbruches gleich Null werden, so dass β die Werte 0 oder ∞ annehmen würde. β und $\frac{1}{\beta}$ bezeichnen also den gleichen Trenneffekt, da die Wahl von Zähler und Nenner willkürlich ist. Es ist aber üblich, den Bruch so zu schreiben, dass $\beta \geq 1$ wird, sodass der Trennfaktor mit einer Verbesserung der Trennung ansteigt.

An Stelle des Trennfaktors wird gelegentlich der Begriff des „Anreicherungsfaktors" verwendet. Beispielsweise ist der Anreicherungsfaktor f für die Substanz A (vgl. Abb. 1.1) definiert als das Konzentrationsverhältnis im Teil 1 nach der Trennung, dividiert durch das Konzentrationsverhältnis im Ausgangsmaterial vor der Trennung:

$$f = \frac{[A]/[B] \text{ in Teil 1}}{[A]/[B] \text{ nach der Trennung}}$$

Entsprechend erhält man den „Abreicherungsfaktor" f' für A:

$$f' = \frac{[A]/[B] \text{ in Teil 2}}{[A]/[B] \text{ vor der Trennung}} \tag{2}$$

Der Abreicherungsfaktor wird bei einer Verbesserung der Trennung (sinkende Konzentration an A in Teil 2) kleiner; anschaulicher ist der reziproke Wert d dieses Faktors, der mit zunehmender Wirksamkeit der Trennung ansteigt. Bezieht man sich wieder auf die Abreicherung von A (Abb. 1.1), so gilt:

$$d = \frac{[A]/[B] \text{ vor der Trennung}}{[A]/[B] \text{ in Teil 2}} \tag{3}$$

Die Größe d wird vor allem in der Radiochemie angewendet, wenn die Wirksamkeit der Beseitigung störender radioaktiver Substanzen beschrieben werden soll; man bezeichnet d dann als „Dekontaminationsfaktor".

1.3 Bei analytischen Trennungen erforderliche Trennfaktoren

In der analytischen Chemie wird im Allgemeinen der Begriff der „quantitativen" Trennung verwendet. Darunter versteht man meist die 100proz. Abtrennung der gesuchten Substanz. Nach dem bisher Gesagten können vollständige Trennungen praktisch nicht erzielt werden, und man muss daher den Begriff „quantitativ" willkürlich festlegen.

Soll eine Trennung für analytische Zwecke ausreichend sein, so wird man normalerweise fordern, dass sich nach der Trennungsoperation *mindestens* 99,9 % der Substanz A im Teil 1 und *mindestens* 99,9 % der Substanz B im Teil 2 befinden (vgl. Abb. 1.1). Der Trennfaktor β beträgt dann

$$\beta = \frac{99{,}9 : 0{,}1}{0{,}1 : 99{,}9} \simeq 10^6.$$

Ein so hoher Trennfaktor ist eine Forderung, die je nach den im konkreten Falle vorliegenden Bedürfnissen abgeändert werden kann, im Großen und Ganzen aber vertretbar sein dürfte.

1.4 Grenzen der Anwendbarkeit des Trennfaktors – Selektivität und Spezifität von Trennungen

Ein Wert von etwa 10^6 für den Trennfaktor ist eine für analytische Anwendungen zwar notwendige, aber nicht hinreichende Bedingung. Wenn eine Komponente des zu trennenden Gemisches sich nach der Trennung in extremem Ausmaß in dem einen Teil befindet, kann ein sehr großer Trennfaktor erreicht werden, ohne dass die andere Komponente ausreichend abgetrennt sein muss.

Wird z. B. aus einer Lösung mit 100 mg Fe^{3+}- und 100 mg Zn^{2+}-Ionen das Eisen mit Ammoniak ausgefällt, so mögen vom Eisen-Niederschlag 10 mg Zn^{2+}-Ionen mitgerissen werden und anderseits im Filtrat 0,0003 mg Fe^{3+}-Ionen gelöst sein. Der Trennfaktor würde dann $3 \cdot 10^6$ betragen, den oben angegebenen Mindestwert von 10^6 also deutlich übertreffen, obwohl das Zink nur zu 90 % vom Eisen getrennt wurde, die Trennung demnach für analytische Zwecke unzureichend wäre.

Der Trennfaktor ist daher nur von begrenzter Anwendbarkeit, und man muss für eindeutige Aussagen die Ausbeuten an beiden Komponenten des Gemisches oder deren Verunreinigungen angeben.

Enthält die Analysenprobe mehr als zwei Substanzen (was meist der Fall ist), so müssen entsprechend der Anzahl der Komponenten mehrere Trennfaktoren angegeben werden, wodurch die Kennzeichnung der Trennwirkung recht kompliziert werden kann.

Es ist deshalb bei der Beurteilung eines Trennverfahrens zusätzlich noch die „*Selektivität*" zu berücksichtigen, d. h. die Anzahl der Substanzen, von denen die gesuchte Komponente gleichzeitig abgetrennt wird. Je größer diese Anzahl ist, umso leistungsfähiger ist offenbar das Verfahren. Im Idealfall werden sogar sämtliche in Frage kommenden Verunreinigungen bei einer einzigen Trennungsoperation ausreichend entfernt; dann liegt eine „*spezifische*" Trennung vor. Einige Beispiele für Trennungen, die man historisch als spezifisch ansprach, sind in Tab. 1.1 angegeben (bei einigen dieser Trennungen sind zusätzliche Maskierungsreaktionen erforderlich).

Heutzutage erscheint der Begriff „spezifisch" im Licht der hohen Nachweisempfindlichkeit moderner Analysenverfahren als wenig belastbar. Selbst vermeintlich hochreine Reagenzien oder Lösemittel enthalten noch nachweisbare Spurenstoffe.

Tab. 1.1: Bekannte „spezifische" Trennungen (Beispiele)

Abgetrenntes Element	Verbindungsform	Trennverfahren
F	$(C_2H_5)_3SiF$	Ausschütteln mit $CHCl_3$ u. a.
Ge	$GeCl_4$	Ausschütteln mit $CHCl_3$ u. a.
H	H_2	Diffusion durch Palladium
Hg	2-Methylthiophen-5-quecksilberacetat	Ausschütteln mit $CHCl_3$ u. a.
Pd	Dimethylglyoxim-Verbindung	Ausschütteln mit $CHCl_3$ u. a.
Tl	$Tl(C_5H_5)$	Ausschütteln mit CH_2Cl_2 u. a.

Viel benutzt wird er in der Immunologie; dort versucht er die (nahezu) ausschließliche Wechselwirkung von Antigenen mit Antikörpern zu beschreiben. Doch selbst da wird besser das Konzept der sog. „Kreuzreaktivität" zur Beschreibung der erzielbaren Selektivität oder Spezifität angewandt.

Allgemeine Literatur

R.E. Langman, The specificity of immunological reactions, Molecular Immunology *37*, 555–561 (2000).

E.B. Sandell, Meaning of the term "separation factor", Anal. Chem. *40*, 834–835 (1968).

2 Einteilung von Trennverfahren

2.1 Trennungen durch unterschiedliche Verteilung zwischen zwei nicht mischbaren Phasen

Bei einer großen Gruppe von Trennverfahren wird das Substanzgemisch zwischen zwei nicht miteinander mischbaren Phasen verteilt (z. B. löst man die Analysenprobe in Wasser und schüttelt selektiv eine der Komponenten mit einer organischen Flüssigkeit aus). Im (allerdings nie erreichbaren) Idealfall befindet sich nach der Gleichgewichtseinstellung die eine Substanz vollständig in Phase 1, die andere vollständig in Phase 2 (vgl. Abb. 2.1).

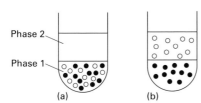

Abb. 2.1: Trennung von zwei Substanzen durch Verteilung zwischen zwei nicht mischbaren Phasen (Prinzip).
a) Ausgangsgemisch vor der Verteilung;
b) Verhältnisse nach der Verteilung.

2.2 Trennungen durch unterschiedliche Wanderungsgeschwindigkeiten in einer Phase

Bei der zweiten Gruppe von Trennverfahren lässt man die zu trennenden Substanzen in einer homogenen Phase in einer Richtung wandern. Sind die Wanderungsgeschwindigkeiten der zu trennenden Analyten unterschiedlich, so wird das Gemisch nach dem Durchlaufen einer bestimmten Wegstrecke getrennt sein (vgl. Abb. 2.2). Es

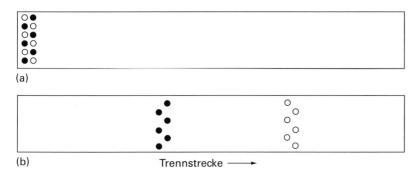

Abb. 2.2: Trennung von zwei Substanzen durch unterschiedliche Wanderungsgeschwindigkeiten in einer Phase (Prinzip).
a) Ausgangsgemisch vor der Trennung;
b) Verhältnisse nach Durchlaufen einer ausreichenden Trennstrecke.

wird sozusagen ein „räumliches Nebeneinander" (in der Mischung) in ein „zeitliches Hintereinander" transformiert.

Allgemeine Literatur

M.N. Gupta, Methods for Affinity-Based Separations of Enzymes and Proteins. Birkhäuser Verlag, Basel (2002).
J.L. Humphrey u. G.E. Keller, Separation Process Technology, McGraw-Hill, New York (1997).
B.L. Karger, L.R. Snyder u. C. Horvath, An Introduction to Separation Science, Wiley-Interscience, New York, N.Y. (1973).
Kirk-Othmer Separation Technology, 2 Volume Set, John Wiley & Sons, Hoboken (2008).
J.P. Kutter u. Y. Fintschenko, Separation Methods in Microanalytical Systems, CRC Press LLC, Boca Raton (2006).
C.J.O.R. Morris u. P. Morris, Separation Methods in Biochemistry, Pitman and Sons, London (1996).
K. Sattler u. Feindt, Thermal Separation Processes: Principles and Design, VCH, Weinheim (1995).
R.P.W. Scott, Chromatography Techniques: Separation Methods for Industry and Academia. (Chromatographic Science Series/70), Dekker, New York (1995).
J.D. Seader u. E.J. Henley, Separation Process Principles, John Wiley & Sons, New York (1997).
G.B. Smejkal u. A. Lazarev, Separation Methods in Proteomics, CRC Press LLC, Boca Raton (2006).

3 Chemische Reaktionen bei Trennungen

3.1 Reaktionen der abzutrennenden Substanz

Trennungen werden vielfach verbessert oder überhaupt erst ermöglicht, indem man die abzutrennende Substanz in eine geeignete Verbindungsform überführt ("change of state"). Dabei werden häufig die nach dem Schema

$$AB + CD \rightarrow AC + BD$$

verlaufenden doppelten Umsetzungen oder auch Reaktionen nach dem Schema

$$A + B \rightarrow AB$$

angewendet; ferner spielen Oxidations- und Reduktionsreaktionen eine große Rolle.

Man kann zwei verschiedene Arbeitsweisen unterscheiden: Entweder führt man die Reaktion vor der Trennung durch, oder man lässt sie während der Trennung ablaufen.

Das zweite Verfahren verwendet man vor allem bei Trennungen durch Verteilung zwischen zwei Phasen; die Analysensubstanz befindet sich in der einen, das Reagenz in der anderen Phase, und die Reaktion verläuft gleichzeitig mit der Trennung über die Phasengrenzfläche. Sind derartige Reaktionen doppelte Umsetzungen, so werden sie als „Austauschreaktionen" bezeichnet. Ein Sonderfall sind Austauschreaktionen von Komplexliganden, die sich nach dem Schema

$$AB + C \rightarrow AC + B$$

abspielen. Man nennt diese Reaktion „Ligandenaustausch".

3.2 Maskierung von Störungen

Ein wichtiges Hilfsmittel bei Trennungen ist die Maskierung von Störungen durch Komplexbildner. Dabei muss die Dissoziation des neu gebildeten Komplexes so gering sein, dass die störende Reaktion der ursprünglich vorliegenden Substanz nicht mehr eintritt. In Tab. 3.1 sind Maskierungsreagenzien für anorganische Ionen zusammengestellt.

Tab. 3.1: Maskierungsreagenzien für anorganische Ionen (Beispiele)[1]

Ion	Komplexbildner
Ag^+	NH_3; CN^-; $S_2O_3^{2-}$; SCN^-; Thioharnstoff; Diethylentriamin.
Al^{3+}	F^-; Citrat; Tartrat; Gluconat; Oxalat; Sulfosalicylat; Triethanolamin; Tiron[2]; EDTA[3].
As^{3+}	2,3-Dimercaptopropanol; Brenzcatechin; Citrat; Tartrat.
Au^{3+}	Cl^-; Br^-; I^-; CN^-; $S_2O_3^{2-}$; Thioharnstoff.
BO_3^{3-}	F^-; Brenzcatechin; Mannit u. a. Polyalkohole; Hydroxysäuren.
Ba^{2+}	Polyphosphate; EDTA.
Be^{2+}	F^-; Citrat; Tartrat.
Bi^{3+}	I^-; Citrat; Tartrat; Oxalat; EDTA; 2,3-Dimercaptopropanol; Thioharnstoff; Triethanolamin; Tiron.
Ca^{2+}	Polyphosphate; EDTA.
Cd^{2+}	NH_3; CN^-; I^-; $S_2O_3^{2-}$; Citrat; Sulfosalicylat; Tartrat; EDTA; 2,3-Dimercaptopropanol; o-Phenanthrolin.
Co^{2+}	NH_3; CN^-; NO_2^-; $S_2O_3^{2-}$; Citrat; Sulfosalicylat; Tartrat; EDTA; Ethylendiamin; 2,3-Dimercaptopropanol; o-Phenanthrolin; Tiron.
Cr^{III}	Acetat; Citrat; Tartrat; Sulfosalicylat; EDTA; Triethanolamin.
Cu^{II}	NH_3; $S_2O_3^{2-}$; Citrat; Tartrat; Sulfosalicylat; EDTA; Tiron; 2,3-Mercapto-propanol; Thiosemicarbazid; Thioharnstoff; o-Phenanthrolin.
F^-	Be^{+2}; Al^{+3}; Zr^{+4}; Borat.
Fe^{+2}	o-Phenanthrolin; α, α'-Dipyridyl.
Fe^{III}	F^-; CN^-; Citrat; Tartrat; Sulfosalicylat; Oxalat; EDTA; Tiron; Thioglycolsäure; Triethanolamin; 2,3-Dimercaptopropanol.
Ga^{3+}	Tartrat; Oxalat; Citrat; EDTA.
Ge^{4+}	F^-; Oxalat; Brenzcatechin.
Hg^{2+}	Cl^-; Br^-; I^-; CN^-; SCN^-; SO_3^{2-}; Citrat; Tartrat; EDTA; Triethanolamin; Thioharnstoff; Thiosemicarbazid; 2,3-Mercaptopropanol.
In^{3+}	Br^-; Sulfosalicylat; EDTA; Thioharnstoff.
Ir^{4+}	SCN^-; Citrat; Tartrat; Thioharnstoff.
Mg^{2+}	Polyphosphat; EDTA.
Mn^{2+}	NH_3; Tartrat; Citrat; Oxalat; Tiron; Sulfosalicylat; EDTA; Triethanolamin; o-Phenanthrolin.
Mn^{3+}	F^-; PO_4^{3-}; 2,3-Dimercaptopropanol.
Mo^{6+}	F^-; PO_4^{3-}; H_2O_2; Citrat; Tartrat; Oxalat; EDTA; Tiron; Brenzcatechin.
NH_4^+	Formaldehyd.
Nb^{5+}	F^-; H_2O_2; Citrat; Tartrat; Oxalat; Tiron.
Ni^{2+}	NH_3; CN^-; Citrat; Tartrat; Sulfosalicylat; EDTA; o-Phenanthrolin; 2,3-Dimercaptopropanol.
Pb^{2+}	Acetat; Citrat; Tartrat; EDTA; Diethylentriamin; 2,3-Dimercaptopropanol.
Pd^{2+}	NH_3; I^-; CN^-; $S_2O_3^{2-}$; NO_2^-; Citrat; Tartrat; EDTA; Triethanolamin; Thioharnstoff.
Pt^{2+}	CN^-; SCN^-; NH_3; Citrat; Tartrat; EDTA; Thioharnstoff.
Pt^{4+}	Cl^-; EDTA.
Rh^{3+}	Citrat; Tartrat; Thioharnstoff.

[1] Bei einigen dieser Maskierungsreaktionen treten Wertigkeitsänderungen des Zentralatoms ein, z. B. wird Co^{2+} bei der Komplexbildung mit NO_2- zum Co^{3+} oxidiert. Derartige Wertigkeitsänderungen sind nicht angegeben.

[2] Brenzcatechindisulfosäure.

[3] Ethylendiamintetraessigsäure, Na-Salz; eine Reihe chemisch ähnlicher Komplexbildner ist nicht angeführt.

Tab. 3.1: (Fortsetzung)

Ion	Komplexbildner
Ru^{4+}	CN^-; Thioharnstoff.
S^0	S^{2-}; CN^-; SO_3^{2-}.
SO_3^{2-}	Hg^{2+}; Formaldehyd.
Sb^{3+}	F^-; I^-; Citrat; Tartrat; 2,3-Dimercaptopropanol.
Sb^{5+}	Citrat; Tartrat.
Sc^{3+}	Citrat.
Se^0	S^{2-}; CN^-; SO_3^{2-}.
Se^{4+}	Diaminobenzidin.
Si^{4+}	F^-; MoO_4^{2-}; WO_4^{2-}; Citrat; Brenzcatechin.
Sn^{4+}	F^-; Cl^-; Br^-; I^-; Citrat; Tartrat; Oxalat; 2,3-Dimercaptopropanol.
Sr^{2+}	Polyphosphat; EDTA.
Ta^{5+}	F^-; H_2O_2; Citrat; Tartrat; Oxalat.
Te^{4+}	I^-.
Th^{4+}	Citrat; Tartrat; EDTA; Triethanolamin.
Ti^{4+}	F^-; H_2O_2; Tartrat; Sulfosalicylat; EDTA; Triethanolamin; Tiron.
Tl^{3+}	Cl^-; Br^-; CN^-; EDTA.
U^{6+}	Karbonat; H_2O_2; Citrat; Tartrat; Oxalat; Sulfosalicylat.
V^{5+}	PO_4^{3-}; H_2O_2.
WO_4^{2-}	F^-; PO_4^{3-}; H_2O_2; Citrat; Tartrat; Oxalat; Tiron; Brenzcatechin.
Zn^{2+}	NH_3; CN^-; Citrat; Tartrat; EDTA; o-Phenanthrolin; 2,3-Dimercapto-propanol.
Zr^{4+}	F^-; H_2O_2; Citrat; Tartrat; Oxalat; EDTA; Triethanolamin; Tiron.

3.3 Trennung durch Transportreaktion in der Gasphase

Wird nur ein Partner im Reaktionsgemisch, vorzugsweise der abzutrennende Analyt, durch eine chemische Reaktion in seinen physikalischen Eigenschaften verändert, ergeben sich Möglichkeiten zur Trennung in einer Gasphasen-Transportreaktion. Dabei wird der Analyt in eine Komponente mit höherem Dampfdruck umgewandelt. Dies kann sowohl in statischen Systemen, als auch im Strömungsrohr zur Trennung durch Konvektionsströmung und/oder Diffusion genutzt werden.

Je nach Lage des thermodynamischen Gleichgewichtes wird die transportierte (flüchtige) Komponente an einer räumlich vom Ausgangspunkt getrennten Stelle (Senke) wieder in das Edukt zurückgebildet. Bekanntestes technisches Beispiel ist der Mond-Langer-Prozess zur Herstellung hochreinen Nickels durch Bildung von transportablem Nickeltetracarbonyl bei 50 °C (T_1) und dessen Zerlegung in elementares Nickel an einer heißen Oberfläche (T_2 = 200 °C). In Tab. 3.2 sind einige Beispiele dargestellt.

Tab. 3.2: Transportreaktionen mit Temperaturgradient (Beispiele)

Transportreaktion	Temperaturgefälle im Reaktionsrohr
$Ni^0 + 4\,CO \rightarrow Ni(CO)_4$ (g)	$T_1 > T_2$
$W^0 + 3\,Cl_2 \rightarrow WCl_6$ (g)	$T_1 > T_2$
$Pt^0 + O_2 \rightarrow PtO_2$ (g)	$T_2 > T_1$
$Si^0 + SiCl_2 \rightarrow SiCl_2$ (g)	$T_2 < T_1$
$IrO_2 + 0.5\,O_2 \rightarrow IrO_3$ (g)	$T_2 < T_1$

3.4 Zerstörung von Kontaminanten

Eine in der Prozesstechnik häufig verwendete Technologie zur Reinigung von Medien soll hier erwähnt werden: Der oxidative Abbau von Kontaminanten, etwa durch photochemische oder elektrochemische Oxidation von organischen Spurenstoffen, z. B. in der Wassertechnologie. Da Wasser häufig wieder verwendet werden muss, gewinnen derartige Verfahren zur Entfernung von unerwünschten Begleitstoffen an Bedeutung. Dies setzt natürlich voraus, dass der zu reinigende Stoff der eigentlichen Abbaumaßnahme widersteht. Analog können inerte Prozessgase von störenden Gasspuren beseitigt werden. Durch die Bestrahlung können einerseits Begleitmoleküle in ihre Bestandteile gespalten werden. Andererseits werden bei Kombinationsverfahren in der Wassertechnologie (z. B. UV/Ozon oder UV/H_2O_2) intermediäre hochreaktive Hydroxyl- und Peroxyl-Radikale mit hohem Oxidationspotenzial erzeugt. Die dabei erzielbare Abbaukinetik bestimmt die technische Durchführung (Eintopfverfahren („batch") oder Strömungsrohr). Dabei werden die komplexen Störstoffe zu einfachen Grundbausteinen wie H_2O, CO_2 und Mineralsäuren abgebaut.

Besonderes Interesse wecken Verfahren, welche katalytische Abbauprinzipien nutzen. So können TiO_2-Nanopartikel (Anatas) zum photokatalytischen Abbau, unter Einwirkung von Sonnenlicht, von org. Stoffen in der Flüssigphase oder der Gasphase Anwendung finden.

Diese Techniken werden unter dem Begriff „advanced oxidation process" zusammengefasst.

Tab. 3.3: Zerstörende Verfahren zur Reinigung von flüssigen oder gasförmigen Medien

Abbauverfahren	Abzubauende Störung
UV (kombiniert mit Ozon oder H_2O_2)	Pestizide, VOC, polyzyklische aromatische Kohlenwasserstoffe, Arzneimittel, in Wasser
Superkavitation	Celluloseanteile in Papierindustrieabwässern
Fenton's Reagenz	Org. Spuren in Wasser
Photokatalyse (Sichtbares Licht & TiO_2)	Org. Spuren in Gas oder Wasser
Elektrooxidation	Org. Spuren in Wasser
Plasma (Mikrowelle, stille Entladung)	Org. Spuren in Gas

Eine Anwendung in der analytischen Chemie ist derzeit nicht bekannt. Es sollte aber prinzipiell möglich sein, selektiv wirkende chemische Oxidationsreaktionen zur Beseitigung von Begleitspuren z. B. bei der Herstellung hochreiner Stoffe einzusetzen.

Allgemeine Literatur

D. Perrin, Masking and Demasking in Analytical Chemistry. Treatise Anal. Chem., Part 1, (Vol. 2), 599–643. Wiley, New York (1979).
T. Oppenländer, Photochemical Purification of Water and Air: Advanced Oxidation Processes (AOPs): Principles, Reaction Mechanisms, Reactor Concepts, Wiley-VCH, Weinheim (2003).
H. Schäfer, Chemische Transportreaktionen, Verlag Chemie, Weinheim (1962).
N. Serpone u. A. Emeline, Suggested terms and definitions in photocatalysis and radiocatalysis, International Journal of Photoenergy 4, 91–141 (2002).
F. Umland, Theorie und praktische Anwendung von Komplexbildnern, Akademische Verlagsges., Frankfurt (1971).

4 Analytische Anwendung unvollständiger Trennungen

4.1 Allgemeines

Wie oben angegeben, ist bei quantitativen Trennungen, wie sie normalerweise in der analytischen Chemie erforderlich sind, eine Ausbeute von wenigstens 99,9 % für jede der abgetrennten Substanzen erforderlich. Unter bestimmten Bedingungen kann jedoch auf eine so weitgehende Ausbeute verzichtet werden.

Eine Substanz möge nur unvollständig aus einem Gemisch abgetrennt, der betr. Anteil aber völlig rein angefallen sein. Wenn man jetzt außer der abgetrennten Menge noch zusätzlich die Ausbeute bei der Trennung bestimmt, lässt sich die ursprünglich im Ausgangsgemisch vorhanden gewesene Gesamtmenge berechnen (z. B. bei 50 % Ausbeute durch Multiplizieren mit dem Faktor 2). Zur Bestimmung der Ausbeuten stehen mehrere Verfahren zur Verfügung.

4.2 Empirische Ausbeutebestimmung

Bei der empirischen Ausbeutebestimmung ermittelt man mit der Analysenprobe möglichst ähnlichen synthetischen Gemischen die Ausbeute, die für die zu bestimmende Substanz durch das gewählte Trennverfahren erzielt wird; mit dem erhaltenen Wert korrigiert man die Ergebnisse späterer Analysen.

Die Methode wird gelegentlich bei der Bestimmung von Spurenbestandteilen, z. B. von Pestizid-Rückständen in Nahrungsmitteln und anderem biologischen Material angewendet. Da die Ausbeuten meist nur schlecht reproduzierbar sind, gibt das Verfahren in der Regel nur angenäherte Werte; das gilt vor allem für Trennungen mit sehr niedrigen Ausbeuten.

4.3 Ausbeutebestimmung mit Hilfe von Verteilungskoeffizienten

Bei den Verfahren mit Gleichgewichtseinstellung zwischen zwei nicht mischbaren Phasen bestehen in der Regel bestimmte Gesetzmäßigkeiten, nach denen sich die Konzentrationen einstellen. Kennt man den „Verteilungskoeffizienten" (s. u.) und das Volumenverhältnis der beiden Phasen, so kann aus der abgetrennten Substanzmenge die Ausbeute berechnet werden; dabei ist jedoch eine eventuelle Konzentrationsabhängigkeit des Verteilungskoeffizienten zu berücksichtigen.

Das Verfahren wird in mehreren Varianten angewendet, die weiter unten in den entsprechenden Abschnitten besprochen werden sollen.

4.4 Isotopenverdünnungsmethode

4.4.1 Definitionen

Die auf Hahn (1923) und v. Hevesy (1932) zurückgehende „Isotopenverdünnungsmethode" bedient sich der Zugabe von Isotopen des zu bestimmenden Elementes oder von markierten Verbindungen zu der Ausgangssubstanz. Vorzugsweise verwendet man dabei Gemische von radioaktiven und inaktiven Elementen (bzw. Verbindungen), da sich die Aktivitäten besonders leicht und empfindlich messen lassen. Man kann aber ebenso von Gemischen stabiler Isotope ausgehen, doch müssen dann nach den Trennungen die Isotopenverhältnisse mit der aufwendigeren massenspektrometrischen Methode bestimmt werden.

Die Isotopenverdünnungsmethode wird in mehreren Varianten durchgeführt; bei deren Besprechung sollen die folgenden Symbole verwendet werden:

m_x = gesuchte Substanzmenge in der Analysenprobe

m_0 = zugefügte Substanzmenge (Isotop)

m_1 = Menge des rein abgetrennten Teils

a_x = Aktivität der gesuchten Substanz (z. B. in Imp./min)

a_0 = Aktivität der zugesetzten Substanzmenge

a_1 = Aktivität des rein abgetrennten Teils

$S_x = \dfrac{a_x}{m_x}$ = spezifische Aktivität[1] der gesuchten Substanz

$S_0 = \dfrac{a_0}{m_0}$ = spezifische Aktivität der zugefügten Substanz

$S_1 = \dfrac{a_1}{m_1}$ = spezifische Aktivität des rein abgetrennten Teils.

4.4.2 Einfache Isotopenverdünnung mit markierter Substanz (sog. „direkte" Isotopenverdünnung)

Bei der direkten Isotopenverdünnung mischt man zu einer eingewogenen Menge an Analysenprobe ein radioaktives Isotop des zu bestimmenden Elementes (bzw. die gesuchte Verbindung in radioaktiv markierter Form) zu. Die zugesetzte Menge muss gegenüber der zu bestimmenden vernachlässigbar klein sein, die Aktivität aber so hoch, dass sie bequem messbar ist. Dann trennt man einen beliebigen Teil der gesuchten Substanz zusammen mit dem zugesetzten Isotop in reiner Form ab und bestimmt die

---

[1] Als „spezifische Aktivität" wird die Aktivität pro Gewichtseinheit bezeichnet (z. B. in Zerfälle/min pro Gramm Substanz).

Aktivität dieses Teils. Da sich die Isotope eines Elementes bei chemischen Trennungen gleich verhalten[2] (dasselbe gilt für inaktive und markierte Verbindungen), ist der Verlust an gesuchter Substanz ebenso groß wie der Verlust an aktiver Substanz, und es gilt:

$$m_x = m_1 \cdot \frac{a_0}{a_1}. \tag{1}$$

Ist die zugefügte Menge an aktivem Isotop nicht vernachlässigbar klein gegenüber der Menge an gesuchter Substanz, so muss die Verdünnung der Probe durch den Zusatz berücksichtigt werden; außer der Aktivität a_0 muss dann noch die Menge m_0 an zugesetztem Isotop (z. B. in Gramm) bekannt sein. Bei der Berechnung geht man von folgender Überlegung aus:

Die zugesetzte radioaktive Substanzmenge m_0 mit der spezifischen Aktivität S_0 enthält die Gesamtaktivität $a_0 = S_0 \cdot m_0$. Nach dem Vermischen mit der inaktiven Analysenprobe, in der die Menge m_x an gesuchter Substanz enthalten ist (= Verdünnung), bleibt die Gesamtaktivität die gleiche, aber die Menge m_0 an Substanz hat sich um den Betrag m_x erhöht. Folglich hat sich die spezifische Aktivität des zugesetzten Isotops erniedrigt. Diese jetzt vorliegende spezifische Aktivität S_1 bestimmt man durch Abtrennen eines Teils des gesuchten Elementes mit dem aktiven Zusatz in reiner Form. Es gilt:

$$S_0 \cdot m_0 = S_1 \cdot (m_0 + m_x);$$

$$m_x = \frac{S_0 - S_1}{S_1} \cdot m_0 = \left(\frac{S_0}{S_1} - 1\right) \cdot m_0. \tag{2}$$

Für sehr kleines m_0 wird S_0 sehr groß gegen S_1; letzteres kann vernachlässigt werden, und Gl. (2) geht in Gl. (1) über.

Der Fehler wird bei der direkten Isotopenverdünnung umso kleiner, je größer die vorhandene Substanzmenge m_x gegenüber der zugesetzten Menge m_0 an aktivem Isotop ist.

Das Verfahren eignet sich daher vor allem zu Bestimmung von größeren Substanzmengen m_x.

4.4.3 Einfache Isotopenverdünnung mit unmarkierter Substanz

Die Methode der einfachen Isotopenverdünnung mit unmarkierter Substanz wird auch als „inverse Isotopenverdünnung" bezeichnet. Man wendet dieses Verfahren an, wenn radioaktive Substanzen bestimmt werden sollen, die in so geringen Mengen

---

[2] Nur bei Wasserstoff-Isotopen können merkliche Abweichungen auftreten.

vorliegen, dass sie nicht isoliert werden können, ihre Aktivitäten aber zur Messung ausreichen.

Zu dem vorliegenden Gemisch gibt man ein inaktives Isotop des zu bestimmenden Elementes in größerer, bekannter Menge m_0 und trennt dann einen Teil davon in reiner Form ab. Die abgetrennte Teilmenge m_1 wird bestimmt und ihre Aktivität a_1 gemessen.

Der prozentuale Verlust an Zusatz ist gleich dem prozentualen Verlust an Aktivität (und Menge) des gesuchten Elementes, und es gilt

$$a_x = a_1 \cdot \frac{m_0}{m_1}. \tag{3}$$

Im Gegensatz zur vorigen Methode kann hier nur die in der Analysenprobe vorhandene Aktivität a_x des gesuchten Elementes bestimmt werden, nicht seine Menge m_x.

Bei dem Hauptanwendungsgebiet dieses Verfahrens, der Neutronen-Aktivierungsanalyse, wird m_x durch eine gesonderte Bestimmung der spezifischen Aktivität $S_x = \frac{a_x}{m_x}$ des gesuchten Elementes ermittelt: Man bestrahlt zusammen mit der Analysensubstanz eine reine Probe des gesuchten Elementes, an der dann die unter den angewandten Bestrahlungsbedingungen erreichte spezifische Aktivität S_x gemessen wird.

Die Methode ist umso genauer, je größer die zugesetzte Menge m_0 gegenüber der gesuchten Menge m_x ist; sie eignet sich daher vor allem zur Bestimmung sehr geringer Mengen an radioaktiven Substanzen.

4.4.4 Doppelte Isotopenverdünnung mit unmarkierter Substanz

Die im vorigen Abschnitt beschriebene Methode gestattet direkt nur die Bestimmung der Aktivität a_x der gesuchten Substanz; zur Ermittlung ihrer Menge muss eine zweite Bestimmungsgröße (S_x) herangezogen werden.

Die gesuchte Menge kann noch nach einem zweiten Verfahren erhalten werden: Man entnimmt der Analysenprobe zwei *gleich große* aliquote Teile. Zu Aliquot I wird die Menge m_0, zu Aliquot II die Menge m_0' an unmarkierter Substanz zugefügt. Aus jedem dieser beiden Aliquots wird jetzt eine Teilmenge der gesuchten Substanz (m_1 bzw. m_1') in reiner Form isoliert und deren spezifische Aktivität S_1 bzw. S_1' bestimmt.

Da in beiden aliquoten Teilen die gesuchte Substanzmenge m_x[3] gleich groß ist, gilt:

$$S_x \cdot m_x = S_1 \cdot (m_x + m_0) = S_1' \cdot (m_x + m_0') \tag{4}$$

---

[3] Man beachte, dass in diesem Beispiel m_x nicht die Gesamtmenge der gesuchten Substanz in der Analysenprobe, sondern nur im aliquoten Teil ist. Der eigentlich gesuchte Wert muss daraus berechnet werden.

Daraus folgt:

$$m_x = \frac{S_1' \cdot m_o' - S_1 \cdot m_o}{S_1 - S_1'}. \tag{5}$$

Das Verfahren wird vor allem bei der Untersuchung von Stoffwechselvorgängen mit Hilfe radioaktiver Markierungen verwendet. Man fügt zu dem biologischen Material, in dem der Weg einer bestimmten Substanz verfolgt werden soll, die gleiche Verbindung in markierter Form zu. Die spezifische Aktivität der nunmehr vorliegenden Gesamtmenge ist somit nicht bekannt, diese Menge lässt sich jedoch durch die beschriebene doppelte Zumischung an unmarkierter Verbindung ermitteln.

Die Fehler des Verfahrens werden gering, wenn die zugesetzte Substanzmenge m_o groß ist gegen m_x und wenn weiterhin m_o' groß ist gegen m_o.

4.5 Trennungen mit substöchiometrischer Reagenszugabe

4.5.1 Prinzip

Bei den Verfahren mit „substöchiometrischer Reagenszugabe"[4] wird die zu bestimmende Substanz mit einer zur vollständigen Umsetzung unzureichenden Reagensmenge versetzt. Entweder wird dadurch eine Teilmenge in eine zur Abtrennung geeignete Verbindung umgewandelt, oder eine Teilmenge wird maskiert, so dass nur der unmaskierte Anteil abgetrennt werden kann. Voraussetzung für die Anwendbarkeit der Methode ist, dass die vorliegende Menge an zu bestimmender Substanz größenordnungsmäßig bekannt ist.

4.5.2 Sättigungsanalyse

Die einfachste Ausführungsform dieses Verfahrens liegt bei der sog. „Sättigungsanalyse" vor. Man setzt zur Markierung der Analysenprobe die zu bestimmende Substanz in radioaktiver Form zu, gibt dann ein geeignetes Reagens in unzureichender Menge zu und trennt den umgesetzten Teil (bzw. den nicht maskierten Teil) ab.

Bei bekannter Reagensmenge und bekannter Stöchiometrie der Reaktion ist die abgetrennte Menge m_1 gegeben, ferner sind die Menge m_o und die Aktivität a_o des zum Markieren verwendeten Zusatzes bekannt. Durch Messen der Aktivität a_1 des abgetrennten Teils kann die gesuchte Menge m_x der zu bestimmenden Komponente nach Gl. (1) bzw. Gl. (2) berechnet werden.

---

[4] Der Ausdruck stammt von Růžička u. Starý (1961), die Methode wurde im Prinzip zuerst von Zimakov (1958) u. Rozhavskii angewandt.

Das Verfahren ist somit als eine Variante der direkten Isotopenverdünnung anzusehen. Der Vorteil gegenüber der ursprünglichen Methode besteht darin, dass auch sehr kleine Mengen m_x an unbekannter Substanz bestimmt werden können, sofern chemische Reaktionen zur Verfügung stehen, die auch bei extrem niedrigen Konzentrationen praktisch quantitativ verlaufen.

4.5.3 Doppelte Isotopenverdünnung mit markierter Substanz

Gelegentlich ist es zwar möglich, eine Teilmenge der zu bestimmenden Substanz mit Hilfe der substöchiometrischen Reagenszugabe abzutrennen, nicht aber, die absolute Menge dieses Anteils genau zu bestimmen. Das bedeutet, dass die Menge m_1 nicht bekannt ist. Die dann erforderliche zweite Bestimmungsgleichung kann folgendermaßen erhalten werden:

Ein aliquoter Teil der Analysenprobe wird mit der Menge m_o der gesuchten Substanz in radioaktiver Form (spezifische Aktivität S_o) versetzt. Die spezifische Aktivität des Gemisches ist dann

$$^*S = \frac{S_o \cdot m_o}{m_o + m_x} \qquad (6)$$

Zu einem zweiten, *gleich großen* aliquoten Anteil der Probe gibt man die Menge m_o' des gleichen radioaktiven Isotopes (spezifische Aktivität S_o). Die spezifische Aktivität dieses Gemisches ist

$$^*S' = \frac{S_o \cdot m_o'}{m_o' + m_x} \qquad (7)$$

Nunmehr wird von jeder der beiden Mischungen ein Teil der gesuchten Substanz mit Hilfe der substöchiometrischen Reagenszugabe isoliert; dabei geht man so vor, dass die isolierten Teilmengen m_1 und m_1' gleich groß sind ($m_1 = m_1'$). Schließlich werden die Aktivitäten a_1 und a_1' der Teilmengen gemessen. Es gilt:

$$a_1 = {^*S} \cdot m_1 = \frac{S_o \cdot m_o}{m_o + m_x} \cdot m_1 \qquad (8)$$

$$a_1' = {^*S'} \cdot m_1 = \frac{S_o \cdot m_o'}{m_o' + m_x} \cdot m_1 \qquad (9)$$

Damit liegen zwei Gleichungen mit zwei Unbekannten (m_x und m_1) vor, aus denen sich m_x durch Eliminieren von m_1 berechnen lässt:

$$m_x = \frac{m_o \cdot m_o' \, (a_1' - a_1)}{a_1 \cdot m_o' - a_1' \cdot m_o} = \frac{m_o'(a_1' - a_1)}{\frac{m_o'}{m_o} \cdot a_1 - a_1'} \qquad (10)$$

Der Fehler dieses Verfahrens wird klein, wenn $m_o = m_x$ und $m_o' \gg m_x$.

4.5.4 Methode nach Růžička u. Starý

Eine weitere Variante der Trennung mit substöchiometrischer Reagenszugabe wurde von Růžička u. Starý (1961) angegeben. Man versetzt die Probe, die das zu bestimmende Element nur in sehr kleiner Menge m_x enthält, mit einer größenordnungsmäßig etwa gleichen Menge m_o an radioaktivem Isotop der spezifischen Aktivität S_o. Dann trennt man mithilfe einer substöchiometrischen Reaktion einen Teil m_1 ab und misst dessen Aktivität a_1; es gilt Gl. (2):

$$m_x = \left(\frac{S_o}{S_1} - 1\right) \cdot m_o \qquad (2)$$

Nunmehr trennt man von dem Radioisotop, das zur Probe zugesetzt worden war, mithilfe der gleichen substöchiometrischen Reagensmenge dieselbe Substanzmenge m_1 ab. Diese besitzt die Aktivität a_1' und die spezifische Aktivität S_o.
Da $S_o = a_1'/m_1$ und $S_1 = a_1/m_1$, ergibt sich:

$$m_x = \left(\frac{a_1'}{a_1} - 1\right) \cdot m_o \qquad (11)$$

Man erspart sich bei diesem Verfahren wiederum die Bestimmung der abgetrennten Menge m_1, deren Ermittlung beim Vorliegen sehr kleiner Mengen an zu bestimmender Substanz schwierig sein kann.

4.5.5 Anwendungsbereich und Wirksamkeit der Methode

Bei den substöchiometrischen Verfahren können Fällungen mit unzureichender Reagensmenge, Elektrolysen mit unzureichender Strommenge oder Komplexbildungsreaktionen mit unzureichender Menge an Komplexbildner in Kombination mit verschiedenen Trennungsmethoden, z. B. Ausschüttel- oder Ionenaustauschmethoden u. a., angewendet werden. Die Ausführung lässt sich automatisieren.

Der Vorteil des substöchiometrischen Reagenszusatzes liegt vor allem darin, dass die Isotopenverdünnungsmethoden auf sehr geringe Substanzmengen ausgedehnt werden können. Außerdem werden in vielen Fällen die abgetrennten Teilmengen wesentlich reiner erhalten, d. h. die Trennungen verlaufen wesentlich selektiver.

Als Beispiel sei die Abtrennung von Quecksilber aus kupferhaltigen Lösungen durch Ausschütteln der Dithizon-Verbindung angeführt. Bei der üblichen Arbeitsweise mit Reagensüberschuss gehen beide Elemente in die organische Phase. Verwendet man dagegen eine so geringe Menge an Dithizon, dass das Quecksilber nur zum Teil umgesetzt wird, so wird es praktisch frei von Kupfer erhalten, da die Komplexbildungskonstante des letzteren mit Dithizon um mehrere Zehnerpotenzen kleiner ist als die des Quecksilbers.

Nachteilig ist bei den substöchiometrischen Verfahren, dass eine ungefähre Kenntnis der vorliegenden Menge an zu bestimmender Substanz erforderlich ist. Außerdem ist es oft schwierig, geeignete Reaktionen zu finden, die auch bei extrem niedrigen Konzentrationen quantitativ verlaufen.

4.6 Standardadditionsverfahren

Bei einem von Alian (1968) angegebenen Verfahren zur Bestimmung radioaktiver Substanzen wird nicht ein inaktives Isotop des betreffenden Elementes zugemischt, sondern das aktive Isotop selbst; man geht dabei folgendermaßen vor:

Das zu bestimmende Element wird aus einem aliquoten Teil der Analysenlösung in unbekannter Ausbeute x, aber reiner Form isoliert. Dann bestimmt man die Aktivität a des abgetrennten Anteils.

Zu einem zweiten, gleich großen aliquoten Teil der Analysenlösung setzt man eine bekannte Aktivität a_s des zu bestimmenden Elementes hinzu und isoliert in gleicher Weise wie bei dem ersten Anteil eine Teilmenge in reiner Form. Schließlich wird die Aktivität a_m auch dieses Teiles gemessen.

Die Ausbeute x bei der Trennung ergibt sich zu

$$x\,(\%) = \frac{a_m - a}{a_s} \cdot 100 \qquad (12)$$

Voraussetzung ist, dass bei beiden Trennungen die Ausbeute x gleich groß ist. Das Verfahren lässt sich auf inaktive Stoffe übertragen, indem man in Gl. (12) an Stelle der Aktivitäten die Substanzmengen (z. B. in Gramm) einsetzt.

Die Zugabe von Stabilisotopen-markierten Analyten mit bekanntem Gehalt zu einem Aliquot einer unbekannten Probe ermöglicht die absolute Bestimmung des Analyten. Die Konzentrationsbestimmung vor und nach Zugabe der Stabilisotop-Markierungssubstanz erfolgt massenspektrometrisch. Diese Technik wird inzwischen vielfach zur Rückstandsbestimmung in Lebensmitteln eingesetzt. Nachteilig ist die aufwendige Synthese entsprechend markierter Analyten. Auch muss die Probe zweifach vermessen werden (mit und ohne Standardaddition).

Literatur zum Text

C. Cervino, S. Asam, D. Knopp, M. Rychlik u. R. Niessner, Use of isotope-labeled aflatoxins for LC-MS/MS stable isotope dilution analysis of foods, J. Agric. Food Chem. *56*, 1873–1879 (2008).

E. Ciccimaro u. I.A. Blair, Stable-isotope dilution LC-MS for quantitative biomarker analysis, Bioanalysis *2*, 311–341 (2010).

B.S. Coulter, Calculation of precision in isotope dilution experiments, Int. J. Appl. Radiat. Isotopes *20*, 271–274 (1969).

R.E. Hamon, D.R. Parker u. E. Lombi, Advances in isotopic dilution techniques in trace element research: a review of methodologies, benefits, and limitations, Advances in Agronomy *99*, 289–343 (2008).

D. Hannah, L. Porter u. S. Buckland, Analysis of foods and biological samples for dioxins and PCBs by high resolution gas chromatography-mass spectrometry, in: J. Gilbert, Progress in Food Contaminant Analysis, Blackie, London, UK 305–331 (1996).

D. Klockow, H. Denzinger u. G. Rönicke, Use of substoichiometric isotope dilution analysis in the determination of atmospheric sulfate and chloride in background air, Chemie Ingenieur Technik *46*, 831 (1974).

K. Kristjansdottir u. S.J. Kron, Stable-isotope labeling for protein quantitation by mass spectrometry, Current Proteomics *7*, 144–155 (2010).

W. Meier-Augenstein, Applied gas chromatography coupled to isotope ratio mass spectrometry, J. Chromatogr. A *842*, 351–371 (1999).

R.K. Mitchum, G.F. Moler u. W.A. Korfmacher, Combined capillary gas chromatography/atmospheric pressure negative chemical ionization/mass spectrometry for the determination of 2,3,7,8-tetrachlorodibenzo-p-dioxin in tissue, Anal. Chem. *52*, 2278–2282 (1980).

J. Růžička u. C.G. Lamm, A new concept of automated radiochemical analysis based on substoichiometric separation, Talanta *15*, 689–697 (1968).

M. Rychlik u. S. Asam, Stable isotope dilution assays in mycotoxin analysis, Analytical and Bioanalytical Chemistry *390*, 617–628 (2008).

J. Tölgyessy, T. Braun u. T. Kyrš, Isotope Dilution Analysis, Pergamon Press, Oxford (1972).

R.S. Yalow u. S.A. Berson, Immunoassay of endogenous plasma insulin in man, J. Clin. Invest. *38*, 1157–1175 (1960).

5 Konzentrationsangaben

Zur Angabe der Konzentrationen von Komponenten eines Substanzgemisches ist in der Literatur eine verwirrende Vielzahl von Bezeichnungen und Maßeinheiten in Gebrauch; wegen der grundlegenden Bedeutung des Konzentrationsbegriffes für sämtliche Bereiche der Chemie sei eine Übersicht über die prinzipiellen Möglichkeiten und die wichtigsten Ausdrücke gegeben. Die Betrachtungen sind vor allem für Lösungen durchgeführt, sie lassen sich aber ohne weiteres auf andere Gemische, z. B. fester Substanzen, und auf Mehrstoffsysteme übertragen.

Zunächst muss man unterscheiden, ob die Menge des Gelösten auf eine bestimmte Menge an Lösungsmittel oder an Lösung bezogen ist, d. h. ob man das Mengenverhältnis m_1/m_2 oder $\frac{m_1}{m_1+m_2}$ ausdrücken will (letzteres ist üblicher).

Sodann können die Mengen in Gewichts- oder in Volumeneinheiten angegeben werden. Die sich daraus ergebenden Möglichkeiten zeigt Tab. 5.1.

Tab. 5.1: Löslichkeitsangaben

A – 1	B – 1
$\dfrac{\text{Gewicht des Gelösten}}{\text{Gewicht des Lösungsmittels}}$	$\dfrac{\text{Gewicht des Gelösten}}{\text{Gewicht der Lösung}}$
A – 2	**B – 2**
$\dfrac{\text{Gewicht des Gelösten}}{\text{Volumen des Lösungsmittels}}$	$\dfrac{\text{Gewicht des Gelösten}}{\text{Volumen der Lösung}}$
A – 3	**B – 3**
$\dfrac{\text{Volumen des Gelösten}}{\text{Volumen des Lösungsmittels}}$	$\dfrac{\text{Volumen des Gelösten}}{\text{Volumen der Lösung}}$

Von diesen 6 Grundtypen leiten sich je nach Wahl der Mengenangabe zahlreiche Konzentrationsbezeichnungen ab, von denen nur einige der wichtigsten angeführt seien:

A – 1. Häufig findet man die Angabe „g Gelöstes/100 g Lösungsmittel", seltener „g Gelöstes/1000 g Lösungsmittel". Hier ist auch die Bezeichnung „Mole Gelöstes/ 1000 g H_2O" = Molalität zu erwähnen.

B – 1. Weitverbreitet ist die als „Gewichtsprozent" definierte Konzentrationsangabe „g Gelöstes/100 g Lösung", für die oft auch nur die Bezeichnung „%" verwendet wird.[1]

---

[1] Im Gegensatz zur deutschsprachigen Literatur wird die Bezeichnung „%" im angelsächsischen Sprachgebiet auch für die Konzentrationsangabe „g Gelöstes/100 ml Lösung" verwendet. Zum Vermeiden von Unklarheiten wird dann gewöhnlich die Dimension angeführt („g/g" bzw. „g/v"; für die in Tab. 5.1 unter B – 3 befindliche Angabe entsprechend „v/v".

Für sehr geringe Konzentrationen findet man die Angaben „ppm" = parts per million = Teile in 10^6 Teilen (= g/Tonne, mg/kg, µg/g oder 10^{-4} %), „ppb" = parts per billion = Teile in 10^9 Teilen (= mg/Tonne, µg/kg, ng/g oder 10^{-7} %), „ppt" = parts per trillion = Teile in 10^{12} Teilen (= µg/Tonne, ng/kg, pg/g oder 10^{-10} %) sowie „ppq" = parts per quadrillion = Teile in 10^{15} Teilen (= ng/Tonne, pg/kg, fg/g oder 10^{-13} %).

Weiterhin sind hier der sog. „Molenbruch" = Mole Gelöstes/Mole Gemisch und die Angabe „Molprozent" (bzw. „Atomprozent") = Mole Gelöstes/100 Mole Gemisch zu erwähnen.

A – 2. Das Gewicht des Gelösten wird gelegentlich auf 100 ml oder 1 l Lösungsmittel bezogen, „g Gelöstes/100 ml Lösungsmittel" oder „g Gelöstes/l Lösungsmittel".

B – 2. Sehr häufig verwendete Angaben sind „g Gelöstes/100 ml Lösung" und „g Gelöstes/1 Lösung", von denen sich auch die „molaren" und „normalen" Lösungen ableiten (= „Mole Gelöstes/1 Lösung" bzw. „Äquivalente Gelöstes/1 Lösung"). Diese Bezeichnungen werden unter dem Begriff der „räumlichen Konzentration" zusammengefasst.

A – 3. Die unter A – 3 angeführte Bezeichnungsweise wird bei Mischungen von Gasen, bei Lösungen von Gasen in Flüssigkeiten und bei Mischungen von Flüssigkeiten angewendet, z. B. „ml Gelöstes/100 ml Lösungsmittel". Bei Mischungen von Flüssigkeiten wird oft nicht auf 100 ml bezogen, sondern das Verhältnis folgendermaßen angegeben: Flüssigkeit 1/Flüssigkeit 2 = a : b oder a + b, z. B. Aceton/Wasser 7 : 3 bzw. 7 + 3.

B – 3. Ebenfalls bei Gemischen von Gasen und von Flüssigkeiten wird die Bezeichnung „Volumen Gelöstes/Volumen der Lösung" angewendet, z. B. „Volumen Gelöstes/100 Volumina Lösung" = Volumenprozent; bei Gasgemischen: „Volumen eines Gases/100 Volumina Gasgemisch".

Konzentrationsangaben, die Volumeneinheiten enthalten, sind temperaturabhängig. Ferner verhalten sich Volumina beim Mischen im Gegensatz zu Massen nicht additiv, sodass man das Volumen eines Gemisches nicht aus den Volumina der einzelnen Komponenten errechnen kann. Bei Gasgemischen sind die Abweichungen von der Additivität allerdings in der Regel vernachlässigbar.

Die häufig gestellte Aufgabe, Konzentrationen der Dimension g/g in solche der Dimension g/V (und umgekehrt) umzurechnen, erfordert die Kenntnis der Dichte der Lösung.

Literatur zum Text

IUPAC, Compendium of Chemical Terminology (the "Gold Book").
 doi: 10.1351/goldbook.C01222 (2012).

Teil II: Trennungen durch unterschiedliche Verteilung zwischen zwei nicht mischbaren Phasen

6 Einführung

6.1 Merkmale des Einzelschrittes – Hilfsphasen – Verteilungskoeffizient – Verteilungsisotherme

Entscheidend wichtige Merkmale der Trennungsverfahren durch Verteilung zwischen zwei nicht mischbaren Phasen sind die Art und der Aggregatzustand der betreffenden Phasen sowie die Gesetzmäßigkeiten, denen die Verteilung unterliegt. Diese Merkmale werden als *Eigenschaften des Einzelschrittes oder der Einzelstufe* bezeichnet. In Tab. 6.1 sind die bei dieser Gruppe von Trennmethoden verwendeten Phasenpaare und die Grundlagen der zugehörigen Trennungen wiedergegeben.

Tab. 6.1: Phasenpaare und Grundlagen von Trennungen durch Verteilung zwischen zwei nicht mischbaren Phasen

Phasenpaar	Trennprinzip	Trennverfahren (Beispiele)
Flüssigkeit – Flüssigkeit	unterschiedliche Verteilungskoeffizienten	Ausschütteln; Verteilungs-Chromatographie
Gas – Flüssigkeit	unterschiedliche Löslichkeit von Gasen in Flüssigkeiten	Absorption; Gas-Chromatographie
Gas – Festkörper	unterschiedliche Adsorption von Gasen an Festkörpern	Gas-Chromatographie
Flüssigkeit – Festkörper	unterschiedliche Adsorption von gelösten Stoffen an Festkörpern	Adsorption; Adsorptions-Chromatographie
Flüssigkeit – Festkörper	unterschiedliche Ionenaustauschkoeffizienten	Ionenaustausch; Ionenaustausch-Chromatographie
Flüssigkeit – Festkörper	unterschiedliche Löslichkeit in Flüssigkeiten und Schmelzen	Fällung; Mitfällung; Extraktion
Flüssigkeit – Festkörper	unterschiedliche Temperaturabhängigkeit der Löslichkeit	Kristallisation; Zonenschmelzen
Gas – Flüssigkeit	unterschiedliche Dampfdrucke	Destillation
Gas – Festkörper	unterschiedliche Sublimationsdrucke	Sublimation

Hilfsphasen. Die zu Trennungen dieser Gruppe erforderlichen Phasenpaare können aus den zu trennenden Substanzen selbst gebildet werden. Sie können aber auch aus zugesetzten Fremdsubstanzen, sog. Hilfsphasen, bestehen, durch die die Trennung erleichtert oder sogar erst ermöglicht wird. Die Anzahl der Hilfsphasen kann eins oder zwei (selten drei) betragen; Verfahren mit 2 Hilfsphasen haben besonders große Bedeutung erlangt.

Beispiele:
- Verfahren ohne Hilfsphase: Trennung von CCl_4 und $CHCl_3$ durch Destillation.
- Verfahren mit einer Hilfsphase: Trennung von $KClO_4$ und $NaClO_4$ durch Extraktion des festen Gemisches mit Ethanol. Hilfsphase: Ethanol
- Verfahren mit zwei Hilfsphasen: Trennung von Fe^{3+} und Al^{3+} durch Ausschütteln des Eisens aus wässriger 6 N HCl-Lösung mit Ether. Hilfsphasen: Wässrige HCl-Lösung und Ether.

Verteilungskoeffizient. Verteilt sich eine Substanz A auf die Phasen 1 und 2, so lässt sich in jedem Falle ein Verteilungskoeffizient α_A als Gleichgewichtskonstante des Verteilungsgleichgewichtes angeben:

$$\alpha_A = \frac{\text{Konzentration von A in Phase 1}}{\text{Konzentration von A in Phase 2}} = \frac{c_1}{c_2}. \tag{1}$$

Der Verteilungskoeffizient ist nicht nur von der Art der beiden Phasen und der verteilten Substanz, sondern auch von mehreren weiteren Variablen abhängig: von Temperatur und Druck sowie häufig auch von der Konzentration der Substanz A und von Art und Konzentration weiterer Substanzen in dem betreffenden System.

Dem Verteilungskoeffizienten α werden oft anschaulichere Prozentangaben vorgezogen, die jedoch vom Volumenverhältnis V_1/V_2 der beiden Phasen abhängig sind.

Man erhält für den Prozentsatz an Substanz, der bei der Verteilung in die Phase 1 geht, den Ausdruck

$$\% \text{ in Phase 1} = \frac{100 \cdot \alpha \cdot V_1/V_2}{1 + \alpha \cdot V_1/V_2} \tag{2}$$

Sind die Volumina beider Phasen nach der Verteilung gleich, so vereinfacht sich Gl. (2), und man erhält die sog. „Prozentuale Verteilung" P:

$$P = \frac{100 \cdot \alpha}{1 + \alpha}, \tag{3}$$

die als besonders anschaulich häufig, vor allem bei der Verteilung zwischen zwei Flüssigkeiten, verwendet wird.

Verteilungsisotherme. Von größter Bedeutung für Trennungen durch Verteilung ist das Verhalten des Verteilungskoeffizienten α bei Änderung der Konzentration der verteilten Substanz A. Diese Funktion wird als „Verteilungsisotherme" bezeichnet, da sie bei einer bestimmten Temperatur ermittelt wird. Im Idealfall ist α unabhängig von der Konzentration an A, dann liegt eine sog. „Nernst-Verteilung" vor (ein analoges Verhalten bei Lösungen von Gasen in Flüssigkeiten hatte bereits früher Henry (1803) gefunden). Bei der Mehrzahl der Verteilungsverfahren treten jedoch andere Gesetzmäßigkeiten auf.

Die Nernst-Verteilung (1891) ist die für Trennungen günstigste Form der Verteilungsisotherme; bei anderen Isothermen arbeitet man möglichst in Konzentrationsbereichen, in denen die Nernst-Verteilung angenähert wird.

Die Verteilungsisotherme wird häufig graphisch wiedergegeben, wobei man verschiedene Darstellungsarten verwenden kann. Gewöhnlich trägt man die Konzentration c_1 in der einen Phase gegen die Konzentration c_2 in der anderen Phase nach der Gleichgewichtseinstellung auf; die Nernst-Verteilung ergibt dann eine vom Koordinatenanfangspunkt ausgehende Gerade (vgl. Abb. 6.1b). Weiterhin kann man die Änderung von α oder von P mit steigender Anfangskonzentration c_0 in einer der beiden Phasen angeben (vgl. Abb. 6.1a).

Liegt eine Verteilungsisotherme der Form

$$\alpha = \frac{c_1^n}{c_2} \tag{4}$$

vor, so ist eine Auftragung von $\log c_1$ gegen $\log c_2$ günstig; man erhält dann eine Gerade, aus deren Steigung sich n ermitteln lässt.

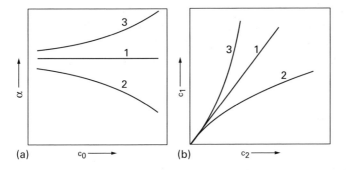

Abb. 6.1: Graphische Darstellung von Verteilungsisothermen.
a) Abhängigkeit des Verteilungskoeffizienten α von der Anfangskonzentration c_0 der verteilten Substanz in einer Phase; 1 = Nernst-Verteilung;
b) Abhängigkeit der Konzentration c_1 in Phase 1 von c_2 in Phase 2 (Konzentrationen nach Gleichgewichtseinstellung); 1 = Nernst-Verteilung.

6.2 Wirksamkeit von Trennungen durch Verteilung – Trennfaktor – graphische Darstellung der Wirksamkeit

Sollen Substanzen durch Verteilung zwischen zwei nicht mischbaren Phasen getrennt werden, so müssen ihre Verteilungskoeffizienten unterschiedlich sein, da andernfalls kein Trenneffekt vorhanden ist. In Analogie zu Abb. 1.1 in Teil 1 lässt sich das Ergebnis einer derartigen Trennung darstellen, wobei die beiden Teile, in die das Gemisch aufgespalten wird, durch die Phasen gebildet werden (Abb. 6.2).

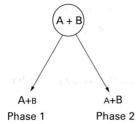

Abb. 6.2: Trennung von zwei Substanzen durch Verteilung zwischen zwei Phasen. ◯ = Trennungsoperation.

Entsprechend wird der Trennfaktor β definiert:

$$\beta = \frac{(\text{Konz. von A}/\text{Konz. von B}) \text{ in Phase 1}}{(\text{Konz. von A}/\text{Konz. von B}) \text{ in Phase 2}}. \tag{5}$$

Dieser Ausdruck ist identisch mit dem Verhältnis der Verteilungskoeffizienten α_A und α_B der Substanzen A und B:

$$\beta \equiv \frac{\alpha_A}{\alpha_B}. \tag{6}$$

Auch hier sind die oben gegen die zu weitgehende Anwendung des Trennfaktors gemachten Einwendungen zu berücksichtigen, und man muss für eindeutige Aussagen über die Wirksamkeit einer Trennung die Verunreinigungen in jeder Phase bzw. die Ausbeuten angeben.

Eine andere Formulierung ergibt sich aus der schon erwähnten Forderung, dass sich 99,9 % der Substanz A in Phase 1 und 99,9 % der Substanz B in Phase 2 befinden sollen. Die Verteilungskoeffizienten betragen dann (bei Volumengleichheit beider Phasen)

$\alpha_A = 999$ und $\alpha_B = \frac{1}{999}$, sie liegen damit symmetrisch zu 1, d. h.

$$\alpha_A \cdot \alpha_B = 1. \tag{7}$$

Bei der Angabe von Trennfaktoren wird meist die wenigstens angenäherte Gültigkeit dieser Beziehung stillschweigend vorausgesetzt.

Das Verhalten des Trennfaktors bei Konzentrationsänderungen der zu trennenden Substanzen ergibt sich aus den Konzentrationsabhängigkeiten der einzelnen Verteilungskoeffizienten, d. h. aus den Verteilungsisothermen. Im Idealfall liegt für sämtliche Komponenten eines Gemisches eine Nernst-Verteilung vor; dann sind die Trennfaktoren unabhängig sowohl vom Konzentrationsverhältnis als auch von den Absolutkonzentrationen der betreffenden Substanzen.

Ferner sollen sich die Verteilungskoeffizienten möglichst nicht gegenseitig beeinflussen und auch durch die Gegenwart von weiteren Komponenten nicht verändert werden, da sonst die Verhältnisse in einem System sehr unübersichtlich werden. Diese Forderungen sind jedoch häufig nicht erfüllt.

Graphische Darstellung der Wirksamkeit. Die Verhältnisse bei der Trennung von Zweistoffgemischen ohne Hilfsphasen lassen sich anschaulich graphisch darstellen; man trägt in ein quadratisches Diagramm die Konzentration der Substanz A in Phase 1 als Abszisse gegen die Konzentration der gleichen Substanz A in Phase 2 als Ordinate auf (vgl. Abb. 6.3). Die Konzentrationen werden dabei in Gewichtsprozenten, Molprozenten oder in Molenbrüchen angegeben.

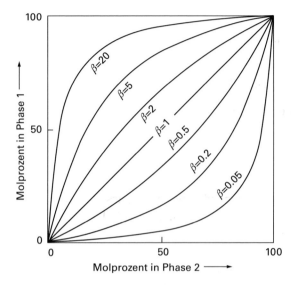

Abb. 6.3: Darstellung von Trennungen im quadratischen Diagramm mit verschiedenen Trennfaktoren für je zwei Substanzen. Nernst-Verteilung.

In Systemen mit Hilfsphasen lässt man bei der Angabe der Konzentrationen die zugesetzten Hilfssubstanzen unberücksichtigt und setzt in jeder Phase die Summe der Konzentrationen der beiden zu trennenden Stoffe gleich 100 % (bzw. gleich 1 bei der Angabe von Molenbrüchen). Bei diesem Vorgehen bleibt allerdings eine Variable, die Gesamtkonzentration, außer Betracht.

Auf diese Weise erhält man Diagramme, bei denen für β = 1 alle Werte auf der Diagonalen liegen, während sich für β ≠ 1 im Idealfall (Nernst-Verteilung) Hyperbeln ergeben, die umso weiter von der Diagonalen entfernt sind, je mehr der Trennfaktor β sich vom Wert 1 unterscheidet, je besser also die Trennung ist.

Liegen bei den zu trennenden Stoffen keine Nernst-Verteilungen vor, so treten mehr oder weniger unsymmetrische Kurven auf, die sogar die Diagonale schneiden können (vgl. Abb. 6.4).

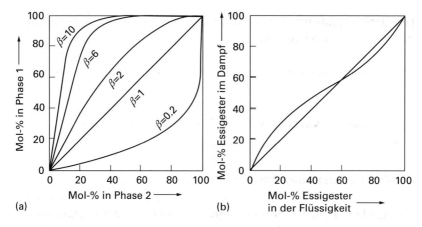

Abb. 6.4: Darstellung von Trennungen im quadratischen Diagramm für zwei Fälle von nichtidealer Verteilung.
a) Sog. „logarithmische" Verteilung;
b) Bildung eines Azeotrops (System Essigsäureethylester–Ethanol bei 760 Torr).

6.3 Praktisch erreichbare Trennfaktoren

Die meisten bekannten Trennungen genügen hinsichtlich der Größe des Trennfaktors und der Höhe der Ausbeuten den analytischen Anforderungen nicht (vgl. Tab. 6.2); man muss daher versuchen, unzureichende Trenneffekte zu verbessern.

Tab. 6.2: Trennfaktoren bei einigen Trennungen

Trennung	Trennfaktor
Isotopentrennungen durch Diffusion	ca. 1,001–1,005
Trennung der Seltenen Erden	1,1–1,5
Laser-Isotopentrennung (SILEX)	2–20
Zr–Hf-Trennung	3–15
Kristallisation von NaCl und KCl (technisch)	ca. 1000
Massenspektrometrie (präparativ)	10–10 000
„quantitative" Analyse (99,9 %)	ca. 1 000 000
Cu–Zn (elektrolytisch)	> 80 000 000
absolute Trennung	∞

Es stehen mehrere Möglichkeiten zur Verfügung, mit denen die Wirksamkeit von Trennungen verbessert werden kann:
– Erhöhen des Trennfaktors durch günstige Wahl der Bedingungen bei der Trennung;
– Zwischenschieben von Hilfssubstanzen;

- Ausnutzen unterschiedlicher Geschwindigkeiten von chemischen Reaktionen;
- Wiederholen der Trennungsoperation.

Von diesen Verfahren besitzt das zuletzt genannte die weitaus größte Bedeutung.

6.4 Verbessern von Trennungen durch optimierte Wahl der Bedingungen

Oft können die Trennfaktoren durch Änderung der äußeren Bedingungen bei der Trennung (Druck, Temperatur, Konzentration) wesentlich verbessert werden. Besonders wirksam sind das Überführen der abzutrennenden Komponente in eine günstige Verbindung (z. B. in eine flüchtige oder schwer lösliche Substanz) sowie das Maskieren einzelner Bestandteile des Gemisches (vgl. Kap. 3 in Teil 1).

Die günstigsten Bedingungen müssen empirisch ermittelt werden; wegen der fast unendlich großen Anzahl möglicher Systeme lassen sich kaum allgemeine Regeln aufstellen.

6.5 Verbessern von Trennungen durch Zwischenschieben von Hilfssubstanzen

Wie schon v. Scheele (1893) beobachtet, können Lanthan und Praseodym besonders gut durch fraktionierte Kristallisation der Ammonium-Doppelnitrate getrennt werden, wenn das Gemisch noch Cer enthält, welches sich bei dieser Trennungsmethode zwischen die beiden Elemente schiebt. Später konnte Urbain (1909) die Europium-Samarium-Trennung durch Kristallisation der Magnesium-Doppelnitrate verbessern, indem Magnesium-Wismutnitrat zwischen die Seltenen Erden geschoben wurde.

Ein derartiges Zwischenschieben von Hilfssubstanzen ist auch bei anderen Trennungsmethoden gelegentlich empfohlen worden (z. B. bei Adsorptions-, Ionenaustausch-, Elektrophorese- und Destillationsverfahren). Es ist jedoch in der Anwendbarkeit begrenzt und umständlich, da die zugesetzte Substanz nachträglich mit einem anderen Trennverfahren wieder abgetrennt werden muss.

6.6 Verbessern von Trennungen durch Ausnutzen unterschiedlicher Geschwindigkeiten bei der Einstellung der Verteilungsgleichgewichte oder von unterschiedlichen Reaktionsgeschwindigkeiten

Bestehen bei verschiedenen Komponenten eines Gemisches größere Unterschiede in den Einstellungsgeschwindigkeiten der Verteilungsgleichgewichte, so können diese durch schnelles Arbeiten zur Verbesserung des Trenneffekts ausgenutzt werden. Das Gleiche gilt, wenn chemische Reaktionen unterschiedlicher Geschwindigkeiten vor oder während der Trennung ablaufen; u. U. können die schneller reagierenden Substanzen abgetrennt werden, bevor die langsameren in merklichem Umfange reagiert haben.

6.7 Verbessern von Trennungen durch Wiederholung des Einzelschrittes

6.7.1 Allgemeines – diskontinuierliche und kontinuierliche Arbeitsweise – Kreislauf-Verfahren

Die wichtigste und allgemeinste Methode zum Erhöhen des Trenneffekts ist die Wiederholung des Einzelschrittes. Man gelangt auf diese Weise zu den sog. *mehrstufigen (multiplikativen) Trennverfahren*. Bei diesen werden verschiedene Schemata angewandt, von denen die in der analytischen Chemie gebräuchlichsten im Folgenden abgeleitet und besprochen werden sollen.

Verfahrenstechnisch können multiplikative Trennungen diskontinuierlich in einzelnen Trennstufen oder kontinuierlich durchgeführt werden.

Eine besondere Variante stellen die sog. „Kreislauf-Verfahren" dar; bei diesen wird eine Hilfssubstanz nach dem Verlassen der Apparatur im Kreis zurückgeführt und erneut eingesetzt; der Vorteil besteht darin, dass die erforderliche Menge an Hilfsphase wesentlich verringert wird, ferner können Substanzverluste durch das Arbeiten in einem geschlossenen System verhindert werden.

6.7.2 Einseitige Wiederholung

Eine häufig angewandte Art der Wiederholung von Trennungen soll als „einseitige Wiederholung" bezeichnet werden. Gegeben sei z. B. ein Gemisch von 100 Teilen der Substanz A und 100 Teilen der Substanz B (Abb. 6.5). Nach der ersten Trennung mögen sich 99,9 % von A mit 10 % von B in der einen Phase sowie 0,1 % von A mit 90 % von B in der anderen Phase befinden. Wiederholt man die Trennung nur mit dem jeweils linken Teil und vereinigt die abgetrennten Anteile (rechts in Abb. 6.5), so liegen nach

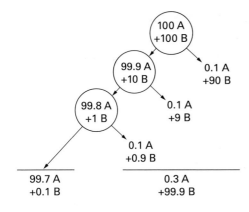

Abb. 6.5: Einseitige Wiederholung einer Trennung.
○ = Trennungsoperation.

zweimaliger Wiederholung im Endergebnis 99,7 % von A + 0,1 % von B in der einen Phase und 0,3 % von A + 99,9 % von B in der anderen Phase vor. Somit wurde auf der linken Seite des Schemas die Reinheit von A auf Kosten der Ausbeute, auf der rechten Seite die Ausbeute von B auf Kosten der Reinheit erhöht.

Voraussetzung für die Anwendung der Methode in der analytischen Chemie ist, dass nach jeder Trennung die Ausbeute auf der einen Seite des Schemas sehr hoch ist (möglichst ≫ 99,9 %), während die Substanz noch stark verunreinigt sein darf. (Damit ist zwangsläufig eine hohe Reinheit bei schlechter Ausbeute auf der anderen Seite gegeben).

Die einseitige Wiederholung spielt – wie im Folgenden gezeigt werden wird – bei den Verteilungsverfahren eine bedeutende Rolle, sie wird allerdings häufig in etwas abgeänderter Weise durchgeführt.

In Abb. 6.6 sollen durch die Kreise Gefäße dargestellt werden, in denen man die Trennungsoperationen durchführt. Die eine Substanz bleibt nach der Trennung zum Teil in dem Reaktionsgefäß zurück (geringe Ausbeute), während die andere praktisch vollständig in das nächste Gefäß überführt wird (hohe Ausbeute). Nach dem Durchlaufen einer Anzahl von Gefäßen ist die erste Substanz vollständig von der zweiten, nicht in den Gefäßen zurückgehaltenen S. abgetrennt.

An Stelle der diskontinuierlichen Arbeitsweise in einzelnen Gefäßen kann man das Verfahren auch kontinuierlich gestalten, wobei allerdings mindestens eine Hilfsphase verwendet werden muss. Man bringt diese in eine säulenförmige Anordnung (Beispiel: ein mit einem festen Adsorbens gefülltes Rohr) und lässt das zu trennende Substanzgemisch – evtl. mit einer zweiten Hilfsphase – durch die Säule hindurchwandern. Die Trennung erfolgt durch Festlegen von Anteilen der einen Substanz in verschiedenen Abschnitten der Säule (Abb. 6.7), während die andere Substanz nicht merklich festgehalten wird.

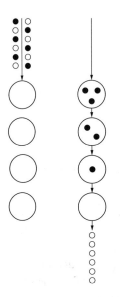
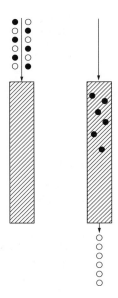

Abb. 6.6: Trennung durch einseitige Wiederholung (Gefäßreihe).
○ = Gefäß bzw. Trennungsoperation.

Abb. 6.7: Trennung durch einseitige Wiederholung (kontinuierliche Arbeitsweise in einer Säule)

6.7.3 Systematische Wiederholung (Kaskade)

Wiederholt man eine Trennung nicht nur auf einer Seite wie in Abb. 6.5, sondern auch mit dem anderen Teil, so erhält man eine sog. „Kaskade". Zum Beispiel werde ein Gemisch von 100 Teilen A und 100 Teilen B bei der Trennung so aufgespalten, dass 90 Teile A mit 10 Teilen B in Phase 1 sowie 10 Teile A mit 90 Teilen B in Phase 2 gehen (Abb. 6.8, I. Stufe). Der Trennfaktor beträgt dann $\frac{90/10}{10/90} = 81$. Nunmehr wird mit jedem der beiden Teile die Trennung wiederholt, wobei der Trennfaktor wieder 81 betragen soll. (Abb. 6.8, II. Stufe). In den beiden äußeren Fraktionen befinden sich dann 81 Teile A + 1 Teil B bzw. 1 Teil A + 81 Teile B. Der Trennfaktor zwischen diesen beiden Fraktionen beträgt

$$\beta = \frac{81/1}{1/81} = 81^2 = 6561,$$

allerdings sind noch zwei mittlere Fraktionen entstanden, bei denen der Trennfaktor 1 beträgt und die die Ausbeuten an den beiden Endfraktionen herabsetzen.

Allgemein ist im Idealfall bei einem derartigen Schema der Gesamt-Trennfaktor in den Endfraktionen

$$\beta_{gesamt} = \beta^n, \qquad (8)$$

wenn n die Anzahl der Trennstufen ist.

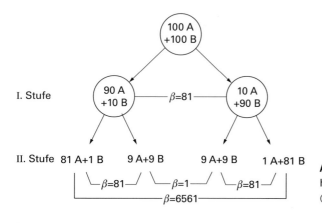

Abb. 6.8: Systematische Wiederholung einer Trennung: Kaskade. ○ = Trennungsoperation.

Zur Beurteilung der bei gegebenem Trennfaktor β für analytische Trennungen notwendigen Anzahl n der Trennstufen empfiehlt es sich, das Ansteigen des Gesamt-Trennfaktors β_{gesamt} mit zunehmendem n zu verfolgen. In Abb. 6.9 ist diese Funktion für verschiedene Werte von β aufgetragen. Wie sich zeigt, ist es sehr wichtig, dass die Einzelstufe einen nicht zu kleinen Trennfaktor aufweist, da sonst die Anzahl der Trennstufen außerordentlich groß sein muss, um β_{gesamt} auf den erforderlichen Wert von etwa 10^6 zu bringen. Es gibt allerdings Verfahren, bei denen sich die Wiederholungen automatisch durchführen lassen, wobei ohne große Schwierigkeiten tausende von Trennstufen (z. Z. maximal mehrere Hunderttausend, s. u.) erreicht werden können.

Nach dem Kaskadenschema kann man Trennungen beliebig oft wiederholen; nachteilig ist jedoch, dass die Anzahl der Fraktionen sehr stark ansteigt, wobei die

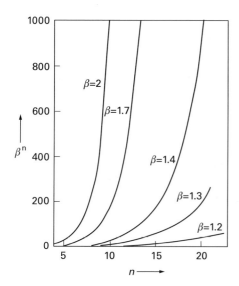

Abb. 6.9: Abhängigkeit von β^n von der Anzahl n der Wiederholungen bei verschiedenen Werten für β.

Ausbeuten an den reinsten Endfraktionen absinken. Das Verfahren ist daher für die analytische Chemie ohne Bedeutung, es wird hier nur aus Gründen der Systematik beschrieben.

6.7.4 Systematische Wiederholung (Dreieckschema – Trennreihe)

Wesentlich günstiger ist die von Pattinson (1833) bei der Trennung der Seltenen Erden durch fraktionierte Kristallisation eingeführte Arbeitsweise im „Dreieckschema". Man arbeitet ähnlich wie bei der Kaskade, vereinigt aber jeweils die Mittelfraktionen (Abb. 6.10).

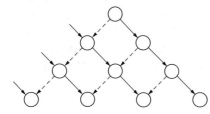

Abb. 6.10: Systematische Wiederholung von Trennungen im Dreieckschema.
○ = Trennungsoperation; ↘ Weg der Phase 1;
↙ Weg der Phase 2.

Auch bei dieser Methode können die einzelnen Trennoperationen beliebig oft wiederholt werden; die Anzahl der Fraktionen steigt ebenfalls an, allerdings nicht annähernd so stark wie bei dem Kaskadenschema.

Die Anzahl der Fraktionen lässt sich nun begrenzen, indem man nach einer für die Trennung ausreichenden Zahl von Reihen die Endfraktion an der rechten Seite des Schemas entfernt, d. h. die Trennung hier abbricht (Abb. 6.11).

Die gleiche Methode ist in etwas anderer Darstellung (Drehung des Dreieckschemas um 45°) in Abb. 6.12 wiedergegeben. Deutet man jetzt die dargestellten Kreise nicht als einzelne Trennungsoperationen, sondern als Gefäße, in denen die Trennungen durchgeführt werden, so liegt offenbar eine *Gefäßreihe* oder *Trennreihe* vor, durch die die eine Phase portionsweise durchgesetzt wird.

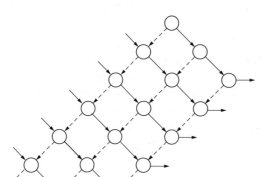

Abb. 6.11: Arbeitsweise im Dreieckschema mit Abbruch in der 3. Reihe.
○ = Trennungsoperation; → Weg der Phase 1; ↙ Weg der Phase 2.

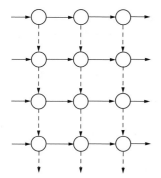

Abb. 6.12: Arbeitsweise im Dreieckschema wie in Abb. 6.11; Deutung als Gefäßreihe.
○ = Gefäß für die Trennungsoperation;
→ Weg der Phase 1; ↓ Weg der Phase 2.

Im Falle der fraktionierten Kristallisation würde sich die feste Phase (das Kristallisat) in den Gefäßen befinden, durch die die Lösung jeweils unter Ablauf eines Kristallisationsvorganges diskontinuierlich hindurchfließt. Man braucht selbstverständlich die feste Phase nicht jedes Mal in neue Gefäße zu bringen, sondern kann sie in den anfänglich vorhandenen belassen, d. h. die Gefäßreihe im Schema der Abb. 6.12 symbolisch nach unten verschieben.

Bei dem gewählten Beispiel der fraktionierten Kristallisation wird nur mit einer Hilfsphase, dem Lösungsmittel, gearbeitet. Dadurch tritt als Nachteil im Verlauf der Trennung eine stetige Verminderung der Menge an fester Phase und eine fortlaufende Änderung des Mengenverhältnisses beider Phasen ein.

Das kann vermieden werden, indem man zwei Hilfsphasen verwendet, im Übrigen aber ebenso wie im Schema der Abb. 6.12 vorgeht.

Eine Anzahl n von einzelnen Gefäßen sei in einer Reihe angeordnet, jedes Gefäß möge eine bestimmte Menge der einen Hilfsphase enthalten (Abb. 6.13). Diese Hilfsphase bleibt während des gesamten Trennungsvorganges in den Gefäßen und wird daher als „*stationäre Phase*" bezeichnet.

Man gibt dann das zu trennende Gemisch und eine Portion der zweiten Hilfsphase in das erste Gefäß und stellt darin das Verteilungsgleichgewicht ein. Dann überführt man die in Gefäß Nr. 1 befindliche zweite Hilfsphase in das Gefäß Nr. 2 und setzt sie hier mit der bereits vorhandenen stationären Phase ins Gleichgewicht. Weiterhin wird eine frische Portion der zweiten Hilfsphase in das Gefäß Nr. 1 gebracht und auch hier das Verteilungsgleichgewicht eingestellt (1. Wiederholung in Abb. 6.13).

Im Gegensatz zur stationären Phase wandert die zweite Hilfsphase bei der Trennung weiter, sie wird deshalb als „*mobile*" oder „*bewegte Phase*" bezeichnet. Die stationäre Phase kann flüssig oder fest, die bewegte gasförmig oder flüssig sein.

Die Trennung kann n mal wiederholt werden, indem man jedes Mal sämtliche Portionen der bewegten Phase um ein Gefäß nach rechts versetzt und eine frische Portion der gleichen Phase in das erste Gefäß der Trennreihe gibt. Nach $n-1$ Wiederholungen sind in jedem Gefäß sowohl stationäre als auch bewegte Phasen vorhanden, und die Reihe ist aufgebaut.

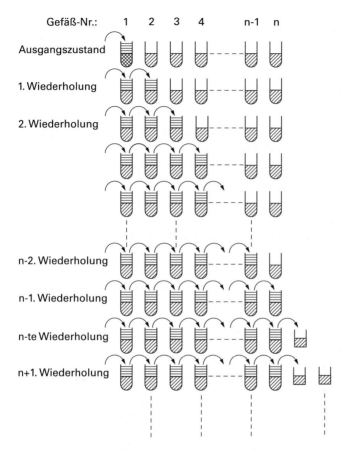

Abb. 6.13: Verteilungsreihe wie in Abb. 6.12; Arbeitsweise mit zwei Hilfsphasen.

Setzt man nunmehr die Trennung in der beschriebenen Weise fort, so wandert die bewegte Phase am Ende der Gefäßreihe aus dem System heraus (n-te; $(n + 1)$-te ... Wiederholung in Abb. 6.13).

Das Ergebnis einer derartigen wiederholten Verteilung mit einer Reihe von 100 Gefäßen ist in Abb. 6.14 wiedergegeben. Dabei wurde angenommen, dass zwei Substanzen A und B mit den Verteilungskoeffizienten $α_A = 2$ und $α_B = 0{,}5$ getrennt werden sollen, dass sie in gleichen Mengen anwesend sind und dass ferner das Nernst'sche Gesetz gültig ist. Die Verteilung von A und B auf die verschiedenen Gefäße der Reihe ist nach 10, 30 und 100 Wiederholungen aufgetragen, wobei die Ordinate die Konzentration der Komponenten in den Gefäßen, die Abszisse die Nummern der Gefäße wiedergibt. Die Wiederholungen der Trennoperationen wurden nicht so oft durchgeführt, dass die Substanzen am Ende aus der Reihe herauswanderten.

Nach 10 Trennschritten sind A und B noch kaum, nach 30 Trennschichten schon recht gut und nach 100 Trennschichten praktisch vollständig getrennt. Dabei vertei-

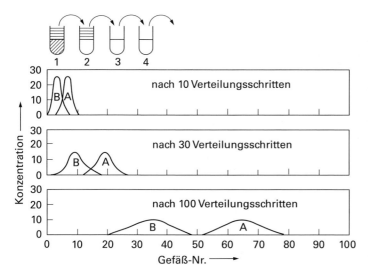

Abb. 6.14: Verteilung der Substanzen A und B nach 10, 30 und 100 Trennschritten. $\alpha_A = 2$; $\alpha_B = 0{,}5$.

len sich die beiden Substanzen auf eine immer größere Anzahl von Gefäßen, und die Konzentrationen sinken mehr und mehr ab.

Die Hauptkennzeichen dieses Schemas sind:
- Einführung der zu trennenden Stoffe in das Anfangsgefäß der Trennreihe;
- diskontinuierliche Anordnung der Trennstufen in einer Reihe von Gefäßen;
- schubweise (diskontinuierliche) Weiterbeförderung der bewegten Phase.

Bei gleicher Anordnung der stationären Phase in einzelnen Gefäßen kann die bewegte Phase auch kontinuierlich durch das System fließen. Wegen des verhältnismäßig großen experimentellen Aufwandes wird diese Variante jedoch in der analytischen Chemie kaum angewendet.

6.7.5 Systematische Wiederholung (Trennsäulen)

Von großer Bedeutung ist eine Weiterentwicklung, bei der die stationäre Phase nicht mehr in einzelnen Gefäßen, sondern in Form eines lang gestreckten, kontinuierlichen Trennbettes in einer Säule angeordnet ist. Man kann diese Methode aus einer senkrecht stehenden Trennreihe ableiten (Abb. 6.15).

Das Substanzgemisch wird auf den Kopf der Säule aufgegeben (entsprechend der Eingabe in das erste Gefäß einer Trennreihe) und die bewegte Phase kontinuierlich durch die Säule fließen gelassen. Dabei werden die zu trennenden Substanzen je nach ihren Verteilungskoeffizienten in unterschiedlichem Ausmaße mitgeführt und beim Durchwandern der stationären Phase entsprechend den Trennfaktoren mehr oder we-

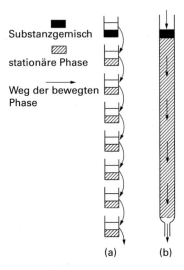

Abb. 6.15: Entwicklung einer Trennreihe zu einer Trennsäule.
a) Trennreihe (diskontinuierliche Einzelstufen, diskontinuierliche Weiterbeförderung der bewegten Phase);
b) Trennsäule (kontinuierliches Trennbett, kontinuierliches Durchfließen der bewegten Phase).

niger gut getrennt. Die ursprüngliche Substanzzone spaltet sich dabei in einzelne Banden auf.

Trennungen in derartigen Anordnungen werden nach den erstmals damit durchgeführten Untersuchungen farbiger Verbindungen als „Chromatographie" bezeichnet. Der Name wurde beibehalten, auch nachdem man das Verfahren auf die Trennung farbloser Stoffe ausgedehnt hatte.

Bei Trennungen mit derartigen Säulen sind folgende Arbeitsweisen zu unterscheiden:
– das Entwicklungsverfahren;
– das Elutionsverfahren;
– die Frontalanalyse und
– die Verdrängungstechnik.

Von diesen besitzen das Entwicklungs- und das Elutionsverfahren die weitaus größte Bedeutung.

Trennungen durch Entwickeln des Chromatogramms. Die Aufspaltung der ursprünglichen Substanzzone während der chromatographischen Trennung wird als „Entwickeln" des Chromatogramms bezeichnet; es entspricht dem in Abb. 6.14 gezeigten Vorgang in einer Gefäßreihe. Beendet man die Trennung zu diesem Zeitpunkt, so liegen die getrennten Substanzen als einzelne Zonen auf der stationären Phase vor. Um sie zu isolieren, muss die stationäre Phase aus der Säule entfernt oder die Säule zerschnitten werden (man kann auch Säulen verwenden, die aus zerlegbaren Abschnitten hergestellt sind). Da diese Arbeitsweise umständlich ist, spielt sie bei chromatographischen Trennungen in Säulen nur eine geringe Rolle, sie wird aber bei den weiter unten zu besprechenden Dünnschicht-Verfahren fast ausschließlich verwendet.

Trennungen durch Elution. Die zweite Methode zum Durchführen von chromatographischen Trennungen besteht darin, solange bewegte Phase durch die Säule fließen zu lassen, bis die einzelnen Komponenten des zu trennenden Gemisches nacheinander aus dem Säulenende herausgespült werden. Das Verfahren wird als „Eluieren" bezeichnet, die die Säule verlassende bewegte Phase als „Eluat".

Während der Elution können die getrennten Substanzen jede für sich gewonnen werden, indem man das Eluat fraktionsweise – am zweckmäßigsten mit einem automatischen Fraktionensammler – auffängt. Häufig verzichtet man jedoch auf die Isolierung einzelner Komponenten und bestimmt nur mit geeigneten Mess- und Registriervorrichtungen fortlaufend deren Mengen oder Konzentrationen im Eluat. Man erhält damit die sog. „Elutionskurve" des eingesetzten Gemisches.

Elutionskurven. Wird während des Eluierens die jeweilige Gesamtmenge an eluierten Substanzen gemessen und gegen das Eluatvolumen aufgetragen, so ergibt sich die „integrale" Elutionskurve. Gebräuchlicher ist es, statt der Gesamtmenge die Konzentrationen im Eluat kontinuierlich zu verfolgen; man erhält dann die „differenzielle" Elutionskurve, die sich aus der ersteren durch Differenzieren ergibt (Abb. 6.16).

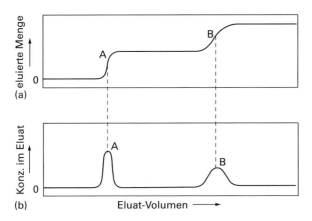

Abb. 6.16: Elutionskurven zweier Substanzen A und B.
a) integrale Elutionskurve;
b) differenzielle Elutionskurve.

Im Folgenden werden nur die differenziellen Elutionskurven behandelt, da die üblichen Geräte fast ausschließlich diese aufzeichnen.

Form der Elutionskurven. Im Idealfall haben die Elutionskurven die Form einer Poisson-Verteilung, wenn die Trennsäule nur wenige Trennstufen aufweist (Abb. 6.17). Beim Erhöhen der Trennstufenanzahl, d. h. beim Verbessern der Wirksamkeit der Säule, geht diese in die Form einer Normal-Verteilung (Gauß-Verteilung) über.

Entspricht die Verteilungsisotherme keiner Nernst-Verteilung, so treten Abweichungen von der idealen Form der Elutionskurven auf, durch die die Trennungen verschlechtert werden (vgl. Abb. 6.18).

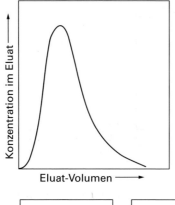

Abb. 6.17: Elutionskurve nach dem Durchlaufen von wenigen Trennstufen (Poisson-Verteilung).

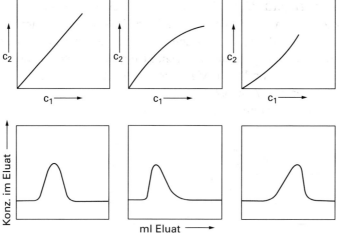

Abb. 6.18: Einfluss der Form der Verteilungsisotherme auf die Elutionskurven

Stufenweise Elution. Sind in einem Substanzgemisch gleichzeitig Stoffe mit sehr hohen und sehr niedrigen Verteilungskoeffizienten enthalten, so werden die einen schnell, die anderen aber erst nach dem Durchsetzen einer großen Menge an Elutionsmittel die Säule verlassen; die Elution wird also langwierig sein. In derartigen Fällen kann man zunächst die schnell durch die Säule wandernden Komponenten mit einer geeigneten Flüssigkeit eluieren und dann ein zweites, evtl. drittes usw. Elutionsmittel anwenden, welches die restlichen Substanzen in kürzerer Zeit aus der Säule befördert. Bei der graphischen Darstellung derartiger Elutionskurven wird gewöhnlich der Wechsel des Elutionsmittels angedeutet (vgl. Abb. 6.19).

Gradienten-Elution. Wird das Elutionsmittel nicht stufenweise, sondern kontinuierlich verbessert, so liegt die sog. „Gradienten-Elution" vor, die von Mitchell und Desreux (1949) eingeführt wurde. Ebenso wie bei der stufenweisen Elution werden dabei die Verteilungskoeffizienten der langsam eluierenden Substanzen zu Gunsten der bewegten Phase geändert.

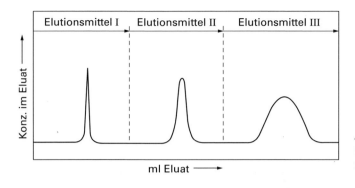

Abb. 6.19: Stufenweise Elution mit drei Elutionsmitteln.

Bei der Gradienten-Elution wird zu einem flüssigen Elutionsmittel mit relativ schlechten eluierenden Eigenschaften fortlaufend eine zweite besser eluierende Flüssigkeit zugemischt. Apparativ lässt sich dies leicht durchführen, indem zwei Computergesteuerte Motorbüretten den vorgewählten Gradienten durch unterschiedliche Vortriebsgeschwindigkeiten in einem T-Stück durch Mischung erzeugen. Je nachdem, ob die Änderung der Zusammensetzung linear oder nichtlinear erfolgt, unterscheidet man verschiedene Gradientenarten (Abb. 6.20), und durch gleichzeitige Verwendung mehrerer Mischkammern (bis zu 9) können fast beliebige Gradienten erhalten werden.

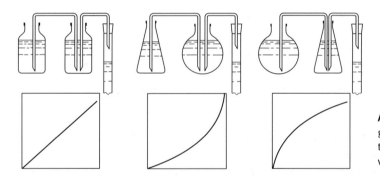

Abb. 6.20: Erzeugung von Konzentrationsgradienten verschiedener Form.

Die Form der bei einer Trennung angewandten Gradienten wird gewöhnlich als ansteigende Linie in das Elutionsdiagramm eingezeichnet.

Außer der Zusammensetzung des Elutionsmittels können die Temperatur, der pH-Wert (durch Mischen von zwei Pufferlösungen) oder die Durchflussgeschwindigkeit der bewegten Phase (durch Änderung des Druckes oder des Säulenquerschnittes) variiert werden. Neben den Konzentrationsgradienten haben vor allem pH- und Temperaturgradienten größere Bedeutung erlangt.

Die Gradienten-Elution vereinigt in sich mehrere günstige Effekte: Zunächst werden (ebenso wie bei der stufenweisen Elution) die Dauer der Trennung und die Menge an Elutionsmittel verringert. Da die Elutionsbanden mit zunehmender Elutionsdauer breiter und flacher werden (s. u.), tritt durch die Beschleunigung der Elution eine Schärfung der Banden mit einer Erhöhung der Konzentrationsmaxima ein (vgl. Abb. 6.21), die sich besonders bei den zuletzt eluierten Komponenten vorteilhaft auswirkt und die Nachweisgrenze von Nebenbestandteilen der Analysenprobe erhöht.

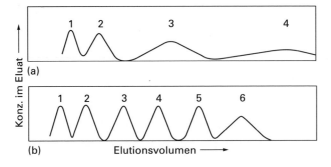

Abb. 6.21: Verkürzung von Elutionsdiagrammen durch Gradienten-Elution.
a) Elution ohne Gradient;
b) Gradienten-Elution.

Zusätzlich ergibt sich eine Verbesserung der Form von Elutionsbanden, die infolge von ungeradlinigen Verteilungsisothermen ein sog. „Tailing" aufweisen. Die zu langsam eluierten Anteile der Bande werden durch die Verbesserung des Elutionsmittels in Richtung auf das Bandenmaximum vorwärts geschoben (Abb. 6.22).

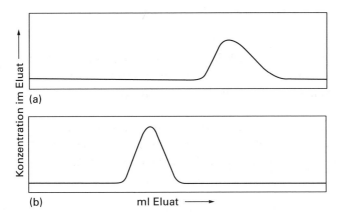

Abb. 6.22: Verbesserung verzerrter Elutionsbanden durch Gradient-Elution.
a) Elution mit „Tailing";
b) Gradienten-Elution derselben Substanz.

Retention. Durch die unterschiedliche Verteilung zwischen den beiden Phasen der Trennsäule werden die zu trennenden Komponenten mehr oder weniger stark von der stationären Phase zurückgehalten. Das Ausmaß dieser Verzögerung auf dem Weg durch die Säule („Retention") ist für jede der Substanzen eines Gemisches eine bis zu einem gewissen Grade charakteristische Kenngröße, die zur Identifizierung unbekannter Stoffe mit herangezogen werden kann. Diese Kenngrößen werden nach zwei verschiedenen Methoden ermittelt und als „R_f-Wert" bzw. als „Retentionsvolumen" bezeichnet.

R_f-Wert. Der von LeRosen (1942) eingeführte R_f-*Wert* ist definiert als das Verhältnis des von einer Substanz i bei der Trennung zurückgelegten Weges *a* zur Laufstrecke *c* der bewegten Phase (vgl. Abb. 6.23):

$$R_f = \frac{a}{c}. \tag{9}$$

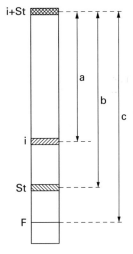

Abb. 6.23: R_f-Wert und R_{St}-Wert.
i + St = Gemisch von Substanz i und Standard St vor dem Entwickeln des Chromatogramms;
i = Ort der Substanz i nach dem Entwickeln;
St = Ort des Standards nach dem Entwickeln;
F = Front der bewegten Phase nach dem Entwickeln.

Der R_f-Wert lässt sich nur nach dem Entwickeln eines Chromatogramms, nicht nach dem Eluieren der Komponenten ermitteln. Da die getrennten Verbindungen maximal ebenso weit wandern können wie die Front der bewegten Phase, erreicht der R_f-Wert höchstens den Betrag 1.

R_f-Werte sind oft nur schlecht reproduzierbar; die Reproduzierbarkeit lässt sich verbessern, indem man sich auf eine Bezugsubstanz St bezieht, die man der Probe zumischt und bei der Trennung mitlaufen lässt. Das Verhältnis der R_f-Werte beider Substanzen i und St sei als R_{St}-Wert bezeichnet (vgl. Abb. 6.23):

$$R_{f(i)} = \frac{a}{c} \qquad R_{f(St)} = \frac{b}{c};$$

$$R_{St} = \frac{R_{f(i)}}{R_{f)St)}} = \frac{a}{b}. \tag{10}$$

Retentionsvolumen. Wenn man das Chromatogramm nicht entwickelt, sondern die Komponenten des zu analysierenden Gemisches eluiert, so wird als Maß für die Verzögerung beim Durchlaufen der Säule das Retentionsvolumen V_i verwendet. Das Retentionsvolumen ist das Volumen an Eluat, das erforderlich ist, um die Substanz i durch die Trennsäule zu befördern, bis das Maximum der Elutionsbande gerade die Säule verlässt (vgl. Abb. 6.24).

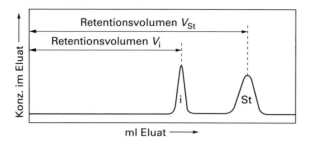

Abb. 6.24: Definition des Retentionsvolumens.

Trägt man auf der Abszisse an Stelle des Eluatvolumens die Versuchsdauer, z. B. in Minuten, auf, so wird analog die „Retentionszeit" t_i der Komponente i erhalten.

Auch hier wird die Reproduzierbarkeit durch Beziehen auf eine Standardsubstanz verbessert; man erhält durch Dividieren der Retentionsvolumina von Substanz i und Standard St das sog. „relative Retentionsvolumen" $V_{i,St}$

$$V_{i,St} = \frac{V_i}{V_{St}} \tag{11}$$

und entsprechend die „relative Retentionszeit" $t_{i,St}$:

$$t_{i,St} = \frac{t_i}{t_{St}}. \tag{12}$$

Korrigiertes Retentionsvolumen. Die Bestimmungen des R_f-Wertes und des Retentionsvolumens unterscheiden sich in einer wichtigen Einzelheit: Zur Ermittlung des R_f-Wertes bringt man die Substanz auf das *trockene* Trennbett und lässt dann die mobile Phase hindurchströmen. Deren Front wird als Bezugslinie, d. h. als Maß für die Menge an mobiler Phase verwendet.

Das Retentionsvolumen erhält man, indem man die Substanz auf den Kopf einer Säule gibt, die nicht nur mit der stationären Phase gefüllt ist, sondern in den Zwischenräumen außerdem schon die mobile Phase enthält. Deren Menge wird als das „Totvolumen" der Säule bezeichnet. Wenn nach der Substanzaufgabe mit der Elution begonnen wird, fließt sofort mobile Phase aus dem Ende der Säule heraus. Das für eine gegebene Substanz erhaltene Retentionsvolumen ist somit um das Totvolumen gegenüber dem Wert vergrößert, der sich ergeben hätte, wenn die Säule zu Beginn des Versuches trocken gewesen wäre (d. h. noch keine mobile Phase enthalten hätte).

Zieht man das Totvolumen V_t von dem gefundenen Retentionsvolumen V_i der Substanz i ab, so erhält man das „korrigierte Retentionsvolumen" V_i^o

$$V_i^o = V_i - V_t. \tag{13}$$

Entsprechend ergibt sich das relative korrigierte Retentionsvolumen $V_{i,St}$ der Substanz i, bezogen auf den Standard St:

$$V_{i,St}^o = \frac{V_i - V_t}{V_{St} - V_t}. \tag{14}$$

Nicht das experimentell direkt ermittelte, sondern das korrigierte Retentionsvolumen spielt bei theoretischen Überlegungen, bei der Identifizierung unbekannter Komponenten und beim Vergleich von Versuchsergebnissen verschiedener Beobachter die entscheidende Rolle.

Durchbruchskurven. Gibt man eine im Elutionsmittel gelöste Substanz kontinuierlich auf eine Trennsäule, so wird solange reines Elutionsmittel abfließen, bis das Aufnahmevermögen der stationären Phase für die Substanz erschöpft ist und diese mit aus der Säule austritt. Verfolgt man bei einem derartigen Versuch die Konzentration der aufgegebenen Substanz im Eluat, so erhält man die sog. „Durchbruchskurve" (Abb. 6.25).

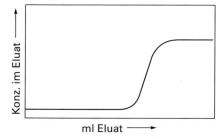

Abb. 6.25: Durchbruchskurve.

Derartige Durchbruchskurven werden u. a. zur Beurteilung der Kapazität von Trennsäulen herangezogen. Die Kapazität ist diejenige Substanzmenge, die maximal von der stationären Phase der Säule aufgenommen werden kann; obwohl diese Größe in der Regel nur angenähert ermittelt werden kann, ist sie eine wichtige Kenngröße, da sie einen Anhaltspunkt für die Substanzmenge gibt, die bei einem Elutionsversuch auf die Säule aufgegeben werden kann, ohne sie zu überladen.

Frontalanalyse. Wird nicht, wie bei der Ermittlung der Durchbruchskurve, eine einzige Substanz, sondern ein Substanzgemisch im Elutionsmittel gelöst kontinuierlich auf die Säule aufgegeben, so folgen mehrere Durchbruchskurven aufeinander. Die am wenigsten von der stationären Phase zurückgehaltene Komponente wird als erste – und zwar zunächst in reiner Form – eluiert, wird dann aber von den folgenden überlagert, sobald auch diese die Säule verlassen. Man kann daher durch die Technik der Frontalanalyse grundsätzlich nur einen Teil der am schnellsten wandernden Verbindung rein gewinnen, anschließend werden immer Gemische eluiert, die stufenweise komplizierter werden (Abb. 6.26).

Die aufeinander folgenden Stufen entsprechen den Elutionsbanden bei der gewöhnlichen Elution, geben somit Hinweise auf die Zusammensetzung des Gemisches, ferner entspricht die Höhe der Stufen den Konzentrationen im Ausgangsmaterial. Das Verfahren ist zu den unvollständigen Trennungen zu rechnen, bei denen mithilfe der Verteilungskoeffizienten (hier allerdings nur indirekt) die Konzentrationen im Ausgangsgemisch bestimmt werden können (vgl. 1. Teil, Abschn. 4.3). Die Methode besitzt jedoch gegenüber der normalen Elution keine Vorteile und hat als Vorläufer der eigentlichen chromatographischen Trennungen fast nur noch historische Bedeutung (Goppelsröder; 1861).

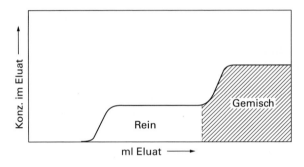

Abb. 6.26: Frontalanalyse (Prinzip).

Verdrängungstechnik. Die von Tiselius (1942) angegebene Verdrängungstechnik kann verwendet werden, wenn Substanzen von der stationären Phase einer Trennsäule sehr fest gehalten werden und dadurch extrem große Mengen an bewegter Phase zur Elution benötigen. Man eluiert in solchen Fällen mit einer Flüssigkeit, die eine von der stationären Phase noch fester gehaltene Verbindung enthält. Der „Verdränger" schiebt die Komponenten der Analysenprobe auf der Säule vor sich her; diese trennen sich dabei in Zonen, die unter günstigen Bedingungen nur eine Substanz enthalten, allerdings unmittelbar aneinander grenzen, sodass eine saubere Trennung nach dem Verlassen der Säule schwierig ist. Das Verfahren besitzt daher ebenfalls keine größere Bedeutung.

Wirksamkeit von Trennsäulen. Wie bereits erwähnt, kann man sich eine Trennsäule in einzelne Abschnitte zerlegt denken, die den Gefäßen einer Trennreihe entsprechen und in denen jeweils eine Einstellung des Verteilungsgleichgewichtes erfolgt. Die Anzahl n solcher als „Trennstufen" bezeichneten Abschnitte ist ein Maß für die Wirksamkeit der Säule.

Von der Trennstufenanzahl n leiten sich zwei weitere Begriffe ab, die Trennleistung n' = Anzahl der Trennstufen pro Meter Säulenlänge, ferner die Höhe H einer

Trennstufe[1], die meist in cm, gelegentlich auch in mm angegeben wird. Bei gegebener Säulenlänge ist die Anzahl der Trennstufen und damit die Wirksamkeit umso größer, je geringer die Höhe einer einzelnen Trennstufe ist. Zum Charakterisieren von Trennsäulen wird vor allem die Trennstufenhöhe verwendet.

Die Wirksamkeit einer Säule hängt außer von den Trennfaktoren, die durch die Art der Phasen und der zu trennenden Substanzen gegeben sind, noch von den folgenden Variablen ab:
- Länge der Säule;
- Durchmesser der Säule;
- Durchflussgeschwindigkeit der bewegten Phase;
- Korngröße der stationären Phase;
- Beladung der Säule;
- Temperatur.

Bei einer *Vergrößerung der Säulenlänge* nimmt die Anzahl der Trennstufen und damit die Wirksamkeit der Säule zu. Anderseits wächst der Strömungswiderstand, wodurch in der Regel die Strömungsgeschwindigkeit der mobilen Phase verringert wird; da sich bei zu langsamem Durchfließen die Trennwirkung verschlechtert (s. u.), kann die Säulenlänge nicht beliebig vergrößert werden.

Der *Säulendurchmesser* hat in erster Näherung keinen Einfluss auf die Anzahl der Trennstufen. Es hat sich aber gezeigt, dass es mit steigendem Durchmesser immer schwieriger wird, die stationäre Phase gleichmäßig über die gesamte Säule zu verteilen. Beim Durchfließen der mobilen Phase tritt daher zunehmend der störende Effekt der „Kanalbildung" auf, durch den Teilströme ohne Einstellung der Verteilungsgleichgewichte größere Strecken in der Säule zurücklegen. Durch diesen Effekt werden der Vergrößerung des Säulendurchmessers Grenzen gesetzt.

Diesem Nachteil steht entgegen, dass die Kapazität der Säule mit zunehmendem Durchmesser steigt, sodass größere Substanzmengen getrennt werden können.

Je größer die *Durchflussgeschwindigkeit* der mobilen Phase ist, umso unvollständiger werden sich die Verteilungsgleichgewichte einstellen, und umso geringer wird die Wirksamkeit der Säule sein.

Bei extrem langsamer Strömung der mobilen Phase macht sich aber die Diffusion der in der bewegten Phase befindlichen Stoffanteile störend bemerkbar. Diese Diffusion verläuft regellos in allen Richtungen; die in Richtung der Strömung und die gegen die Strömung verlaufenden Komponenten der Diffusion führen zu einer Verbreiterung der Substanzzonen in der Säule und damit zur Verschlechterung der Trennungen, während die Diffusion senkrecht zur Strömungsrichtung ohne Einfluss ist.

---

[1] In der angelsächsischen Literatur wird die Trennstufenhöhe mit HETP (= height equivalent to a theoretical plate) bezeichnet.

Demnach wird eine bestimmte Strömungsgeschwindigkeit der mobilen Phase ein Optimum an Trennwirkung ergeben und sowohl eine Verminderung als auch eine Erhöhung dieser Geschwindigkeit wegen des dann stärker hervortretenden Einflusses jeweils einer der beiden Störungen die Trennung ungünstig beeinflussen.

Die *Korngröße der stationären Phase* ist für die Trennwirkung der Säule von entscheidender Bedeutung, wie sich aus folgender Überlegung ergibt: Zur einmaligen Einstellung des Verteilungsgleichgewichtes ist wenigstens eine horizontale Lage der Partikel erforderlich; die Höhe einer Trennstufe wird also günstigstenfalls gleich dem Partikeldurchmesser. Je kleiner dieser ist, umso größer wird bei gegebener Säulenlänge die Anzahl der Trennstufen.

In der Praxis ist allerdings die Trennstufenhöhe immer wesentlich größer als der Partikeldurchmesser, da sich eine vollständige Gleichgewichtseinstellung pro Partikellage nicht erreichen lässt. Qualitativ bleibt aber die obige Überlegung gültig.

Eine beliebige Verkleinerung des Partikeldurchmessers ist jedoch wegen des steigenden Strömungswiderstandes nicht möglich.

Auch die Form der Partikel spielt eine Rolle; die besten Ergebnisse werden in der Regel mit kugelförmigen, möglichst gleichmäßig gepackten Partikeln einheitlichen Durchmessers erhalten.

Die *Beladung der Säule*, d. h. die Menge an aufgegebenem Substanzgemisch, muss dann ihre Wirksamkeit merklich beeinflussen, wenn ein erheblicher Teil der stationären Phase von Anfang an belegt ist, da dieser Teil der Säule für die Trennung ausfällt. Man soll daher nur verhältnismäßig wenig Substanzgemisch aufgeben. Gewöhnlich werden nicht mehr als etwa 10 %, höchstens 20 % der Säule belegt.

Schließlich hängt die Trennwirkung einer Säule auch von der *Temperatur* ab; eine Erhöhung wirkt sich insofern günstig aus, als sich die Verteilungsgleichgewichte schneller einstellen, doch kann dieser Effekt durch ein Absinken der Trennfaktoren überkompensiert werden. Der Einfluss der Temperatur auf ein gegebenes Trennproblem lässt sich daher im Allgemeinen nicht vorhersagen, sondern muss empirisch ermittelt werden.

Trennfaktoren, Verteilungskoeffizienten und Wirksamkeit von Trennsäulen. Für die Trennung eines bestimmten Substanzgemisches ist nicht nur die Trennstufenanzahl der verwendeten Säule maßgebend, sondern auch die Trennwirkung des Einzelschrittes; erst wenn die mit einer gegebenen Kombination von stationärer und mobiler Phase erreichten Trennfaktoren ausreichend groß sind, kann das Gemisch völlig zerlegt werden.

Allerdings sind nicht nur die Trennfaktoren, sondern zusätzlich auch die einzelnen Verteilungskoeffizienten von Bedeutung, wie die folgende Überlegung zeigt: Angenommen, es bestehe die Aufgabe, zwei Verbindungen zu trennen, deren Trennfaktor verhältnismäßig groß ist, die aber beide ganz überwiegend in die mobile Phase gehen (z. B. möge die prozentuale Verteilung bei 99,90 bzw. 99,99 % zu Gunsten der mobilen Phase liegen; der Trennfaktor betrüge dann ca. 10). Trotz des ausreichenden

Trennfaktors werden beide Substanzen fast ungehindert durch die Säule laufen und praktisch ungetrennt eluiert werden.

Anderseits mögen die zu trennenden Verbindungen von der stationären Phase sehr festgehalten werden; dann ist zwar die Trennung möglich, aber die Elution erfordert – wie oben bereits erwähnt – sehr große Mengen an mobiler Phase, einen erheblichen Zeitaufwand, und die Elutionsbanden werden sehr breit.

Man wird daher die Bedingungen bei Säulentrennungen möglichst so wählen, dass keine extrem hohen oder extrem niedrigen Verteilungskoeffizienten auftreten.

Ermittlung der Trennstufenanzahl. Wie in Abb. 6.14 gezeigt wurde, nimmt die Breite einer Bande mit der Anzahl der durchlaufenen Trennstufen und damit auch mit der in einer Säule durchlaufenen Wegstrecke zu. Diese Verbreiterung ist jedoch nicht der Weglänge proportional, sondern geringer; verdoppelt man die Trennstufenanzahl, die die Substanz durchläuft, so verbreitert sich die Bande nur um den Faktor $\sqrt{2}$. Dieses Verhalten ist die Grundvoraussetzung für das Stattfinden von Trennungen.

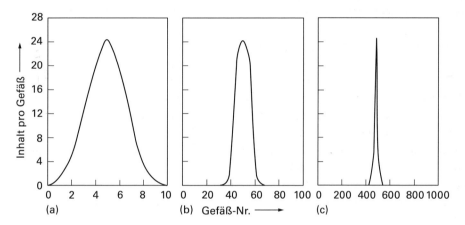

Abb. 6.27: Relative Schärfung von Zonen bei zunehmender Anzahl von Trennstufen.
a) Verteilung einer Substanz auf die Gefäße einer Trennreihe nach 10 Trennstufen;
b) Verteilung nach 100 Trennstufen; c) Verteilung nach 1000 Trennstufen.

Eine anschauliche Darstellung der Abhängigkeit der Bandenbreite von der Trennstufenanzahl ist in Abb. 6.27 gegeben. Es liegen drei Trennreihen mit 10, 100 bzw. 1000 Gefäßen vor, und das Maximum einer Substanzbande soll bis in die Mitte der jeweiligen Gefäßreihe wandern. Die Abszissenmaßstäbe sind so gewählt, dass gleiche Längen für die um den Faktor 10 unterschiedlichen Gefäß-Anzahlen resultieren.

Wie sich zeigt, sind bei der ersten Reihe noch in etwa 8 von 10 Gefäßen merkliche Substanzmengen vorhanden, bei der zweiten in etwa 32 von 100 und bei der dritten nur in etwa 100 von 1000. Die relative Anzahl der in Anspruch genommenen Gefäße sinkt von ca. 80 % auf ca. 10 % ab.

Ein entsprechendes Verhalten wird bei der Wanderung einer Substanz durch eine Säule beobachtet (man kann sich die Gefäßreihen der Abb. 6.27 als drei Säulen gleicher Länge, aber mit 10, 100 bzw. 1000 Trennstufen vorstellen). Ein wichtiger Unterschied gegenüber der Betrachtung der Gefäßreihe besteht jedoch darin, dass man beim Eluieren das Retentionsvolumen (und nicht die Anzahl der Gefäße, in denen sich die Substanz befindet) misst.

Das Retentionsvolumen wird durch die Verteilung der untersuchten Substanz zwischen stationärer und bewegter Phase bedingt. Je stärker sie von der stationären Phase festgehalten wird, umso größer wird das zum Eluieren benötigte Volumen an bewegter Phase. Infolgedessen ist die Konzentration einer Substanz mit großem Retentionsvolumen im Eluat verringert und damit die Bande verbreitert, auch wenn die durchlaufene Trennstufenanzahl die gleiche ist. Dieser Effekt wurde bereits in Abb. 6.21 gezeigt.

Es besteht somit ein Zusammenhang zwischen der Breite einer Elutionsbande, der Trennstufenanzahl n der Säule und dem Retentionsvolumen V_i der Substanz i, und man kann diese Gesetzmäßigkeit zum Ermitteln von n benutzen (Martin & Synge (1941); James & Martin (1952). Die Trennstufenanzahl kann nach Glückauf (1955)[2] auch aus der Steilheit einer Durchbruchskurve berechnet werden.

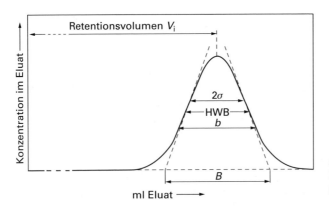

Abb. 6.28: Definition der Breite einer Elutionskurve (Gauß'sche Glockenkurve).

Man gelangt zu etwas unterschiedlichen Formeln für die Trennstufenanzahl, je nach der Definition der Breite der Elutionsbande. Da diese im Idealfall eine Gauß'sche Glockenkurve darstellt, liegt es nahe, den Abstand 2σ der beiden Wendepunkte dieser Kurve als Breite anzusetzen (d. h. die Breite in 60,7 % der Gesamthöhe, vgl. Abb. 6.28). Für n ergibt sich dann

$$n = 4\left(\frac{V_i}{2\sigma}\right)^2. \tag{15}$$

---

[2] Außer der hier verwendeten Betrachtungsweise wurde eine kinetische Theorie entwickelt, die leistungsfähiger, aber weniger anschaulich und mathematisch aufwendiger ist (Giddings, 1965).

Mit der Halbwertsbreite HWB (= Breite in 50 % der Gesamthöhe) erhält man

$$n = 8 \cdot \ln 2 \left(\frac{V_i}{\text{HWB}}\right)^2 = 5{,}54 \left(\frac{V_i}{\text{HWB}}\right)^2; \tag{16}$$

mit der Breite b in $\frac{1}{e} \cdot h = 36{,}8\,\%$ der Gesamthöhe h ergibt sich

$$n = 8 \left(\frac{V_i}{b}\right)^2 \tag{17}$$

und schließlich mit der Basisbreite B (= Abstand der Schnittpunkte der Wendetangenten auf der Grundlinie = $4\,\sigma$)

$$n = 16 \left(\frac{V_i}{B}\right)^2.$$

Da die Anzahl der Trennstufen durch Dividieren zweier Messgrößen gleicher Dimensionen erhalten wird, können an Stelle des Retentionsvolumens V_i und der in Volumeneinheiten gemessenen Bandenbreite auch die Retentionszeit t_i oder die entsprechend in Zeiteinheiten gemessene Bandenbreite verwendet werden.

Die Trennstufenanzahl einer Säule kann auf die beschriebene Weise nicht sehr genau ermittelt werden, da die Voraussetzung glockenförmiger, völlig symmetrischer Elutionsbanden in der Regel nicht erfüllt ist. Daher ergeben sich häufig für eine Säule unterschiedliche Werte für n, je nachdem ob man die Trennstufenanzahl an einer Substanz mit großem oder mit kleinem Retentionsvolumen bestimmt. Im Allgemeinen soll man Substanzen mit großem Retentionsvolumen nehmen, da sich dann die Breite der Bande genauer messen lässt.

Auflösung. Retentionsvolumen V und Bandenbreite $2\,\sigma$ lassen sich weiterhin zum Definieren des Auflösungsvermögens R verwenden. Für zwei nebeneinander liegende Banden der Substanzen i und k mit den Retentionsvolumina V_i und V_k gilt

$$R = \frac{(V_i - V_k)}{2\,(\sigma_i + \sigma_k)} = \frac{2(V_i - V_k)}{B_i + B_k}. \tag{18}$$

(B = Basisbreite).

Die Definition ergibt sich aus Abb. 6.29. Zwei Banden gelten als aufgelöst, wenn $R = 1$, doch müssen für quantitative Analysen höhere Werte, d.h. bessere Auflösungen vorliegen.

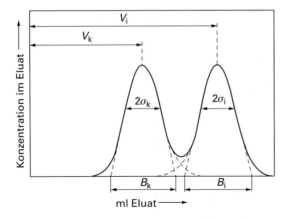

Abb. 6.29: Definition der Auflösung.

6.7.6 Systematische Wiederholung (Dünnschichttechnik)

Bei der sog. „Dünnschicht-Chromatographie" ist die stationäre Phase nicht in einer Säule, sondern in Form einer mehr oder weniger dünnen Platte angeordnet. Das Verfahren, das man sich durch Herausschneiden eines Abschnittes aus einer Säule abgeleitet denken kann (vgl. Abb. 6.30), wurde zuerst von Ismailov und Schraiber (1938) zu Trennungen durch Adsorption ausgearbeitet. Das Adsorbens wird auf einer festen Unterlage, z. B. einer Glasplatte, fixiert und das zu trennende Stoffgemisch in gelöster Form auf das Ende der Platte aufgegeben. Die Methode wurde später vor allem von Stahl (1956) verbessert. Eine spezielle Ausführung verwendet als dünne Schicht Papierstreifen („Papier-Chromatographie" nach Liesegang (1943) sowie Consden et al. (1944)).

Die Chromatogramme werden entweder absteigend von oben nach unten oder aufsteigend entwickelt. Im letzteren Falle stellt man die Schicht in einen mit der mobilen Phase gefüllten Trog; durch die Kapillarkräfte wird diese in der porösen Schicht hochgesaugt (vgl. Abb. 6.31). Zum Verhindern von Verdunstungsverlusten wird die ganze Anordnung in eine geschlossene Kammer gestellt.

Auch bei der Dünnschicht-Chromatographie können die Substanzen eluiert werden, doch hat diese Arbeitsweise gegenüber der Entwicklungstechnik keine Bedeutung erlangt.

Die Methode wird ferner in Form der sog. „Zirkular-Chromatographie" angewendet: Man gibt das Substanzgemisch in die Mitte einer größeren quadratischen oder runden Dünnschichtplatte auf. Durch Auftropfen der mobilen Phase wird das Chromatogramm radial nach außen entwickelt, wobei man die getrennten Komponenten als konzentrische Ringe erhält (Abb. 6.32). Verdunstungsverluste an Lösungsmittel können durch Abdecken mit einer zweiten Platte verhindert werden; die mobile Phase wird dann durch ein Loch in deren Mitte zugegeben.

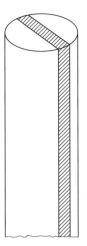

Abb. 6.30: Ableitung der Dünnschicht-Chromatographie aus der Säulen-Chromatographie.

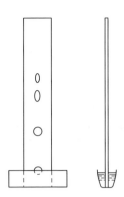

Abb. 6.31: Dünnschicht-Chromatographie mit aufsteigender Entwicklung der Chromatogramme.

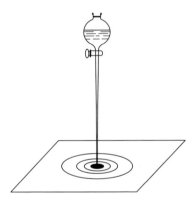

Abb. 6.32: Zirkular-Chromatographie.

Zweidimensionale Dünnschicht-Chromatographie. Wird ein Gemisch durch Dünnschicht-Chromatographie nur unvollständig getrennt, sodass die einzelnen Substanzflecken noch mehrere Komponenten enthalten, so kann eine weitere Auftrennung durch „zweidimensionale" Arbeitsweise erreicht werden. Die Probe wird in einer Ecke der quadratischen Dünnschichtplatte aufgebracht und zunächst in einer Richtung entwickelt. Dann dreht man die Platte um 90° und entwickelt mit einer anderen mobilen Phase ein zweites Mal (vgl. Abb. 6.33). Die Methode entspricht einer wiederholten Trennung in einer Trennsäule unter Wechseln der mobilen Phase, sie ist nicht zu verwechseln mit den später zu besprechenden zweidimensionalen Verfahren, bei denen das Substanzgemisch kontinuierlich zugeführt werden kann.

 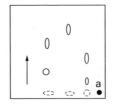

Abb. 6.33: Zweidimensionale Dünnschicht-Chromatographie.
a) Substanzaufgabe.

6.7.7 Gegenstromverfahren

Eine Weiterentwicklung der beschriebenen Methoden stellen die „Gegenstromverfahren" dar, bei denen zwei nicht mischbare Phasen in einem Gefäß-System oder in einem Trennrohr gegeneinander fließen (vgl. Abb. 6.34). Das zu trennende Substanzgemisch kann mehrfach in einzelnen Portionen oder auch kontinuierlich in der Mitte des Systems zugeführt werden; je nach den Verteilungskoeffizienten der einzelnen Komponenten wird ein Teil des Gemisches nach oben, ein Teil nach unten ausgetragen. Im Gegensatz zu den bisherigen Verfahren wird dadurch eine Trennung des Ausgangsmaterials in nur zwei Teile erzielt, sodass Gemische mit mehr als zwei Komponenten nur unvollständig getrennt werden.

Bei den Gegenstromverfahren ist die Anzahl der Trennstufen bei gegebener Länge der Apparatur gegenüber der Trennsäule erhöht. Wegen experimenteller Schwierigkeiten spielen diese Methoden jedoch in der analytischen Chemie – mit Ausnahme der Destillation – keine größere Rolle.

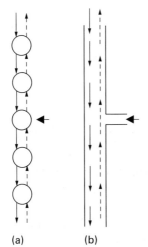

Abb. 6.34: Gegenstromverfahren.
a) mit absatzweiser Gleichgewichtseinstellung;
b) mit kontinuierlichem Gegeneinanderströmen der beiden Phasen.
↓ Weg der Phase 1; ↑ Weg der Phase 2;
◄ Substanzzufuhr.

6.7.8 Kreuzstrom-Verfahren

Lässt man die beiden Phasen nicht gegeneinander, sondern als breite Ströme in einem Winkel von 90° zueinander fließen, so ergeben sich die sog. „Kreuzstrom-Verfahren". Man kann bei diesen das Substanzgemisch kontinuierlich zuführen; je größer der Verteilungskoeffizient einer Komponente zu Gunsten der horizontal nach rechts strömenden Phase ist, umso stärker wird diese von der Senkrechten abgelenkt (Martin, 1949).

Trotz des Vorteils der kontinuierlichen Substanzzufuhr und der im Prinzip gegebenen Möglichkeit, zahlreiche Stoffe gleichzeitig voneinander trennen zu können, hat das Verfahren bislang nur geringe Bedeutung; es ist experimentell schwierig, zwei nicht mischbare Phasen gegeneinander fließen zu lassen, ohne dass Ungleichmäßigkeiten in der Strömung oder Wirbelbildung eintreten, wodurch die Trenneffekte zunichte gemacht werden.

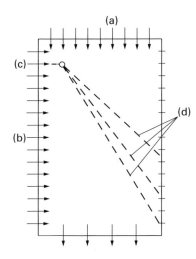

Abb. 6.35: Kreuzstrom-Verfahren.
a) Phase 1; b) Phase 2; c) Substanzzufuhr;
d) Wege der Substanzen mit verschiedenen Verteilungskoeffizienten.

6.8 Übersicht

Die Trennungen durch unterschiedliche Verteilung zwischen zwei nicht mischbaren Phasen lassen sich nach folgenden Gesichtspunkten ordnen:

Merkmale des Einzelschrittes (Art der Phasen, Hilfsphasen, Verteilungskoeffizient, Verteilungsisotherme, Trennfaktor) und *Art der Durchführung der Trennung:*
a) Trennung durch einmalige Gleichgewichtseinstellung;
b) Trennungen unter Wiederholung des Einzelschrittes (einseitige Wiederholung, Trennreihe, Trennsäule bzw. Dünnschichtverfahren, Gegenstromverfahren, Kreuzstrom-Verfahren).

Die außerordentlichen Fortschritte auf diesem Gebiet sind im Wesentlichen durch die Entwicklung und weitgehende Ausarbeitung der Trennsäulen- und Dünnschichtverfahren mit zwei Hilfsphasen erreicht worden. Daneben spielen die älteren Methoden mit einmaliger Gleichgewichtseinstellung und die einseitige Wiederholung nach wie vor eine wichtige Rolle. Die sonstigen Verfahren haben bisher für die analytische Chemie keine allgemeinere Bedeutung erlangt.

Literatur zum Text

Dünnschicht-Technik

H.-P. Frey u. K. Zieloff, Qualitative und Quantitative Dünnschichchromatographie, VCH, Weinheim (1993).
F. Geiss, Die Parameter der Dünnschichtchromatographie, Vieweg, Braunschweig (1972).
E. Hahn-Deinstrop, Dünnschicht-Chromatographie-Praktische Durchführung und Fehlervermeidung, Wiley-VCH Verlag, Weinheim (1998).
J. Kirchner, Thin-layer Chromatography, John Wiley & Sons, New York, (1978).
J. Sherma u. B. Fried, Handbook of Thin-Layer Chromatography, Marcel Dekker, Inc., New York, N.Y. (2003).
E. Stahl, Thin-Layer Chromatography. A Laboratory Handbook. Springer-Verlag, New York (1969).
P. Wall, Thin-Layer Chromatography: A Modern Practical Approach. Royal Society of Chemistry, Cambridge, UK (2005).

Gegenstromverfahren

A. Berthod u. S. Alex, Industrial applications of CCC, in: J. Cazes, Encyclopedia of Chromatography, Marcel Dekker, New York 2, 192–1197 (2010).
P. Fedotov, Untraditional applications of countercurrent chromatography, Journal of Liquid Chromatography & Related Technologies, 25, 2065–2078 (2002).
S. Muralidharan u. H. Freiser, Fundamental aspects of metal-ion separations by centrifugal partition chromatography, ACS Symposium Series 716 (Metal-Ion Separation and Preconcentration), 347–389 (1999).
H. Rothbart u. R. Barford, Countercurrent distribution, Treatise Anal. Chem. 1, 585–651 (1982).

Gradienten-Elution

F. Antia u. C. Horvath, Gradient elution chromatography, NATO ASI Series, Series E: Applied Sciences 204 (Chromatogr. Membr. Processes Biotechnol.), 115–136 (1991).
Y. Truei, G. Gu, G. Tsai u. G. Tsao, Large-scale gradient elution chromatography, Advances in Biochemical Engineering/Biotechnology 47 (Bioseparation), 1–44 (1992).

Kreuzstrom-Verfahren

P. Wankat, Two-dimensional cross-flow cascades, Separation Science 7, 233–241 (1972).

Trennstufenanzahl von Säulen

V. Berezkin, I. Malyukova u. D. Avoce, Use of equations for the description of experimental dependence of the height equivalent to a theoretical plate on carrier gas velocity in capillary gas-liquid chromatography, Journal of Chromatography. A *872*, 111–118 (2000).

H. Lettner, O. Kaltenbrunner, O. u. A. Jungbauer, HETP in process ion-exchange chromatography, Journal of Chromatographic Science *33*, 451–457 (1995).

S. Yamamoto, Plate height determination for gradient elution chromatography of proteins, Biotechnology and Bioengineering *48*, 444–451 (1995).

7 Verteilung zwischen zwei Flüssigkeiten

7.1 Allgemeines

7.1.1 Geschichtliche Entwicklung

Die erste analytische Anwendung der Verteilung zwischen zwei Flüssigkeiten[1] wurde von Rothe (1892) angegeben (Ausethern von Fe^{3+} aus stark salzsaurer Lösung). Eine wesentliche Erweiterung der Anwendungsmöglichkeiten dieser Methode ergab sich vor allem durch die Untersuchung der Diphenylthiocarbazon-Verbindungen („Dithizon-Verbindungen"), durch die die Brauchbarkeit des Verfahrens für Trennungen im Spurenbereich gezeigt wurde. Später bewies Seaborg mithilfe radioaktiver Isotope, dass Trennungen auch bei extrem niedrigen Konzentrationen durchgeführt werden können.

Die multiplikative Verteilung in einer Trennreihe wurde von Frenc (1925) sowie von Jantzen (1932), später auch von Craig (1949) ausgearbeitet; die Arbeitsweise in Säulen stammt von Martin & Synge (1941).

7.1.2 Hilfsphasen – Verteilungsisotherme – Geschwindigkeit der Gleichgewichtseinstellung – Trennfaktoren

Bei der Verteilung zwischen zwei Flüssigkeiten sind in der Regel zwei Hilfsphasen, die beiden Lösungsmittel, vorhanden. Ist die Analysenprobe selbst eine Flüssigkeit (z. B. ein Gemisch von Kohlenwasserstoffen), so kann sie direkt mit einem damit nicht mischbaren Lösungsmittel ausgeschüttelt werden; in derartigen Fällen wird somit nur eine Hilfsphase benötigt. Diese Arbeitsweise spielt eine wichtige Rolle bei technischen Verfahren, ist jedoch in der analytischen Chemie kaum gebräuchlich.

Die Verteilungsisotherme verläuft im Idealfall geradlinig (Nernst'sches Verteilungsgesetz):

$$\frac{c_1}{c_2} = \alpha = \text{konst.} \tag{1}$$

---

[1] Für Trennungen durch Verteilung zwischen zwei Flüssigkeiten („Ausschütteln") findet sich oft auch die Bezeichnung „Extraktion" oder „Flüssig-Flüssig-Extraktion"; der Ausdruck „Extraktion" soll in diesem Buch jedoch ausschließlich für das Herauslösen einzelner Komponenten aus Gemischen fester Substanzen verwendet werden.

Die in Gl. (1) wiedergegebene Form des Nernst'schen Verteilungsgesetzes gilt nur, wenn die Molekülgröße der verteilten Substanz in beiden Phasen gleich ist; tritt in einer der beiden Phasen Assoziation ein, so gilt die allgemeinere Gl. (2)

$$\frac{c_1^n}{c_2} = \alpha = \text{konst.} \tag{2}$$

wobei n der Assoziationsgrad ist. Dieser wird durch Auftragen von $\log c_1$ gegen $\log c_2$ aus der Steigung der erhaltenen Geraden ermittelt (vgl. Abb. 7.1).

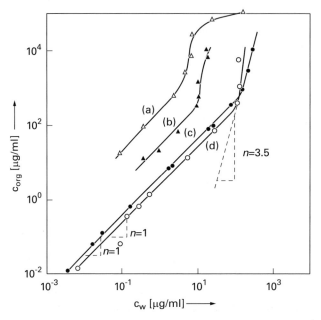

Abb. 7.1: Gültigkeit des Nernst'schen Verteilungsgesetzes bei der Verteilung verschiedener Halogenide zwischen wässrigen Lösungen und Di-i-propylether. Auftragung von $\log c_1$ gegen $\log c_2$.
a) Galliumchlorid, 7 mol/l HCl; b) Eisen(III)-chlorid, 7 mol/l HCl; c) Indiumbromid, 4,5 mol/l HBr; d) Thallium(III)-chlorid, 3 mol/l HCl.

Wie bereits erwähnt, gilt das Nernst'sche Verteilungsgesetz oft über einen sehr großen Konzentrationsbereich, sodass die Ausarbeitung wirksamer Trennverfahren besonders auch im Bereich extrem kleiner Konzentrationen möglich ist. Bei sehr hohen und bei sehr niedrigen Konzentrationen werden allerdings gelegentlich Abweichungen beobachtet (vgl. Abb. 7.1 und 7.2).

Der Verteilungskoeffizient kann ferner zum Identifizieren unbekannter Stoffe mitverwendet werden.

Die *Geschwindigkeit der Gleichgewichtseinstellung* ist im Allgemeinen recht groß; bei kräftigem Durchschütteln der beiden Phasen ist das Gleichgewicht meist schon

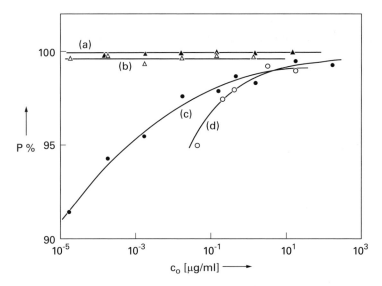

Abb. 7.2: Abhängigkeit der prozentualen Verteilung verschiedener Komplexe von der Anfangskonzentration c_o in der wässrigen Phase.
a) Kobalt-Diethyldithiocarbamat-Verbindung; organ. Phase CCl_4;
b) Kobalt-Diphenylthiocarbazon-Verbindung; organ. Phase CCl_4;
c) Kobalt-8-Hydroxychinolin-Verbindung; organ. Phase $CHCl_3$;
d) Molybdän-Toluol-3,4-dithiol-Verbindung; organ. Phase i-Amylacetat.

nach etwa 20–30 s erreicht, zur Sicherheit pflegt man jedoch 2–3 min. zu schütteln. Bei vorsichtigem Hin- und Herschaukeln eines Gefäßes mit den beiden Flüssigkeiten genügen meist 40–50 Schaukelbewegungen.

Die Verteilung kann wesentlich langsamer erfolgen, wenn eine träge verlaufende Komplexbildungsreaktion die Geschwindigkeit bestimmt (s. u., Abschn. 2.1.8).

Trennfaktoren. Bei der Verteilung zwischen zwei Lösungsmitteln werden oft sehr hohe Trennfaktoren (z. B. 10^6–10^7) beobachtet, doch können auch beim Vorliegen wesentlich ungünstigerer Verhältnisse durch Wiederholen wirksame Trennungen erreicht werden (s. u.).

Gilt das Nernst'sche Gesetz für sämtliche zu trennenden Stoffe, so sind die Trennfaktoren von den Absolutkonzentrationen und den Konzentrationsverhältnissen unabhängig (sofern auch keine gegenseitige Beeinflussung stattfindet).

7.1.3 Lösungsmittel – Lösungsmittelgemische – synergistischer Effekt – ausgeschüttelte Verbindungen – chemische Reaktionen bei der Verteilung

Der Verteilungskoeffizient jeder Substanz wird im Wesentlichen durch die Wahl des Lösungsmittelpaares bestimmt. In der analytischen Chemie dominieren Verfahren, bei denen Verbindungen aus wässriger Lösung mit einem organischen Lösungsmittel ausgeschüttelt werden; nicht mischbare organische Lösungsmittelpaare spielen bisher nur eine geringe Rolle.

Beim Ausschütteln rein anorganischer Verbindungen (z. B. von Chloro-, Bromo- oder Iodo-Komplexen, Nitraten, Thiocyanaten u. a.) aus wässrigen Lösungen ist eine von W. Fischer (1939) angegebene Regel von Nutzen: Je „wasserähnlicher" das verwendete organische Lösungsmittel ist, umso mehr anorganische Verbindungen kann man damit ausschütteln, aber umso weniger selektiv werden die Trennungen und umso schlechter die Trenneffekte; je „wasserunähnlicher" das organische Lösungsmittel ist, desto weniger anorganische Verbindungen kann man damit ausschütteln, aber desto wirksamer werden die Trennungen.

Als „wasserähnliche" Lösungsmittel sind vor allem niedere Alkohole, Ketone und Ester, als „wasserunähnlich" z. B. Benzol, CCl_4, aliphatische Kohlenwasserstoffe u. a., anzusehen. Niedere Ether, höhermolekulare Ester, Alkohole u.dgl. nehmen eine Zwischenstellung ein.

Von dieser Regel treten jedoch häufig Ausnahmen ein; sie gilt nicht, wenn Komplexe anorganischer Ionen mit einem organischen Komplexbildner ausgeschüttelt werden. Hier sind meist Lösungsmittel wie CH_2Cl_2, $CHCl_3$, Benzol u. a. am günstigsten.

Schwierigkeiten ergeben sich bei der Trennung von hochmolekularen Naturstoffen, vor allem von Proteinen, durch Verteilung zwischen wässrigen Lösungen und organischen Lösungsmitteln. Mit den gebräuchlichen organischen Flüssigkeiten lassen sich diese in der Regel nicht ausschütteln, ferner tritt häufig Denaturierung an der Phasengrenzfläche ein. Man hat versucht, mithilfe von wasserlöslichen Flüssigkeiten, wie Glycol, Trennungen zu erzielen, wobei die Bildung von zwei Phasen durch Salzzusätze zur Wasserschicht erzwungen werden muss.

Als wirksamer hat sich ein von Albertsson (1958) angegebenes Verfahren erwiesen, bei dem beide Phasen aus wässrigen Lösungen bestehen, die verschiedene Polymere enthalten („Polymerphasentrennung"). Schon bei Polymerkonzentrationen von wenigen Prozenten kann in derartigen Systemen Entmischung eintreten (Tab. 7.1), sodass jede Phase im Gleichgewicht etwa 90–95 % Wasser enthält.

Gemischte Lösungsmittel. Schüttelt man eine Verbindung aus wässriger Lösung mit einem Gemisch organischer Lösungsmittel aus, welches aus einer gut und einer schlecht wirksamen Komponente besteht, so wird die Verteilung mit zunehmendem Anteil an schlecht wirksamer Komponente abnehmen. Der Abfall braucht jedoch nicht linear zu sein, sondern kann in verschiedener Weise erfolgen: Tritt das Absinken des Verteilungskoeffizienten bei der einen der zu trennenden Substanzen schon

Tab. 7.1: Phasenpaare bei der Polymerphasentrennung (Beispiele)

Phase 1	Phase 2
Dextran + H_2O	Polyethylenglycol + H_2O
Dextran + H_2O	Polyvinylalkohol + H_2O
Dextran + H_2O	Methylcellulose + H_2O
Dextran + H_2O	Polyvinylpyrrolidon + H_2O

nach Zugabe von wenig, bei der anderen erst nach Zugabe von viel „schlechtem" Lösungsmittel ein, so erreicht der Trennfaktor bei mittlerem Verhältnis der beiden organischen Flüssigkeiten ein Maximum (vgl. Abb. 7.3).

Als Beispiel für diesen Effekt sei die Trennung von Kobalt und Nickel durch Ausschütteln der Thiocyanate erwähnt; mit Diethylether-Amylalkohol-Gemischen (25 : 1) wird die Trennung gegenüber reinem Amylalkohol wesentlich verbessert (Rosenheim).

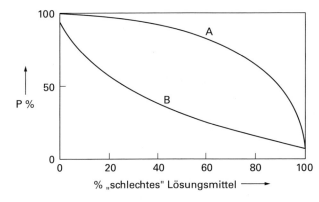

Abb. 7.3: Verteilung von zwei Verbindungen A und B in Abhängigkeit vom Mischungsverhältnis eines gut und eines schlecht wirksamen organischen Lösungsmittels

Mizellare Extraktion. Die Extraktion von organischen Spurenstoffen aus wässrigen Medien ohne Zuhilfenahme organischer Lösemittel gelingt durch die sog. mizellare Extraktion. Watanabe (1982) war der Erste, der nach Einbringung von wasserlöslichen Tensiden in die Wasserphase, eine Abtrennung von Spurenstoffen durch Anreicherung in einer sich neu bildenden, reinen Mizellphase ermöglichte. Hintergrund dafür ist die Ausbildung von wenigen nm-großen Mizellen (vgl. Abb. 7.4) in der Wasserphase.

Eine Mizelle, dispergiert in Wasser, entsteht durch Aggregation der hydrophoben Bereiche der beteiligten Tensidmoleküle. Die hydrophilen Bereiche der Tensidmoleküle ragen dabei in das Wasservolumen. Dadurch entstehen stabile Nano-Kompartimente, welche für eine Flüssig-flüssig-Verteilung zur Verfügung stehen. Die inneren Bereiche einer Mizelle wirken dabei wie eine hydrophobe Phase, in welcher sich z. B. organische Spurenstoffe anreichern können.

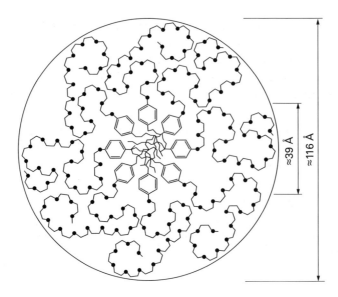

Abb. 7.4: Idealisierte Mizelle, gebildet durch Zugabe des Tensides Polyoxyethylene – nonylphenylether; mit den zugehörigen Dimensionen. Dargestellt ist sowohl der innere, hydrophobe Kern, als auch der äußere hydrophile Mantel.

Die Abtrennung der Mizellen aus Wasser gelingt am einfachsten durch Auslösung der Mizellphasenbildung, nach Überschreitung der kritischen Mizellkonzentration. (vgl. Abb. 7.5). Die Mizellphasenbildung kann z. B. durch moderate Temperaturerhöhung von wenigen Grad Celsius ausgelöst werden. Dies wird durch Bildung einer opaken Phase („cloud point") angezeigt. Durch Zentrifugation können die Phasen (Wasser/Tensidmizellen) einfach getrennt werden.

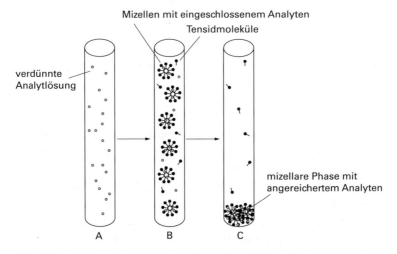

Abb. 7.5: Darstellung der mizellaren Extraktion. a) Wässrige Phase mit org. Analytspuren; b) Nach Zugabe von Tensid in höherer Konzentration bilden sich Mizellen mit hydrophobem Innenraum; c) Nach Erzwingung der Mizellphasenbildung, z. B. durch Erwärmung, sind die org. Spuren in der neu gebildeten Mizellphase angereichert.

Eine Vielzahl unterschiedlich strukturierter Tenside ermöglicht die Ausbildung abgestuft hydrophiler oder hydrophober Nano-Kompartimente. Neben zahlreichen organischen Analyten können nach Komplexierung z. B. auch Schwermetallionen aus wässrigen Lösungen extrahiert werden. Besonders interessant sind Trennungen biologischer Proben, wie etwa Enzyme, Viren, Membranproteine, Vitamine und Porphyrine (vgl. Tab. 7.2).

Die dabei erzielbare Anreicherung wird durch das Verhältnis der das Ausgangsvolumen der den Analyt enthaltenen Wasserphase zum Volumen der gebildeten Mizellphase bestimmt.

Tab. 7.2: Mizellare Extraktionen (Beispiele)

Ion	Ligand	Nichtionisches Tensid	Anreicherungsfaktor
Zn^{2+}	PAN	PONPE –7.5	40
Ni^{2+}	PAN	Triton X-100	40
Metalloporphyrine		Triton X-100	10–100
Vitamin E		C_{10}–$APSO_4$	45
PAHs		Genapol X-80	135
Napropamide		Genapol X-150	85
PCBs		Triton X-100	

Nachteilig ist die Anwesenheit hoher Tensidkonzentrationen bei nachfolgenden Bestimmungsverfahren. Trotzdem stellt diese Trenntechnik eine attraktive Alternative zur Vermeidung hoher Lösemittelvolumina dar.

Synergistischer Effekt. Als „synergistischen Effekt" (oder als „Synergismus") bezeichnet man die bereits von Schikorr (1926) beobachtete Erscheinung, dass die Verteilung einer Verbindung durch Zugabe eines dritten Stoffes wesentlich gesteigert werden kann.

So lässt sich z. B. die Verteilung der Uran(VI)-Verbindung mit Di-(2-ethylhexyl)phosphorsäure zwischen wässrigen Lösungen und Kerosin stark zu Gunsten der organischen Phase verschieben, wenn neutrale Phosphinoxide, wie Tri-n-butylphosphinoxid, zugegeben werden. Ähnliche Verhältnisse wurden auch in zahlreichen anderen Systemen gefunden (vgl. Tab. 7.3). Die Erklärung ist in Solvatationseffekten und Komplexbildungsreaktionen zu suchen; das Gebiet steht in Beziehung zum Bereich der gemischten Lösungsmittel.

Während meist nur einfache Anlagerungsverbindungen gebildet werden, treten in einigen Systemen Ester (Vanadium-Hydroxychinolin-Verbindung) oder kompliziert zusammengesetzte Komplexe, wie beim Ausschütteln der Gallium-Thenoyltrifluoraceton-Verbindung aus Chlorid-Acetat-Lösung, auf. Da weiterhin das organische Lösungsmittel eine Rolle spielt und ferner durch größere Reagenzzusätze der Effekt wieder rückläufig gemacht werden kann, sind derartige Systeme überaus variationsfähig.

Tab. 7.3: Synergistischer Effekt (Beispiele). TTA = Thenoyltrifluoraceton; Ac = Acetylaceton; HFA = Hexafluoroacetylaceton; TOPO = Tri-n-octylphosphinoxid; DBP = Di-n-butylphosphorsäure; TBP = Tri-n-butylphosphat; TOA = Tri-n-octylamin; TPAsCl = Tetraphenylarsoniumchlorid; Ox = 8-Hydroxychinolin

Ion	Chelat-bildner	Org. Lösungsmittel	Synergismus durch	Gebildete Verbindung
Mn^{2+}	TTA	Benzol	Pyridin	$Mn(TTA)_2 \cdot 2\,Py$
Ni^{2+}	TTA	Benzol	Isochinolin	$Ni(TTA)_2 \cdot 2\,Chin$
Zn^{2+}	TTA	Hexan	TOPO	$Zn(TTA)_2 \cdot TOPO$
Co^{2+}	Ac	Benzol	γ-Picolin	$Co(Ac)_2 \cdot 2\,Pic$
Cu^{2+}	HFA	Benzol	TOPO	$Cu(HFA)_2 \cdot TOPO$
UO_2^{2+}	DBP	CCl_4	TBP	$UO_2(DBP)_2 \cdot DBP \cdot TBP$
UO_2^{2+}	TTA	Benzol	TOPO	$UO_2(TTA)_2 \cdot TOPO$
PuO_2^{2+}	TTA	Cyclohexan	TBP	$PuO_2(TTA)_2 \cdot TBP$
Pu^{3+}	TTA	Cyclohexan	TBP	$Pu(TTA)_3 \cdot 2\,TBP$
Am^{3+}	TTA	Benzol	TOA	$Am(TTA)_3 \cdot TTA \cdot TOA$
Ga^{3+}	TTA	o-Dichlorbenzol	TPAsCl	$[Ga(TTA)_2(CH_3COO)Cl] \cdot (C_6H_5)_4As$
VO^{3+}	Ox	Benzol	n-Butanol	$VO(Ox)_2 \cdot OC_4H_9$

Ausgeschüttelte Verbindungen. In der Regel werden anorganische und organische Verbindungen umso besser aus wässrigen Lösungen mit organischen Lösungsmitteln ausgeschüttelt, je weniger polar die Moleküle aufgebaut sind. So gehen Verbindungen wie Cl_2, Br_2, I_2, ClO_2, OsO_4, $HgCl_2$, $AsCl_3$, $GeCl_4$, SnI_4 u. dgl. sogar in unpolare oder wenig polare Lösungsmittel wie CCl_4, $CHCl_3$ oder Benzol.

Anderseits kann man wenig polare Verbindungen in stärker polare überführen und dann aus organischer Lösung mit Wasser ausschütteln; z. B. werden schwache organische Säuren oder Phenole mit wässrigen Alkalimetallhydroxid-Lösungen unter Bildung der Alkalimetallsalze aus organischen Lösungsmitteln abgetrennt.

Zum Ausschütteln stärker polarer Verbindungen wie $HFeCl_4$, $HAuCl_4$, $HTlCl_4$, $HTlBr_4$, H_2TaF_7, $H_2Ce(NO_3)_6$, $In(SCN)_3$ u. a. müssen polare Lösungsmittel wie Diethylether, Methyl-i-butylketon, Tri-n-butylphosphat u. a. verwendet werden.

Oft ergeben Umsetzungen anorganischer Ionen mit organischen, sauerstoff-, stickstoff- oder schwefelhaltigen Komplexbildnern oder mit organischen Ionen entgegengesetzter Ladung Verbindungen, die aus wässriger Lösung mit organischen Lösungsmitteln ausgeschüttelt werden können (vgl. Tab. 7.4).

Chemische Reaktionen bei der Verteilung. Falls die zu trennenden Substanzen nicht von Anfang an in geeigneter Form vorliegen, müssen sie durch Reagenszugabe, Oxidation oder Reduktion in Verbindungen mit günstigen Verteilungskoeffizienten bzw. Trennfaktoren umgewandelt werden. Häufig geht man dabei so vor, dass das Reagens in der organischen, zum Ausschütteln der wässrigen Ausgangslösung verwendeten Phase gelöst und die betreffende Verbindung durch eine Austauschreaktion gebildet wird. Auch Ligandenaustauschprozesse sind beschrieben worden, haben jedoch kei-

Tab. 7.4: Organische Komplexbildner, Säuren und Basen, die mit anorganischen Ionen zum Ausschütteln geeignete Verbindungen bilden

Komplexbildner	Analyt
Hexafluoroacetylaceton	Alkyl- und Aryl-phosphorsäuren
Thenoyltrifluoraceton	basische Triphenylmethanfarbstoffe
Dimethylglyoxim	Triphenylzinnhydroxid
α-Benzoinoxim	Tetraphenylphosphoniumhydroxid
Salicylaldoxim	Tetraphenylarsoniumhydroxid
Diphenylthiocarbazon	Tetraphenylstiboniumhydroxid
Natrium-diethyldithiocarbamat	aliphatische Amine (z. B. Tri-n-octylamin)
8-Mercaptochinolin	quaternäre Ammoniumhydroxide (z. B. Tetra-n-hexyl-ammoniumhydroxid)
8-Hydroxychinolin	
α-Nitroso-β-naphthol	Di-n-butylamin
N-Nitroso-phenyl-hydroxyamin (NH_4-Salz; Kupferron)	Diantipyrylmethan
N-Benzoyl-N-phenyl-hydroxylamin	
Benzhydroxamsäure	
Diphenylguanidin	

ne größere Bedeutung erlangt. Eine Redox-Reaktion wird bei dem sog. „Amalgamaustausch" angewendet (s. u.).

7.1.4 pH-Verteilungskurven

Bei der oben erwähnten Arbeitsweise mit doppelter Umsetzung während der Verteilung tritt eine ausgeprägte pH-Abhängigkeit des Verteilungskoeffizienten auf, wenn das organische Reagens aus einer schwachen Säure besteht, mit der ein anorganisches Kation reagiert. (Entsprechendes gilt für anorganische Anionen, die mit einer schwachen organischen Base umgesetzt werden.)

Unter vereinfachenden Annahmen, die aber für zahlreiche praktisch wichtige Systeme mit ausreichender Annäherung erfüllt sind, lässt sich der Einfluss des pH-Wertes der Wasserschicht auf die Verteilung ermitteln.

Ein Metall-Ion Me^{n+} der Wertigkeit n möge während der Verteilung mit n Molekülen einer organischen Säure HR reagieren, die praktisch nur in der organischen Phase löslich ist.

Ferner soll die gebildete Verbindung MeR_n annähernd vollständig in die organische Phase gehen. Setzt man o und w als Indices für die organische bzw. wässrige Phase, so gilt:

$$(Me^{n+})_w + n \cdot (HR)_o \rightarrow (MeR_n)_o + n \cdot (H^+)_w. \tag{3}$$

Die Gleichgewichtskonstante K dieser Reaktion beträgt (unter Vernachlässigung der Aktivitätskoeffizienten):

$$K = \frac{[\text{MeR}_n]_o \cdot [\text{H}^+]_w^n}{[\text{Me}^{n+}]_w \cdot [\text{HR}]_o^n}. \tag{4}$$

Wenn MeR_n praktisch vollständig in die organische Phase geht und das Metall-Ion Me^{n+} annähernd vollständig in der Wasserschicht verbleibt, so enthält dieser Ausdruck den Verteilungskoeffizienten α für das betreffende Element:

$$\alpha = \frac{[\text{MeR}_n]_o}{[\text{Me}^{n+}]_w}, \tag{5}$$

und es gilt:

$$K = \alpha \cdot \frac{[\text{H}^+]_w^n}{[\text{HR}]_o^n} \tag{6}$$

bzw.

$$\alpha = K \cdot \frac{[\text{HR}]_o^n}{[\text{H}^+]_w^n} \tag{7}$$

Der Verteilungskoeffizient α hängt demnach unter den genannten Voraussetzungen von der für die jeweilige Verbindung gültigen Komplexbildungskonstanten K, vom pH-Wert der Wasserschicht nach der Verteilung und von der Reagenskonzentration $[\text{HR}]_o$ in der organischen Phase ab. (Dabei handelt es sich nicht um die ursprüngliche, sondern um die nach der Umsetzung eines Teiles der Säure HR mit dem Metall-Ion Me^{n+} verbleibende überschüssige Konzentration an HR.)

Durch Logarithmieren von Gl. (7) erhält man:

$$\log \alpha = \log K + n \cdot \log[\text{HR}]_o + n \cdot \text{pH}. \tag{8}$$

Zur Vereinfachung sei nunmehr angenommen, dass die Volumina beider Phasen gleich sind, und zur graphischen Darstellung sei die übersichtlichere prozentuale Verteilung P % gewählt. Gl. (8) ergibt dann mehrere Scharen von symmetrischen Kurven mit Wendepunkten bei einer Verteilung von 50 % ($\alpha = 1$); der Wendepunkt wird auch mit $E_{1/2}$ bezeichnet.

Bei gegebener Konzentration $[\text{HR}]_o$ und gegebenem n hängt die Lage der Verteilungskurven von dem Wert der Gleichgewichtskonstanten K ab; erhöht sich K um eine Zehnerpotenz, so verschiebt sich die Verteilungskurve parallel um eine pH-Einheit nach kleineren pH-Werten (vgl. Abb. 7.6).

Bei gegebenem K und gegebenem n hängt die Lage der Verteilungskurve von der Reagenskonzentration $[\text{HR}]_o$ in der organischen Phase nach der Gleichgewicht-

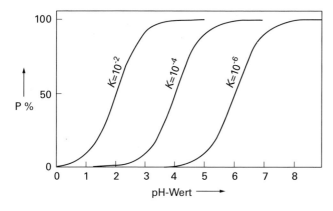

Abb. 7.6: Prozentuale Verteilung einer Verbindung aus einem Metall-Ion und einer organischen Säure in Abhängigkeit vom pH-Wert der Wasserschicht bei verschiedenen Werten von K ($[HR]_o = 1\,\text{mol/l}$; $n = 1$).

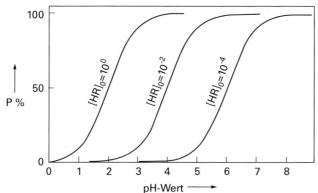

Abb. 7.7: Prozentuale Verteilung einer Verbindung aus einem Metall-Ion und einer organischen Säure in Abhängigkeit vom pH-Wert der Wasserschicht bei verschiedenen Reagenskonzentrationen $[HR]_o$ in der organischen Phase ($K = 10^{-2}$; $n = 1$).

seinstellung ab; vergrößert man $[HR]_o$ um eine Zehnerpotenz, so verschiebt sich die Verteilungskurve um eine pH-Einheit nach niedrigeren pH-Werten (Abb. 7.7).

Und schließlich hängen Lage *und* Steigung der Verteilungskurve bei gegebenen Werten für K und $[HR]_o$ von n ab; vergrößert man n um eine Einheit, so verschiebt sich die Kurve nach kleineren pH-Werten, und die Neigung wird steiler (bei $n = 1$ steigt α um eine Zehnerpotenz pro pH-Einheit, bei $n = 2$ um zwei Zehnerpotenzen und bei $n = 3$ um drei Zehnerpotenzen; vgl. Abb. 7.8).

Bemerkenswerterweise tritt in Gl. (7) die Konzentration des ausgeschüttelten Metall-Ions nicht auf, der Verteilungskoeffizient muss demnach unabhängig von der Konzentration des betreffenden Ions sein. Dementsprechend wurde auch in zahlreichen derartigen Systemen ein sehr großer Gültigkeitsbereich des Nernst'schen Gesetzes beobachtet (vgl. Abb. 7.2).

Wird nicht ein anorganisches Kation mit einer organischen Säure, sondern umgekehrt ein anorganisches Anion mit einer organischen Base ausgeschüttelt, so gelten im Prinzip dieselben Gesetzmäßigkeiten, nur kehrt sich der Verlauf der Kurven um (vgl. Abb. 7.9).

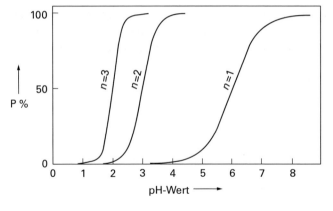

Abb. 7.8: Prozentuale Verteilung von Verbindungen aus einem Metall-Ion und einer organischen Säure in Abhängigkeit vom pH-Wert der Wasserschicht bei verschiedenen Wertigkeiten n des Metall-Ions ($K = 10^{-6}$; $[HR]_o = 1$ mol/l).

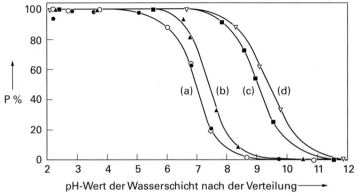

Abb. 7.9: Verteilung der Tetraphenylstibonium-Verbindungen anorganischer Anionen zwischen wässrigen Lösungen und Chloroform in Abhängigkeit vom pH-Wert
a) Cl^- und Br^-; b) I^-; c) SCN^-; d) F^-.

Mithilfe von Gl. (8) kann der Wert von n und damit die Formel der ausgeschüttelten Verbindung nach zwei Methoden erhalten werden: Entweder bestimmt man die pH-Abhängigkeit des Verteilungskoeffizienten α bei konstanter Reagenskonzentration $[HR]_o$ und ermittelt n aus der Steilheit der pH-Verteilungskurve, oder man ändert die Reagenskonzentration $[HR]_o$ bei konstantem pH-Wert; trägt man dann log α gegen log $[HR]_o$ auf, so ergibt sich eine Gerade mit der Steigung n.

Abweichungen von der idealen Form der Verteilungskurven. In der Regel wird zur Ermittlung einer Verteilungskurve einer Verbindung das Reagens in der organischen Phase gelöst und dann eine Serie von gepufferten wässrigen Lösungen des Metall-Ions mit Portionen der organischen Phase ausgeschüttelt. Dabei bleibt jedoch die Reagenskonzentration $[HR]_o$ nicht konstant; bei niedrigen pH-Werten wird nur ein kleiner Teil des Reagens von dem auszuschüttelnden Ion verbraucht, und die Konzentration $[HR]_o$ ist verhältnismäßig groß. Mit zunehmendem pH-Wert steigt der Verteilungskoeffizient, und infolge der steigenden Umsetzung des organischen Reagens nimmt [HR]$_o$ ab. Das Ausmaß der Änderung hängt von dem Mengenverhältnis an Metall-Ion und organischer Säure ab. Man erhält durch diesen Effekt eine etwas verzerrte Verteilungskurve (Abb. 7.10).

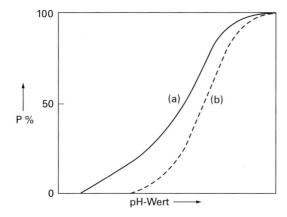

Abb. 7.10: Abweichungen von der idealen Form der Verteilungskurve durch Reagensverbrauch.
a) verzerrte Kurve; b) ideale Kurve.

Des Öfteren werden bei Änderung des pH-Wertes mehrere Verbindungen zwischen anorganischer Komponente und organischem Reagens gebildet, z. B. basische oder saure Komplexe. Unter Umständen treten dann sehr unregelmäßige Verteilungskurven auf, die sogar Maxima und Minima aufweisen können (Abb. 7.11).

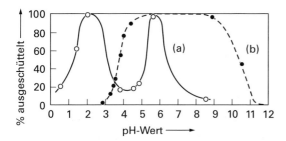

Abb. 7.11: Unregelmäßige Verteilungskurven.
a) Verteilung der Vanadium (V)-pyrrolidin-dithiocarbamat-Verbindung zwischen wässrigen Lösungen und Chloroform;
b) Verteilung der UO_2^{2+}-8-Hydroxychinolin-Verbindung zwischen wässrigen Lösungen und Chloroform.

Abweichungen treten weiterhin auf, wenn durch ungenügende Schütteldauer das Verteilungsgleichgewicht nicht erreicht wird, was vor allem bei kleiner Reagenskonzentration zu befürchten ist. Die Verteilungskurve wird dann scheinbar nach höheren pH-Werten verschoben.

7.1.5 Einfluss gleichioniger Zusätze

Zusätze gleichioniger Verbindungen beeinflussen die Verteilung rein anorganischer Verbindungen durch Zurückdrängung der Dissoziation. Außerdem werden – besonders bei hoher Konzentration des Zusatzes – der Solvathülle der auszuschüttelnden Verbindung Wassermoleküle entzogen, sodass sie stärker in die organische Phase gedrängt wird, ein Effekt, der dem Aussalzeffekt bei Fällungen entspricht. Als Beispiel ist in Tab. 7.5 die Wirkung verschiedener Zusätze beim Ausschütteln von Thoriumnitrat wiedergegeben.

Tab. 7.5: Verteilung von $Th(NO_3)_4$ zwischen wässrigen 1 mol/l HNO_3-Lösungen und Diethylether bei Sättigung mit verschiedenen Nitraten

Zugesetztes Salz	% des Th^{4+} im Ether
–	0,02
$LiNO_3$	56,5
$NaNO_3$	0,67
NH_4NO_3	0,36
$Mg(NO_3)_2$	43,8
$Ca(NO_3)_2$	56,8
$Sr(NO_3)_2$	0,18
$Al(NO_3)_3$	54,2

7.1.6 Einfluss von Komplexbildnern

In Gegenwart von Komplexbildnern in der wässrigen Phase tritt zwischen diesen und dem organischen Reagens eine Konkurrenzreaktion um das anorganische Ion ein. Die pH-Verteilungskurven werden dadurch mehr oder weniger stark nach höheren pH-

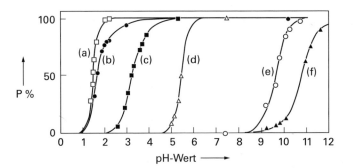

Abb. 7.12: Verschiebung der pH-Verteilungskurve der Eisen(III)-8-Hydroxychinolin-Verbindung durch Komplexbildner; $1–2 \cdot 10^{-4}$ mol/l Fe^{III}/1; 0,01 mol/l Oxin in $CHCl_3$.
a) ohne Komplexbildner; b) 0,010 mol/l Weinsäure; c) 0,010 mol/l Nitrilotriessigsäure;
d) 0,010 mol/l Oxalsäure; e) 0,010 mol/l Ethylendiamintetraessigsäure; f) 0,010 mol/l 1,2-Diaminocylohexan-tetraessigsäure.

Werten verschoben, wenn man ein anorganisches Kation mit einer organischen Säure ausschüttelt (falls nicht der Komplex ebenfalls in die organische Phase geht) (vgl. Abb. 7.12). Im Extremfalle tritt eine vollständige Maskierung des Ions ein, das dann überhaupt nicht mehr ausgeschüttelt werden kann.

7.1.7 Unvollständige Abtrennungen durch Verteilung zwischen zwei Flüssigkeiten (vgl. 1. Teil, Kap. 4)

Wird eine Substanz beim Ausschütteln nur unvollständig abgetrennt, so kann die Ausbeute durch die direkte Isotopenverdünnungsmethode bestimmt werden, ferner wurde wiederholt das substöchiometrische Verfahren angewandt.

Weiterhin sind quantitative Bestimmungen durch Ermittlung konzentrationsabhängiger Verteilungskoeffizienten durchgeführt worden.

7.1.8 Störungen

Bei der Verteilung zwischen zwei Flüssigkeiten treten mehrere Störungen auf, durch die die Trennungen beeinträchtigt werden können. Eine Schwierigkeit liegt darin, die beiden Phasen nach der Gleichgewichtseinstellung vollständig voneinander zu trennen, ferner können Verluste durch an den Wandungen hängen gebliebene Tröpfchen oder in den Schliffen sitzende Anteile verursacht werden. Weiterhin bleiben gelegentlich kolloidal verteilte Reste der anderen Flüssigkeit in beiden Phasen, die sich auch nach längerem Stehen nicht absetzen. Diese Störung lässt sich durch Zentrifugieren beseitigen; Wassertröpfchen in der organischen Phase können außerdem durch Filtrieren durch ein trockenes Papierfilter entfernt werden.

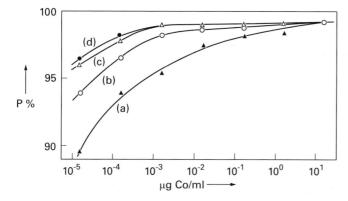

Abb. 7.13: Prozentuale Verteilung des Kobalt-8-Hydroxychinolin-Komplexes in Abhängigkeit von der Kobalt-Konzentration bei verschiedenen Schüttelzeiten.
a) 3 min Schüttelzeit; b) 24 h; c) 48 h; d) 72 h.

Eine weitere Störung tritt auf, wenn eine langsame Komplexbildungsreaktion der geschwindigkeitsbestimmende Schritt bei der Verteilung ist. Vor allem bei sehr niedrigen Konzentrationen der ausgeschüttelten Substanz ist dies und damit ein scheinbares Absinken der Verteilungskoeffizienten beobachtet worden (vgl. Abb. 7.2 und 7.13).

7.2 Trennungen durch einmalige Gleichgewichtseinstellung

7.2.1 Arbeitsweise und Geräte

Trennungen durch einmalige Gleichgewichtseinstellung werden gewöhnlich in sog. „Schütteltrichtern" oder „Scheidetrichtern" durchgeführt, von denen zahlreiche Ausführungsformen angegeben sind (vgl. Abb. 7.14). Die Verteilung wird durch kräftiges Umschütteln, bei schäumenden Flüssigkeiten durch vorsichtiges Hin- und Herschwenken, durch Rührvorrichtungen oder durch Durchleiten eines Gasstromes (vgl. Abb. 7.14 c) beschleunigt.

Nach dem Absitzen werden die beiden Phasen durch abfließen lassen der unteren oder durch Abhebern der oberen getrennt.

Eine selten verwendete Variante besteht darin, eine wässrige Lösung durch ein mit einem organischen Lösungsmittel getränktes Papierfilter hindurchzufiltrieren.

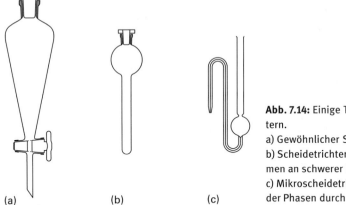

Abb. 7.14: Einige Typen von Scheidetrichtern.
a) Gewöhnlicher Scheidetrichter;
b) Scheidetrichter für ein kleineres Volumen an schwerer Phase;
c) Mikroscheidetrichter mit Bewegung der Phasen durch einen Gas-Strom.

7.2.2 Anwendungen

Da in vielen Systemen extrem hohe Trennfaktoren erreicht werden, genügt oft für analytische Zwecke ein einmaliges Ausschütteln, insbesondere bei der Abtrennung von Spurenbestandteilen aus Lösungen.

Die oben erwähnten Störungen durch unvollständige Phasentrennung und Verluste an der Gefäßwand oder in Schliffen setzen dem Verfahren allerdings Grenzen.

Amalgamaustausch. Eine Sonderstellung nimmt der sog. „Amalgamaustausch" ein. Man bringt dabei eine wässrige Salzlösung mit einem Amalgam in Berührung; ist das im Quecksilber gelöste Metall unedler als das in Ionenform in der wässrigen Lösung befindliche, so tritt unter Ablauf einer Redoxreaktion ein Austausch der Ionen gegen das Metall ein.

Die Austauschreaktionen werden im wesentlichen durch die Amalgampotenziale der beiden Reaktionspartner bestimmt, doch spielt auch die Zusammensetzung der wässrigen Lösung, vor allem die Gegenwart von Komplexbildnern, eine Rolle; so tauscht z. B. Ag^+ aus Cyanid-Lösung nicht mehr aus, anderseits kann man das Redoxpotenzial des Hg^{2+}/Hg^0-Systems verschieben und dadurch die Bedingungen für den Austausch verschiedener Ionen verbessern.

Enthält die wässrige Lösung Ionen von Metallen, die edler als Quecksilber sind, so kann dieses selbst die Reduktion bewirken, und es braucht kein weiteres Element darin gelöst zu werden.

Der Amalgamaustausch ist zur Abtrennung einer ganzen Reihe von Metall- und Halbmetall-Ionen aus Lösungen verwendet worden (Tab. 7.6).

Tab. 7.6: Trennungen durch Amalgamaustausch (Beispiele)

Lösung des Metall-Ions	
Cu^{2+} in 0,1 mol/l Weinsäure	Zn-Amalgam (1,5 %)
Cu^{2+} in 0,1 mol/l Weinsäure	Cd-Amalgam (1,5 %)
Hg^{2+}, Tl^+, SbO^+ in 0,5 mol/l HNO_3	Cd-Amalgam (2 %)
Ag^+ in 0,8 mol/l HNO_3	Cd-Amalgam (2 %)
Ag^+ in 0,25 mol/l H_2SO_4	Bi-Amalgam (1,4 %)
Ag^+ in 0,5 mol/l $NaNO_3$-Lösung	Tl-Amalgam (3 %)
Cu^{2+}-, Pb^{2+}-, Cd^{2+}-Lösung	Zn-Amalgam (10^{-3} M)
Pb^{2+}, Cf^{3+} in 7 mol/l CH_3COONa, pH 5–6	Na-Amalgam (0,6 %)
Au^{3+} ($HAuCl_4$ in 0,2 mol/l HNO_3)	Quecksilber
Ag^+ in 1 mol/l NH_3 + 0,2 mol/l NH_4NO_3)	Quecksilber
Pt^{4+} (H_2PtCl_6 in 0,2 mol/l HNO_3)	Quecksilber
Te^{4+} in 2 mol/l HCl	Quecksilber
Pd^{2+} in 1 mol/l KSCN-Lösung	Quecksilber

Eine weitere Anwendung des Amalgamaustausches besteht in der Abtrennung radioaktiver Isotope aus wässrigen Lösungen, die dabei nicht gegen ein unedleres, sondern gegen das gleiche (inaktive) Metall in Quecksilber-Lösung ausgetauscht werden. Es liegt somit ein Isotopenaustausch vor. Man kann auf diese Weise in extrem geringen Konzentrationen vorliegende radioaktive Ionen wie Tl^+, Pb^{2+}, Hg^{2+}, Zn^{2+}, Cd^{2+}, In^{3+}, Bi^{3+} und Sr^{2+} wirksam aus Lösungen entfernen und diese damit „dekontaminieren".

Das Austauschgleichgewicht wird hierbei nicht durch die Potenziale, sondern durch das Mengenverhältnis des Metalls im Quecksilber und der Ionen in der Lösung bestimmt.

Enthält die Lösung Ionen edlerer Metalle, so werden diese mit ausgetauscht; man kann das aktive Element von diesen trennen, indem man das Amalgam nach dem Austausch mit einer starken wässrigen Lösung eines Salzes dieses Elementes schüttelt und damit das Gleichgewicht wieder auf die Seite der wässrigen Lösung verschiebt. Bei dieser Rückreaktion bleiben die edleren Metalle im Quecksilber.

Die Gleichgewichte werden beim Amalgamaustausch in wenigen Minuten erreicht, sofern die beiden Phasen intensiv durchmischt werden.

7.3 Trennungen durch einseitige Wiederholung

Voraussetzung für die Arbeitsweise der einseitigen Wiederholung ist bei Trennungen durch Ausschütteln, dass die eine der abzutrennenden Substanzen praktisch vollständig in einer Phase bleibt, während die zweite teilweise in die andere Phase geht. Diese Bedingung ist sehr oft gegeben. Die Durchführung der Trennungen kann diskontinuierlich oder kontinuierlich erfolgen.

7.3.1 Diskontinuierliche Arbeitsweise

Die einseitige Wiederholung wird meist so durchgeführt, dass man eine wässrige Lösung in einem Scheidetrichter mehrfach mit einem organischen Lösungsmittel ausschüttelt.

Die Ausbeute an der abzutrennenden Substanz lässt sich auf diese Weise beliebig erhöhen (falls nicht der Verteilungskoeffizient bei niedrigen Konzentrationen stark absinkt). Weiterhin werden dabei die oben angeführten Störungen durch unvollständige Phasentrennung, Verluste an den Wandungen und Bildung kolloidaler Tröpfchen in der Wasserphase wirksam beseitigt.

Einzeltropfen-Mikroextraktion (SDME). Trotz der Einfachheit und Effizienz der Flüssig-flüssig-Extraktion verbleibt ein wesentlicher Nachteil in der üblichen Ausführung: der Anfall größerer kontaminierter Lösemittelvolumina. Die Wiederaufarbeitung derselben ist mit erheblichen Kosten und Umweltrisiken verbunden.

Bereits in den 1990er Jahren wurde daher versucht, die Extraktionsverteilung mit minimalen Volumina (angelsächs.: „single-drop microextraction: SDME") zu bewerkstelligen. Jeannot und Cantwell (1996) waren die Ersten, welche einen Tropfen 1-Octanol am Ende eines PTFE-Stabes zur Extrakton organischer Spurenstoffe aus wässrigen Lösungen publizierten. Nach der Probenahmeperiode wurde der PTFE-Stab aus der wässrigen Probelösung entfernt und der Lösemitteltropfen in einer GC-Injektionsspritze aufgenommen.

Heutige Ausführungsformen benutzen die direkte Probenahme: Durch ein Septum wird eine definierte Lösemittelmenge an der Spritzenkanüle hängend in die Wasserprobe eingebracht. Nach Gleichgewichtseinstellung wird der Tropfen wieder in die Spritze eingesaugt, durch das Septum entnommen und dann der weiteren Analyse zugeführt. (vgl. Abb. 7.15).

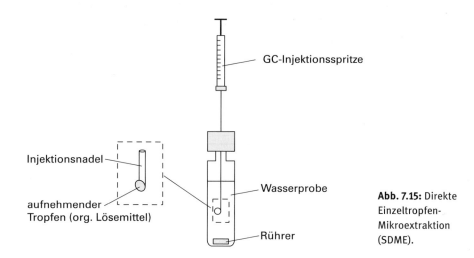

Abb. 7.15: Direkte Einzeltropfen-Mikroextraktion (SDME).

Es sind inzwischen diverse Varianten dieser Technik bekannt, wie etwa die dynamische SDME, bei der während der Probenahme der aufnehmende Lösemitteltropfen zur schnelleren Ggw.-Einstellung wiederholt eingesaugt und ausgestoßen wird. Ebenso ist die Probenahme aus fließenden Systemen bekannt. Die Kombination mit einer dritten, nicht mischbaren Phase zur Rückextraktion des angereicherten Analyten ist ebenfalls vielfach berichtet worden.

Kombinationen mit komplexierenden Agenzien in der aufnehmenden Phase ermöglichen zudem die Abtrennung und Anreicherung von Schwermetallen. Neuerdings findet als verlustarme organische Phase der Einsatz von ionischen Flüssigkeiten zunehmende Verbreitung.

Durch Anwendung von µL-Volumina der aufnehmenden organischen Phase werden leicht Anreicherungen bis zum Faktor 1000 innerhalb weniger Minuten erreicht. Schwierigkeiten bereiten allerdings Abscherung oder Auflösung der aufnehmenden Tröpfchenphase durch heterogene Zusammensetzung der Probe. Die Nutzung interner Standards zur Verlustkontrolle ist daher zwingend nötig.

Die SDME-Technik erfreut sich besonders in der Umweltanalytik großer Beliebtheit. Einige Anwendungen sind in Tab. 7.7 exemplarisch dargestellt.

7.3.2 Kontinuierliche Arbeitsweise

Perforatoren. Bei der kontinuierlichen Arbeitsweise lässt man die organische Flüssigkeit durch die vorliegende wässrige Lösung hindurchfließen, wobei je nach dem

Tab. 7.7: Anwendung der SDME (Beispiele)

Analyten	Probe	Extraktionsphase	Extraktvolumen µL	Nachweisgrenze µg L^{-1}
Explosivstoffe	Wasser	Toluol	1	0,8–1,3
Phenole	Seewasser	Decanol	2,5	0,2–1,6
Pestizide	Wein	1-Octan	2	0,003–0,05
Anästhetika	Urin	DBP	1	30–50
Pb^{2+}	Blut	Toluol	2	0,08
BTEX	Öl	Hexadecan	1	–
Organophosphor-Pestizide	Saft	Toluol	1,6	< 5
Fettsäuren	Blutplasma	n-Butylphthalat	2	0,02–0,08

Verhältnis der spezifischen Gewichte der beiden Phasen verschiedene Apparaturen, sog. „Perforatoren", verwendet werden (Abb. 7.16).

Die Wirksamkeit der Perforatoren ist ohne zusätzliche Rührvorrichtungen nicht sehr groß, da eine vollständige Gleichgewichtseinstellung beim Durchperlen eines Flüssigkeitströpfchens durch die andere Phase nicht erreicht wird.

Bei einer anderen Arbeitsweise verwendet man kurze Säulen mit einer Füllung aus einem inerten, porösen Trägermaterial, das mit einer geeigneten Flüssigkeit getränkt ist. Die zu trennenden Komponenten werden in einer zweiten, mit der in der Säule befindlichen nicht mischbaren Flüssigkeit gelöst und durch diese hindurchfließen gelassen, wobei Substanzen mit hohen Verteilungskoeffizienten (zu Gunsten der Phase in der Säule) quantitativ zurückgehalten werden.

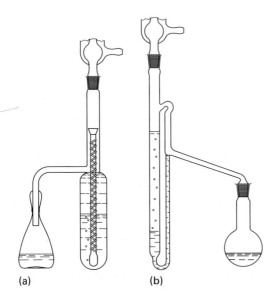

Abb. 7.16: Perforatoren.
a) zum Abtrennen mit einer spezifisch leichteren Phase; b) zum Abtrennen mit einer spezifisch schwereren Phase.

Als Beispiel für diese Methode sei die Abtrennung von Fe^{3+}- und Ga^{3+}-Spuren aus stark salzsauren Lösungen erwähnt; man lässt die wässrige Phase durch eine Säule mit Tri-n-butylphosphat auf einem Träger fließen. Während Eisen und Gallium praktisch vollständig in der Säule bleiben, laufen Zn^{2+}, Cu^{2+}, Al^{3+}, In^{3+} und andere Ionen ungehindert durch.

Durch Verwendung kurzer Säulen (ca. 1 cm Länge) lassen sich sehr schnelle Abtrennungen radioaktiver Spurenelemente erzielen; die Verteilungsgleichgewichte stellen sich erfahrungsgemäß innerhalb weniger Sekunden angenähert ein.

Membran-gestützte Flüssig/Flüssig-Extraktion. Flüssigkeitsimprägnierte Membranen (angelsächs.: „supported liquid membrane: SLM") ermöglichen die Extraktion und den Transport von Stoffen von einer hydrophilen Phase A durch eine mit hydrophober Phase bedeckte Membran in eine weitere hydrophile Phase B (vgl. Abb. 7.17). Dieses Prinzip wurde erstmals von Bloch (1970) zur Entfernung von Metallionen aus wässrigen Lösungen vorgestellt.

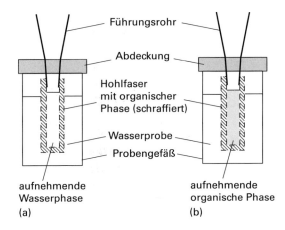

Abb. 7.17: Membran-gestützte (SLM) Extraktion (Prinzip) aus Wasser.
a) Wässriger Akzeptor;
b) organischer Rezeptor.

Im Verbund mit Hohlfaserbündel-Technologie gelingt so eine kontinuierliche oder diskontinuierliche Trennung. Triebkraft für die Trennung ist neben der Verteilung in zwei miteinander nicht mischbaren Phasen (Phase A/org. Phase bzw. org. Phase /Phase B in der Membranpore) die molekulare Diffusion der zu extrahierenden Spezies durch den Porenraum. Die Verteilung der abzutrennenden Spezies kann dabei durch Kompexbildung in der org. Membranphase drastisch erhöht werden. Vorteilhaft ist dabei, dass die Membranphase nur geringe Mengen an Komplexierungsmittel benötigt und als trennende Grenzfläche dient.

Die Trennleistung wird daher von der Komplexierungsneigung, der Membrandicke, der Membranaustauscherfläche, und der Diffusivität der auszutauschenden Spezies durch die Membran sowie den Abtransport der ausgetauschten Spezies in Phase B determiniert.

Tab. 7.8: Membrangestützte SLM-Systeme (Beispiele)

Ion	Zufluss (Donator)	Abfluss (Akzeptor)	Membranphase (Transporteur)
Eu^{3+}	HCl	HCl	HDEHP/Dodecan
Zn^{2+}, Cd^{2+}	HCl	CH_3COONH_4	TLA/Triethylbenzol
Co^{2+}, Ni^{2+}	CH_3COOK	HCl	Dialkylphosphorsäure
Citronensäure	H_2O	Na_2CO_3	Triethylamin
Banzodiazepine	Blut	HCl	Nonalol
Chloressigsäuren	H_2O	NaOH	TOPO/Dihexylether
Phenoxyessigsäuren	H_2O	NaOH	1-Octanol
Aminoalkohole	Urin	HCl	1-Octanol
Dopingstoffe	Urin	Methanol/NH_4OH	1-Octanol

Inzwischen sind zahlreiche Anwendungen sowohl im technischen und analytischen Bereich bekannt (vgl. Tab. 7.8)

Es ist auch die inverse Variante bekannt: In den Membranporen befindet sich Wasser und trennt somit 2 organische Phasen. Anwendung finden SLM-Technologien zur Anreicherung von Stoffen vor einer analytischen Bestimmung. Es werden Anreicherungsfaktoren bis zu 10^3 berichtet.

7.4 Trennungen durch systematische Wiederholung: Trennreihe

7.4.1 Diskontinuierliche Weiterbeförderung der bewegten Phase

Trennreihen können bei der Verteilung zwischen zwei Flüssigkeiten in einer Serie von Scheidetrichtern angesetzt werden, wobei man die obere Phase nach jeder Gleichgewichtseinstellung zum nächsten Gefäß weiterführt (vgl. Abb. 7.13). Da diese Arbeitsweise recht umständlich ist, werden dazu meist Apparaturen verwendet, in denen Schütteln und Weiterführen der bewegten Phase halb- oder vollautomatisch in einer ganzen Reihe von Gefäßen gleichzeitig erfolgen können. Als Beispiel für verschiedene Ausführungsformen sei ein Gerät nach Hecker (1953) beschrieben.

Man gibt die Lösung des zu trennenden Stoffgemisches in das erste einer Reihe von gleichartigen, hintereinander angeordneten Verteilungselementen (Abb. 7.18a). In jedes weitere Verteilungselement kommt soviel der stationären Phase, dass der Flüssigkeitsspiegel jeweils bis zum unteren Rand des Ablaufrohres A steht. Durch Drehen um die Achse C wird dann die ganze Verteilungsbatterie waagerecht gestellt und in das erste Element die spezifisch leichtere bewegte Phase eingefüllt; die Volumina beider Phasen sollen etwa gleich groß sein (Abb. 7.18b). Dann wird durch längeres Hin- und Herschwenken um die Achse C das Verteilungsgleichgewicht eingestellt (erfahrungsgemäß genügen etwa 40–50 Schaukelbewegungen). Die abzutrennende Verbindung möge bevorzugt in die obere Phase gehen. Sodann bringt man die Gefäßreihe wieder

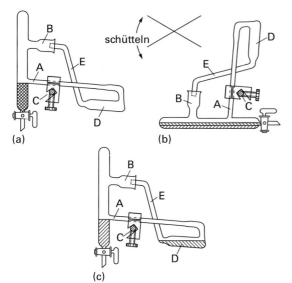

Abb. 7.18: Arbeitsweise der Verteilungsbatterie n. Hecker.
a) Ausgangsstellung;
b) Einfüllen der bewegten Phase und Einstellung des Verteilungsgleichgewichtes;
c) Überführen der bewegten Phase in das Vorratsgefäß.

in die senkrechte Stellung; dabei fließt die obere Phase durch den Ablauf A in das Vorratsgefäß D (Abb. 7.18c).

Werden die Verteilungsgefäße schließlich wieder in die Horizontale geschwenkt, so fließt die Oberphase aus D durch das Röhrchen E, welches schräg hinter die Zeichenebene verläuft, in den Einfüllstutzen des zweiten Verteilungselementes (in Abb. 7.18 nicht gezeichnet).

Man gibt nun eine frische Portion der bewegten Phase in das erste Gefäß und stellt erneut durch Hin- und Herschwenken das Verteilungsgleichgewicht – diesmal in den beiden ersten Gefäßen – ein. Durch Senkrechtstellen läuft dann die bewegte Phase aus dem Gefäß 1 in den ersten, aus Gefäß 2 in den zweiten Vorratsraum, und beim Umlegen in die Horizontale fließt sie aus Vorratsraum 1 in das Verteilungselement 2, aus Vorratsraum 2 in das Element 3. Man füllt auf diese Weise Schritt für Schritt sämtliche Verteilungselemente mit der bewegten Phase und nimmt dann bei jedem weiteren Verteilungsschritt am Ende der Reihe eine Portion der bewegten Phase ab (entsprechend der Elution bei Säulenverfahren).

Derartige Geräte sind in verschiedenen Ausführungsformen mit bis zu mehreren Hundert einzelnen Verteilungselementen entwickelt worden.

Wenn die Trennfaktoren der vorliegenden Substanzen groß genug sind, kann man den Versuch beenden, bevor die einzelnen Verbindungen am Ende des Gerätes die Trennreihe verlassen. Die in den Verteilungselementen befindlichen reinen Stoffe können dann gewonnen und weiter untersucht werden. Als Beispiel für diese Arbeitsweise ist in Abb. 7.19 die Trennung eines Fettsäuregemisches wiedergegeben, wobei die Verbesserung der Trennung durch die erhöhte Anzahl der Trennstufen zu erkennen ist.

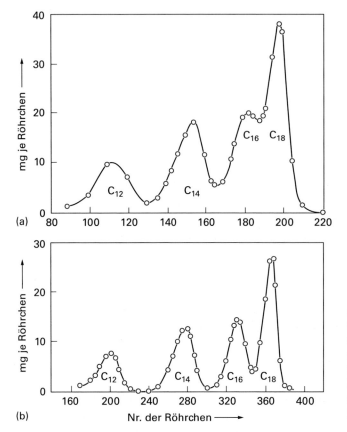

Abb. 7.19: Trennung eines Gemisches von 4 Fettsäuren durch Verteilung zwischen Heptan und einem Methanol-Formamid-Eisessig-Gemisch. a) 220 Trennstufen; b) 400 Trennstufen.

7.4.2 Kontinuierliche Weiterbeförderung der bewegten Phase

Die bewegte Phase kann in apparativen Anordnungen gemäß Abb. 7.20 kontinuierlich durch eine Serie von Verteilungsgefäßen fließen gelassen werden. Derartig einfache Vorrichtungen haben sich jedoch als wenig wirksam erwiesen, da sich die Verteilungsgleichgewichte nicht vollständig einstellen (vgl. das über Perforatoren Gesagte). Bessere Ergebnisse erzielt man mit Anordnungen, die besondere Rührer und getrennte Absetzräume für die beiden Phasen enthalten; das Verfahren wird damit allerdings etwas umständlich und für analytische Zwecke weniger geeignet.

7.4.3 Kreislaufverfahren

Es ist ohne Schwierigkeiten möglich, die bewegte Phase vom Ende einer Verteilungsbatterie wieder in den Kopf der Anordnung zurückzuführen und sie somit im Kreis umlaufen zu lassen. Das Verfahren wird vor allem bei der Trennung von Stoffen mit niedrigen Verteilungskoeffizienten angewandt, für die eine größere Menge an beweg-

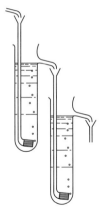

Abb. 7.20: Anordnung zur kontinuierlichen Weiterbeförderung der bewegten Phase.

ter Phase benötigt wird. Mehrere nach diesem Prinzip arbeitende Apparaturen wurden von Fischer angegeben.

7.5 Trennungen durch systematische Wiederholung: Säulenverfahren (Verteilungs-Chromatographie)

7.5.1 Prinzip

Bei der Verteilungs-Chromatographie („Liquid chromatography") wird als stationäre Phase eine Flüssigkeit verwendet, die durch Aufsaugen in einem porösen festen Trägermaterial fixiert ist. Mit diesem Material füllt man eine Säule, gibt das zu trennende Stoffgemisch auf deren Kopf auf und eluiert die einzelnen Komponenten, indem man eine geeignete zweite Flüssigkeit als bewegte Phase durch die Säule fließen lässt.

7.5.2 Trägermaterial der stationären Phase

Als Trägermaterialien werden häufig chemisch modifizierte Silica-Oberflächen verwendet, doch sind auch andere anorg. Materialien sowie verschiedene organische Polymere in Gebrauch.

Man unterscheidet zwischen Trägern, die zur Aufnahme polarer Lösungsmittel wie Wasser, niederer Alkohole, Glycole u. dgl. geeignet sind, und solchen, die auf Grund ihrer chemischen Natur oder Vorbehandlung unpolare Lösungsmittel wie Petrolether, Benzol, Silikonöl u.Ä. aufsaugen; in diesem Falle wird von Verteilungs-Chromatographie „mit Phasenumkehr" („reversed phase") gesprochen.

Die Träger werden mit Partikeldurchmessern von etwa > 1 μm verwendet. Je feiner die Körnung ist, umso besser ist die Trennwirkung der Säule, aber umso größer wird der Strömungswiderstand.

Von Bedeutung ist ferner die Beladung des Trägers, d. h. die Menge an stationärer Flüssigkeit auf einer gegebenen Menge an Trägermaterial. Es ist zweckmäßig, Substanzen zu wählen, die eine Beladung von mindestens 40–50 % gestatten, ohne zu klumpen; dadurch erhöht sich die Kapazität der Säule, außerdem wird die Gefahr von Störungen durch Adsorptionseffekte an der Oberfläche der festen Teilchen verringert.

Häufig wird die stationäre Flüssigkeit vor dem Aufbringen auf den Träger mit einem tiefsiedenden Lösungsmittel verdünnt, das man anschließend wieder verdunsten lässt. Auf diese Weise ist eine bessere Verteilung der Flüssigkeit auf dem festen Material zu erreichen.

Entscheidend wichtig für die Wirksamkeit der Säulen sind eine monodisperse Partikelgrößenverteilung des Trägers, Partikelgrößen im µm-Bereich und eine völlig gleichmäßige Lagerung in dem Trennbett. Durch besondere Maßnahmen, wie trockenes Einfüllen unter gleichzeitigem Drehen und Rütteln der Säule oder durch „nasses" Einschlämmen zusammen mit der bewegten Phase, die man dabei kontinuierlich nach unten abfließen lässt, sodass die festen Teilchen gewissermaßen abfiltriert werden, lassen sich Hochleistungssäulen herstellen.

7.5.3 Säulenmaterial und -abmessungen

Die Säulen bestehen meist aus Glas, Metall oder Polytetrafluorethylen (PTFE). Sie enthalten am unteren Ende eine Fritte oder einen Glaswollepfropfen, um die stationäre Phase festzuhalten. Die Oberfläche des Trennbettes kann mit etwas Filterpapier abgedeckt werden, damit ein Aufwirbeln der stationären Phase bei der Substanzaufgabe verhindert wird. Neuere Entwicklungen stellen sog. monolithische Säulen dar, bei denen die Säule aus einem einzigen porösen Stück besteht.

Die Abmessungen der Säulen schwanken von einigen Millimetern bis zu mehreren Zentimetern lichter Weite und etwa 10–20 cm bis zu mehreren Metern Länge. Für analytische Arbeiten sind Durchmesser von 1–2 cm bei Längen von 0,5–2 m üblich.

7.5.4 Substanzaufgabe

Die Substanzaufgabe erfolgt im einfachsten Fall durch Auftropfen der gelösten Analysenprobe; vielfach wird auch eine Injektionsspritze verwendet, deren Nadel man durch eine PTFE- oder Kunststoffkappe am Kopf der Säule sticht. Dies Verfahren ist auch bei Säulen, die unter Druck betrieben werden, brauchbar (vgl. Abb. 7.21).

Probenvolumina bis zum ml-Bereich werden reproduzierbar über eine Dosierschleife aufgegeben. Die aufgegebenen Substanzmengen betragen bei den üblichen analytischen Säulen etwa 50 mg, doch sind auch sehr enge Säulen (ca. 2 mm i. D.) für Mikrogramm-Mengen sowie präparative Säulen für Proben von einigen Gramm Ge-

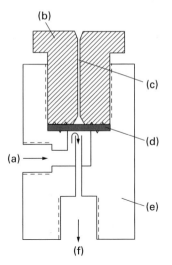

Abb. 7.21: Probenaufgabesystem bei Elution unter Druck.
a) Eintritt der bewegten Phase;
b) Verschlussschraube;
c) Bohrung zum Einführen der Injektionsnadel;
d) Polymermembran;
e) Säulenaufsatz;
f) zur Säule.

wicht entwickelt worden. Noch geringere Dimensionen, bis in den unteren ng-Bereich, finden heutzutage im Mikrofluidik-Bereich („Lab-on-the-chip") Verwendung.

7.5.5 Stationäre und bewegte Phase

Für die Verteilungs-Chromatographie sind zahlreiche Paare von nicht miteinander mischbaren Flüssigkeiten verwendbar; meist wird eine wässrige mit einer organischen Phase kombiniert, doch kann die Verteilung auch zwischen zwei organischen Flüssigkeiten erfolgen (vgl. Tab. 7.9). Einen Sonderfall stellen Systeme mit Ionenaustauschern als Trägermaterialien und wässrig-alkoholischen Lösungen als mobile Phase dar. Im Ionenaustauscher ist nach dem Quellen die Ethanol-Konzentration geringer als in der mit ihm in Berührung stehenden wässrigen Ethanol-Lösung, und man kann z. B. Kohlenhydrate durch Verteilung zwischen diesen beiden Phasen trennen. Ionische Flüssigkeiten stellen ungewöhnliche stationäre Phasen dar. Dies sind nichtmolekulare niedrig siedende Flüssigkeiten, welche u. a. kovalent an Silicagel-Trägermaterial gebunden werden können.

Die mobile Phase muss vor dem Eintreten in die Säule an stationärer Phase gesättigt sein, da diese andernfalls mehr oder weniger schnell aus dem Träger ausgewaschen wird. Es hat sich bewährt, als zusätzliche Sicherung vor der eigentlichen Trennsäule eine kleine Vorsäule anzuordnen, in der die endgültige Sättigung erreicht wird.

Tab. 7.9: Beispiele für stationäre und mobile Phasen bei der Verteilungs-Chromatographie

Stationäre Phase	Mobile Phase	Getrennte Verbindungen
H_2O auf Silicagel	Cyclohexan	Phenole
H_2O auf Silicagel	$CHCl_3$ + Butanol	Benzoesäuren
H_2O auf Silicagel	Essigsäureethylester	Digitalis-Glycoside
0,1 N H_2SO_4 auf Silicagel	$CHCl_3$ + tert. Amylalkohol	aliphatische Carbonsäuren
CH_3OH auf Silicagel	Petrolether	Carotinoide
CH_3OH + H_2O auf Kieselgur	Hexan + Benzol	Estrogene
Dimethylsulfoxid auf Silicagel	Cyclohexan	Porphyrine
Dimethylformamid + Carbowachs auf Kieselgur	i-Octan	Polyzykl. Aromaten
Heptan auf silikonisiertem Kieselgur	Acetonitril + CH_3OH	Triglyceride
Squalan auf Kieselgur	Acetonitril	Kohlenwasserstoffe
Paraffinöl auf silikonisiertem Kieselgur	Aceton + H_2O	Fettsäuren
Di-(2-ethylhexyl)phosphorsäure auf siliconisiertem Kieselgur	verd. HNO_3	Seltene Erden
i-Octan auf silikonisiertem Kieselgur	CH_3OH + H_2O	Fettsäuren
Di-(2-ethylhexyl)phosphorsäure auf Cellulose	HCl-Lösung	Pt – Au
Cyclohexan auf polymeren Fluorkohlenwasserstoffen	CH_3NO_2	Asphalt-Bestandteile

7.5.6 Strömungsgeschwindigkeit der bewegten Phase – Drucksäulen

Die Strömungsgeschwindigkeit der bewegten Phase kann bei den üblichen Anordnungen mit Transport durch die Schwerkraft nur unvollkommen beeinflusst werden, sodass der Zeitaufwand für eine Trennung u. a. durch den Strömungswiderstand gegeben ist. Dieser Nachteil lässt sich durch Elution unter Druck („High pressure liquid chromatography": HPLC) beseitigen, wodurch auch längere Säulen mit hohen Trennstufenanzahlen noch annehmbare Analysenzeiten ergeben (vgl. Abb. 7.22).

Zur Verbreiterung der Elutionsbanden tragen mehrere Effekte bei, von denen der Einfluss unregelmäßiger Packung des Trägermaterials und unvollständige Gleichgewichtseinstellung (letztere vor allem bei hohen Strömungsgeschwindigkeiten der mobilen Phase) wohl die bedeutendsten sind. Als Folge unvollständiger Gleichgewichtseinstellung beobachtet man ein Ansteigen der Trennstufenhöhe mit der Strömungsgeschwindigkeit (vgl. Abb. 7.23).

Bei nicht sehr sorgfältig gefüllten Säulen kann der von der Strömungsgeschwindigkeit unabhängige Effekt der ungleichmäßigen Packung die anderen Störeffekte soweit überlagern, dass die Trennstufenhöhe praktisch unabhängig von der Geschwindigkeit der mobilen Phase ist (vgl. Abb. 7.24). Man kann dann ohne größere Verluste an Trennwirkung sehr schnell eluieren.

7.5 Trennungen durch systematische Wiederholung: Säulenverfahren — 93

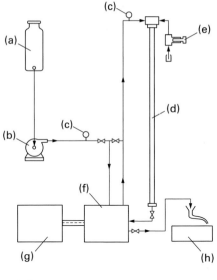

Abb. 7.22: Verteilungs-Chromatographie (HPLC) mit Elution unter Druck.
a) Vorratsgefäß für die mobile Phase;
b) Pumpe;
c) Manometer;
d) Säule;
e) Probenaufgabe;
f) Detektor;
g) Aufzeichnung;
h) Fraktionensammler.

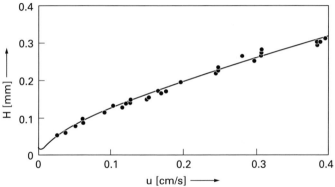

Abb. 7.23: Abhängigkeit der Trennstufenhöhe H von der Geschwindigkeit u der mobilen Phase; Elution von Nitrobenzol mit Trimethyl-propan, stationäre Phase: Triscyanoethoxypropan.

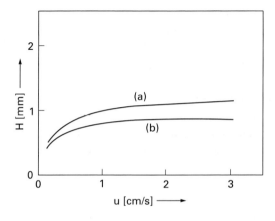

Abb. 7.24: Abhängigkeit der Trennstufenhöhe H von der Geschwindigkeit u der mobilen Phase bei unregelmäßig gepackten Säulen.
a) Säule mit 3,08 mm Durchmesser;
b) Säule mit 1,54 mm Durchmesser.

7.5.7 Einfluss der Temperatur

Trennungen durch Verteilungs-Chromatographie werden überwiegend bei Raumtemperatur durchgeführt. Es ist wichtig, dass die Temperatur gut konstant gehalten wird; bei Schwankungen verschlechtert sich die Wirksamkeit der Säule, ferner kann die stationäre Phase infolge der Temperaturabhängigkeit der Löslichkeit beider Flüssigkeiten ineinander ausbluten.

Bei einer Erhöhung der Temperatur steigt die Geschwindigkeit des Stoffaustausches zwischen den beiden Phasen. Als Folge kann sich die Trennstufenhöhe der Säule verringern, doch ist nach bisherigen Versuchen dieser Effekt bei niedrigen Strömungsgeschwindigkeiten der bewegten Phase gering; er macht sich erst bei höheren Geschwindigkeiten bemerkbar.

7.5.8 Stufenweise Elution – Gradienten-Elution

Enthält eine Analysenprobe Substanzen mit sehr unterschiedlichen Verteilungskoeffizienten, so kann durch stufenweise Elution mit Lösungsmitteln steigender Wirksamkeit oder durch Gradienten-Elution mit kontinuierlicher Verbesserung der mobilen Phase eine Beschleunigung der Trennungen erreicht werden. Für saure und für basische Substanzen kann eine Elution mit wässrigen Lösungen unter Anwendung eines pH-Gradienten günstig sein.

7.5.9 Isolierung der Komponenten – Elutionskurven – Detektoren

Zum Isolieren der getrennten Komponenten fängt man das Eluat fraktionsweise auf und gewinnt die einzelnen Substanzen aus den Fraktionen.

Häufig werden zusätzlich oder für sich allein die Elutionskurven durch kontinuierliche Messung der Refraktion, der Lichtabsorption, elektrischen Leitfähigkeit, Dielektrizitätskonstanten, des polarographischen Diffusionsstromes, der Adsorptionswärme u. a. aufgezeichnet. Es finden inzwischen nahezu alle Prinzipien der chemischen Sensorik in der Flüssigphase Anwendung. Besonders empfindlich ist die Kopplung mit der Massenspektrometrie, die allerdings aufwendige Verfahren zur Kopplung des getrennten, im Eluat befindlichen Analyten, mit dem Vakuum eines Massenspektrometers nutzen muss. Dazu muss das Laufmittel möglichst weitgehend vom Analyten kontinuierlich abgetrennt werden.

Das Retentionsvolumen V_i einer Komponente i ist mit deren Verteilungskoeffizienten α_i und den Volumina V_{st} und V_m an stationärer und mobiler Phase durch die Beziehung (9) verknüpft:

$$V_i = \alpha_i \cdot V_{st} + V_m \tag{9}$$

Zum Identifizieren unbekannter Komponenten in einem Elutionsdiagramm ist gelegentlich eine von van Duin angegebene Gesetzmäßigkeit von Nutzen: Trägt man die Logarithmen der korrigierten Retentionsvolumina V^o gegen die Anzahl der C-Atome einer homologen Reihe auf, so ergeben sich Gerade (vgl. Abb. 7.25). Wenn für eine gegebene Trennsäule die Retentionsvolumina einiger Verbindungen einer homologen Reihe bekannt sind, lässt sich die Anzahl der C-Atome einer unbekannten Verbindung der gleichen Reihe ermitteln.

7.5.10 Wirksamkeit der Verteilungs-Chromatographie

Die Trennwirkung Verteilungs-chromatographischer Säulen ist wegen der geradlinigen Verteilungsisothermen und der sich daraus ergebenden symmetrischen Elutionskurven meist sehr gut. Die Angaben über die Höhe einer Trennstufe schwanken etwas; der Wert dürfte im Allgemeinen zwischen 0,5 und 1,5 mm liegen. Mit besonders sorgfältig hergestellten Säulen geringen Durchmessers (in einem Fall auch mit 8–11 mm Durchmesser) wurden sogar Höhen von 0,1–0,3 mm erreicht. Größere Säulen zu präparativen Zwecken weisen Höhen von 2,5–5 mm auf.

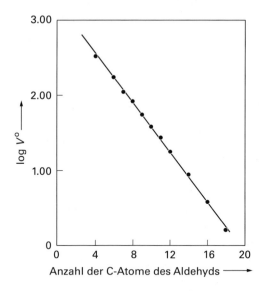

Abb. 7.25: Abhängigkeit der korrigierten Retentionsvolumina der 2,4-Dinitrophenylhydrazone verschiedener Aldehyde von der Anzahl der C-Atome.

Die Verteilungs-Chromatographie gestattet daher ohne große experimentelle Schwierigkeiten Trennungen mit mehreren Tausend Trennstufen; sie gehört zu den wirksamsten der bekannten Trennverfahren.

Besonders vorteilhaft sind die große Variationsfähigkeit in der Wahl der beiden Phasen und die schonende Arbeitsweise bei niedrigen Temperaturen. Die Methode ist dadurch vor allem zur Trennung hochsiedender oder nicht unzersetzt flüchtiger

Substanzen geeignet, bei denen andere Verfahren versagen. Als Beispiele für die Anwendung seien Trennungen von Aminosäuren, Fettsäuren, Proteinen, Steroiden und Alkaloiden genannt (vgl. auch Tab. 7.9).

7.6 Trennungen durch systematische Wiederholung: Dünnschicht-Technik (Dünnschicht-Verteilungs-Chromatographie)

Bei der Dünnschicht-Verteilungs-Chromatographie wird ein pulverförmiger fester Träger mit der stationären flüssigen Phase getränkt und in dünner Schicht auf einer Glasplatte oder sonstigen Unterlage ausgestrichen; die stationäre Phase kann auch auf Papierstreifen aufgebracht werden, doch haben sich Platten aus Cellulosepulver oder Aluminiumoxid als günstiger erwiesen.

Als stationäre Flüssigkeiten werden Wasser, wässrige Lösungen oder hydrophile Lösungsmittel wie Propylenglycol u. a. verwendet. Bei der Arbeitsweise mit Phasenumkehr versetzt man den Träger mit Paraffinöl, Ethyloleat, Tri-n-butylphosphat, Benzol- oder Butanol-Lösungen von Di-(2-ethylhexyl)-phosphorsäure u. a. und entwickelt mit Wasser oder wässrigen Lösungen.

Die Methode wurde gelegentlich zum Trennen von Alkoholen, Phenolen, organischen Säuren und Basen und Steroiden verwendet, ferner wurden Gesetzmäßigkeiten zwischen R_f-Wert und Konstitution ermittelt.

7.7 Gegenstromverteilung

Die Gegenstrommethode wird bei der Verteilung zwischen zwei flüssigen Phasen vor allem zu Trennungen im präparativen oder technischen Maßstab verwendet, für analytische Probleme hat das Verfahren kaum Bedeutung. Einerseits ist es nur zum Zerlegen von Gemischen in zwei Teile geeignet, zum anderen sind die erforderlichen Apparaturen entweder wenig wirksam (einfache Füllkörpersäulen) oder recht aufwendig (Kolonnen mit Rühreinrichtungen; pulsierende Kolonnen).

Literatur zum Text

Allgemein

T.M. Hii u. H.K. Lee, Liquid-liquid extraction in environmental analysis, in: J. Pawliszyn u. H.L. Lord, Handbook of Sample Preparation, 39–51, John Wiley & Sons, Inc., Hoboken (2010).
P. Markl, Extraktion und Extraktionschromatographie in der Anorganischen Analytik, Akademische Verlagsgesellschaft, Frankfurt am Main (1972).

G.H. Morrison u. H. Freiser, Solvent Extraction in Analytical Chemistry, John Wiley, New York (1966).
C. Poole u. M. Cooke, Encyclopedia of Separation Science, Academic Press, Walthan (2000).
C. Poole, Handbook of Methods and Instrumentation in Separation Science, Elsevier Science and Technology, Gurgaon (2009).
J. Rydberg, M. Cox, C. Musikas u. G.R. Choppin, Solvent Extraction Principles and Practice, Marcel Dekker, New York (1992).

Membran-gestützte Flüssig/Flüssig-Extraktion

P. Danesi, Separation of metal species by supported liquid membranes, Separation Science and Technology 19, 857–894 (1984).
J. Jonsson u. L. Mathiasson, Membrane-based techniques for sample enrichment, Journal of Chromatography A 902, 205–225 (2000).
J. Lee, H. Lee, K. Rasmussen u. S. Pederson-Bjergaard, Environmental and bioanalytical applications of hollow fiber membrane liquid-phase microextraction. A review, Analytica Chimica Acta 624, 253–268 (2008).
N. Kochergynsky, Q. Yang u. L. Seelam, Recent advances in supported liquid membrane technology, Separation & Purification Technology 53, 171–177 (2007).
Y. Ong, K. Yee, Y.Cheng u. S. Tan, A review on the use and stability of supported liquid membranes in the pervaporation process, Separation and Purification Reviews 43, 62–88 (2014).
A. Sastre, A. Kumar, J. Shukla u. R. Singh, Improved techniques in liquid membrane separations: an overview, Separation and Purification Methods 27, 213–298 (1998).
M. Vilt u. W. Ho, Applications and advances with supported liquid membranes, in: K. Mohanty u. M. Purkait, Membrane Technologies and Applications, CRC Press, Boca Raton, 279–303 (2012).

Mikroextraktion

A. Jain u. K. Verma, Recent advances in applications of single-drop microextraction: A review, Analytica Chimica Acta 706, 37–65 (2011).
M. Jeannot, A. Przyjazny u. J. Kokosa, Single drop microextraction – Development, applications and future trends, Journal of Chromatography A 1217, 2326–2336 (2010).
J. Pawliszyn u. S. Pedersen-Bjergaard, Analytical microextraction: current status and future trends, Journal of Chromatographic Science 44, 291–307 (2006).
E. Psillakis u. N. Kalogerakis, Developments in liquid-phase microextraction, Trends in Analytical Chemistry 22, 565–574 (2003).
A. Sarafraz-Yazdi u. A. Amiri, Liquid-phase microextraction, Trends in Analytical Chemistry 29, 1–14 (2010).
L. Xu, C. Basheer u. H. Lee, Developments in single-drop microextraction, Journal of Chromatography A 1152, 184–192 (2007).

Mizellare Extraktion

D. Armstrong, Micelles in separations: a practical and theoretical review, Separation and Purification Methods 14, 213–304 (1985).
B. Fröschl, G. Stangl u. R. Niessner, Combination of micellar extraction and GC-ECD for the determination of polychlorinated biphenyls (PCBs) in water, Fresenius' Journal of Analytical Chemistry 357, 743–746 (1997).

W. Hinze u. E. Pramauro, A Critical review of surfactant-mediated phase separations (cloud-point extractions): theory and applications, Critical Reviews in Analytical Chemistry 24, 133–177 (1993).

M. Pires, M. Aires-Barros u. J. Cabral, Liquid-liquid extraction of proteins with reversed micelles, Biotechnology Progress 12, 290–301 (1996).

G. Stangl u. R. Niessner, Cloud point extraction of napropamide and thiabendazole from water and soil, Mikrochimica Acta 113, 1–8 (1994).

C. Stalikas, Micelle-mediated extraction as a tool for separation and preconcentration in metal analysis, TrAC, Trends in Analytical Chemistry 21, 343–355 (2002).

H. Tani, T. Kamidate u. H. Watanabe, Micelle-mediated extraction, Journal of Chromatography A 780, 229–241 (1997).

A. Yazdi, Surfactant-based extraction methods, TrAC, Trends in Analytical Chemistry 30, 918–929 (2011).

Verteilungschromatographie

H. Engelhardt (Hrsg.), Practice of High Performance Liquid Chromatography – Applications, Equipment and Quantitative Analysis; Springer-Verlag, Berlin/Heidelberg (1986).

R. Kaushal, N. Kaur, U. Navneet, S. Ashutosh u. A. Thakkar, High performance liquid chromatography detectors – a review, International Research Journal of Pharmacy 2, 1–7 (2011).

H. Lingeman u. W.J.M. Underberg (Hrsg.), Detection-oriented Derivatization Techniques in Liquid Chromatography, in: Chromatographic Science Series. 48, Marcel Dekker Inc., New York/Basel (1990).

N. Morgan u. P.D. Smith, HPLC detectors, Chromatographic Science Series, 101, 207–231 (2011).

V. Pino u. A. Afonso, Surface-bonded ionic liquid stationary phases in high-performance liquid chromatography. A review, Analytica Chimica Acta 714, 20–37 (2012).

L.R. Snyder, J.J. Kirkland u. J.W. Dolan, Introduction to Modern Liquid Chromatography, John Wiley & Sons, New Jersey (2010).

L. Trojer, A. Greiderer, C. Bisjak, W. Wieder, N. Heigl, C. Huck u. G. Bonn, Monolithic stationary phases in HPLC, Chromatographic Science Series 101, 3–45 (2011).

8 Löslichkeit von Gasen in Flüssigkeiten

8.1 Allgemeines

8.1.1 Geschichtliche Entwicklung

Gastrennungen wurden lange Zeit fast ausschließlich unter Zuhilfenahme chemischer Reaktionen durch Absorptionsmethoden ausgeführt (Bunsen, Hempel (1913), Bunte, Orsat (u. a.), da beim Lösen von Gasen in Flüssigkeiten meist nur geringe Trenneffekte auftreten. Erst Martin u. Synge (1941) schlugen vor, kleinere Unterschiede der Löslichkeiten verschiedener Gase in Flüssigkeiten in Trennsäulen zu multiplizieren; die erste derartige Trennung wurde von James u. Martin (1952) beschrieben.

8.1.2 Hilfsphasen – Verteilungsisotherme – Geschwindigkeit der Gleichgewichtseinstellung – Trennfaktoren

Bei Trennungen durch Lösen von Gasen in Flüssigkeiten arbeitet man entweder mit einer Hilfsphase – einem Lösungsmittel, welches eine Komponente selektiv herauslöst bzw. absorbiert – oder mit zwei Hilfsphasen, wobei man außer dem Lösungsmittel ein Inertgas verwendet, mit dem man das zu untersuchende Gasgemisch durch die flüssige Hilfsphase hindurchtreibt[1].

Verteilungsisotherme. Wenn keine chemische Reaktion eintritt, gilt für die Löslichkeit von Gasen in Flüssigkeiten das Henry'sche Gesetz (1803):

$$c = \alpha \cdot p \tag{1}$$

wobei c die Konzentration des Gases in der Flüssigkeit (meist in Normal-cm^3 [0 °C, 760 Torr] pro g oder pro ml Lösungsmittel angegeben), p der Gasdruck in Torr (bei Gasgemischen der Partialdruck der betreffenden Komponente) und α eine Konstante, die sog. „Henry-Konstante", ist.

Das Henry'sche Gesetz besagt, dass die Verteilungsisotherme geradlinig verläuft.

Bei der graphischen Darstellung trägt man entweder unter Verwendung gewöhnlicher Koordinaten die Konzentration in der Lösung als Ordinate gegen den Druck als Abszisse auf (vgl. Abb. 8.1), oder man wählt bei sonst gleicher Auftragungsweise doppeltlogarithmische Koordinaten; es ergeben sich dann Geraden mit der Steigung 1 (45°).

Da in der Gasphase der Druck p der Konzentration c (z. B. in mg/ml) proportional ist, sind der Nernst'sche Verteilungssatz und das Henry'sche Gesetz äquivalent. Bei

---

[1] Streng genommen handelt es sich bei dem Inertgas im Sinne der früheren Definition (2. Teil, Abschn. 1.1) nicht um eine neue Phase.

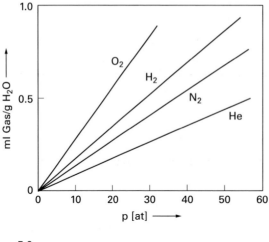

Abb. 8.1: Isothermen für die Verteilung von Gasen zwischen Wasser und Gasphase.

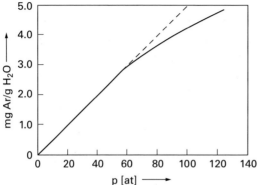

Abb. 8.2: Verteilung von Argon zwischen Wasser und der Gasphase bei 0,2 °C.

beiden sind die Isothermen Geraden, die im Idealfall durch die Anwesenheit anderer Komponenten nicht beeinflusst werden. Bei Gasen nimmt die Löslichkeit in Flüssigkeiten in der Regel mit der Temperatur ab.

Das Henry'sche Gesetz gilt im Bereich niedriger Drucke und kleiner Konzentrationen in der Lösung. Bei hohen Drucken beobachtet man Abweichungen (vgl. Abb. 8.2).

Für die *Geschwindigkeit der Gleichgewichtseinstellung* ist die Diffusion des Gelösten in der flüssigen Phase maßgebend. Man sorgt durch kräftiges Rühren oder durch Ausbildung möglichst dünner Flüssigkeitsfilme für eine hohe Austauschgeschwindigkeit zwischen den beiden Phasen.

Die Henry-Konstanten verschiedener Gase unterscheiden sich im Allgemeinen nicht sehr, sodass die *Trennfaktoren* meist nur klein sind. Hohe Trennfaktoren werden in derartigen Systemen nur erreicht, wenn eine Komponente des zu trennenden Gemisches von der flüssigen Phase unter chemischer Reaktion absorbiert wird; man arbeitet dann mit nur einer Hilfsphase (der Flüssigkeit) und kann durch einmalige Gleichgewichtseinstellung oder durch einseitige Wiederholung ausreichende Trennungen erzielen.

8.1.3 Lösungsmittel

Bei den zuletzt genannten Verfahren, bei denen eine Komponente eines Gemisches absorbiert wird, werden für analytische Trennungen im Allgemeinen wässrige Lösungen verwendet. Für Methoden mit kleineren Trenneffekten, bei denen eine systematische Wiederholung erforderlich ist, ist eine große Anzahl verschiedener organischer Lösungsmittel in Gebrauch.

8.2 Trennungen durch einmalige Gleichgewichtseinstellung

8.2.1 Diskontinuierliche Arbeitsweise

Trennungen durch Absorption erfolgen bei der sog. „klassischen" Gasanalyse meist in Gaspipetten oder Gasbüretten.

Bei den Gaspipetten nach Hempel (Abb. 8.3) wird das Gefäß b mit der Absorptionsflüssigkeit gefüllt und dann das Gasgemisch aus einer Vorratsbürette mit Hilfe einer Sperrflüssigkeit durch die Kapillare c nach b gedrückt, bis der Gasraum etwa die Hälfte des Volumens einnimmt. Der verdrängte Teil der Absorptionsflüssigkeit gelangt in das Gefäß a. Die Absorption in b wird durch Umschütteln beschleunigt.

In die Gasbürette nach Bunte (vgl. Abb. 8.4) gibt man das Gasgemisch, wobei im unteren Teil des Rohres noch etwas Sperrflüssigkeit (z. B. Wasser) stehen soll. Diese

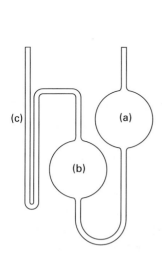

Abb. 8.3: Gaspipette nach Hempel.
a) Vorratsgefäß für Absorptionslösung:
b) Absorptionsgefäß; c) Kapillare zur Gaszuführung.

Abb. 8.4: Gasbürette nach Bunte.

saugt man dann nach unten ab und lässt die Absorptionslösung ebenfalls von unten in den Gasraum eintreten.

Um mehrere Komponenten eines Gasgemisches bestimmen zu können, sind vor allem von Orsat zusammengesetzte Apparate entwickelt worden, bei denen nacheinander mehrere Gase in verschiedenen Gefäßen absorbiert werden.

Da nur verhältnismäßig wenige selektive Lösungsmittel zur Verfügung stehen (vgl. Tab. 8.1), ist die Anwendung dieser Methode begrenzt. Ein grundsätzlicher Fehler ergibt sich aus der zwar meist geringen, aber unvermeidlichen Löslichkeit sämtlicher Gase in den Absorptionsflüssigkeiten. Die Absorptionsverfahren sind daher weitgehend durch die Gas-Chromatographie (s. u.) verdrängt worden.

Tab. 8.1: Flüssige Absorptionsmittel für Gase (Beispiele)

Gas	Absorptionsmittel
CO_2, HCl, H_2S, HF, Cl_2, SO_3, SO_2, u. a.	wässrige KOH- oder NaOH-Lösung
Cl_2, Br_2, I_2	KI-Lösung
NH_3, flüchtige Amine	verd. Schwefelsäure
CO	Cu^+ in HCl- oder NH_3-Lösung; I_2O_5 in Oleum suspendiert
NO	H_2SO_4 + HNO_3; $KMnO_4$-Lösung
N_2O	Ethanol
H_2	Dinitroresorcin-Suspension mit Ni-Katalysator; Pd-Sol in Natriumpicrat-Lösung
O_2	alkalische Pyrogallol-Lösung; $Na_2S_2O_4$-Lösung; $CrCl_2$-Lösung; ammoniakalische Cu^+-Lösung.
O_3	alkalische KI-Lösung
ungesättigte Kohlenwasserstoffe	Oleum (20–25 % SO_3); Bromwasser
flüchtige organ. Verbindungen	H_2SO_4 + $K_2Cr_2O_7$; $KMnO_4$-Lösung

Statische Dampfraum-Probenahme (angelsächs.: „headspace sampling"). Diese Probenahmetechnik erlaubt die Separation leichtflüchtiger Substanzen aus schwerflüchtigen Matrices aufgrund des unterschiedlichen Partialdrucks.

Der Partialdruck einer leichtflüchtigen Substanz in einem Gemenge aus schwerflüchtigen Flüssigkeiten wird durch das Raoult'sche Gesetz, in vereinfachter Form durch das von Henry, beschrieben. Erste Anwendungen dieser Technik gehen auf Harger et al. (1939) zurück. Die Kombination der Dampfraum-Probenahme mit der Gaschromatographie ist heutzutage Standard in vielen Lebensmittel-, Umwelt- und klinischen Analysen.

Dabei wird zwischen zwei Techniken unterschieden: Der statischen und der dynamischen Headspace-Technik. In der ersteren wird die flüssige Probe in einem Thermostaten in einem nur teilgefüllten Glasgefäß in das Gas/Flüssig-Ggw. gebracht. Der Analyt-Dampfdruck im Kopfraum steht dabei durch die Henry-Konstante verknüpft mit dem in der Probe befindlichen Analyt in direktem Zusammenhang. Durch Entnahme einer kleinen Gasprobe aus dem Dampfraum und Überführung in den

Gaschromatographen gelingt die Multikomponentenanalyse leichtflüchtiger Kontaminanten. Dieser Vorgang kann in automatisierter Form reproduzierbar durchgeführt werden. Mittels Derivatisierung kann eine weitere Trennung ausgewählter Analyten vorgenommen werden. Die Zugabe von Additiven erleichtert den Übergang in die Gasphase. Inzwischen breite Anwendung findet die Festphasen-Mikroextraktion (angelsächs.: „solid phase microextraction"; SPME). Eine typische Ausführungsform ist in Abb. 8.5 dargestellt. Dabei wird eine Quarzglasfaser, beschichtet mit einer thermisch stabilen stationären Phase, zur Gasprobenahme in den Dampfraum durch ein Septum eingeführt, äquilibriert, und anschließend in den Injektorblock des GC überführt. Geeignete stationäre Phasen hierfür stellen ionische Flüssigkeiten wegen ihres vernachlässigbaren Dampfdruckes dar.

Inzwischen sind zahlreiche Anwendungen zur Headspace – Probenahme publiziert worden. (Tab. 8.2).

Schwierigkeiten können durch nicht reproduzierbare Gasprobenahme aus dem unter Überdruck stehenden Dampfraum resultieren. Die Anwendung interner Standards umgeht dies.

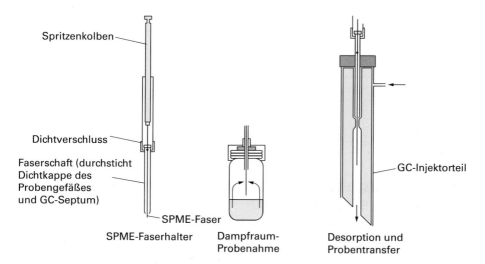

Abb. 8.5: Dampfraumprobenahme mittels beschichteter SPME-Faser und Überführung in die GC.

Tab. 8.2: Headspace – Probenahme und Kopplung mit Gaschromatographie (Beispiele)

Analyt	Matrix	Headspace-Temperatur [°C]	Additiv	Nachweisgrenze
Ethanol	Blut	60	NaF	3 µg/mL
HCHO	Blut	60	n-Propanol	200 µg/mL
Methylmethacrylat	Blut	70	NaCl	20 ng/mL
CCL_4	Blut	90	H_3PO_4	10 ng/mL
Amphetamine	Urin	RT	K_2CO_3	1 µg/mL

8.2.2 Kontinuierliche Arbeitsweise

Zum kontinuierlichen Abtrennen einzelner Komponenten aus einem Gas-Strom verwendet man meist Waschflaschen, die in zahlreichen Ausführungsformen im Handel sind. Die Wirksamkeit wird vor allem durch ein möglichst feines Zerteilen der Gas-Bläschen gesteigert, was durch Einbauten (z. B. Glasfritten oder Schichten von Glaskügelchen,) Rührvorrichtungen (vgl. Abb. 8.6) oder auch durch Zusätze oberflächenaktiver Substanzen zur Absorptionsflüssigkeit erreicht werden kann.

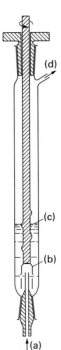

Abb. 8.6: Absorptionsgefäß mit Glockenrührer.
a) Gaszuführung; b) Rührer mit Glocke; c) Absorptionsflüssigkeit; d) Gasaustritt.

Dynamische Dampfraum-Probenahme. Diese im Angelsächs. „purge-and-trap" genannte Technik dient ebenfalls zur effizienten Abtrennung leichtflüchtiger Analyten aus schwerflüchtigen Flüssigkeiten, wie Wasser, Blut oder ionischen Flüssigkeiten. Als Hilfsphase dient dabei meist ein Inertgas. Der ausgetriebene Analyt wird dabei in einer nachgelagerten Abtrennung angereichert (z. B. durch Kryosampling oder sorptive Probenahme an Festkörpern.

8.2.3 Kreislaufverfahren

Um die Menge an Absorptionsflüssigkeit zu verringern, kann man die Lösung im Kreis führen; ein Beispiel für diese Arbeitsweise ist in Abb. 8.7 wiedergegeben.

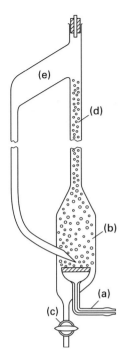
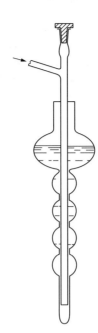

Abb. 8.7: Kreisführung des Absorptionsmittels.
a) Gaszuführung mit Fritte; b) Absorptionsraum;
c) Ablasshahn; d) Steigrohr; e) Überlauf mit
Rückführung der Lösung.

Abb. 8.8: Absorptionsvorlage nach
Zimmermann.

8.3 Trennungen durch einseitige Wiederholung

Die Methode der einseitigen Wiederholung ergibt sich bei Absorptionsverfahren am einfachsten durch Hintereinanderschalten mehrerer Waschflaschen. Eine häufig verwendete Vorlage, bei der der Gas-Strom in Einschnürungen des lang gestreckten Absorptionsgefäßes zerteilt und in mehreren Kammern mit der Lösung gemischt wird, ist in Abb. 8.8 wiedergegeben.

Zu der Arbeitsweise mit einseitiger Wiederholung des Trennschrittes sind auch Anreicherungsverfahren von Spurenbestandteilen in Gasen (z. B. in Luft) zu rechnen, bei denen man die Analysenprobe durch ein kurzes mit Absorptionsmittel gefülltes Röhrchen leitet. Man kann sich die Füllung in einzelne Abschnitte zerlegt denken, in denen der abzutrennende Bestandteil nach und nach festgehalten und aus dem Gas-Strom entfernt wird. Die Anreicherung wird beendet, bevor die abgetrennte Komponente durch die Säule durchgebrochen ist. Als Füllungen derartiger Röhrchen dienen z. B. Polyethylenglykol oder Silikone, die auf ein inertes Trägermaterial aufgebracht sind. Die absorbierten Verbindungen können anschließend durch Ausspülen unter Temperaturerhöhung wiedergewonnen werden.

Bei einer zweiten Anreicherungsmethode wird die Arbeitsweise der unvollständigen Trennung in Verbindung mit der Bestimmung des Verteilungskoeffizienten verwendet. Man lässt das zu untersuchende Gasgemisch so lange durch ein Röhrchen mit Absorptionsmittel strömen, bis sich das Verteilungsgleichgewicht im gesamten Bett der stationären Phase eingestellt hat; dafür genügt im Allgemeinen das Doppelte bis Dreifache des Durchbruchvolumens. Zur quantitativen Bestimmung wird die absorbierte Komponente ebenfalls aus der Säule entfernt; im Gegensatz zur vorigen Methode müssen bei der Auswertung die Menge an stationärer Phase und die Verteilungsisotherme bekannt sein. Da die Konzentration der abgetrennten Komponente auf der stationären Phase durch den Verteilungskoeffizienten und die Konzentration in der Gas-Phase bestimmt ist, lässt sich nunmehr die letztere Größe berechnen.

Die Vorteile der Methode bestehen darin, dass keine Einwaage erforderlich ist und dass stärkere Anreicherungen als bei dem vorigen Verfahren erzielt werden können. Anderseits muss eine größere Probenmenge zur Verfügung stehen und die Temperatur konstant gehalten werden.

Diese beiden Verfahren werden häufig zur Voranreicherung in Verbindung mit einer zusätzlichen chromatographischen Trennung durchgeführt.

8.4 Trennungen durch systematische Wiederholung: Säulenverfahren (Gas-Chromatographie[2])

8.4.1 Prinzip

Sollen analytische Trennungen durch Lösen von Gasen in Flüssigkeiten ohne chemische Reaktion durchgeführt werden, so müssen die Trennoperationen wegen der meist nur geringen Unterschiede der Henry-Koeffizienten sehr oft wiederholt werden. Man erreicht dies durch Trennsäulen, in denen eine stationäre flüssige Phase auf ein inertes festes Trägermaterial aufgebracht ist. Die bewegte Phase besteht aus einem Inertgas-Strom, der das auf den Kopf der Säule aufgegebene Substanzgemisch durch das Trennbett befördert. Die verschiedenen Komponenten der Analysenprobe werden je nach den Henry-Koeffizienten mehr oder weniger schnell aus der Säule eluiert.

Man arbeitet bei diesem Verfahren mit zwei Hilfsphasen, dem Trägergas und der stationären Flüssigkeit.

---

[2] In der angelsächsischen Literatur wird zwischen „gas-liquid chromatography" (in diesem Abschnitt behandelt) und „gas-solid chromatography" (vgl. Kap. 4) unterschieden. Im deutschen Sprachbereich bezeichnet man beide Verfahren als „Gas-Chromatographie".

8.4.2 Inertes Trägermaterial für die stationäre Phase

Das inerte Trägermaterial für die stationäre Phase besteht in der Regel aus einer porösen Substanz, die die Absorptionsflüssigkeit gut aufsaugt. Vor allem haben sich anorganische Trägermaterialien wie Siliziumdioxid (historisch: Kieselgur und Ziegelmehl) bewährt, doch werden auch PTFE-Pulver, poröse organische Polymere aus Styrol/Divinylbenzol („Porapak®") oder kleine Glaskügelchen empfohlen, die mit einem Überzug an stationärer Flüssigkeit versehen sind.

Das Trägermaterial soll nicht zu feinkörnig sein, da sonst der Strömungswiderstand gegen die bewegte Phase zu groß wird; anderseits wird die Wirksamkeit der Säule umso größer, je feiner die Körnung ist. Als Kompromiss zwischen diesen einander ausschließenden Forderungen wird häufig eine Partikelgröße von etwa 0,3 mm Durchmesser verwendet. Die Körnung soll ferner möglichst gleichmäßig sein, damit nicht in der Säule ungleichmäßige Strömungen und damit Verbreiterungen der Elutionsbanden auftreten.

Ein vor allem bei der Trennung polarer Substanzen sehr störend wirkender Effekt besteht darin, dass das Trägermaterial häufig nicht völlig inert ist, sondern die Analysensubstanzen mehr oder weniger stark adsorbiert. Dadurch wird eine Verbreiterung der Elutionsbanden und damit eine Verschlechterung der Trennungen bewirkt. Man beseitigt diese Störung durch Säure- oder Alkali-Behandlung des Trägers, durch oberflächliches Belegen mit Detergenzien oder mit Silber-Metall oder – am wirksamsten – durch Silikonisieren mit $(CH_3)_2 SiCl_2$ nach Säurebehandlung.

Einen Sonderfall stellen die sog. „Golay-Säulen" oder „Kapillar-Säulen" dar, bei denen kein Trägermaterial verwendet wird, sondern die stationäre Flüssigkeit als dünner Film an der Innenwand eines engen Rohres (<1 mm Durchmesser) haftet.

8.4.3 Säulenmaterial und -abmessungen

Die bei der Gas-Chromatographie verwendeten Säulen bestehen in der Regel aus Kupfer- oder Stahl-Rohren. Für die Trennung empfindlicher organischer Verbindungen bei höheren Temperaturen sind Glas- und Quarz-Kapillarsäulen vorzuziehen, da in Metall-Rohren Zersetzungsreaktionen auftreten und katalytisch beschleunigte Prozesse ablaufen können.

Wohl am häufigsten werden Säulen mit 4–8 mm lichter Weite bei Längen von etwa 1–6 m verwendet. Eine Verlängerung über etwa 6–8 m hinaus bringt meist keine wesentliche Verbesserung der Trennwirkung, da es immer schwieriger wird, eine gleichmäßige Füllung zu erzielen; außerdem kann wegen des Druckabfalles in der Säule die günstigste Strömungsgeschwindigkeit nur noch in einem Teil des Trennbettes erreicht werden (s. u.).

Zur präparativen Trennung größerer Substanzmengen werden Säulen von etwa 1–2 cm Durchmesser (maximal bis etwa 10 cm) mit Längen von ca. 2–3 m verwendet.

Eine Ausnahme bilden wiederum die schon erwähnten Kapillarsäulen, die aus dünnen Kupfer- oder Stahl-Rohren von 0,25–0,50 mm lichter Weite und 25–150 m Länge bestehen.

8.4.4 Substanzaufgabe

Gasförmige Analysenproben werden in Glas- oder Metallschleifen mit kalibriertem Inhalt gebracht und nach Druck- und Temperaturmessung durch Drehen eines Ventiles mit dem Trägergasstrom in die Säule gespült (Abb. 8.9).

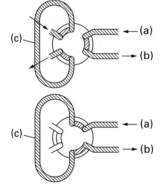

Abb. 8.9: Substanzaufgabe mit Gasschleife.
a) u. b) Trägergas-Zuführung und -Abführung; c) Gasschleife.
Oberes Bild: Füllen der Gasschleife; der Trägergas-Strom wird der Säule direkt zugeführt.
Unteres Bild: Ausspülen der Gasschleife mit dem Trägergas.

Eine weitere Möglichkeit besteht in der Verwendung gasdichter Injektionsspritzen; man sticht die Nadel durch eine PTFE/Silikonpolymer-Membran („Septum") am Kopf der Säule und bringt dann die Probe schnell in den Trägergasstrom (Abb. 8.10). Die Entnahme des Gasvolumens aus einem größeren Vorratsbehälter erfolgt entsprechend.

Die aufgegebenen Mengen liegen bei Verwendung von Säulen der üblichen Abmessungen in der Größenordnung von 0,5–5 ml.

Proben, die bei gewöhnlicher Temperatur flüssig sind, gibt man ebenfalls mithilfe von Injektionsspritzen auf. Für die normalerweise eingesetzten kleinen Mengen von ca. 1–10 µl sind besondere, sog. „Mikroliterspritzen", entwickelt worden. Die Flüssigkeiten werden im Kopf der geheizten Säule oder – seltener – in einer getrennten Vorkammer verdampft.

Die erwähnten größeren Säulen mit Durchmessern von 1–2 cm gestatten Substanzaufgaben von maximal etwa 100 mg, präparative Säulen mit 10 cm Durchmesser Aufgaben bis etwa 100 g.

Kapillarsäulen können nur wenige Mikrogramm an Substanz trennen. Da eine direkte Abmessung derartig kleiner Mengen mit ausreichender Genauigkeit nicht möglich ist, gibt man eine wesentlich größere Menge auf und teilt den Trägergasstrom

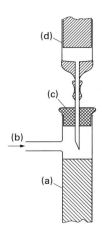
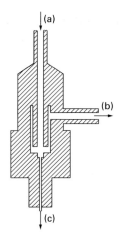

Abb. 8.10: Gasaufgabe mit Injektionsspritze.
a) Trennsäule; b) Trägergas-Zuführung;
c) Septum; d) Spritze.

Abb. 8.11: Probenteilung („splitting") vor einer Kapillarsäule.
a) Trägergas-Strom; b) „Bypass";
c) Trägergas-Strom zur Kapillarsäule.

anschließend in zwei ungleiche Teile („Splitting"), von denen der größere verworfen wird und nur der kleinere in die Säule eintritt (Abb. 8.11). Normalerweise werden dabei Teilungsverhältnisse von etwa 1 : 100 bis 1 : 2000 gewählt.

Feste Stoffe können mit beweglichen Stempeln oder durch Drehen eines mit einer Aussparung versehenen Hahnkükens in die Säule gebracht werden. Üblicherweise löst man sie jedoch und spritzt die Lösung in der beschriebenen Weise auf den Säulenkopf auf. Es empfiehlt sich, dabei eine hochsiedende Flüssigkeit zu verwenden, die später als die Probe eluiert wird, sodass keine Störungen durch die Elutionsbande des Lösungsmittels eintreten.

8.4.5 Stationäre Phase

Die Art der stationären flüssigen Phase ist von entscheidender Bedeutung für die Trennleistung einer gaschromatographischen Säule. Von ihrer Auswahl hängen im wesentlichen Erfolg oder Misserfolg einer Trennung ab; günstig sind Flüssigkeiten, die einen möglichst hohen Trennfaktor für die zu trennenden Substanzen ergeben.

Man unterscheidet zwischen unpolaren Flüssigkeiten, die ohne wesentliche Wechselwirkung mit den Bestandteilen der Analysenprobe die einzelnen Komponenten nach ihren Dampfdrücken trennen, und solchen, die infolge spezifischer Wechselwirkungen für bestimmte Stoffe oder Stoffklassen mehr oder weniger selektiv sind. Für Trennungen innerhalb verschiedener Substanzgruppen geeignete stationäre Flüssigkeiten sind in großem Umfange empirisch ermittelt worden; in Tab. 8.3 sind einige Beispiele angegeben.

Tab. 8.3: Stationäre Phasen für gaschromatographische Säulen (Beispiele)

Zu trennende Substanzen	Stationäre Flüssigkeit	Maximale Temp. (°C)
Aliphat. Kohlenwasserstoffe	Paraffinöl	150
	Silikonpolymere	ca. 300
	Dioctylphthalat	150
	Polyglycolether	220
Olefine	Dimethylsulfolan	50
	β, β-Oxydipropionitril	100
	Dinonylphthalat	150
Aromat. Kohlenwasserstoffe	Tricresylphosphat	125
	Dinonylphthalat	150
	Silikonöl	220
	Apiezonöl	300
Chlorierte aliphat. Kohlenwasserstoffe	Tricresylphosphat	125
	Silikonfett	250
	Di-i-decylphthalat	175
Aldehyde	Polyglycolether	250
Ketone	Polyglycolether	250
Alkohole	Polyglycolether	250
	Dinonylphthalat	150
Ester	Polyglycolether	250
	Silikonfett	250
	Paraffinöle	150
	Ethylenglycolsuccinat	200
Ether	Dinonylphthalat	150
	Apiezonöl	300
Amine	Polyglycolether + KOH	250
Nitrile	Silikonöl	220
	Apiezonöl	300
Phenole	Polyglycolether	250
	Trimethylolpropantripelargonat	160
Alkaloide	Silikonpolymer	250
Fettsäuren	Silikonpolymer	250
Mercaptane	Dioctylphthalat	150

Der Dampfdruck der stationären Phase begrenzt den Temperaturbereich, in welchem eine Trennsäule verwendet werden kann. Wenn die betreffende Flüssigkeit bei der Versuchstemperatur bereits einen merklichen Dampfdruck besitzt, wird die Säule schnell „ausbluten". Man kann dies bis zu einem gewissen Grade verhindern, indem man das Trägergas vor der Säule mit dem Dampf der Trennflüssigkeit belädt.

Von besonderer Bedeutung sind hierbei neuerdings „ionische Flüssigkeiten" (bei Raumtemperatur flüssige Salze ohne Lösungsmittel). Sie zeichnen sich durch hohe thermische Stabilität und kaum messbaren Dampfdruck aus.

Für die Gas-Chromatographie bei hohen Temperaturen werden vor allem Apiezonöl und einige Silikonöle als stationäre Phasen verwendet; man kann damit bei etwa

300 °C bis maximal etwa 350 °C arbeiten. Noch höhere Temperaturen können unter Verwendung von Salzschmelzen und ionischen Flüssigkeiten erreicht werden.

Besondere Schwierigkeiten bietet die gaschromatographische Untersuchung von wässrigen Lösungen, da das in großem Überschuss vorhandene Wasser infolge der starken Assoziation an den meisten stationären Phasen sehr breite Banden gibt, die andere Verbindungen überlagern. Als stationäre Phasen haben sich hier nur wenige Verbindungen, vor allem Polyethylenglykole sowie neuerdings ionische Flüssigkeiten, bewährt.

Der feste Träger wird im Allgemeinen mit etwa 20–30 % (maximal etwa 40 %) seines Gewichtes an stationärer Flüssigkeit getränkt. Die Trennwirkung der Säule steigt an, wenn die Beladung des Trägers verringert wird, da die Gleichgewichtseinstellung durch die geringere Filmdicke der Flüssigkeit schneller erfolgt. Es sind daher Beladungen bis herab zu einigen Zehntel Prozenten vorgeschlagen worden. Als Nachteil tritt dabei jedoch die Gefahr eines verstärkten Einflusses von Adsorptionserscheinungen auf, sodass das Trägermaterial besonders sorgfältig inaktiviert werden muss. Außerdem verringert sich die Kapazität der Säule und damit die Probenmenge, die zur Trennung aufgegeben werden kann.

Kapillarsäulen enthalten nur einen dünnen Film an Trennflüssigkeit, der durch Hindurchblasen von einigen Tropfen der stationären Phase erzeugt wird.

8.4.6 Mobile Phase – Kreislaufverfahren

Die mobile Phase soll weder mit den Bestandteilen der Analysenprobe noch mit der stationären Flüssigkeit oder dem festen Trägermaterial reagieren. Die Art des Trägergases ist insofern von Einfluss auf die Trennwirkung der Säule, als die regellose Diffusion der Moleküle der Analysensubstanzen in der Gasphase zu einer Verbreiterung der Elutionsbanden führt; diese Diffusion verringert sich mit steigendem Molekulargewicht des Trägergases, und man hat dementsprechend auch eine Verbesserung der Trennungen mit N_2, CO_2 oder Ar als mobiler Phase gegenüber H_2 oder He beobachtet. Der Effekt ist jedoch nur recht gering, sodass meist andere Überlegungen die Wahl des Trägergases bestimmen.

Sollen die getrennten Komponenten nach dem Verlassen der Säule durch Ausfrieren gewonnen werden, so muss ein tiefsiedendes Gas, z. B. H_2, He oder N_2, verwendet werden. Man kann weiterhin mit kondensierbaren Trägergasen, z. B. mit Ethanoldampf, Benzol u. a. eluieren und die getrennten Substanzen mit dem Trägergas zusammen niederschlagen. Zur Isolierung gasförmiger Komponenten wird häufig CO_2 als Trägergas eingesetzt, welches man nach dem Verlassen der Säule in KOH-Lösung absorbiert (s. u.).

In der Regel werden jedoch die einzelnen Komponenten nicht isoliert, sondern die Elutionsbanden mit geeigneten Detektoren automatisch aufgezeichnet. Bei dieser Arbeitsweise wird das Trägergas durch die Art des Detektors bestimmt; für Wärmeleitfähigkeitsdetektoren sind H_2 und He am günstigsten, für Ionisationsdetektoren werden vor allem He, Ar oder N_2 verwendet.

Das Trägergas kann nach dem Verlassen der Säule wieder auf deren Kopf zurückgeführt werden (Kreislaufverfahren). Dadurch wird das Ausbluten der Säule verhindert, aber man muss darauf achten, dass eluierte Substanzen vorher entfernt werden.

Eine interessante Entwicklung stellt die Gas-Chromatographie mit Trägergasen bei extrem hohen Drucken, angelsächs. „supercritical fluid chromatography: SFC" (bis ca. 2000 bar) dar. Hierbei nähert sich die Gasdichte der Dichte von Flüssigkeiten („supercritical fluid"), und in derartig komprimierten Gasen lösen sich zahlreiche Verbindungen, deren Siedepunkte über den Zersetzungstemperaturen liegen, z. B. Oligopeptide, Zucker, Nucleoside und verschiedene Polymere, sodass man auch diese trennen kann. Das Verfahren stellt eine Zwischenstufe zwischen Gas- und Verteilungs-Chromatographie dar. Als Trägergase werden CO_2, NH_3 oder CCl_2F_2 verwendet; die Hauptschwierigkeit besteht darin, geeignete stationäre Phasen zu finden, die nicht ebenfalls in dem überkritischen Gas löslich sind.

8.4.7 Strömungsgeschwindigkeit der mobilen Phase

Die Strömungsgeschwindigkeit des Trägergases ist von erheblichem Einfluss auf die Trennwirkung einer gaschromatographischen Säule. Bei großer Strömungsgeschwindigkeit können sich die Verteilungsgleichgewichte nicht vollständig einstellen, und die Wirksamkeit nimmt ab. Bei sehr kleiner Geschwindigkeit stellen sich zwar die Gleichgewichte vollständig ein, aber durch die Diffusion der einzelnen Komponenten in der Gasphase verbreitern sich die Banden immer mehr, und die Wirksamkeit nimmt ebenfalls ab. Es gibt daher eine bestimmte Strömungsgeschwindigkeit, bei der die Säule ein Maximum an Trennstufen (bzw. die Höhe einer Trennstufe ein Minimum) aufweist. Diese Verhältnisse werden durch eine nach van Deemter benannte Gleichung (1956) wiedergegeben, die in nach Keulemans (1957) vereinfachter Form lautet (vgl. auch Abb. 8.12):

$$H = A + \frac{B}{u} + C \cdot u \qquad (2)$$

(H = Trennstufenhöhe; A, B u. C = Konstanten; u = Trägergasgeschwindigkeit).

Die van-Deemter-Gleichung stimmt nicht immer mit experimentell ermittelten Werten überein (vgl. Abb. 8.13), so dass für genauere Untersuchungen wiederholt abgeänderte Gleichungen entwickelt wurden. Für praktische Zwecke, bei denen es vor allem auf die Ermittlung der Lage des Minimums der Trennstufenhöhe ankommt, ist sie jedoch im Allgemeinen ausreichend.

Die Strömungsgeschwindigkeit des Trägergases soll möglichst über die gesamte Länge der Trennsäule gleich sein, damit überall optimale Bedingungen herrschen können. Praktisch ist dies jedoch nicht zu erreichen, da wegen des Strömungswider-

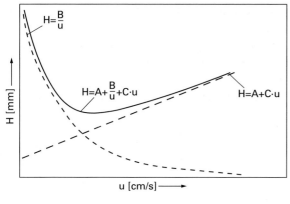

Abb. 8.12: Graphische Darstellung der van-Deemter-Gleichung.

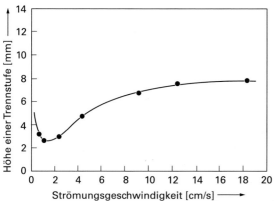

Abb. 8.13: Beispiel für Abweichungen von der van-Deemter-Gleichung.

standes der Füllung längs der Säule ein Druckabfall eintritt, wodurch sich die Strömungsgeschwindigkeit gegen das Ende der Säule erhöht. Die dadurch bewirkte Verschlechterung der Trennungen ist allerdings unbedeutend, wenn nicht der Druckabfall sehr groß (> ca. 2 : 1) ist. In Kapillarsäulen, die keine Füllung besitzen, ist der Strömungswiderstand verhältnismäßig klein.

Bei normalen Säulen arbeitet man mit einem Gasdurchtritt von etwa 30–50 ml/min, bei Kapillarsäulen mit ca. 0,5–1,5 ml/min.

Die Trägergasgeschwindigkeit wird während eines Versuches durch Feinregulierventile genau konstant gehalten (falls man nicht mit Druckprogrammierung arbeitet; s. u.).

8.4.8 Einfluss der Temperatur auf die Trennungen

Bei gaschromatographischen Trennungen wird die Säulentemperatur im Wesentlichen von den Dampfdrucken der Analysensubstanzen bestimmt. Man kann die Säule etwa 50 °C unter dem Siedepunkt der am höchsten siedenden Komponente des zu analysierenden Gemisches betreiben. Nach oben wird die Temperatur, wie bereits erwähnt, durch die Flüchtigkeit der stationären Phase begrenzt.

Allgemein gilt, dass die Trennung umso wirksamer ist, je tiefer die Säulentemperatur liegt, allerdings kann bei sehr tiefen Temperaturen wieder ein Anstieg der Trennstufenhöhe eintreten (vgl. Abb. 8.14).

Die Temperatur soll während einer Trennung möglichst gut konstant gehalten werden (falls man nicht mit Temperaturprogrammierung arbeitet, s. u.); dadurch lässt sich die Basislinie des Chromatogramms gleichmäßig halten.

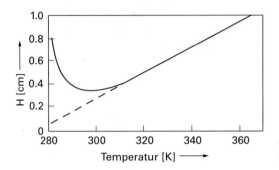

Abb. 8.14: Einfluss der Säulentemperatur auf die Trennstufenhöhe H.

8.4.9 Gradienten-Elution und Reversions-Gas-Chromatographie

Zur Untersuchung von Gemischen, deren Komponenten stark unterschiedliche Siedepunkte aufweisen, kann man entweder bei hoher Säulentemperatur arbeiten, wodurch aber die tiefsiedenden Anteile schlecht getrennt werden, oder bei relativ niedriger Temperatur, was jedoch einen großen Zeitbedarf zum Eluieren der hochsiedenden Anteile zur Folge hat. In derartigen Fällen ist es zweckmäßig, die Temperatur während der Elution zu steigern („Temperaturprogrammierung" bzw. Anwendung eines „Temperaturgradienten").

Eine Variante dieses Verfahrens wird als „Reversions-Gas-Chromatographie" bezeichnet; man hält dabei die Säule auf einer verhältnismäßig niedrigen Temperatur, so dass die Komponenten der Analysenprobe nicht oder nur sehr langsam wandern. Dann zieht man einen kurzen Temperaturgradienten in Gestalt eines kleinen Öfchens, das am hinteren Ende erwärmt und am vorderen Ende gekühlt wird, mit konstanter Geschwindigkeit über die Säule (Zhukovitskii, 1951)[3]. Für jede Substanz der Analysenprobe gibt es eine bestimmte Temperatur, bei der sie ebenso schnell wandert wie das Öfchen; es bilden sich demnach innerhalb des Temperaturgradienten schmale Banden der einzelnen Substanzen aus (Abb. 8.15).

---

[3] Die Idee, ein Temperaturfeld über eine Trennsäule zu ziehen, stammt wohl von E. Jantzen u. H. Witgert (1939).

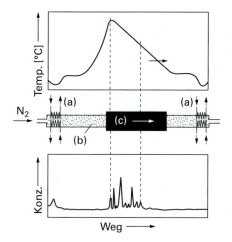

Abb. 8.15: Reversions-Gas-Chromatographie.
Oben: Temperaturprofil längs der Säule.
Mitte: Anordnung der Säule und des verschiebbaren Ofens. a) Kühlung; b) Säule; c) Ofen.
Unten: Anordnung der zu trennenden Komponenten im Temperaturgefälle.

Der Vorteil der Methode besteht darin, dass durch die Wirkung des Gradienten eine Verschärfung der Banden eintritt, die infolge der erhöhten Konzentration im Bandenmaximum zu einer wesentlichen Steigerung der unteren Nachweisgrenze führt. Allerdings kann man wegen der geringen Länge der Trennstrecke im Temperaturgradienten nur eine geringe Anzahl von Substanzen gleichzeitig voneinander trennen.

Außer Temperaturgradienten werden – jedoch verhältnismäßig selten – auch Druckgradienten (d. h. variable Strömungsgeschwindigkeiten der bewegten Phase) und Konzentrationsgradienten der stationären Phase verwendet. Die ersteren sind experimentell nur umständlich zu verwirklichen. Bei den letzteren füllt man die Säule abschnittsweise mit Portionen des Trägermaterials, wobei die Beladung mit flüssiger Phase immer mehr verringert wird. Schließlich sind auch Kombinationen mehrerer Gradienten vorgeschlagen worden.

8.4.10 Isolierung einzelner Komponenten aus dem Eluat

Gasförmige Komponenten können aus dem Eluat gewonnen werden, indem man CO_2 als Trägergas verwendet. Man leitet den Gas-Strom von unten in eine mit KOH-Lösung gefüllte Bürette; das Auftreten von Elutionsbanden gibt sich daran zu erkennen, dass die Gasbläschen nicht mehr vollständig von der Kalilauge absorbiert werden. Bei einer Vorrichtung zum Wechseln der Vorlage (Abb. 8.16) kann durch Drehen eines Schliffes eine neue Bürette über die Austrittsöffnung des Gas-Stromes gebracht werden. Verluste entstehen dabei nur durch die Löslichkeit der untersuchten Gase in der KOH-Lösung.

Ein bisher noch nicht befriedigend gelöstes Problem ist die Isolierung von Komponenten, die bei gewöhnlicher Temperatur flüssig oder fest sind. Man kann das Eluat durch Kühlfallen leiten; diese halten jedoch immer nur einen Teil der kondensierten Bestandteile zurück, da sich Aerosole bilden, deren Teilchen leicht vom Gasstrom mit-

Abb. 8.16: Auffangvorrichtung für Gase nach Ehrenberger.

gerissen werden. Auch durch Füllen der Ausfriervorrichtung mit Einsätzen oder Adsorbenzien lassen sich kaum mehr als 90–95 % Ausbeute erzielen.

Am günstigsten dürfte noch das vollständige Kondensieren des gesamten Eluates sein, das z. B. mit der bereits erwähnten Verwendung von Ethanoldampf als Trägergas leicht möglich ist, aber auch mit Ar, CO_2 u. a. Gasen ohne besondere Schwierigkeiten durchgeführt werden kann.

Gute Ergebnisse werden auch mit einer ähnlichen Technik beschrieben, bei der man einen sog. „Hilfssammler" (z. B. Wasserdampf, Acetondampf u. a.) in das Eluat einführt und diesen anschließend zusammen mit den Bestandteilen der Analysenprobe in einem Kühler niederschlägt.

8.4.11 Elutionskurven und Detektoren

Die Isolierung der Komponenten eines Gas-Chromatogramms aus dem Eluat wird verhältnismäßig selten durchgeführt; überwiegend werden die Elutionskurven mit Hilfe geeigneter Detektoren und Computerauswertung digital aufgezeichnet.

Von den zahlreichen Detektoren, die speziell für die Gas-Chromatographie entwickelt wurden, seien die Wärmeleitfähigkeitszellen, Thermistoren, Flammenionisationsdetektoren, Photoionisationsdetektoren und die Elektroneneinfangdetektoren erwähnt. Besonders leistungsfähig ist die Kopplung mit einem Massenspektrometer. Diese Geräte, die z. T. extrem hohe Empfindlichkeiten bis in den unteren fg-Bereich aufweisen, haben zu einem wesentlichen Teil die weite Verbreitung gaschromatographischer Methoden bewirkt.

8.4.12 Identifizierung der Banden eines Elutionsdiagramms

Zum Identifizieren einzelner gaschromatographisch getrennter Substanzen sind die Retentionsdaten besonders geeignet, da die Reproduzierbarkeit dieser Werte sehr gut ist. Man verwendet meist die korrigierten Retentionsdaten, die durch Abziehen der in der Säule enthaltenen Trägergas-Menge von der Gesamtretention erhalten werden. Der Wert für diese Korrektur ergibt sich automatisch, da bei der Substanzaufgabe zwangsläufig eine geringe Menge an Luft mit in den Trägergas-Strom gelangt, die von den gebräuchlichen stationären Phasen praktisch nicht aufgenommen wird und somit ohne Verzögerung durch die Säule wandert. Im Chromatogramm macht sich diese Verunreinigung durch einen sog. „Luftpeak" bemerkbar; man zieht das Eluatvolumen von der Substanzaufgabe bis zum Maximum des Luftpeaks von dem Retentionsvolumen V_i der Substanz i ab und erhält das korrigierte Retentionsvolumen V_i^o (vgl. Abb. 8.17).

Anstelle des Retentionsvolumens V_i können auch die Retentionszeit t_i bzw. die korrigierte Retentionszeit t_i^o verwendet werden.

Die korrigierten Retentionsdaten hängen u. a. von der Trägergasgeschwindigkeit und der Säulenlänge ab. Man eliminiert diese Variablen, indem man sich auf eine Standardsubstanz bezieht, die der Analysenprobe vor der Aufgabe auf die Säule zugesetzt wird. Bezeichnet man deren korrigiertes Retentionsvolumen mit V_{St}^o, so ist das Verhältnis $V_i^o/V_{St}^o = V_{i,St}^o$ das sog. „relative korrigierte Retentionsvolumen der Substanz i, bezogen auf den Standard St", und es gelten die folgenden Beziehungen (vgl. auch Abb. 8.17):

$$V_{i,St}^o = \frac{V_i^o}{V_{St}^o} = \frac{V_i - V_{Luft}}{V_{St} - V_{Luft}} = \frac{t_i - t_{Luft}}{t_{St} - t_{Luft}} = \frac{x_i - x_{Luft}}{x_{St} - x_{Luft}} \quad (3)$$

Da es sich um Verhältniszahlen handelt, ist es gleichgültig, ob man das Retentionsvolumen oder die Retentionszeit zur Ermittlung von $V_{i,St}^o$ verwendet. Das relative korrigierte Retentionsvolumen einer bestimmten Substanz ist unabhängig von der Säulenlänge und der Trägergasgeschwindigkeit; es hängt nur noch von der Art der stationären Phase und der Säulentemperatur ab.

Die relativen Retentionsdaten lassen sich weniger gut reproduzieren, wenn die Retentionswerte von Analysensubstanz und Standard weit auseinander liegen. Um auch in derartigen Fällen zu genauen Werten zu gelangen, wurde von Kováts vorgeschla-

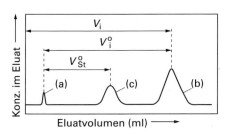

Abb. 8.17: Retentionsvolumen V_i, korrigiertes Retentionsvolumen V_i^o der Substanz i und korrigiertes Retentionsvolumen V_{St}^o des Standards St.
a) Luftpeak; b) Elutionsbande der Substanz i; c) Elutionsbande des Standards St.

gen, nicht nur *eine* Standardsubstanz zuzusetzen, sondern *mehrere*, die zweckmäßig einer homologen Reihe angehören. Man kann beispielsweise Butan – Hexan – Octan – Decan usw. als Standardsubstanzen verwenden; die Retentionsvolumina (oder -zeiten) dieser Verbindungen erhalten bestimmte Indices, z. B. 400 – 600 – 800 – 1000 usw. Die Elutionsbanden der Bestandteile der Analysenprobe werden sinngemäß eingeordnet und mit den entsprechenden Zwischenwerten als Indices versehen („Kováts-Retentionsindex", 1958).

Die Identifizierung unbekannter Komponenten aus Retentionsdaten ist nur dann möglich, wenn die Werte der betreffenden Substanzen bereits bekannt sind. Zu diesem Zweck sind umfangreiche Tabellen für verschiedene Stoffklassen (bei bestimmter stationärer Phase und Säulentemperatur) aufgestellt worden. Da ein Chromatogramm aus rein räumlichen Gründen nur eine relativ geringe Anzahl von Komponenten getrennt aufzeigen kann, ist jedoch immer mit der Möglichkeit von Koinzidenzen zu rechnen, und die Identifizierung einer Substanz aus einem Retentionswert allein ist nicht zuverlässig möglich. Man pflegt die Sicherheit der Zuordnung durch Bestimmung eines zweiten Retentionswertes an einer Säule mit einer anderen stationären Phase zu erhöhen; stimmen beide Daten mit den bekannten Werten für die Analysensubstanz überein, so wird im Allgemeinen die Zuordnung als gesichert angesehen.

Eine weitere Möglichkeit zum Identifizieren unbekannter Elutionsbanden ergibt sich aus einer schon bei der Verteilungs-Chromatographie erwähnten Gesetzmäßigkeit: trägt man die Logarithmen der (korrigierten) Retentionsvolumina gegen die Anzahl der C-Atome der betreffenden Verbindungen auf, so erhält man für die Verbindungen einer homologen Reihe Gerade, wobei allerdings bei den ersten Gliedern häufig geringe Abweichungen auftreten (vgl. Abb. 8.18). Die Zuordnung erfolgt,

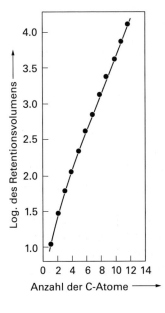

Abb. 8.18: Abhängigkeit der Logarithmen der Retentionsvolumina von der Anzahl der C-Atome in der homologen Reihe der Fettsäuren.

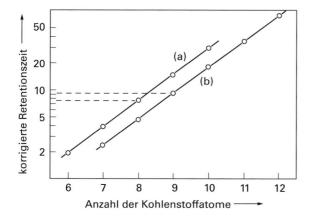

Abb. 8.19: Zuordnung der Elutionsbanden von Fettsäuremethylestern.
a) n-Fettsäure-methylester;
b) 3-Methyl-fettsäure-methylester.

indem man prüft, mit welcher der Retentionsgeraden ein experimentell gefundener Retentionswert eine ganze C-Zahl ergibt (vgl. Abb. 8.19).

Ferner kann man die Retentionsvolumina oder die Retentionszeiten der Mitglieder verschiedener homologer Reihen an zwei Säulen gegeneinander auftragen; für jede homologe Reihe erhält man eine Gerade, deren Neigung für die betreffende Reihe charakteristisch ist (vgl. Abb. 8.20).

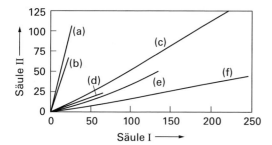

Abb. 8.20: Retentionsvolumina verschiedener homologer Reihen an zwei Säulen.
a) Alkane; b) Cycloalkane; c) Ester; d) Aldehyde; e) Ketone; f) Alkohole.

Schließlich gibt auch die Temperaturabhängigkeit der Kováts-Indices Hinweise auf die Substanzklasse, der eine unbekannte Elutionsbande zuzuordnen ist.

Weiterhin können mithilfe der sog. „Reaktions-Gas-Chromatographie" Hinweise auf die qualitative Zusammensetzung der Analysenprobe gewonnen werden. Man verwendet dabei chemische Reaktionen, die unmittelbar vor oder hinter der Säule oder in dieser selbst durchgeführt werden. Man kann beispielsweise mit H_2 als Trägergas ungesättigte Verbindungen vor der Säule katalytisch hydrieren und durch Aufnehmen je eines Chromatogramms mit und ohne Hydrierung ermitteln, welche Elutionsbanden ungesättigten Verbindungen zugehörig sind. Das Verfahren lässt sich mithilfe anderer Reaktionen auf zahlreiche weitere Stoffklassen ausdehnen (vgl. Tab. 8.4).

Trotz dieser Hilfsmittel bietet die Deutung vor allem komplizierter Gas-Chromatogramme, bei denen nicht schon Kenntnisse über die vorliegenden Verbindungsklas-

Tab. 8.4: Reaktions-Gas-Chromatographie (Beispiele)

Reagens	Beseitigte Stoffe
H_2 + Katalysator	Olefine
H_2 + Katalysator	aliphatische halogenierte Verbindungen
ZnO	Carbonsäuren
KOH-Lösung	CO_2, H_2S, SO_2
Hg-Acetat + $HgCl_2$	Olefine
$LiBH_4$, $LiAlH_4$	Sauerstoff-halt. Verbindungen
H_3BO_3	Alkohole
$NaHSO_3$	Aldehyde, Ketone
HNO_2	Amine
P_2O_5, $Mg(ClO_4)_2$	H_2O
I_2O_5	CO
$HgCl_2$	CH_3SH
Maleinsäureanhydrid	Butadien

sen vorgegeben sind, erhebliche Schwierigkeiten. In derartigen Fällen müssen weitere Methoden der Identifizierung herangezogen werden; vor allem die Kombination des Gas-Chromatographen mit einem direkt an den Säulenausgang angeschlossenen Massenspektrometer hat sich als sehr leistungsfähig erwiesen. Die endgültige Aufklärung gelingt aber oft erst durch chemische und physikalische Methoden der Strukturaufklärung nach Isolierung reiner Komponenten aus dem Eluat.

Die quantitative Auswertung von Gas-Chromatogrammen wird durch digitale Integration der Peakflächen vorgenommen.

8.4.13 Wirksamkeit und Anwendungsbereich der Methode

Infolge der Geradlinigkeit der Verteilungsisothermen sind die Elutionsbanden bei gaschromatographischen Trennungen in der Regel symmetrisch. Mit gewöhnlichen Säulen von 4–6 mm Durchmesser werden Trennstufenhöhen von etwa 0,5–2 mm erreicht, bei Säulenlängen von 4–6 m demnach 2000–12 000 Trennstufen. Die Trennstufenhöhen von Kapillarsäulen betragen etwa 0,2–0,5 mm, sodass man mit den hier möglichen sehr langen Säulen Trennstufenanzahlen von mehreren Hunderttausend bis über eine Million erzielen kann.

Die Gas-Chromatographie gehört damit zu den wirksamsten bekannten Trennverfahren. Bemerkenswert sind ferner die mit einigen Detektoren erreichbaren extrem niedrigen unteren Bestimmungsgrenzen, die gute Reproduzierbarkeit der Ergebnisse und die geringe Dauer der Trennungen von gewöhnlich nur etwa 10–30 min. Außerdem kann die Methode weitgehend automatisiert werden.

Der Anwendungsbereich wird dadurch begrenzt, dass Verbindungen vorliegen müssen, die bei nicht zu hohen Temperaturen (maximal ca. 300 °C) flüchtig sind.

Während diese Bedingung von nur verhältnismäßig wenigen anorganischen Verbindungen erfüllt wird, sind zahlreiche organische Substanzen mit genügend hohen Dampfdrucken in dem betr. Temperaturbereich bekannt, und viele andere lassen sich durch chemische Umsetzungen in flüchtige Derivate überführen (vgl. Tab. 8.5).

Durch die angeführten Vorteile hat die Gas-Chromatographie in kaum zu überschätzendem Ausmaße die Analyse organischer Stoffgemische verbessert, beschleunigt oder überhaupt erst ermöglicht.

Die verhältnismäßig geringe Kapazität der gebräuchlichen Säulen muss nicht immer, aber doch in vielen Fällen als Nachteil angesehen werden, da die Identifizierung unbekannter Komponenten dadurch erschwert wird. Ein weiterer Nachteil ist die Schwierigkeit, die getrennten Substanzen quantitativ aus dem Eluat zu gewinnen.

Tab. 8.5: Derivatisierung schwerflüchtiger Substanzen vor gaschromatographischen Trennungen (Beispiele)

Stoffklasse	Reaktion
Carbonsäuren	Verestern mit CH_3OH/BF_3 oder CH_3OH/HCl
Alkohole	Silylieren mit Hexamethyldisilazan
Polyalkohole	Acetylieren mit Essigsäureanhydrid
Monosaccharide	Silylieren mit Trimethylsilylchlorid
Aminosäuren	Verestern mit Diazomethan, dann Umsetzen mit Trifluoressigsäureanhydrid
Steroide	Silylieren mit Trimethylsilylchlorid
Polymere Natur- und Kunststoffe	Pyrolyse
Be^{2+}, Al^{3+} u. a.	Umsetzen mit Acetylaceton oder Trifluoracetylaceton

8.5 Gegenstromverfahren

Auch das Gegenstromprinzip ist bei der Verteilung zwischen Gasen und flüssigen Phasen angewendet worden, z. B. in ringförmigen Anordnungen; derartige Verfahren haben aber bisher keine Bedeutung erlangt.

8.6 Kreuzstromverfahren

Das Kreuzstromverfahren mit kontinuierlicher Substanzzufuhr lässt sich bei der Gas-Chromatographie in der Weise verwirklichen, dass ein breiter Flüssigkeitsfilm an einer senkrechten Fläche herunterströmt und ein Gasstrom quer darüber geführt wird. Die Methode ist wegen der kaum vermeidbaren Wirbelbildung in der Gasphase jedoch nicht sehr wirksam und hat daher keine Bedeutung erlangt; sie sei nur aus Gründen der Vollständigkeit angeführt.

Allgemeine Literatur

R. Grob, Modern Practice of Gas Chromatography, Wiley Interscience, New York (1995).
R. Kaiser, Chromatographie in der Gasphase; B.I. Hochschultaschenbücher, Mannheim (1974).
R.P.W. Scott, Introduction to Analytical Gas Chromatography, Marcel Dekker, New York (1998).

Literatur zum Text

Headspace – Gaschromatographie

B. Kolb, Headspace sampling with capillary columns, Journal of Chromatography A *842*, 163–205 (1999).
Y. Seto, Determination of volatile substances in biological samples by headspace gas chromatography, Journal of Chromatography A *674*, 25–62 (1994).
N. Snow u. G. Bullock, Novel techniques for enhancing sensitivity in static headspace extraction – gas chromatography, Journal of Chromatography A *1217*, 2726–2735 (2012).
N. Snow u. G. Slack, Head-space analysis in modern gas chromatography, Trends in Analytical Chemistry *21*, 608–617 (2002).

Trennphasen

V. Berezkin, Analytical Reaction Gas Chromatography, Plenum Press, New York 1968.
E. Kováts, Gas chromatographic characterization of organic compounds. I. Retention indexes of aliphatic halides, alcohols, aldehydes, and ketones, Helv. Chim. Acta *41*, 1915–1932 (1958).
C. Poole u. S. Poole, Ionic liquid stationary phases for gas chromatography, Journal of Separation Science *34*, 888–900 (2011).
L. Vidal, M.-L. Riekkola u. A. Canals, Ionic liquid-modified materials for solid-phase extraction and separation: A review, Analytica Chimica Acta *715*, 19–41 (2012).

9 Adsorption und Absorption von Gasen an Festkörpern

9.1 Allgemeines

9.1.1 Geschichtliche Entwicklung

Die Trennung von Gasgemischen durch Adsorption und Desorption an bzw. von Festkörpern wurde für analytische Zwecke zuerst von Berl (1921) und Peters (1937) bearbeitet. Die Adsorptions-Chromatographie von Gasen hat bereits Schuftan (1931) angegeben, die Methode kam aber erst nach Arbeiten von Hesse (1941), Cremer (1951) u. a. zu größerer Bedeutung.

Absorptionsmethoden sind schon während der Anfänge der Analytischen Chemie Ende des 18. und zu Beginn des 19. Jahrhunderts verwendet worden.

9.1.2 Definitionen

Das Festhalten von Gasen an der Oberfläche von Festkörpern wird als „Sorption" oder „Adsorption" bezeichnet. Man hat versucht, die bei diesem Vorgang auftretenden unterschiedlichen Bindungsfestigkeiten durch die Ausdrücke „Physisorption" (schwache Bindung) und „Chemisorption" (starke Bindung) zu kennzeichnen, doch lässt sich keine klare Trennung ziehen, da die Übergänge zwischen den beiden Gruppen fließend sind.

Im Folgenden soll der Begriff „Adsorption" im Sinne einer relativ schwachen, leicht wieder zu lösenden Bindung verwendet werden, während die „Absorption" unter Bildung chemischer Verbindungen verläuft.

9.1.3 Hilfsphasen – Verteilungsisothermen – Geschwindigkeit der Gleichgewichtseinstellung

Bei Trennungen durch Adsorption von Gasen an Festkörpern arbeitet man entweder mit nur einer Hilfsphase, dem Adsorbens, oder mit dem Adsorbens und einem zusätzlichen Gas, das als Transport- oder Trägergas die Analysenprobe durch eine mit dem Adsorbens gefüllte Säule treibt.

Adsorptionsisothermen. Die als „Adsorptionsisothermen" bezeichneten Verteilungsisothermen treten in verschiedener Form auf: Im einfachsten – allerdings nur selten beobachteten – Falle ist die Konzentration im Adsorbens (d. h. die von einer bestimmten Menge an Adsorbens aufgenommene Gasmenge) proportional dem Druck bzw. Partialdruck p des Gases. Damit liegt eine geradlinige, dem Henry'schen Gesetz entsprechende Isotherme vor.

Die häufiger vorkommenden und damit für die Praxis wichtigeren Isothermen sind nach Freundlich (1907) und Langmuir (1916) benannt. Die Freundlich'sche Isotherme folgt der Gleichung

$$c_{Ads} = \alpha \cdot p^n, \tag{1}$$

wobei $n < 1$ (meist zwischen 0,4 und 1) ist. Die Gl. (1) wird oft in der Form

$$c_{Ads} = \alpha \cdot p^{1/m} \tag{1a}$$

mit $m > 1$ geschrieben.

Zur experimentellen Nachprüfung wird zweckmäßig die logarithmische Form verwendet:

$$\log c_{Ads} = \log \alpha + n \cdot \log p. \tag{1b}$$

Trägt man $\log c_{Ads}$ gegen $\log p$ auf, so erhält man eine Gerade mit der Steigung n und $\log \alpha$ als Ordinatenabschnitt.

Die der Gl. (1) entsprechende Kurve besitzt keinen geraden Teil, sie gibt ferner bei hohen Gasdrucken keinen konstanten Endwert (vgl. Abb. 9.1).

Die Gleichung der Langmuir-Isotherme lautet

$$c_{Ads} = \frac{k_1 \cdot p}{1 + k_2 \cdot p}. \tag{2}$$

Die zugehörige Kurve (vgl. Abb. 9.1) nähert sich bei kleinem Partialdruck p einer Geraden mit der Steigung k_1 beim Einmünden in den Koordinatenanfangspunkt ($k_2 \cdot p \ll 1$); bei hohem Druck p erhält man einen Sättigungswert für die Konzentration im Adsorbens, dessen Betrag durch das Verhältnis k_1/k_2 gegeben ist ($c_{Ads} \rightarrow \frac{k_1 \cdot p}{k_2 \cdot p}$). Wenn chemische Bindung und damit Absorption vorliegt, pflegt der Vorgang irreversibel zu sein.

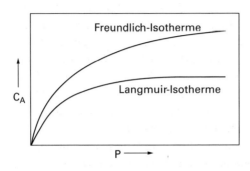

Abb. 9.1: Adsorptionsisothermen nach Freundlich und Langmuir.

Von weiteren Isothermen seien die nach Brunauer, Emmett und Teller („BET-Isotherme", 1938) sowie nach Temkin (1940) erwähnt. Die BET-Isotherme weist einen Wendepunkt mit erneutem Anstieg bei höheren Drucken auf (Abb. 9.2); sie wird häufig zur Ermittlung der Oberfläche von Adsorbenzien verwendet.

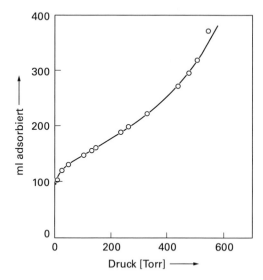

Abb. 9.2: BET-Isotherme; Adsorption von N_2 an einem Fe-Al_2O_3-Katalysator bei $-195{,}8\,°C$.

Geschwindigkeit der Gleichgewichtseinstellung. Die Gleichgewichtseinstellung erfolgt bei der Adsorption von Gasen an Festkörpern meist innerhalb weniger Sekunden. Sie kann sich bis auf mehrere Minuten verzögern, wenn das Gas in enge Poren des Adsorbens hineindiffundieren muss, was vor allem bei grobkörnigen, porösen Materialien mit großer innerer Oberfläche der Fall ist.

9.1.4 Desorption

Die Adsorption ist immer von einer positiven Wärmetönung begleitet; mit sinkender Temperatur steigt daher die von einer gegebenen Menge an Adsorbens festgehaltene Gasmenge, mit steigender Temperatur fällt sie. Man verwendet dieses Verhalten zum Desorbieren der adsorbierten Substanzen, indem man das gesamte System erwärmt. Die benötigten Temperaturen hängen von der Stärke der beim Adsorptionsvorgang ausgebildeten Bindungen ab; bei sehr schwacher Bindung lassen sich die adsorbierten Substanzen schon unter $0\,°C$ desorbieren, bei stärkerer Bindung benötigt man u. U. mehrere Hundert Grad Celsius. Wenn echte chemische Bindungen vorliegen, kann der Vorgang der Absorption praktisch irreversibel sein.

Desorption kann außerdem erreicht werden durch Vermindern des Druckes („Abpumpen") und durch Verdrängen mit anderen, stärker adsorbierten Gasen.

9.1.5 Adsorbenzien

Als Adsorbenzien für Gase werden in der analytischen Chemie vor allem Molekularsiebe, Kieselgel, Aktivkohle und verschiedene organische Polymere, in geringerem Umfange auch Aluminiumoxid und einige selten verwendete Verbindungen, wie z. B. Kupferphthalocyanin oder Nickelkomplexe, eingesetzt. Chemisch selektiv sorbierende Materialien werden für die Gassensorik benutzt.

Wichtige Kenngrößen der Adsorbenzien sind außer der Korngröße die spezifische innere Oberfläche (in m^2/g), die durchschnittliche Porengröße (in Å oder nm) und die Porengrößenverteilung. Man erhält diese Größen aus empirisch ermittelten Adsorptionsisothermen.

Molekularsiebe sind wasserhaltige Mehrschichtsilikate (Zeolithe), die durch hydrothermale Synthese hergestellt werden. Diese Stoffklasse wurde zuerst von Weigl (1924) und McBain (1926) beschrieben.

Die Molekularsiebe können entwässert werden, ohne dass sich der Grundaufbau des Gitters ändert. An Stelle der Wassermoleküle sind dann Hohlräume völlig einheitlicher Größe vorhanden (vgl. Abb. 9.3 und 9.4), die wieder mit Wasser, aber auch mit anderen Substanzen unter Freisetzung meist beträchtlicher Adsorptionswärmen ausgefüllt werden können.

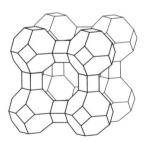

Abb. 9.3: Kristallstruktur von Molekularsieben.

Der entscheidende Vorteil der Molekularsiebe gegenüber anderen Adsorbenzien besteht darin, dass nur Moleküle in das Innere der Kriställchen hineindiffundieren können, deren Durchmesser nicht größer als der der Poren ist. Da die Porengröße einheitlich ist, ergeben sich scharfe Abgrenzungen gegenüber größeren Teilchen, die ausgeschlossen bleiben. Zusätzlich zur Adsorption tritt demnach ein Siebeffekt ein, durch den oft Trennungen chemisch ähnlicher Verbindungen bewirkt werden, die mit anderen Methoden kaum zu erreichen sind.

Unabhängig von dem Siebeffekt werden – soweit es die Größenverhältnisse der Moleküle erlauben – polare Substanzen fester gebunden als unpolare und ungesättigte Verbindungen fester als gesättigte.

Der Siebeffekt ist bei anderen Adsorbenzien mit poröser Struktur zwar im Prinzip ebenfalls vorhanden, wirkt sich bei diesen aber wegen der meist breiten Porengrößenverteilung auf die Trennschärfe nur geringfügig aus.

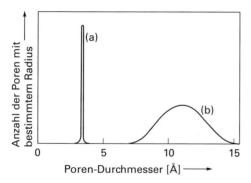

Abb. 9.4: Porengrößenverteilung.
a) Molekularsieb;
b) herkömmliche Adsorbenzien.

Zusätzlich zur Adsorption im Inneren des Kristallgitters tritt bei den Molekularsieben ein Adsorptionseffekt mit geringerer Selektivität an der äußeren Oberfläche der einzelnen Teilchen auf. Da dieser Effekt jedoch nur etwa 1 % der Gesamtkapazität des Adsorbens ausmacht, treten hierdurch keine wesentlichen Störungen ein.

Die Adsorptionsisothermen folgen häufig (aber nicht immer) der von Langmuir angegebenen Formel, wobei der Anfangsteil sehr steil sein kann (vgl. Abb. 9.5). Beim Vorliegen derartiger Isothermen werden die betreffenden Substanzen auch in Bereichen kleiner Konzentrationen gut adsorbiert.

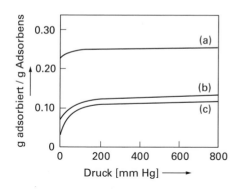

Abb. 9.5: Adsorptionsisothermen an Molekularsieben.
a) N_2, $-196\,°C$;
b) $CH_3\text{-}CH\text{=}CH_2$, $+25\,°C$;
c) $CH_3\text{-}CH_2\text{-}CH_3$, $+25\,°C$.

Im Handel sind zwei Typen von Molekularsieben mit unterschiedlichem Gitteraufbau erhältlich.

Typ A entspricht der Formel $Me_{12/n}\,[(AlO_2)_{12}(SiO_2)_{12}] \cdot 27\,H_2O$, wobei n die Wertigkeit des Kations Me bedeutet. Die Verbindung wird in der Natriumform hergestellt; andere Ionen, z. B. K^+ oder Ca^{2+}, können das Na^+-Ion unter Änderung der Porengröße ersetzen (vgl. Tab. 9.1).

Die Zusammensetzung der zweiten Art von Molekularsieben (Typ X) wird durch die Formel $Me_{86/n}\,[(AlO_2)_{86}(SiO_2)_{100}] \cdot 276\,H_2O$ wiedergegeben. Auch hier lässt sich das bei der Synthese eingeführte Na^+-Ion gegen andere Kationen austauschen; praktische Bedeutung hat die Kalzium-Verbindung erlangt (vgl. Tab. 9.1).

Die Molekularsiebe fallen bei der Herstellung als äußerst feinkristalline Pulver an; sie werden mit einem inerten Bindemittel zu größeren Kügelchen verarbeitet.

Die thermische Beständigkeit ist ausgezeichnet: Die Typen 4 A, 5 A und 13 X können kurze Zeit ohne Schaden bis auf etwa 700 °C erhitzt werden, Typ 10 X ist bis etwa 500 °C beständig.

Tab. 9.1: Molekularsiebe

Typ	Porendurchmesser (Å)	Kation
3 A	3	K^+ (70 %)[*)]
4 A	4	Na^+
5 A	5	Ca^{2+} (70 %)[*)]
10 X	9	Ca^{2+} (70 %)[*)]
13 X	10	Na^+

[*)] Nur 70 % des Na^+ gegen K^+ bzw. Ca^{2+} ausgetauscht.

Die Aktivierung, d. h. die Entfernung des Kristallwassers, erfolgt durch Erhitzen im Vakuum auf 300–350 °C oder durch Ausspülen mit einem wenig adsorbierbaren Gas bei derselben Temperatur. Auf die gleiche Weise werden Molekularsiebe nach Gebrauch regeneriert.

Bei der Anwendung von Molekularsieben ist zu beachten, dass Wasser gegenüber allen anderen Verbindungen stark bevorzugt adsorbiert wird. Dieses Verhalten kann einerseits zur wirksamen Trocknung von Gasen und von organischen Flüssigkeiten eingesetzt werden, stört aber andererseits beim Trennen von wasserhaltigen Gemischen organischer Verbindungen. Man muss in derartigen Fällen die Probe zunächst auf andere Weise trocknen.

Durch säurehaltige Gase in Verbindung mit Feuchtigkeit wird das Gitter der Molekularsiebe zerstört.

Kieselgel (Silicagel) wird durch Fällen von Natriumsilicatlösungen mit Säure, Waschen des Niederschlages und Aktivierung bei etwa 200–300 °C hergestellt. Bei der Aktivierung wird die Hauptmenge des Wassers ausgetrieben; der Restwassergehalt beeinflusst die Adsorptionsfähigkeit. Die Regenerierung gebrauchter Gele soll bei etwas niedrigeren Temperaturen (ca. 150–200 °C) erfolgen.

Die Porengröße der einzelnen Teilchen lässt sich durch die pH-Werte beim Fällen und Auswaschen beeinflussen; sie liegt durchschnittlich zwischen ca. 15 und 60 Å, Porengrößenverteilungen für einige Gele sind in Abb. 9.6 wiedergegeben.

Weitporige Gele besitzen spezifische Oberflächen von etwa 200–400 m^2/g, engporige von 600–800 m^2/g. Je kleiner der Porendurchmesser ist, desto größer sind die Adsorptionsenthalpien, und desto stärker werden adsorbierte Stoffe festgehalten.

Die Oberfläche von Kieselgelen wird durch Berührung mit schwach alkalischen Lösungen verkleinert; in stark alkalischen Flüssigkeiten lösen sich die Gele auf.

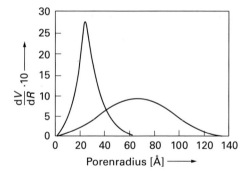

Abb. 9.6: Porengrößenverteilungen von Kieselgelen. $\frac{dV}{dR}$ = Volumenanteil für einen bestimmten Radienbereich.

Aktivkohle erhält man durch Verglühen von Holz, von verschiedenen Kohlesorten u. a. und anschließende Aktivierung mit Wasserdampf bei 700–900 °C. Das Material kann mit verschiedener Porosität hergestellt werden; die spezifische innere Oberfläche schwankt zwischen etwa 300 und 1200 m^2/g.

Eine spezielle Art von Aktivkohle wird durch Pyrolyse von Polyvinylidenchlorid unter bestimmten Bedingungen (HCl-Abspaltung) gebildet. Das Produkt zeichnet sich durch eine verhältnismäßig enge Porengrößenverteilung aus (mittlerer Porenradius 12,4 Å, spezifische innere Oberfläche 1072 m^2/g), es weist infolgedessen Molekularsiebeigenschaften auf und eignet sich zur Trennung von Gasen.

Schließlich ist auch die Verwendung von Graphitpulver zu erwähnen, das gelegentlich zu Trennungen eingesetzt wurde.

Poröse Polymere. Die bereits in Kap. 3 („Gas-Chromatographie") erwähnten porösen hochpolymeren Kunststoffe spielen in trockener Form ohne flüssige Phase eine wichtige Rolle als Adsorbenzien. Diese Substanzen werden durch eine besondere Polymerisationstechnik (Polymerisation in verdünnten Lösungen mit relativ hohen Zusätzen an bifunktionellen Verbindungen als Vernetzer, vgl. auch Kap. 11, „Ionenaustausch") hergestellt. Beim Entfernen des Lösungsmittels bleibt die poröse Struktur der Masse erhalten. Als Ausgangsmaterialien dienen vor allem Styrol oder Ethylstyrol mit Divinylbenzol als Vernetzer, doch sind auch entsprechende Polymere aus Polyphenylenoxiden, Polyvinylacetat oder Polyacrylnitril synthetisiert worden.

Für handelsübliche Produkte werden spezifische Oberflächen von 500–600 m^2/g, mittlere Porendurchmesser von 75–3500 Å und Porenvolumina von 1,0–1,2 ml/g angegeben. Die Porengröße lässt sich durch Wahl der Polymerisationsbedingungen variieren; sie ist keineswegs einheitlich, sondern liegt in einem so weiten Bereich, dass sich die Porengrößen der verschiedenen Sorten in gewissem Umfange überschneiden.

Vor der Anwendung werden die Polymeren eine Zeit lang konditioniert, indem man sie in einem Inertgasstrom 1–2 h auf etwa 220 °C erhitzt. Sie sind mit wenigen Ausnahmen bis ca. 250 °C stabil. Die Kapazität ist verhältnismäßig gering.

Aluminiumoxid wird vorwiegend zur Adsorption aus Lösungen verwendet, weniger zur Trennung von Gasen (doch sind Trennungen von Kohlenwasserstoffen an Al_2O_3 angegeben worden).

Metall-organische Gerüststrukturen (angelsächs.: „metal-organic frameworks": MOFs). Diese stellen neuere Versuche dar, gezielt poröse kristalline Materialien, welche aus definierten Andockstellen für Gasmoleküle an strukturbildenden Bereichen eines zwei- oder dreidimensionalen metallorganischen Polymers bestehen, für die selektive Gasadsorption zu nutzen. Eine typische Struktur ist in Abb. 9.7 zu sehen.

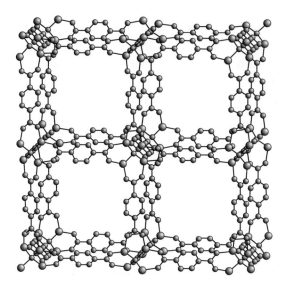

Abb. 9.7: Nanoskopischer Querschnitt einer metallorganischen Gerüststruktur.

Die erzielbare Porengröße von < 5 Å führt zu enormen spezifischen Oberflächen (z. B. für MOF-177: 5600 m^2 g^{-1}), und ist durch die Wahl der zur Synthese verwendeten Liganden (vgl. Abb. 9.8) im Polymergerüst einstellbar. Durch den polymeren Aufbau besitzen MOFs eine flexible Struktur. Bislang sind in der analytischen Chemie nur wenige Anwendungen bekannt (etwa als gassensitive farbbildende Erkennungsstruktur in chemischen Sensoren). Speziell für die Katalyse und die Gasspeicherung (H_2, CH_4, CO_2 etc.) besteht jedoch großes Potenzial.

9.1.6 Absorptionsmittel

Eine Anzahl der häufiger verwendeten festen Absorptionsmittel ist in Tab. 9.2 angeführt. Die wichtigsten Anwendungsbereiche sind die Absorption von Wasserdampf und von „sauren" Gasen wie HCl, SO_2, CO_2 u. a.

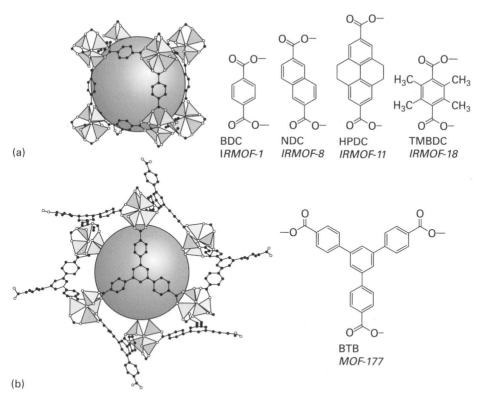

Abb. 9.8: Beispiele für Liganden in der MOF-Synthese.

9.2 Trennungen durch einmalige Gleichgewichtseinstellung

Trennungen von Gasen durch einmalige Adsorption einer Komponente oder einiger Komponenten eines Gemisches werden vor allem bei niedrigen Temperaturen durchgeführt. Als Beispiel für die Arbeitsweise sei die Bestimmung von Helium-Spuren in Argon nach Melhuish (1966) angeführt: Man gibt das Gasgemisch in ein auf −190 °C abgekühltes Gefäß mit Aktivkohle und pumpt nach der Einstellung des Adsorptionsgleichgewichtes das nicht adsorbierte Helium (und evtl. Wasserstoff-Spuren) mithilfe einer Toepler-Pumpe in ein zweites Gefäß über.

Zu erwähnen sind hier auch ältere Verfahren zur Trennung von Gasgemischen durch fraktionierte Desorption, die im Allgemeinen bessere Ergebnisse liefern als die Adsorptionsmethoden, da sich die Desorptionsgleichgewichte schneller einstellen. Man adsorbiert dabei zunächst das gesamte Gemisch bei tiefer Temperatur und pumpt dann unter stufenweisem Erwärmen ein Gas nach dem anderen ab.

Die Methode der einmaligen Gleichgewichtseinstellung wird gelegentlich auch bei Absorptionsprozessen, z. B. zur Entfernung von H_2O-Dampf, CO_2 u. a., verwendet, spielt aber im Großen und Ganzen nur eine geringe Rolle.

Tab. 9.2: Feste Absorptionsmittel für Gase (Beispiele)

Absorptionsmittel	Absorbierte Gase
$CaCl_2$	H_2O
$Mg(ClO_4)_2$	H_2O
P_2O_5	H_2O
Natronkalk (NaOH + CaO)	CO_2
Natronasbest (NaOH auf Asbest)	CO_2
NaOH, KOH	CO_2, HF, HCl, HBr, SO_2, SO_3 u. a.
$PbCrO_4$	SO_2, SO_3
MnO_2, PbO_2	Stickoxide
Gelber Phosphor	O_2

9.3 Trennungen durch einseitige Wiederholung

9.3.1 Adsorptionsverfahren

Bei der einseitigen Wiederholung des Trennungsschrittes leitet man das Gasgemisch durch ein gerades oder U-förmig gebogenes Röhrchen mit dem Adsorbens. Die Gasmenge muss dabei so bemessen sein, dass die adsorbierte Komponente noch nicht durchbricht, sondern vollständig zurückgehalten wird. Die betreffende Substanz wird anschließend zur quantitativen Bestimmung durch Erwärmen oder durch Verdrängen mit einer stärker adsorbierten Verbindung wieder ausgetrieben oder direkt mitsamt dem Röhrchen ausgewogen.

Außerdem kann die im Abschn. 8.3 beschriebene Methode der unvollständigen Abtrennung aus einer im Überschuss über das Adsorbens geleiteten Gasprobe und Auswertung mithilfe des Verteilungskoeffizienten angewendet werden.

Beide Verfahren werden vor allem zur Voranreicherung von Verunreinigungsspuren in Gasen in Verbindung mit einer anschließenden gaschromatographischen Bestimmung empfohlen (vgl. Abb. 9.9).

9.3.2 Absorptionsverfahren

Auch bei Absorptionsverfahren, bei denen an sich ein einmaliger Kontakt des Gasgemisches mit der festen Phase zur quantitativen Umsetzung ausreicht, wird häufig die Technik der einseitigen Wiederholung angewandt. Man arbeitet dabei ebenfalls mit geraden oder U-förmigen Absorptionsröhrchen, durch die man das Gasgemisch strömen lässt.

Das Verfahren wird zum Abtrennen von Verunreinigungen aus Gasen oder zur quantitativen Bestimmung einzelner Komponenten (meist durch Auswiegen des Röhrchens, z. B. für H_2O, CO_2 u. a.) verwendet. Ein Beispiel ist auch die organische Elementaranalyse.

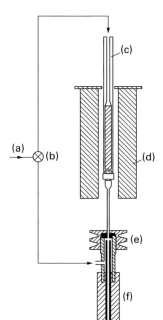

Abb. 9.9: Anreicherungssäule vor einem Gas-Chromatographen.
a) Trägergas-Zuführung;
b) Dreiweghahn;
c) Anreicherungssäule;
d) Ofen;
e) Säulenkopf mit Durchstichkappe;
f) Säule des Gas-Chromatographen.

9.3.3 Kreislaufverfahren

Ein Kreislaufverfahren, bei dem das zu untersuchende Gasgemisch in einer geschlossenen Apparatur wiederholt über das feste Absorptionsmittel geführt wird, ist von Spence (1940) zur Mikro-Gasanalyse ausgearbeitet worden, hat aber wohl keine größere Bedeutung erlangt.

9.4 Trennungen durch systematische Wiederholung: Säulenverfahren (Gas-Adsorptions-Chromatographie)

9.4.1 Prinzip

Bei der Gas-Chromatographie an festen Adsorbenzien wird im Prinzip die gleiche Arbeitstechnik angewandt wie bei der Verwendung flüssiger stationärer Phasen; man füllt das Adsorbens in eine Säule, gibt die Analysenprobe auf und lässt ein Trägergas als bewegte Phase hindurchströmen.

9.4.2 Säulenmaterial und -abmessungen

Als Säulenmaterialien verwendet man meist Glas oder Metall (Kupfer oder Stahl), gelegentlich auch PTFE, doch spielt die Art des Materials im Allgemeinen keine Rolle.

Die Säulen bestehen in der Regel aus Rohren von etwa 1–6 m Länge bei 4–6 mm lichter Weite, ferner sind Kapillarsäulen bis 15 m Länge hergestellt worden.

9.4.3 Stationäre und mobile Phase

Als stationäre Phasen werden bei der Gas-Chromatographie an festen Adsorbenzien fast ausschließlich die in Abschn. 4.1.5 genannten Substanzen (Molekülsiebe, Kieselgel, Aktivkohle, poröse Polymere, Al_2O_3) verwendet, ferner sei Glaspulver erwähnt, das für Spezialzwecke von Bedeutung sein kann.

Die Partikelgrößen liegen gewöhnlich zwischen 0,2 und 0,8 mm, überwiegend dürften Körnungen von etwa 0,5 mm eingesetzt werden.

Des öfteren wird empfohlen, besonders aktive Zentren auf der Oberfläche der Adsorbenzien durch Belegen mit geringen Mengen einer gut adsorbierbaren Flüssigkeit (z. B. 1,5 % Squalan) zu beseitigen, ein Verfahren, das zur Gas-Chromatographie mit flüssiger stationärer Phase überleitet. Die Adsorptionsfähigkeit der Oberfläche wird dadurch gleichmäßiger, die Adsorptionsisothermen der zu trennenden Substanzen werden weniger gekrümmt und die Elutionsbanden symmetrischer. Im gleichen Sinne wirken ein geringer Wassergehalt und das Silikonisieren von Kieselgel.

Vor der Inbetriebnahme der Säulen wird meist eine Vorbehandlung der stationären Phase vorgeschrieben, um Wasser-Reste, adsorbierte Gase und von der Synthese her zurückgebliebene Verunreinigungen zu entfernen. Diese Vorbehandlung besteht im Allgemeinen im Ausheizen im Trägergas- oder in einem Inertgas-Strom (vgl. Tab. 9.3).

Tab. 9.3: Vorbehandlung der Adsorbenzien bei der Gas-Adsorptions-Chromatographie

Adsorbens	Vorbehandlung
Molekularsiebe	He- oder H_2-Strom, 4–8 h, 250–300 °C
Kieselgel	Je nach gewünschter Aktivität im Trägergas-Strom bei 100–250 °C ausheizen
Aktivkohle	H_2- oder Ar-Strom, einige Stdn., 600–700 °C
Poröse Polymere	He-, Ar- oder N_2-Strom, 12 h, 200–250 °C
Al_2O_3	Einige Stdn. im Trägergas-Strom bei 600–700 °C ausheizen

Als mobile Phasen werden meist H_2, He, Ar oder N_2 verwendet. Dabei ist zu beachten, dass die chemische Natur des Trägergases die Retentionen der zu trennenden Verbindungen in weit stärkerem Maße beeinflusst, als das bei der Gas-Chromatographie mit flüssigen stationären Phasen der Fall ist. Die Ursache ist die nicht auszuschaltende Adsorption auch der Moleküle des Trägergases, die einen mehr oder weniger ausgeprägten Verdrängungseffekt zur Folge hat (vgl. Tab. 9.4). Dieser Effekt kann bis zu einem gewissen Grade auch zum Beseitigen aktiver Zentren auf der Oberfläche des Adsorbens und dadurch zum Verbessern von Trennungen ausgenutzt werden.

Tab. 9.4: Einfluss des Trägergases auf die Retentionszeit von CH_4; Aktivkohle-Säule

Trägergas	Retentionszeit (min)
He	34
Ar	22
N_2	16
Luft	15
Acetylen	5

Die Geschwindigkeit des Trägergas-Stromes beeinflusst die Trennwirkung einer Säule ebenso, wie es bei der Gas-Chromatographie mit flüssiger stationärer Phase der Fall ist; im Prinzip gilt auch hier die im vorigen Abschnitt behandelte van Deemter-Gleichung (vgl. Abb. 9.10).

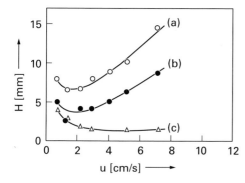

Abb. 9.10: Einfluss der Trägergas-Geschwindigkeit u verschiedener Gase auf die Höhe H einer Trennstufe; Aktivkohle-Säule, + 109 °C.
a) CH_4;
b) N_2;
c) H_2.

9.4.4 Temperatureinfluss

Zur Trennung von bei Raumtemperatur in der Gasphase befindlichen Stoffen wird meist bei Raumtemperatur oder bei tieferen Temperaturen gearbeitet (vgl. auch Tab. 9.5). Da sich gewöhnlich der geradlinige Teil der Adsorptionsisothermen bei erhöhter Temperatur nach größeren Konzentrationen hin erstreckt, erhält man gelegentlich bei etwa 100–150 °C verbesserte Trennungen.

9.4.5 Gradienten-Elution – Reversions-Gas-Chromatographie – Verdrängungstechnik

Die Gradienten-Elution wird bei der Gas-Adsorptionschromatographie fast ausschließlich in Form der Temperaturprogrammierung durchgeführt. Ein Gradient der Strömungsgeschwindigkeit des Trägergases kann durch stufenweises Verengen der Säule erreicht werden, doch hat dieses Verfahren keine Bedeutung erlangt.

Zum Erzielen besonders hoher Empfindlichkeiten wird die im vorigen Abschnitt beschriebene Reversions-Technik empfohlen.

Die Desorption durch Verdrängen mit einer stärker adsorbierbaren Verbindung ist verhältnismäßig wenig angewandt worden. Man leitet dabei den Träger-Gasstrom vor der Säule durch eine geeignete Flüssigkeit, z. B. Ethylacetat, Brombenzol, Dioxan u. a., deren Dampf dann die Komponenten der Analysenprobe auf der Säule vor sich herschiebt.

9.4.6 Isolierung der Komponenten – Elutionskurven – Detektoren

Bei der Isolierung einzelner Komponenten nach Trennungen durch Gas-Adsorptions-Chromatographie treten die gleichen Schwierigkeiten auf wie bei der Gas-Chromatographie mit flüssiger stationärer Phase. Am wirksamsten ist die bereits in Kap. 3 beschriebene Methode nach Janák, bei der CO_2 als Trägergas verwendet wird, welches man in KOH-Lösung absorbiert.

Im Allgemeinen werden die Elutionskurven automatisch mithilfe eines der ebenfalls im vorigen Abschnitt angeführten Detektoren (vor allem des Wärmeleitfähigkeitsdetektors) aufgezeichnet.

9.4.7 Wirksamkeit und Anwendungsbereich der Methode

Die Elutionsbanden sind bei der Gas-Adsorptions-Chromatographie trotz der gekrümmten Isothermen meist annähernd symmetrisch, da man mit geringer Beladung und damit im Anfangsteil der Adsorptionsisothermen zu arbeiten pflegt. Ferner wirkt sich die schnelle Gleichgewichtseinstellung günstig aus, die sich daraus ergibt, dass Diffusion nur in der Gasphase und nicht in einer Flüssigkeit erfolgt. Ein weiterer Vorteil der Methode besteht darin, dass man bei hohen Temperaturen arbeiten kann, ohne ein Ausbluten der Säule befürchten zu müssen.

Die Trennwirkung des Verfahrens ist sehr gut; für Aktivkohle-Säulen wurden z. B. Trennstufenhöhen von einigen mm ermittelt, für eine Al_2O_3-Säule ca. 1 mm, für Säulen mit porösen Polymeren 0,4 mm bzw. 1,3–3,5 mm; mit extrem sorgfältig gepackten Silicagel-Säulen und mit Kapillar-Säulen wurden sogar Werte von ca. 0,1 mm erreicht.

Die Gas-Adsorptions-Chromatographie eignet sich vor allem zum Trennen tiefsiedender Gase, bei denen die Gas-Chromatographie mit flüssiger stationärer Phase wegen der nur geringen Löslichkeitsunterschiede der Gase weitgehend versagt. Man verwendet für derartige Trennungen Aktivkohle, Kieselgel und vor allem Molekularsiebe (vgl. Tab. 9.5). Molekularsieb 5 A eignet sich speziell noch zur Trennung geradkettiger von verzweigten Kohlenwasserstoffen; nur die ersteren können auf Grund ihres geringen Durchmessers in das Innere der Poren eindringen.

Poröse Polymere werden vor allem zur Trennung von stark polaren, insbesondere hydroxylgruppenhaltigen Verbindungen verwendet. Die Polymeren halten Wasser

Tab. 9.5: Trennung von Gasen durch Gas-Adsorptions-Chromatographie (Beispiele)

Säule	Temp. (°C)	Gasgemisch
Molekülsieb 5 A, 3 m	25–400	O_2-N_2-CO-C_2H_6-N_2O-CO_2
Molekülsieb 5 A, 2 m	ca. 25	He-O_2, Ar-N_2
Molekülsieb 5 A, 0,75 m	−72	Ar – O_2
Molekülsieb 5 A, 5 m	100	H_2-O_2-N_2-CH_4-CO
Molekülsieb 5 A	−78	He – Ne – N_2
Aktivkohle, 0,35 m	40	H_2-CH_4-CO_2-C_2H_4-C_2H_6
Aktivkohle, 2,25 m	20	He, Ne – Ar – Kr – Xe
Silicagel, 2 m	−70 bis + 25	N_2-NO-CO-N_2O-CO_2

nur sehr schwach fest, sodass einmal wässrige Lösungen (z. B. von niederen Alkoholen) untersucht werden können, und zum anderen die Bestimmung von Wasser in organischen Lösungsmitteln ermöglicht wird. Al_2O_3 dient hauptsächlich zum Trennen niederer Kohlenwasserstoffe.

Die Reversions-Gas-Chromatographie lässt sich in Verbindung mit einer Voranreicherung zu einer extrem empfindlichen Methode ausgestalten, mit der noch Verunreinigungen in Gasen im pptv-Bereich ermittelt werden können.

9.5 Gegenstromverfahren

Ein Gegenstromverfahren, bei dem das Adsorbens in einer Säule nach unten fließt und eine Komponente des in der Mitte zugeführten gasförmigen Substanzgemisches mitführt, ist beschrieben worden, dürfte aber für die Analytische Chemie weniger geeignet sein.

Allgemeine Literatur

Adsorption, Allgemeines

S. Brunauer, The Adsorption of Gases and Vapors, Vol. 1 – Physical, Lightning Source Inc., La Vergne (2008).
D. Hayward u. B. Trapnell, Chemisorption, Butterworth's, London (1964).
S. Ross u. J.P Oliver, On Physical Adsorption, Interscience, New York (1964).
D. Young u. A. Crowell, Physical Adsorption of Gases, Butterworth's, London (1962).

Literatur zum Text

Adsorbenzien

E. Baltussen, C.A. Cramers u. P. Sandra, Sorptive sample preparation – a review, Analytical and Bioanalytical Chemistry *373*, 3–22 (2002).

F. Bruner, G. Crescentini u. F. Mangani, Graphitized carbon black: a unique adsorbent for gas chromatography and related techniques, Chromatographia *30*, 565–572 (1990).

T. Cserhati, Carbon-based sorbents in chromatography. New achievements, Biomedical Chromatography *23*, 111–118 (2009).

G. Eiceman, H. Hill u. J. Gardea-Torresdey, Gas chromatography, Analytical Chemistry *70*, 321R–339R (1998).

R. Gilpin, M. Martin u. S. Yang, Gas chromatographic adsorbents and base materials, Journal of Chromatographic Science *24*, 410–416 (1986).

R. Leboda, A. Gierak, B. Charmas u. Z. Hubicki, Complex carbon-silica adsorbents: preparation, properties and some applications as model adsorbents, in: Fundamentals of Adsorption, Proceedings of the International Conference on Fundamentals of Adsorption, 5th, Pacific Grove, Calif., May 13–18, 1995, 497–504 (1996).

E. Matisova u. S. Skrabakova, Carbon sorbents and their utilization for the preconcentration of organic pollutants in environmental samples, Journal of Chromatography A *707*, 145–179 (1995).

E. Papirer u. H. Balard, Chemical and morphological characteristics of inorganic sorbents with respect to gas adsorption, Studies in Surface Science and Catalysis *99* (Adsorption on New and Modified Inorganic Sorbents), 479–502 (1996).

J. de Zeeuw u. J. Luong, Developments in stationary phase technology for gas chromatography, TrAC, Trends in Analytical Chemistry *21*, 594–607 (2002).

J. de Zeeuw, The development and applications of PLOT columns in gas-solid chromatography, LC-GC Europe *24*, 38–45 (2011).

V.I. Zheivot, Gas chromatography on carbon adsorbents: characterization, systematization, and practical applications to catalytic studies, Journal of Analytical Chemistry *61*, 832–852 (2006).

Gas-Adsorptions-Chromatographie

V. Berezkin u. J. de Zeeuw, Capillary Gas Adsorption Chromatography, Alfred Hüthig Verlag, Heidelberg (1996).

A. Kiselev, Gas and Liquid Adsorption Chromatography, Alfred Hüthig Verlag, Heidelberg (1985).

Metall-organische Gerüststrukturen

R. Fischer u. C. Wöll, Functionalized coordination space in metal – organic frameworks, Angewandte Chemie Int. Edition *47*, 8164–8168 (2008).

Z.-Y. Gu, C.-X. Yang, N. Chang u. X.-P. Yan, Metal-organic frameworks for analytical chemistry: from sample collection to chromatographc separation, Accounts of Chemical Research *45*, 734–745 (2012).

L. Kreno, J. Hupp u. R. Van Duyne, Metal – organic framework thin film for enhanced localized SPR gas sensing, Analytical Chemistry *82*, 8042–8046 (2010).

J.-R. Li, R. Kuppler u. H.-C. Zhou, Selective gas adsorption in metal – organic frameworks, Chem. Soc. Rev. *38*, 1477–1504 (2009).

S. Ma, Gas adsorption applications of porous metal – organic frameworks, Pure and Applied Chemistry *81*, 2235–2251 (2009).

Molekularsiebe

D. Breck, Zeolite Molecular Sieves: Structure, Chemistry and Use, Wiley New York (1973).

O. Grubner, P. Jírů u. M. Rálek, Molekularsiebe, Deutscher Verlag d. Wissenschaften, Berlin (1968).

C. Hersh, Molecular Sieves, Reinhold Publ. Corp., New York (1961).

C. Lin, K. Dambrowitz u. S. Kuznicki, Evolving applications of zeolite molecular sieves, Canadian Journal of Chemical Engineering *90*, 207–216 (2012).

Reversions-Gas-Chromatographie

R. Kaiser, Reversion gas chromatography. New method of microtrace analysis of volatile compounds, Naturwissenschaften *57*, 295–298 (1970).

J. Kapolos, Environmental applications of reversed-flow GC, Encyclopedia of Chromatography *1*, 776–782 (2010).

N. Katsanos u. G. Karaiskakis, Reversed-flow gas chromatography applied to physicochemical measurements, Advances in Chromatography (New York, NY, United States) *24*, 125–180 (1984).

A. Koliadima, Reversed – flow GC, Encyclopedia of Chromatography (3rd Edition) 3, 2037–2043 (2010).

Trennstufenhöhen

V.G. Berezkin, I.V. Malyukova u. D. Avoce, Description of the experimental dependence of the HETP on the linear velocity of the carrier gas in capillary gas chromatography, Zhurnal Fizicheskoi Khimii *72*, 1891–1895 (1998).

A.V. Kozin, A.A. Korolev, V.E. Shiryaeva, T.P. Popova u. A.A. Kurganov, The influence of the natures of the carrier gas and the stationary phase on the separating properties of monolithic capillary columns in gas adsorption chromatography, Russian Journal of Physical Chemistry A *82*, 276–281 (2008).

A. Malik, V.G. Berezkin u. V.S. Gavrichev, Fused silica capillary micro-packed columns in gas chromatography, Chromatographia *19*, 327–334 (1984).

10 Adsorption von gelösten Substanzen an Festkörpern

10.1 Allgemeines

10.1.1 Geschichtliche Entwicklung

Als ältestes der auf Adsorptionseffekten beruhenden Trennverfahren ist wohl die Papier-Chromatographie anzusehen, die bereits von Goppelsroeder (1861) auf Grund einer Anregung von Schönbein (1861) ausgearbeitet wurde. Die Bezeichnung „Chromatographie" rührt her vom Auftreten farbiger Zonen beim Trennen gefärbter Substanzen, dem ersten Anwendungsgebiet; selbstverständlich können auch farblose Stoffe getrennt werden.

Die Methode kam nach Verbesserungen von Brown (1939) sowie Consden et al. (1944) zu großer Verbreitung. Eine Erweiterung und Verallgemeinerung des Verfahrens, die Dünnschicht-Chromatographie, geht auf Ismailov und Schraiber (1938) zurück, erlangte aber erst nach Arbeiten von Stahl et al. (1956) größere Bedeutung.

Die Technik der Adsorptions-Chromatographie in Säulen wurde im Wesentlichen von Tswett (1903) erarbeitet, dessen Verdienst vor allem in der Einführung der Entwicklungstechnik besteht. Das Verfahren geriet jedoch in Vergessenheit und wurde erst von Kuhn et al. (1931) wieder entdeckt.

Die Entwicklung zu chemisch selektiv wirkenden Sorbenzien ist zum einen durch die Nutzung biologischer Rezeptoren (Lerman, 1953), als auch durch die Synthese molekular geprägter Polymerstrukturen (Mosbach, Shea & Wulff, 1980) erheblich vorangetrieben worden.

10.1.2 Hilfsphasen – Verteilungsisothermen – Geschwindigkeit der Gleichgewichtseinstellung – irreversible Adsorption

Hilfsphasen. Bei den Verfahren, die zur Trennung die Adsorption aus Lösungen verwenden, arbeitet man mit zwei Hilfsphasen, einem flüssigen Lösungsmittel und dem festen Adsorbens.

Die *Adsorptionsisothermen* sind – ebenso wie bei der Adsorption von Gasen an Festkörpern – meist ungeradlinig; man beobachtet häufig Isothermenformen nach Freundlich oder Langmuir oder BET-Isothermen (vgl. Abb. 9.1 und 9.2), doch kommen auch sehr unregelmäßige Formen vor (vgl. Abb. 10.1).

Durch schwaches Beladen der Adsorbenzien kann man in vielen Fällen im praktisch geradlinigen Teil der Isothermen arbeiten, und durch Inaktivieren des Adsorbens (z. B. durch Anfeuchten) lässt sich oft der geradlinige Teil nach höheren Konzentrationen hin erweitern.

Bei der graphischen Darstellung von Adsorptionsisothermen wird im Allgemeinen die Konzentration im Adsorbens als Mengenverhältnis (z. B. mg adsorbierte Verbindung pro g Adsorbens) und die Konzentration in der Lösung in der Dimension g/v (z. B. g Gelöstes pro 100 ml Lösung) gewählt.

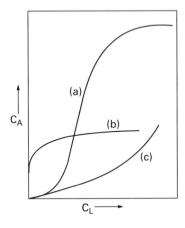

Abb. 10.1: Adsorptionsisothermen an Al_2O_3.
a) Phenol in H_2O, + 58 °C;
b) Azofarbstoff aus Sulfanilsäure und 2-Hydroxynaphthalin-3,6-disulfosäure, + 49 °C u. + 60 °C;
c) Naphthalin in 2,2,4-Trimethyl-pentan, + 20 °C.

Geschwindigkeit der Gleichgewichtseinstellung. Die Adsorptionsgleichgewichte stellen sich gewöhnlich innerhalb weniger Sekunden ein, sofern nicht durch größere Diffusionsstrecken in der Lösung Verzögerungen eintreten. Allerdings werden auch wesentlich größere Zeiten (Minuten) angegeben. Ferner wird bei einigen Adsorptionsprozessen die Hauptmenge schnell adsorbiert, und erst bei längerer Berührung von Lösung und Adsorbens wird noch ein geringer weiterer Teil des Gelösten von der festen Phase aufgenommen.

Irreversible Adsorption. Häufig kann eine kleine Menge an adsorbierter Substanz nicht ohne weiteres wieder desorbiert werden, die Adsorption ist dann für diesen Anteil praktisch irreversibel. Bei Verbindungen, die in größerer Menge vorliegen, kann diese Störung meist vernachlässigt werden, aber bei der Trennung von Spurenbestandteilen werden die auf diese Weise entstehenden Verluste untragbar groß. Der Effekt ist mit einer hohen Adsorptionsenthalpie für die ersten adsorbierten Anteile (> 25 kJ/mol) verknüpft. Man kann diese Störung durch teilweises Inaktivieren des Adsorbens verringern.

10.1.3 Adsorbenzien

Liegen die zu trennenden Verbindungen in wässriger Lösung vor, so werden meist Al_2O_3 (für polare Verbindungen) oder Aktivkohle (für unpolare Substanzen) als Adsorbenzien verwendet.

Sind die Analysensubstanzen in organischen Flüssigkeiten gelöst, so kann man Trennungen mit einer ganzen Anzahl sauerstoffhaltiger hydrophiler Verbindungen durchführen, die nach abnehmender Adsorptionsfähigkeit in folgender Reihe („Zechmeister'sche Reihe") angeordnet werden können:

$Al_2O_3 - Al(OH)_3 - MgO - CaO - Ca(OH)_2 - CaCO_3 - CaSO_4 - Ca_3(PO_4)_2 -$ Talk – Zucker – Inulin.

Diese Reihenfolge liegt nicht völlig fest, sondern hängt mit von der Natur der adsorbierten Stoffe ab; man findet daher in der Literatur verschiedentlich auch etwas andere Anordnungen.

Außer diesen Adsorbenzien werden in großem Umfange verschiedene Sorten von Silicagel, Cellulose und Cellulosederivate, sowie gelförmige organische Polymere eingesetzt. Erwähnt seien ferner Hydroxylapatit, Kalziumphosphate, Magnesiumphosphat, Magnesiumsilicat, Glas- und Quarzpulver und mehrere organische Polymere wie einige Polyamide, Polyacrylamid und Polyacrylnitril. Auch Molekularsiebe lassen sich zu Trennungen gelöster Verbindungen (in nichtwässrigen Lösungsmitteln) verwenden.

Einige der angeführten Adsorbenzien wurden bereits im vorigen Abschnitt behandelt; die Eigenschaften einiger weiterer seien im Folgenden beschrieben.

Aluminiumoxid dürfte das in der analytischen Chemie am häufigsten verwendete Adsorbens sein, da es ein ausgezeichnetes Adsorptionsvermögen für fast sämtliche anorganischen und organischen Verbindungen besitzt. Es kann sowohl für wässrige als auch für nichtwässrige Lösungen angewendet werden.

Das aktivste Produkt erhält man durch Erhitzen von gefälltem Aluminiumhydroxid auf etwa 350 °C; es ist hygroskopisch; durch Wasseraufnahme wird die „Aktivität" (d. h. Adsorptionsfähigkeit) verringert. Man nutzt dieses Verhalten aus, um durch Zugabe definierter Mengen an Wasser Oxide verschiedener Aktivitäten zu erhalten (Tab. 10.1).

Tab. 10.1: Aktivitätsstufen von Aluminiumoxid

Wasserzugabe (%)	Aktivitätsstufe (n. Brockmann)
0	I
3,0	II
4,5	III
9,5	IV
15	V

Die Aktivität lässt sich mithilfe verschiedener organischer Farbstoffe, deren Adsorptionsverhalten ermittelt wird, kontrollieren. Die käuflichen Aluminiumoxide enthalten meist noch geringe Mengen an Alkali (Na$_2$CO$_3$) oder an Kalziumverbindungen, die bei der Trennung von Säuren oder Basen von Bedeutung sind. Auch hinsichtlich des Alkaligehaltes standardisierte Sorten sind erhältlich, die mit Wasser eine bestimmte pH-Einstellung ergeben (Messung in 10 %iger Aufschlämmung).

Die spezifische Oberfläche der Aluminiumoxid-Präparate ist relativ niedrig, sie wird mit etwa 200–250 m^2/g angegeben. Die Partikelgröße beträgt im Allgemeinen ca. 70 µm.

Die Adsorptionsisothermen sind an Al$_2$O$_3$ oft geradlinig, insbesondere wenn man mit etwas wasserhaltigen Präparaten und bei geringer Beladung arbeitet; anderseits wurden des Öfteren auch sehr unregelmäßige Isothermen gefunden (vgl. Abb. 10.1). Das Verhalten des Aluminiumoxids bei der Adsorption wurde sehr eingehend untersucht, und man kann einige Regeln über die Retention verschiedener Stoffklassen aufstellen.

Empfindliche organische Verbindungen können bei der Adsorption an Al$_2$O$_3$ infolge der katalytischen Wirksamkeit der Oberfläche verändert werden.

Silicagel ist nicht nur zur Trennung von Gasen (vgl. Kap. 9), sondern auch von gelösten Stoffen von großer Bedeutung. Auch bei diesem Adsorbens werden oft lineare Isothermen – wenigstens in kleinen Konzentrationsbereichen – beobachtet. Die Porenweiten sind nur von geringem Einfluss auf die Trennungen, da normalerweise die Moleküldurchmesser klein genug sind, sodass die Teilchen ungehindert in das Innere des Gels eindringen können. Nur bei Trennungen an sehr engporigen Gelen treten gelegentlich merkliche Siebeffekte auf. Die Aktivität fällt mit steigendem Wassergehalt.

Man hat bis zu einem gewissen Grade mit Erfolg versucht, Silicagele mit spezifischen Trennwirkungen dadurch herzustellen, dass man die Fällung in Gegenwart der zu adsorbierenden organischen Verbindung durchführte, wodurch der inneren Oberfläche eine bestimmte Struktur aufgeprägt werden soll. Größere Bedeutung haben derartige Gele jedoch bisher nicht erlangt.

Magnesiumsilicat. Durch Zusammengeben von Magnesiumsulfat- und Natriumsilicat-Lösungen, Auswaschen und starkes Erhitzen der Niederschläge erhält man Produkte, die sich als Adsorbenzien zur Trennung zahlreicher organischer Verbindungen bewährt haben. Die Aktivität lässt sich durch Zugabe von Wasser (ca. 7–35 %) beeinflussen; die Aktivierung erfolgt meist bei etwa 650°, wodurch ein praktisch wasserfreies Produkt entsteht. Wenn bei tieferen Temperaturen (z. B. 110–250°) aktiviert wird, bleiben geringe Wassermengen in dem Material zurück.

Die spezifische Oberfläche beträgt etwa 200 m^2/g; sie hängt stark vom Restgehalt an Na$_2$SO$_4$ ab, der von der Herstellung des Magnesiumsilicates herrührt. Die handelsüblichen Produkte enthalten etwa 0,2–0,5 % Na$_2$SO$_4$.

Magnesiumoxid ist in den Adsorptionseigenschaften bis zu einem gewissen Grade dem Al$_2$O$_3$ vergleichbar, hat allerdings nicht dessen Bedeutung erlangt, da wegen der leichten Wasseraufnahme und -abgabe Störungen auftreten können. Man verwendet am besten Präparate mit einer spezifischen Oberfläche von etwa 90 m^2/g und einem Wassergehalt von 3–7 %.

Poröse Gläser; poröse Quarzkugeln. Durch Auslaugen löslicher Anteile aus zweiphasig erstarrten Borosilicatgläsern erhält man poröse Strukturen, deren Porendurchmesser sich durch die Herstellungsbedingungen und die Konzentration der löslichen Teile beeinflussen lässt. Die Poren dieser Materialien sind von unterschiedlicher Größe, doch lässt sich die Verteilung in relativ engen Grenzen halten. Das Trennvermögen ist daher deutlich schlechter als das der Molekularsiebe, dafür ist aber die Säurebeständigkeit wesentlich besser.

Auch poröse Quarzkügelchen sind hergestellt und zu Trennungen verwendet worden; man erhält sie durch Glühen von Silicagelen.

Cellulose wird als Pulver oder Papierstreifen in großem Umfange für Trennungen verwendet. Die Wirksamkeit beruht nicht allein auf Adsorption, sondern – zumindest bei einem Teil der Anwendungen – zusätzlich auf einer Verteilung der zu trennenden Substanzen zwischen dem organischen Lösungsmittel und der Wasserhaut auf der Oberfläche der Celluloseteilchen. Ferner können Ionenaustauschreaktionen mit Carboxylgruppen des Adsorbens eintreten. Die verschiedenen Effekte lassen sich jedoch experimentell kaum voneinander unterscheiden, die Cellulose soll daher in diesem Abschnitt unter „Adsorbenzien" abgehandelt werden.

Außer gewöhnlicher Cellulose werden noch chemisch modifizierte Produkte, z. B. Acetylcellulose, eingesetzt; diese sind z. T. hydrophob und zur Trennung wasserunlöslicher Verbindungen geeignet (vgl. auch Kap. 11, „Ionenaustauscher").

Hochpolymere Gele. Als „Gele" bezeichnet man hochpolymere organische Substanzen, die unter Quellung Lösungsmittel aufnehmen können und dann ein poröses dreidimensionales Netzwerk bilden. Gelöste Moleküle können aus der Lösung in das Innere der Gele eindringen, wobei außer der Adsorption noch ein Siebeffekt auftritt; durch diesen werden Moleküle mit Durchmessern, die über der Porenweite liegen, ausgeschlossen. Der Siebeffekt derartiger Verbindungen wurde zuerst bei Trennversuchen mit gequollener Stärke beobachtet, später wurden besser wirksame synthetische Verbindungen hergestellt.

Zwischen diesen Gelen und den oben erwähnten porösen Polymeren bestehen insofern Beziehungen, als man die Quellfähigkeit der Gele durch steigende Zusätze von vernetzenden Verbindungen fast nach Belieben herabsetzen kann. Wenn in die Polymeren saure oder basische funktionelle Gruppen eingebaut werden, ergeben sich die sog. „Ionenaustauscher" (vgl. Kap. 11).

Man unterscheidet hydrophile und hydrophobe Gele.

Die wichtige Gruppe der hydrophilen „Dextran-Gele" wird aus dem bakteriellen Stoffwechselprodukt Dextran, einem Polysaccharid, durch Vernetzen mit Epichlorhydrin

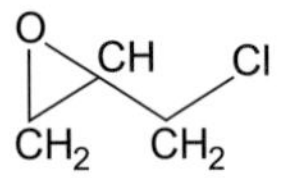

$$\underset{CH_2}{\overset{O}{\diagdown}}\underset{CH_2}{\overset{CH}{\diagup}}-CH_2-Cl$$

hergestellt (Abb. 10.2).

Unter dem Namen „Sephadex®" sind mehrere Typen im Handel, die sich im Vernetzungsgrad und damit in den durchschnittlichen Porengrößen unterscheiden. Sie werden für Fraktionierungen in verschiedenen Molekulargewichtsbereichen verwendet (Tab. 10.2).

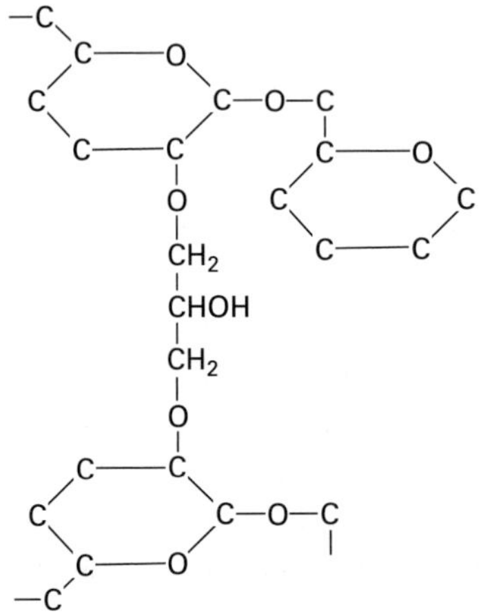

Abb. 10.2: Aufbau von Dextran-Gelen (schematisch).

Von weiteren hydrophilen Gelen seien vernetzte Agarose und vernetztes Acrylamid erwähnt.

Vernetzte Polyethylenoxide können zu Trennungen sowohl in wässrigen als auch in organischen Lösungen verwendet werden, sie leiten zu den organophilen Gelen über. Diese werden vor allem aus Styrol, Vinylacetat oder Methylmethacrylat hergestellt.

Eine etwas unterschiedliche Klasse von Adsorbenzien stellen die *Polyamide* dar; man erhält diese entweder durch Polykondensation von ω-Aminocarbonsäuren oder aus aliphatischen Diaminen und Dicarbonsäuren. So entsteht aus Caprolactam

$$(CH_2)_5 \diagup\!\!\!\diagdown \begin{matrix} CO \\ NH \end{matrix} \qquad (6\text{ C-Atome})$$

Tab. 10.2: Sephadex®-Typen

Typ	Ungefährer Fraktionierungsbereich (Verbindungen höheren Molekulargewichts werden ausgeschlossen)
G – 10	bis 700
G – 15	bis 1500
G – 25	100 – 5 000
G – 50	500 – 30 000
G – 75	3000 – 70 000
G – 100	4000 – 150 000
G – 150	5000 – 400 000
G – 200	5000 – 800 000

das sogen. 6-Polyamid („Perlon®")

$$- CO - NH - (CH_2)_5 - CO - NH - (CH_2)_5 - CO - NH -$$

und aus Hexamethylendiamin (6 C-Atome) und Adipinsäure (6 C-Atome) das 6,6-Polyamid („Nylon®")

$$- CO - NH - (CH_2)_6 - NH - CO - (CH_2)_4 - CO - NH -.$$

Die Polyamide können verschiedene organische Verbindungen in fester Lösung aufnehmen, sie besitzen daher eine wesentlich höhere Kapazität als die anderen Adsorbenzien. Die Kapazität hängt allerdings stark von den Bedingungen bei der Herstellung dieser Substanzen ab; sie ist am größten, wenn die einzelnen Ketten unregelmäßig gelagert sind, und am kleinsten bei gestrecktem Material mit regelmäßiger Lagerung der Moleküle.

Die Sorptionsisotherme von Phenol an Perlon® verläuft bis zu mittleren Konzentrationen geradlinig und steigt dann an, bis das Polyamid erweicht. In anderen Systemen wurden Langmuir-Isothermen gefunden.

Adsorbenzien für die Affinitäts-Chromatographie. Bei der von Lerman (1953) angegebenen sog. „Affinitäts-Chromatographie" wird die hohe Selektivität von Enzymreaktionen zum Verbessern chromatographischer Trennungen ausgenutzt. Die Wirkung von Enzymen besteht bekanntlich darin, dass sich eine bestimmte Stelle des Moleküls mit dem „Substrat" (d. h. dem Reaktionspartner) verbindet. Weiterhin gibt es sog. „Inhibitoren", die die normale Enzymreaktion dadurch blockieren, dass sie vom Enzym fester gebunden werden als das Substrat.

Bindet man entweder ein Substrat oder einen Inhibitor so an eine feste, unlösliche Gerüstsubstanz, dass die Reaktion mit dem Enzym noch stattfinden kann, so stellt dieses Material ein selektives oder sogar spezifisches Adsorbens für das betreffende Enzym dar. Derartige Adsorbenzien lassen sich z. B. durch etherartige Bindung von Substraten und von Inhibitoren an Cellulose oder andere Polysaccharide herstellen. Umgekehrt kann man auch Enzyme an Gerüstsubstanzen verankern und mit dem erhaltenen Adsorbens Inhibitoren selektiv isolieren.

Zu erwähnen ist hier ferner die Anwendung der ebenfalls sehr selektiven Antigen-Antikörper-Reaktion (vgl. Kap. 12) zur Isolierung von Antikörpern. Man bindet z. B. Albumin als Antigen an Cellulose (Lerman) oder verestert Ionenaustauscher, die COOH-Gruppen enthalten (vgl. Kap. 11) mit Antigenen (Isliker, 1954). Das erhaltene Material hält dann die zugehörigen Antikörper selektiv fest (es handelt sich beim zweiten Beispiel nicht um eine Ionenaustauschreaktion).

Diese Reaktionen zwischen Adsorbens und gelöster Substanz lassen sich umkehren, d. h. die Enzyme, Inhibitoren oder Antikörper können durch Ändern der Versuchsbedingungen wieder abgelöst werden. Besonders die Nutzung von hochselektiven Antikörpern ermöglicht heutzutage die Anreicherung von Spurenstoffen aus komplexen flüssigen Matrices (z. B. Urin, Abwasser, Milch etc.). Neuere Entwicklungen nutzen poröses Sol-Gel-Glas als einschließendes Medium für frei bewegliche Antikörper zur selektiven Vorreinigung und Anreicherung.

Molekular geprägte Polymere. Diese molekular geprägten Phasen (angelsächs.: „molecularly imprinted polymers", MIPs) stellen den Versuch dar, biomimetische Rezeptoren in die Trenntechnik einzuführen. Diese von Wulff (1980) und Mosbach (1981) eingeführte Technik nutzt ein molekulares Prägeverfahren, bei dem gemäß dem Schlüssel-Schloss-Prinzip der abzutrennende Analyt als Templat für eine Polymersynthese dient. Nach der Polymerisation wird das prägende Molekül herausgewaschen. Der entstandene Hohlraum dient im Trennexperiment als aufnehmende Kavität.

10.1.4 Lösungsmittel bei der Adsorption aus Lösungen

Bei den Adsorptionsprozessen spielt das Lösungsmittel eine entscheidende Rolle, da dessen Moleküle ebenfalls adsorbiert werden und dadurch die Verteilungskoeffizienten der gelösten Verbindungen sehr stark beeinflussen. Für hydrophile Adsorbenzien, z. B. Al_2O_3, kann man die Lösungsmittel nach ihrer Wirksamkeit beim Eluieren in einer Reihe anordnen (eluotrope Reihe nach Trappe, 1940):

Petrolether – CCl_4 – Trichlorethylen – Benzol – CH_2Cl_2 – $CHCl_3$ –

Diethylether – Ethylacetat – Aceton – n-Propanol – Ethanol –

Methanol – Wasser – Pyridin.

Die Lösungsmittel am Anfang dieser Reihe werden am schwächsten adsorbiert; darin gelöste Verbindungen können daher vom Adsorbens besonders gut festgehalten werden. Die Flüssigkeiten am Ende der Reihe besetzen selbst die aktiven Zentren des Adsorbens sehr fest, gelöste Stoffe können daher kaum noch adsorbiert werden. Anderseits kann man mit diesen Lösungsmitteln bereits adsorbierte Substanzen besonders gut vom Adsorbens verdrängen. Durch Mischen mehrerer Lösungsmittel lassen sich die desorbierenden Eigenschaften fast nach Belieben abstimmen.

Die obige Reihe ändert sich geringfügig, wenn man zu anderen polaren Adsorbenzien übergeht, starke Änderungen ergeben sich bei Verwendung unpolarer Adsorbenzien, z. B. von Aktivkohle.

Bei der Anwendung derartiger Reihen muss man sich jedoch darüber im Klaren sein, dass spezifische Wechselwirkungskräfte zwischen Gelöstem und Adsorbens oder Lösungsmittel nicht berücksichtigt werden, sodass des Öfteren Unregelmäßigkeiten auftreten. Aus demselben Grunde sind auch Versuche, die eluierende Wirkung von Lösungsmitteln durch Kennzahlen zu erfassen, nur teilweise von Erfolg gewesen.

10.1.5 Verteilungskoeffizienten und Trennfaktoren

Die Verteilungskoeffizienten hängen bei der Adsorption wegen der meist ungeradlinigen Isothermen im Allgemeinen von der Konzentration des Gelösten ab, ferner werden sie von Lösungsgenossen beeinflusst; dieser Einfluss macht sich vor allem bei hohen Konzentrationen bemerkbar, er kann bei niedrigen Konzentrationen praktisch verschwinden.

Die Verteilungskoeffizienten besitzen daher bei Adsorptionsverfahren nur eine geringere Bedeutung als etwa bei der Verteilung zwischen zwei flüssigen Phasen.

Vorteilhaft ist, dass man hohe Verteilungskoeffizienten durch teilweises Inaktivieren des Adsorbens und durch Verbessern der lösenden Wirkung des Lösungsmittels in fast beliebigem Umfange verringern kann.

Bei der Anreicherung von Spurenbestandteilen aus stark verdünnten Lösungen ist die Tatsache von Bedeutung, dass die Verteilung gerade bei kleinen Konzentrationen des Gelösten oft stark zu Gunsten der festen Phase liegt. So sind z. B. bei der Adsorption von Wolfram (VI) und Molybdän (VI) an Al_2O_3 Verteilungskoeffizienten $> 10^3$ und Trennfaktoren für die Trennung von Mo und Re bzw. von W und Re von ca. 10^4 beobachtet worden.

Anders liegen die Verhältnisse, wenn Trennungen an Gelen mithilfe von Siebeffekten (Größenausschluss) durchgeführt werden. Im einfachsten Falle ist hierbei die Adsorption zu vernachlässigen; definiert man den Verteilungskoeffizienten als das Verhältnis der Konzentration in der flüssigen Phase im Inneren des Gels zur Konzentration in der äußeren Lösung, so ist dessen Wert entweder 0 (völliger Ausschluss des Gelösten) oder 1 (ungehindertes Eindiffundieren in das Gel). In Wirklichkeit beobachtet man aber auch Werte zwischen 0 und 1, die als teilweiser Ausschluss gedeutet werden, sowie Verteilungskoeffizienten, die wesentlich über 1 liegen; bei diesen spielen offenbar Adsorptionseffekte eine wesentliche Rolle.

10.2 Trennungen durch einmalige Gleichgewichtseinstellung

Bei Adsorptionstrennungen durch einmalige Gleichgewichtseinstellung sind verschiedene Arbeitsweisen zu unterscheiden: Entweder führt man das Adsorbens in die Lösung der zu trennenden Substanzen ein (entweder als Granulat oder als poröse, sorbierende Oberfläche auf einem Träger) und trennt dieses nach Durchführung des Adsorptionsvorgangs ab („Batch-Verfahren"), oder man erzeugt das Adsorbens in der Lösung selbst durch eine Fällungsreaktion, wobei die zu adsorbierenden Substanzen mitgerissen werden („precipitation from homogeneous solution"). Dieser sog. „Mitreißeffekt" soll jedoch erst später bei der Behandlung der Fällungsmethoden (s. Kap. 12) erörtert werden, da hierbei außer der Adsorption noch andere Erscheinungen von Bedeutung sind.

Das Einrühren von Adsorbenzien in Lösungen wird in der analytischen Chemie – im Gegensatz zur präparativen und technischen Chemie – nur verhältnismäßig selten angewandt. Dieses Verfahren dient vor allem zum Entfernen von Naturstoffen aus stark verdünnten wässrigen Lösungen (z. B. können reduzierende Bestandteile aus Zuckerlösungen mit Aktivkohle entfernt werden); es spielt eine beträchtliche Rolle bei der Anreicherung von Enzymen. Zu erwähnen sind hier ferner Verfahren zum Konzentrieren wässriger Proteinlösungen; man gibt trockenes Sephadex® zu, welches Wasser und andere niedermolekulare Verbindungen aufnimmt, während die hochmolekularen Eiweißkörper ausgeschlossen bleiben.

Als Beispiel aus der anorganischen Analyse sei die Abtrennung von Phosphat angeführt; dieses wird als Bariumphosphat an einem in die Lösung eingerührten $BaSO_4$-Niederschlag adsorbiert.

Festphasen-Mikroextraktion. Die Festphasen-Mikroextraktion (angelsächs.: „solid-phase microextraction", SPME) wurde Ende der 80er Jahre eingeführt, um sowohl im Labor als auch vor Ort rasche Anreicherungen aus wässrigen Lösungen ohne große organische Lösemittelvolumina zu ermöglichen. Dabei befindet sich die adsorbierende Phase meist auf einer Faseroberfläche, welche dann zur Gleichgewichtseinstellung in die zu vermessende Lösung gebracht wird. Der Prozess besteht aus zwei Schritten: Der Adsorption und der Desorption.

Häufig ist es eine Kombination aus schwerflüchtiger und/oder fester Phase, welche zur Anreicherung verwendet wird. Inzwischen finden so bereits Beschichtungen aus ionischen Flüssigkeiten Verwendung. Besonders die Kombination der Anreicherung in einer Injektions-Spritzenkanüle und der GC ist weit verbreitet. Das Mikroverfahren ist besonders für die Bestimmung leichtflüchtiger Analyten geeignet (vgl. Tab. 10.3)

Tab. 10.3: Festphasen-Mikroextraktion mit Fasern zur Voranreicherung

SPME-Fasertyp	Analyten	Bestimmungsverfahren
100 µm PDMS	Flüchtige org. Moleküle (60–275 Da) VOC, BTEX, PAH	GC/HPLC
65 µm PDMS/DVB	Flüchtige Amine, Nitroaromaten	GC
80 µm Carboxen/PDMS	Chlorbenzole, Metallverbdg.	GC-ICP
85 µm Polyacrylat	Pestizide, Herbizide Phenole	GC/HPLC

10.3 Trennungen durch einseitige Wiederholung

Trennungen durch einseitige Wiederholung des Adsorptionsschrittes können durch Einrühren mehrerer Portionen des Adsorbens in die betreffende Lösung durchgeführt werden. Gebräuchlicher als diese etwas umständliche Arbeitsweise ist das Filtrieren der Lösung durch eine mehr oder weniger dicke Schicht des Adsorbens, wobei die Analysenprobe wiederholt mit frischen Schichten der festen Phase in Berührung kommt. Man arbeitet dabei meist mit kurzen Säulenanordnungen; bei einem ähnlichen Verfahren filtriert man die Analysenlösung durch eine in einem Filtertiegel oder in einer Nutsche befindliche dünne Schicht des Adsorbens („adsorptive Filtration" n. Fink, 1939). Die adsorbierten Verbindungen werden anschließend durch geeignete Lösungsmittel wiedergewonnen.

Die Technik der einseitigen Wiederholung von Adsorptionsschritten wird vor allem zum Anreichern von Spurenbestandteilen anorganischer oder organischer Natur aus verdünnten Lösungen verwendet, z. B. bei der Adsorption von Fe^{3+} und Al^{3+} an Silicagel, von Na^+ an $Sb_2O_5 \cdot aq$ oder der selektiven Abtrennung von HSO_4^- mit Al_2O_3. Weiterhin sei die Reinigung von organischen Lösungsmitteln erwähnt; so lassen sich H_2O-Spuren mit Molekularsieben entfernen, und Ethanolzusätze können aus $CHCl_3$ mit Al_2O_3 abgetrennt werden.

Zu erwähnen ist schließlich die Abtrennung von n-Paraffinen aus Gemischen von Kohlenwasserstoffen mit Molekularsieb 5 A, wobei man auch in Bereichen höherer Konzentrationen der abzutrennenden Verbindungen arbeitet.

Immunaffinitätschromatographie. Einen gewissen Siegeszug haben Säulen mit immobilisierten Antikörpern zur Vorabtrennung von Spuren aus diffizilen Matrices, wie etwa flüssigen klinischen Proben oder Lebensmitteln, angetreten. Dabei werden Probenvolumina von ca. 100 ml durch kleine Säulen, gefüllt mit wenigen mg an Rezeptormaterial, hindurch gesaugt. Als Rezeptoren sind vielfach Antikörper oder molekular geprägte Polymere in Verwendung. Anschließend wird mit wenigen Millilitern nachgewaschen, und dann nach Wechsel des Eluens eine Desorption eingeleitet. Erzielt wird hierbei etwa die schonende Anreicherung der Spur sowie die Entfernung einer Störmatrix, etwa Fett. Von Vorteil ist dabei die vielfache (n < 100) Wiederholbarkeit dieses Trennschrittes, so dass trotz der hohen Gestehungskosten für die Antikörperproduktion insgesamt akzeptable Kosten resultieren.

Monolithische Säulen. Während die Festphasenanreicherung sich in den letzten Jahren auch kommerziell weite Anwendungsbereiche der Flüssig-flüssig-Extraktion erobert hat, verblieb doch ein Nachteil. Es mussten Kartuschen gefüllt werden, und die Sorptionsplätze verblieben auf dem eingefüllten kugelförmigen Material. Eine Verringerung der Sphärendurchmesser führt zu steigendem Druckabfall während des Durchsaugens der Probe.

Eine elegante Lösung ist die Herstellung sog. monolithischer Säulen, bestehend aus einem Stück porösen Polymermaterials mit zwickelfreien Kanälen und hoher Sorptionsplatzdichte. Die ersten Monolithen wurden aus Acrylamid, Siliciumdioxid, Styrol oder Methacrylat produziert. Typischerweise besteht die Ausgangsmischung aus mehreren Monomeren, Porogenen, Cross linker-Substanzen und Initiator zum Starten der Polymerisation. Die Mischung kann direkt in einer geeigneten röhrenförmigen Leerkartusche aus Stahl, Glas oder Plastik zur Polymerisation gebracht werden. Im Fall der SiO_2-Monolithen können auf den inneren Porenflächen C_{18}-Phasen oder Ionenaustauschfunktionen eingebaut werden. Tab. 10.4 stellt einige Monolithbeispiele dar. Als Porogene kommen Alkohole oder Acetonitril zum Einsatz.

Tab. 10.4: Monolithische Trennsäulen

Äußere Umhüllung	Polymer	Spezifische Oberfläche [m^2/g]
PEEK-Röhre	Divinylbenzol, Ethylstyrol	329
	2-Hydroxyl-methacrylat	367
Edelstahlröhre (10 mm × 4.6 mm i. D.)	Glycidylmethacrylat, Ethylen-dimethacrylat	44,3
Rührstab (31 mm × 6 mm)	2-Acrylamido-2-methyl-1-1propansulfonsäure	60
Kapillare (20 mm × 75 µm i. D.)	Glycidylmethacrylat	4,8
Quarzstab (40 mm lang)	Tetramethylsilan Polyethylenglycol	317,5
Quarzstab in Kartusche (20 mm lang)	Tetramethylsilan Polyethylenglycol	745

Einsatzbereiche für Monolithen sind vielfältig. Besonders die Anreicherung von Biomaterialien (Peptide, Proteine) ist erfolgreich. Äußerst interessant sind Monolithen mit eingebauten Rezeptorfunktionen. So wurden z. B. gegen Bakterien-Zellwände gerichtete Antibiotikamoleküle erfolgreich zur Anreicherung von *E. coli* aus Oberflächenwasser in Monolithen angewandt. Alle typischen Vorteile der wiederholten Regenerierbarkeit wie bei der Festphasenextraktion bleiben erhalten. Nachteile, wie etwa Anschwellen der Polymerphase, Temperaturempfindlichkeit und mikrobielle Verkeimung entfallen bei SiO_2-basierten Monolithen.

Einige erfolgreiche Anwendungen von Monolithen, z. T. in automatisierter Form, sind in Tab. 10.5 zusammengestellt.

Tab. 10.5: Anwendungen monolithischer Trennsäulen

Monolithmaterial	Analyten	Matrix	Nachweisgrenzen
Poly(MAA-EMDA)	Antidepressiva	Urin	11–50 µg l^{-1}
	Opiate	Urin	7–20 ng l^{-1}
Poly(GMA-EDMA)	Antikörper(IgG)	Blutserum	nmol l^{-1}
C_{18}-SiO_2	Anästhetika	Urin	7–37 µg l^{-1}
SiO_2	Methioninenkephalin	Cerebrospinal-Flüssigkeit	1 µg l^{-1}

10.4 Trennungen durch systematische Wiederholung: Trennreihe

Zur wiederholten Adsorption in einer Trennreihe gibt man in eine Anzahl von Gefäßen je eine Portion des Adsorbens, füllt die Lösung mit den zu trennenden Substanzen in das erste Gefäß und rührt dessen Inhalt bis zur Gleichgewichtseinstellung durch. Nach dem Absitzen der festen Phase wird die Flüssigkeit abdekantiert und im nächsten Gefäß mit der zweiten Portion an Adsorbens in Berührung gebracht. Man lässt die Flüssigkeit auf diese Weise die ganze Gefäßreihe durchlaufen und wiederholt den Prozess mit frischen Lösungsmittelzugaben, bis die gewünschte Trennung erreicht ist.

Auf diese Weise wurde ein Gemisch von Anthracen mit Chrysen in Cyclohexanlösung an Al_2O_3 weitgehend getrennt (Abb. 10.3).

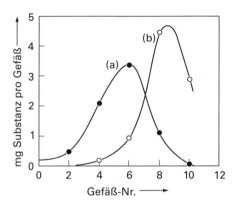

Abb. 10.3: Trennung von Anthracen und Chrysen an Al_2O_3.
a) Chrysen;
b) Anthracen.

Der Vorteil des Verfahrens besteht darin, dass auch größere Ansätze in Arbeit genommen werden können; es ist jedoch umständlich, vor allem wenn eine größere Anzahl von Trennstufen erforderlich ist, und es hat daher keine Bedeutung erlangt.

10.5 Trennungen durch systematische Wiederholung: Säulenmethoden (Adsorptions-Chromatographie)

10.5.1 Prinzip

Wie bei den schon vorher besprochenen Säulenverfahren wird ein Rohr mit der stationären Phase (dem Adsorbens) gefüllt, die Analysenprobe in Form einer Lösung auf den Kopf der Säule aufgegeben und dann mit einem geeigneten Lösungsmittel als bewegter Phase durch die Säule befördert. Dabei wird entweder das Chromatogramm entwickelt, wobei die Substanzen als getrennte Zonen in der Säule verbleiben, oder die Komponenten der Analysenprobe werden nacheinander eluiert und mit einem Fraktionensammler aufgefangen bzw. durch einen Detektor einzeln nachgewiesen.

10.5.2 Säulenmaterial und -abmessungen – Füllen der Säulen

Die bei der Adsorptions-Chromatographie verwendeten Säulen bestehen in der Regel aus Glas. Sehr lange Säulen, bei denen die bewegte Phase unter Druck zugeführt werden muss, werden aus Stahlrohren angefertigt.

Der Durchmesser der üblichen Säulen beträgt etwa 0,5–2 cm bei Längen von 30–200 cm. Mit diesen können Substanzmengen in der Größenordnung von wenigen Milligramm getrennt werden. Für Einwaagen von einigen hundert Milligramm sind Säulendurchmesser von etwa 5–7 cm erforderlich, die Länge beträgt dann zweckmäßig ca. 100–250 cm. Bei Verwendung von Cellulose als stationärer Phase kann man Packungen der üblichen Rundfilter übereinander schichten und auf diese Weise Säulen von etwa 2,5–6 cm ø herstellen. Für die Trennung sehr kleiner Substanzmengen sind Mikrosäulen mit 0,1 cm ø eingesetzt worden.

Der Säulendurchmesser ist ohne wesentlichen Einfluss auf die Trennstufenhöhe einer Säule, solange er nicht erheblich größer als etwa 1 cm ist. Bei Säulen mit Durchmessern über 2 cm ist eine gleichmäßige Füllung mit stationärer Phase nur schwer zu erreichen, und die Wirksamkeit pflegt deutlich abzunehmen.

Hochleistungssäulen mit Längen von 10 m und mehr werden zweckmäßig in einzelne Abschnitte von etwa 1 m Länge gegliedert, die man durch Kapillaren miteinander verbindet. Die kürzeren Stücke lassen sich besser füllen als eine einzige lange Säule.

Einige Säulenausführungen sind in Abb. 10.4 wiedergegeben.

Die Säulenfüllung ruht auf einer Glasfritte oder auf einem Glaswollebausch am unteren Ende der Säule. Das Einfüllen des Adsorbens muss mit größter Sorgfalt vorgenommen werden, da die Güte der Säule wesentlich von der Gleichmäßigkeit des Trennbettes abhängt. Man gibt die stationäre Phase entweder trocken portionsweise unter dauerndem Rütteln und Drehen in die Säule oder schlämmt sie mit einer inerten Flüssigkeit langsam und gleichmäßig ein, sodass die Bildung von Kanälen im Trennbett möglichst vermieden wird.

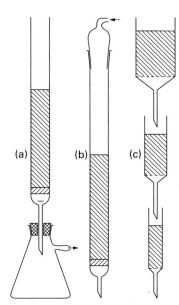

Abb. 10.4: Säulentypen für die Adsorptions-Chromatographie.
a) Säule zum Eluieren unter Absaugen;
b) Drucksäule;
c) Arbeitsweise mit veränderlichem Querschnitt.

10.5.3 Stationäre und mobile Phase

Bei der Wahl der stationären Phase ist nicht nur die adsorbierende Wirkung, sondern auch die Partikelgröße zu beachten. Allgemein gilt auch bei den Adsorptionsmethoden, dass die Trennstufenhöhe mit abnehmender Korngröße der stationären Phase kleiner wird. Anderseits steigt der Strömungswiderstand an, sodass die Elution stark verzögert werden kann. Dieser Nachteil lässt sich gelegentlich durch Wahl einer Flüssigkeit mit geringerer Viskosität beseitigen.

Durch Desaktivieren von Adsorbenzien, z. B. durch Zugabe von Wasser, werden ganz allgemein die Retentionsvolumina verringert; dieser Effekt wirkt sich auf verschiedenartige Moleküle in etwa gleicher Weise aus, sodass die Reihenfolge der Elution einer gegebenen Anzahl von Verbindungen im allgemeinen erhalten bleibt.

10.5.4 Substanzaufgabe und Beladung der Säulen

Bei der Adsorptions-Chromatographie werden die Analysensubstanzen in flüssiger Form aufgegeben. Damit die Trennwirkung nicht beeinträchtigt wird, muss die Ausgangszone am Kopf der Säule möglichst schmal bleiben.

Dazu darf die Säule nicht überladen werden; die Probenmenge hat sich nach dem Durchmesser der stationären Phase und der Kapazität des Adsorbens zu richten. Der Einfluss der Beladung auf die Trennstufenhöhe ist in Abb. 10.5 wiedergegeben.

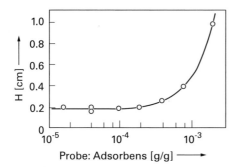

Abb. 10.5: Abhängigkeit der Trennstufenhöhe von der Beladung einer Säule.

Ferner soll die Substanzaufgabe vorsichtig und in der Mitte der Oberfläche des Trennbettes erfolgen, sodass die oberste Schicht des Adsorbens nicht aufgewirbelt wird. Um dies zu verhindern, deckt man gewöhnlich die stationäre Phase mit etwas Glaswolle, einer Filterpapierscheibe oder einer Lage von Glaskügelchen ab.

10.5.5 Einfluss der Fließgeschwindigkeit der mobilen Phase

Bei der Betrachtung des Einflusses der Fließgeschwindigkeit des Elutionsmittels auf die Trennstufenhöhe geht man zweckmäßig von der van-Deemter-Gleichung (vgl. Kap. 8. Gl. 2) aus:

$$H = A + \frac{B}{u} + C \cdot u \qquad (1)$$

Das zweite Glied dieser Gleichung kann jedoch hier in der Regel vernachlässigt werden; es gibt den Anteil der Diffusion an der Bandenverbreiterung wieder, der aber wegen der geringen Diffusionsgeschwindigkeit in Flüssigkeiten klein ist. (Nur bei extrem geringen Fließgeschwindigkeiten, die ohne praktische Bedeutung sind, würde sich die Diffusion bemerkbar machen). Daher gilt eine vereinfachte Gleichung (2), die eine lineare Abhängigkeit der Trennstufenhöhe H von der Fließgeschwindigkeit u ergibt:

$$H = A + C \cdot u \qquad (2)$$

(A und C = Konstanten).

Diese Gleichung wurde auch experimentell bestätigt (Abb. 10.6).

Bei Trennungen mit Dextran-Gelen wurde ein etwas unterschiedliches Verhalten beobachtet: In weiten Geschwindigkeitsbereichen war die Trennstufenhöhe unabhängig von der Fließgeschwindigkeit, sodass man verhältnismäßig schnell eluieren konnte.

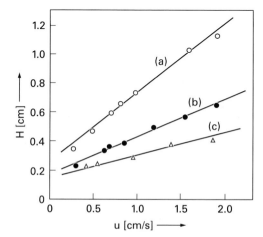

Abb. 10.6: Abhängigkeit der Trennstufenhöhe H von der Fließgeschwindigkeit u der mobilen Phase bei verschiedenen Korngrößen des Adsorbens; Al_2O_3-Säule.
a) 181 µm Korndurchmesser;
b) 128 µm;
c) 57 µm.

10.5.6 Einfluss der Temperatur

Der Einfluss von Temperaturänderungen bei Trennungen durch Adsorption ist komplex: Bei Temperaturerhöhung wird die Gleichgewichtseinstellung beschleunigt, sodass eine Verbesserung der Wirksamkeit der Säule zu erwarten ist. Gleichzeitig vermindert sich dabei aber die Viskosität des Elutionsmittels, und bei der üblichen Arbeitsweise, bei der die Flüssigkeit von der Schwerkraft durch das Trennbett getrieben wird, resultiert eine Erhöhung der Fließgeschwindigkeit. Dadurch kann der günstige Einfluss der Temperaturerhöhung kompensiert oder sogar überkompensiert werden. Doch lässt sich unter günstigen Bedingungen die Trennwirkung einer Säule durch Temperaturerhöhung beträchtlich verbessern.

Ein zweiter Temperatureffekt ist die für sämtliche Adsorbate im gleichen Sinne wirkende Änderung der Verteilungskoeffizienten. Dadurch werden zwar keine wesentlichen Verbesserungen von Trennungen erzielt, aber man kann günstige Verteilungskoeffizienten (und Retentionszeiten) für schwach adsorbierbare Stoffe bei tiefen[1], für allzu stark adsorbierbare Verbindungen bei hohen Temperaturen erreichen.

10.5.7 Gradienten-Elution

Enthält die Analysenprobe Bestandteile, die sehr unterschiedlich adsorbiert werden, so kann die Elution der am langsamsten wandernden Komponenten durch Wechsel des Elutionsmittels beschleunigt werden. Gebräuchlicher als die stufenweise Änderung der Eigenschaften der bewegten Phase ist die kontinuierliche Zumischung einer zweiten, besser eluierenden Flüssigkeit, d. h. die Gradienten-Elution. Die besten Ergebnisse werden normalerweise mit linearen Konzentrationsgradienten erzielt, doch kann gelegentlich ein schwach konvexer Gradient oder ein ternäres Flüssigkeitsgemisch etwas günstiger sein. Die Komponenten des Gemisches sollen sich in der eluierenden Wirkung nicht zu sehr unterscheiden, da sonst störende Verdrängungseffekte mit verschlechterter Auflösung der Banden eintreten können. Bei der Trennung saurer oder basischer Verbindungen werden auch pH-Gradienten angewendet.

Außer Konzentrationsgradienten können Gradienten der Fließgeschwindigkeit durch stufenweise (vgl. Abb. 10.4c) oder kontinuierliche Änderung des Säulenquerschnittes erreicht werden, doch haben diese ebenso wie Temperaturgradienten für die Adsorptions-Chromatographie kaum Bedeutung erlangt.

10.5.8 Kreislauf-Verfahren

Die für eine Trennung in einer Säule erforderliche Menge an Elutionsmittel lässt sich durch Kreislaufführung verringern. Die experimentelle Anordnung besteht aus der Säule, einer Pumpe, dem Detektor und einem Ventil, durch das getrennte Verbindungen aus dem Kreislauf entfernt werden können (Abb. 10.7).

Wenn dabei außer dem Elutionsmittel auch unvollständig getrennte Komponenten die Säule mehrfach durchlaufen, so entspricht dies der Anwendung eines entsprechend verlängerten Trennbettes, wobei außer der Materialersparnis noch der Vorteil der gleichmäßigeren Füllung der kurzen Säule zur Wirkung kommt (vgl. Abb. 10.8). Bei dieser Arbeitsweise muss man durch kontinuierliches Überwachen des Eluates verhindern, dass langsam wandernde Substanzen von schnelleren überholt werden.

---

[1] Z. B. die Trennung von Kohlenwasserstoffen bei $-78\,°C$.

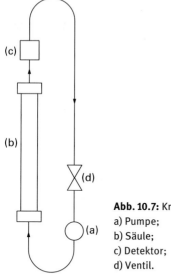

Abb. 10.7: Kreislauf-Chromatographie.
a) Pumpe;
b) Säule;
c) Detektor;
d) Ventil.

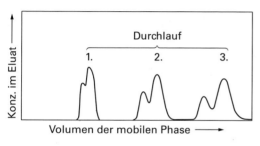

Abb. 10.8: Verbesserung der Trennung zweier Verbindungen nach mehrfachem Durchlaufen der Säule.

10.5.9 Verdrängungstechnik – Zwischenschieben von Hilfssubstanzen

Die normalerweise unerwünschte gegenseitige Beeinflussung der Verteilungskoeffizienten mehrerer Substanzen, die vor allem bei hohen Konzentrationen eintritt, wird bei der sog. „Verdrängungsmethode" nutzbar gemacht. Man setzt dabei dem Elutionsmittel eine Verbindung zu, die stärker adsorbiert wird als jede Komponente des zu trennenden Gemisches. Beim Eluieren schiebt diese die anderen Verbindungen vor sich her, und nach Gleichgewichtseinstellung in genügend langer Säule besitzt jede Substanz eine konstante Wanderungsgeschwindigkeit und eine konstante Konzentration auf dem Adsorbens. Die einzelnen Zonen folgen ohne Zwischenräume dicht aufeinander, die Länge einer Zone ist ein Maß für die ursprüngliche Konzentration. Obwohl keine merkliche Überlappung der Zonen eintritt, ist eine exakte Trennung schwierig, anderseits tritt keine Schwanzbildung ein, und man kann sehr lange Säulen verwenden.

Eine Abwandlung dieses Verfahrens besteht in der Wahl einer Hilfssubstanz, die nicht sämtliche Verbindungen der Analysenprobe vor sich herschiebt, sondern im Adsorptionsverhalten zwischen zwei Verbindungen liegt, die auseinander gedrängt und damit besser getrennt werden. Dadurch wird der Nachteil der direkten Aufeinanderfolge der Zonen vermieden, allerdings muss die zugesetzte Verbindung wieder entfernt werden. Das Verfahren wurde z. B. zur Trennung von Aminosäuren unter Zumischen verschiedener Alkohole und von Palmitin- und Stearinsäure mit Zusatz von Palmitinsäuremethylester verwendet.

10.5.10 Detektion

Zum Erkennen der Zonen farbloser Substanzen auf der Trennsäule kann man fluoreszierende Komponenten nach dem Entwickeln des Chromatogramms mit UV-Strahlung sichtbar machen (die Säule muss dabei aus Quarz bestehen). Entfernt man das Adsorbens aus der Säule, so lassen sich die Zonen durch Bestreichen mit Farbreagenzien anfärben; schließlich kann man auch die Substanzen der Analysenprobe vor der Trennung zu gefärbten Verbindungen umsetzen.

Bei der gebräuchlicheren Arbeitsweise mit Elution verwendet man für wässrige Lösungen oft Leitfähigkeitsdetektoren, pH-Sensoren oder – bei der Trennung anorganischer Substanzen – Kopplungsverfahren mit der Elementspektroskopie bzw. ICP-Massenspektrometrie.

Für organische Flüssigkeiten eignen sich nach der Elution vor allem die kontinuierliche Messung der Lichtabsorption (auch im UV-Bereich), die kontinuierliche Messung der Lichtbrechung mit empfindlichen Differenzialrefraktometern und die Messung der Radioaktivität markierter Substanzen. Die Kopplung mit Massenspektrometern ist ebenfalls sehr gebräuchlich. Fluoreszierende Substanzen können bei Anwendung von UV-Laserlicht im Ultraspurenbereich erfasst werden.

10.5.11 Wirksamkeit und Anwendungsbereich der Methode

Für Al_2O_3- und Silicagel-Säulen werden Trennstufenhöhen von etwa 2–4 mm angegeben. Die Wirksamkeit nimmt mit abnehmender Partikelgröße des Adsorbens zu; man kann damit rechnen, dass die Trennstufenhöhe ungefähr das Zwanzigfache des Partikeldurchmessers ist. Besonders sorgfältig gepackte Hochleistungssäulen von 4 mm Durchmesser ergaben Höhen von etwa 1 mm, wobei die optimale Korngröße des Silicagels ca. 50 μm betrug.

Bei der Gel-Chromatographie erhält man im Allgemeinen ähnliche Werte (Trennstufenhöhe ca. 2–5 mm, seltener 1 mm und weniger).

Aus diesen Zahlen ergibt sich, dass die üblichen Säulen von etwa 30–100 cm Länge auch bei sorgfältiger Herstellung nur größenordnungsmäßig 150–500 Trennstufen besitzen, also durchaus nicht besonders wirksam sind. Wenn für ein Trennproblem mehrere Tausend Trennstufen erforderlich sind, so muss man mit Säulen von etwa 10 m Länge arbeiten und unter hohen Drucken mit Elutionsmitteln niedriger Viskosität eluieren.

Der Anwendungsbereich der Adsorptions-Chromatographie ist außerordentlich groß, die Methode ist wohl auf sämtliche Stoffklassen angewandt worden. Einige Anwendungsbeispiele sind in Tab. 10.6 angeführt.

Tab. 10.6: Trennungen durch Adsorptions-Chromatographie (Anwendungsbeispiele)

Adsorbens	Getrennte Substanzen
Al_2O_3	Alkaloide, Terpene, Carotinoide, Steroide, polyzykl. Aromaten, synthet. Farbstoffe, anorgan. Verbindungen
Silicagel	Kohlenwasserstoffe, chlorierte Kohlenwasserstoffe, organ. Schwefelverbindungen, Alkylphenole, polyzykl. Aromaten, Hormone, Metall-Komplexe
Magnesiumsilicat	Steroide, Hormone, Vitamine
$CaCO_3$	Carotinoide
MgO	Aromaten; Olefine, Drogen
Polyamide	Carbonsäuren, Phenole, Sulfosäuren

Die Gel-Chromatographie hat wesentliche Fortschritte bei der Trennung wasserlöslicher organischer Verbindungen gebracht. Vor allem sind hier Verfahren zur Untersuchung von biologischen Materialien zu erwähnen; als weiteres Beispiel sei die mit anderen Methoden kaum zu erreichende Trennung von Polyglycolen angeführt (Abb. 10.9).

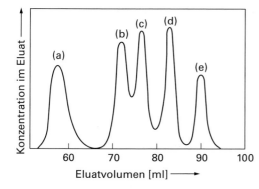

Abb. 10.9: Trennung von Polyglycolen an einer Dextrangel-Säule.
a) Polyethylenglycol, Mol.-Gew. 600;
b) Tetraethylenglycol;
c) Triethylenglycol;
d) Diethylenglycol;
e) Ethylenglycol.

Mit Gelen geeigneter Porenweiten lassen sich auch sehr hochmolekulare Substanzen trennen; dabei ergibt sich eine einfache Beziehung zwischen dem Molekulargewicht M und dem Retentionsvolumen V:

$$V = A - B \cdot \log M \tag{3}$$

(A und B = Konstanten).

Beim Auftragen von log M gegen V erhält man Kurven mit einem geraden Teil, für den die obige Beziehung gilt (vgl. Abb. 10.10). Das Abbiegen in eine Parallele zur Abszisse bei sehr hohen Molekulargewichten wird durch völligen Ausschluss der betreffenden Verbindungen, d. h. fehlende Retention, verursacht. Die Konstanten A und B sind von der Stoffklasse abhängig, man kann daher das Molekulargewicht einer Substanz erst dann bestimmen, wenn die Lage der Kalibriergeraden im Koordinatennetz mithilfe von Verbindungen bekannten Molekulargewichtes ermittelt worden ist.

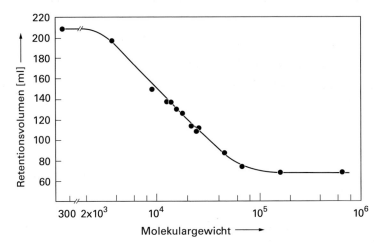

Abb. 10.10: Abhängigkeit der Retentionsvolumina von Proteinen vom Molekulargewicht.

Eine wichtige Anwendung der Gel-Chromatographie ist schließlich die Untersuchung von Polymerisaten; einzelne Glieder einer Polymer-homologen Reihe können zwar nicht getrennt werden, doch lässt sich schnell und mit wenig Substanz die Molekulargewichtsverteilung ermitteln.

Allgemein ist die Adsorptions-Chromatographie eine ausgesprochene Mikromethode, bei der der Substanzbedarf in der Größenordnung von einigen Mikrogramm und weniger liegt. Die Vorteile des Verfahrens bestehen in der überaus vielseitigen Anwendbarkeit und der großen Wirksamkeit; da bei der Wahl des Adsorbens und des Elutionsmittels große Variationsmöglichkeiten bestehen, können die Bedingungen dem jeweils vorliegenden Trennproblem angepasst und oft auch chemisch einander sehr ähnliche Verbindungen getrennt werden. Zur weiten Verbreitung der Methode hat weiterhin die experimentelle Einfachheit beigetragen, allerdings erfordern die erwähnten Hochleistungssäulen einen erheblich größeren Aufwand.

Als Nachteil ist vor allem das Auftreten von irreversibler Adsorption anzusehen, die den Anwendungsbereich bei Spurenanalysen beträchtlich einengt, außerdem die oft zu beobachtende Schwanzbildung sowie das „Durchhängen" der Zonen, das durch unregelmäßiges Fließen der bewegten Phase verursacht wird.

Ein weiterer wesentlicher Nachteil besteht in der Schwierigkeit, die Eigenschaften der Adsorbenzien konstant zu halten; es lässt sich kaum vermeiden, dass verschiedene Chargen des gleichen Adsorbens gelegentlich unterschiedliche Eigenschaften aufweisen. Hierbei spielen auch anscheinend nebensächliche Erscheinungen, z. B. Schwankungen der Luftfeuchtigkeit, eine Rolle, die zu unterschiedlicher Wasseraufnahme und Aktivität führen können.

Schließlich ist zu beachten, dass empfindliche organische Substanzen gelegentlich während der Adsorption verändert werden, z. B. durch Isomerisierung, Hydrolyse oder Zersetzung.

10.6 Trennungen durch systematische Wiederholung: Planar-Verfahren (Dünnschicht-Chromatographie, Papier-Chromatographie)

10.6.1 Prinzip und Adsorbenzien

Bei den Planar-Verfahren wird an Stelle einer säulenförmigen Anordnung des Adsorbens eine mehr oder weniger dünne Schicht verwendet. Als Adsorptionsmittel kommen dieselben Verbindungen in Frage, die auch bei der Säulenchromatographie eingesetzt werden. Der Unterschied zwischen den beiden Methoden besteht im Wesentlichen in der experimentellen Durchführung.

10.6.2 Durchführung der Dünnschicht-Chromatographie[2]

Während früher Dünnschicht-Chromatographie-Platten weitgehend selbst hergestellt werden mussten, steht heute eine Vielzahl kommerzieller Produkte zur Verfügung. Die Platten bestehen aus Streifen oder besitzen quadratische Abmessungen (gewöhnlich 20 × 20 cm); im letzteren Falle können mehrere Trennungen nebeneinander durchgeführt werden.

Schichtdicken und Substanzmengen. Die Dicke der Adsorbensschicht beträgt gewöhnlich 0,15–0,25 mm, auf derartige Platten werden etwa 5–20 µg, höchstens ca. 50 µg Substanz aufgegeben. Für etwas größere Mengen (einige Milligramm) kann man Platten von 1 mm Schichtdicke verwenden; noch stärkere Platten reißen leicht beim Trocknen, können jedoch unter Verwendung besonderer Adsorbenzien bis 2 mm Dicke hergestellt werden.

---

[2] Die korrekte Bezeichnung wäre „Dünnschicht-Adsorptions-Chromatographie", da es auch andere Arten der Dünnschicht-Chromatographie gibt. Doch hat sich der kürzere Ausdruck eingebürgert.

Extrem geringe Probemengen (< 1 µg) lassen sich mit sehr dünnen Schichten trennen, die man durch Eintauchen der Platten in eine Suspension des Adsorbens herstellt; so erhält man z. B. 0,05 mm starke Schichten von Silicagel, Cellulose oder Polyamiden auf Polyesterfilmen. Eine weitere Methode besteht in der Fällung des Adsorbens auf der Unterlage, z. B. wurden auf diese Weise 6 µm dicke Schichten von Silicagel auf Cellophan hergestellt.

Die untere Grenze der Aufgabemenge wird jedoch nicht nur durch die Schichtdicke, sondern auch durch die unteren Grenzen der Nachweisreaktionen für die getrennten Komponenten gegeben.

Substanzaufgabe. Die zu trennenden Verbindungen werden als verdünnte Lösung (ca. 1 proz.) mit Mikropipetten oder Mikroliterspritzen möglichst punktförmig etwa 1,5 cm vom Rand der Platte aufgegeben. Größere Mengen werden durch wiederholtes Auftropfen unter Trocknung des Fleckes nach jeder Aufgabe oder durch Ziehen eines etwas längeren schmalen Querstriches auf die Schicht gebracht. Flüchtige Substanzen können aus einer Kapillare auf die Schicht aufgedampft werden.

Entwickeln und Eluieren. Bei der Dünnschicht-Chromatographie wird gewöhnlich die Entwicklungstechnik, nur selten die Elution angewandt. Man lässt ein geeignetes Lösungsmittel durch die Schicht strömen, indem man die Platte in einem geschlossenen Gefäß (zum Vermeiden von Verdunstungsverlusten an Fließmittel) annähernd senkrecht in einen etwa 0,5 cm tiefen Trog mit Lösungsmittel stellt; die Flüssigkeit steigt bei dieser als „aufsteigende Entwicklung" bezeichneten Arbeitsweise durch die Kapillarkräfte nach oben. Bei der „absteigenden" Methode führt man die Flüssigkeit mithilfe eines Papierstreifens als Docht aus einem oben befindlichen Gefäß zu. Entsprechend lässt sich auch die Entwicklung auf einer horizontal liegenden Platte durchführen.

Auch die Circulartechnik ist bei der Dünnschicht-Chromatographie vorgeschlagen worden.

Die seltener durchgeführte *Elution* lässt sich bei der absteigenden Arbeitsweise durch Aufsetzen eines Troges mit Fließmittel auf die obere Kante der Dünnschichtplatte verwirklichen. Bei der aufsteigenden Chromatographie kann man z. B. das Adsorbens an der Außenseite einer Glaskapillare anbringen und das Fließmittel durch die Kapillare nach unten abfließen lassen.

Stufenweise Entwicklung – Gradient-Verfahren. Werden die Analysensubstanzen mit einem bestimmten Fließmittel nur unvollständig getrennt, so lässt sich die Trennung mit einer zweiten Flüssigkeit vervollständigen; dabei wird zweckmäßig zweidimensional auf quadratischen Platten entwickelt.

An Stelle der stufenweisen Entwicklung kann die Gradienten-Methode angewandt werden; Konzentrations- und pH-Gradienten werden durch kontinuierliches Zumischen einer zweiten Flüssigkeit zu dem Inhalt des Fließmitteltroges erhalten.

Weniger gebräuchlich sind Temperaturgradienten, die durch einseitiges Erhitzen der Dünnschichtplatte hergestellt werden können.

Oft erreicht man eine Verbesserung der Chromatogramme durch keilförmige Dünnschichtplatten, in denen ein Gradient der Fließgeschwindigkeit auftritt. Schließlich sind auch Schichtgradienten beschrieben worden, bei denen zwei Adsorbenzien verschiedener Aktivitäten oder verschiedener pH-Werte längs der Platte in Gemischen mit kontinuierlich geänderter Zusammensetzung aufgetragen sind.

10.6.3 Durchführung der Papier-Chromatographie

Die Papier-Chromatographie stellt methodisch eine Abart der Dünnschicht-Chromatographie dar; die Arbeitsweise ist praktisch die gleiche, nur werden Papierstreifen an Stelle von Schichten pulverförmiger Adsorbenzien verwendet. Seit wenigen Jahren gewinnt die Papier-Chromatographie in Verbindung mit Antikörpern oder anderen biologischen Rezeptoren als Schnellmesstechnik zunehmende Bedeutung. Damit kombiniert ist eine einfache visuelle Auslesung der Reaktion des Analyten in einer Farbreaktion verbunden. Derartige *dip stick*-Techniken erlauben den schnellen und unkomplizierten Nachweis von Einzelanalyten in Realmatrices. Die Kapillarwirkung des Papiers ersetzt dabei die Pumpe.

Die Papier-Chromatographie wird auf Papierstreifen verschiedener Typen durchgeführt, deren Dicke gegenüber den üblichen Filterpapieren etwas vergrößert ist und die aus reiner Cellulose bestehen. Durch Acetylieren oder durch Imprägnieren mit Formamid u. a. sowie durch Einarbeiten verschiedener anderer Adsorbenzien in die Masse werden modifizierte Papiere erhalten, die z. T. auch für die Trennung unpolarer Stoffe mit organischen Fließmitteln geeignet sind[3]. Einen Sonderfall stellen die sog. Glasfaser-„Papiere" dar, die chemisch und thermisch besonders beständig sind.

Bei den Trennungen gibt man Substanzmengen von etwa 10–50 µg ca. 1 cm vom Rande eines rechteckigen 30–40 cm langen Papierstreifens in Form verdünnter Lösungen auf und entwickelt das Chromatogramm auf- oder absteigend in geschlossenen Gefäßen.

Eine Variante, bei der etwas größere Substanzmengen getrennt werden können, ist die auch bei der Papier-Chromatographie anwendbare Circulartechnik; die Probenlösung wird in der Mitte eines zwischen zwei Glasscheiben liegenden runden Papierbogens aufgegeben und radial nach außen entwickelt (vgl. Abb. 6.32). Durch rotieren lassen des Papiers um den Mittelpunkt kann die Fließgeschwindigkeit erhöht und die Entwicklung beschleunigt werden („Zentrifugal-Chromatographie").

Zur Trennung komplizierterer Gemische wird oft die zweidimensionale Entwicklung angewandt.

---

[3] In der angelsächsischen Literatur als „reversed phase chromatography" bezeichnet.

10.6.4 Nachweis und Identifizierung der getrennten Substanzen

Die wohl wichtigsten Nachweisverfahren für farblose Substanzen auf Dünnschichtplatten oder Papierstreifen sind Farbreaktionen. Man besprüht die Chromatogramme mit geeigneten Reagenslösungen, wobei die Lage der getrennten Verbindungen durch Bildung von „Flecken" erkennbar wird. In der Regel können auf diese Weise noch Mengen von größenordnungsmäßig 1 µg nachgewiesen werden. Noch empfindlicher sind Methoden, bei denen Fluoreszenzerscheinungen zum Nachweis verwendet werden: Entweder macht man fluoreszierende Substanzen nach dem Entwickeln des Chromatogramms durch UV-Strahlung direkt sichtbar, oder man gibt zu dem Adsorbens eine fluoreszierende Verbindung hinzu und beobachtet die Fluoreszenzlöschung durch die Analysensubstanzen; die einzelnen Komponenten heben sich bei Betrachtung der Dünnschichtplatte im UV-Licht als dunkle Flecken auf hellerem Grund ab. Weiterhin lassen sich radioaktive Substanzen durch ihre Strahlung nachweisen.

Ist die Lage der Flecken bekannt, so können die betreffenden Verbindungen gelegentlich durch Sublimation aus dem Adsorbens entfernt werden. Nichtflüchtige Substanzen werden nach dem mechanischen Abkratzen der Schicht bzw. nach dem Ausschneiden der Papierstelle durch Extraktion isoliert und dann mit chemischen oder physikalischen Methoden identifiziert.

Ein wichtiges Hilfsmittel zum Charakterisieren einzelner Verbindungen sind die R_f- bzw. R_{St}-Werte. Für verschiedene Stoffklassen (z. B. Aminosäuren, Steroide u. a.) sind diese Größen unter einheitlichen Bedingungen ermittelt und tabelliert worden. Allerdings werden die R_f-Werte von zahlreichen Variablen beeinflusst (Aktivität und Schichtdicke des Adsorbens; Feuchtigkeit; Kammerform; Anwesenheit anderer Komponenten u. a. m.), so dass ihre Reproduzierbarkeit zu wünschen übrig lässt.

10.6.5 Wirksamkeit und Anwendungsbereich der Dünnschichtmethoden

Da die Adsorbenzien bei der Dünnschicht-Chromatographie sehr kleine Partikeldurchmesser aufweisen dürfen (günstig sind etwa 2–6 µm), erreicht man mit diesem Verfahren niedrigere Trennstufenhöhen als bei der Chromatographie in Säulen; so werden Werte von 0,07–0,3 mm, für Schichten von etwa 1 µm Dicke Werte von 0,0025–0,01 mm angegeben.

Anderseits beträgt die Laufstrecke maximal nur etwa 20–30 cm, sodass man bei den üblichen Dünnschichtplatten mit nicht mehr als größenordnungsmäßig 1000 Trennstufen rechnen kann, die außerdem bei Anwendung der Entwicklungstechnik nur teilweise ausgenutzt werden.

Sowohl die Dünnschicht- als auch die Papier-Chromatographie werden in größtem Umfange zur Trennung organischer Stoffgemische eingesetzt, und es dürfte kaum eine Stoffklasse geben, die nicht mehr oder weniger erfolgreich auf diese Weise untersucht wurde; von den überaus zahlreichen Anwendungen können nur einige Beispiele

Tab. 10.7: Anwendungsbeispiele der Dünnschicht-Chromatographie

Zu trennendes Gemisch	Adsorbens	Fließmittel
Alkaloide	Kieselgel	$CHCl_3$ + 5–15 % CH_3OH
Alkaloide	Al_2O_3	Cyclohexan + $CHCl_3$ 3 : 7
Amine	Kieselgel	C_2H_5OH + 25 %ige NH_3-Lösung, 4 : 1
Aminosäuren	Kieselgel	50 % n-Propanol; Phenol-H_2O 10 : 4
Aminosäuren	Kieselgel	n-Butanol – CH_3COOH – H_2O 60 : 20 : 20
Fettsäuren, Glyceride	Kieselgel	Xylol; Toluol; Benzol; $CHCl_3$; Aceton u. a.
Cholesterinester	Kieselgel	$CHCl_3$; $CHCl_3$ + CH_3OH 95 : 5
Phenole	Kieselgel	Benzol; Cyclohexan + $CHCl_3$ + Diäthylamin 5 : 4 : 1
Pyrone, Anthrachinone, Gerbstoffe	Kieselgel	Benzol + Methylacetat + HCOOH 2 : 2 : 1
Steroide	Kieselgel	$CHCl_3$; 1,2-Dichloräthan; $CHCl_3$ + Aceton 9 : 1 u. a.
Vitamine	Kieselgel	Hexan; $CHCl_3$ u. a.
Zucker	Kieselgel	Essigester + i-Propanol-H_2O (2 : 1) 65 : 35

angeführt werden (vgl. Tab. 10.7). Die Trennung anorganischer Ionen mit diesen Methoden spielt eine verhältnismäßig geringe Rolle.

Die bei der Säulen-Chromatographie mit gelförmigen stationären Phasen beschriebene Molekulargewichtsbestimmung ist auch unter Verwendung von entsprechenden Dünnschichtplatten durchführbar. Man trägt die Logarithmen der Molekulargewichte gegen die R_f-Werte (oder besser gegen die R_{St}-Werte, die jeweils gegen einen auf der gleichen Platte mitlaufenden Standard bestimmt werden) auf; für homologe Reihen ergeben sich Geraden, mit deren Hilfe dann das Molekulargewicht unbekannter Verbindungen derselben homologen Reihe bestimmt werden kann.

Die Vorteile der Dünnschicht-Verfahren bestehen vor allem in der experimentellen Einfachheit und in der Schnelligkeit der Trennungen (die Entwicklung eines Chromatogrammes dauert in der Regel nur etwa 30–60 min). Weiterhin sind die getrennten Substanzen in den einzelnen Flecken gut zugänglich. Beim Vorliegen von Mikroproben ist es von Vorteil, dass die Aufgabemengen sehr klein sind.

Nachteilig sind außer der relativ geringen Trennwirkung die schlechte Reproduzierbarkeit der R_f-Werte und die Verluste durch irreversible Adsorption, die auch bei diesen Methoden beobachtet werden. Im Gegensatz zur Säulen-Chromatographie lässt sich die Fließgeschwindigkeit der bewegten Phase kaum beeinflussen. Schließlich treten beim Identifizieren unbekannter Verbindungen häufig Schwierigkeiten auf, da die getrennten Substanzmengen für weitere Untersuchungen nicht ausreichen.

10.7 Kreuzstrom-Verfahren

Ein Kreuzstrom-Verfahren, bei dem Adsorbens und Elutionsmittel im Winkel von 90° zueinander bewegt werden, ist in Abb. 10.11 gezeigt: Die stationäre Phase befindet sich

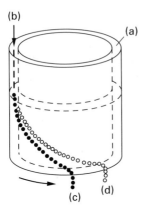

Abb. 10.11: Kontinuierliche Säulen-Chromatographie [nach Fox et al. (1969)].
a) Ringspalt;
b) Substanzzufuhr;
c,d) Austragung der getrennten Komponenten.

in einem ringförmigen Spalt a zwischen zwei konzentrischen Rohren, wobei oben etwas freier Raum zur Aufnahme der mobilen Phase ist. Das Elutionsmittel durchströmt den Ringspalt von oben nach unten, gleichzeitig dreht sich das Ganze in Pfeilrichtung. Das Substanzgemisch b gibt man kontinuierlich an einer bestimmten Stelle des Spaltes auf die Oberfläche des Adsorbens; die schneller durch das Trennbett wandernde Komponente c wird nach einer kleineren Winkelablenkung aus dem Spalt ausgetragen als die langsamer wandernde Substanz d.

Wegen der umständlichen Arbeitsweise und der Schwierigkeit, ein gleichmäßiges Trennbett herzustellen, hat das Verfahren bisher keine Bedeutung erlangt, und auch etwas abgewandelte Methoden spielen keine größere Rolle.

Allgemeine Literatur

Allgemeines u. Säulen-Chromatographie

D. Berek, Role of adsorption in liquid chromatography of macromolecules and potential of liquid chromatography in assessing adsorption of macromolecules onto solid surfaces, Macromolecular Symposia *145* (Polymer Sorption Phenomena), 49–64 (1999).

H. Findenegg, Principles of adsorption at solid surfaces and their significance in gas/solid and liquid/solid chromatography, NATO ASI Series, Series C: Mathematical and Physical Sciences *383* (Theoretical Advancement in Chromatography and Related Separation Techniques), 227–60 (1992).

J.V. Hinshaw, Solid-phase microextraction, LCGC North America *21*, 1056, 1058–1061 (2003).

K. Kaczmarski, W. Prus, M. Sajewicz u. T. Kowalska, Adsorption planar chromatography in the nonlinear range: selected drawbacks and selected guidelines, Chromatographic Science Series *95* (Preparative Layer Chromatography), 11–40 (2006).

E. Kovats, Retention in liquid/solid chromatography, Journal of Chromatography Library *32* (Sci. Chromatogr.), 205–17 (1985).

M. Michel u. B. Buszewski, Porous graphitic carbon sorbents in biomedical and environmental applications, Adsorption *15*, 193–202 (2009).

Dünnschicht-Chromatographie

F. Geiss, Fundamentals of Thin Layer Chromatography, Heidelberg, Dr. A. Hüthig Verlag (1987).
H. Jork, W. Funk, W. Fischer u. H. Wimmer, Thin-Layer Chromatography: Reagents and Detection Methods, Vol. 1a: Physical and Chemical Detection Methods: Fundamentals, Reagents I, VCH Publishers, Weinheim, (1990).
H. Jork, W. Funk, W. Fischer u. H. Wimmer, Thin-Layer Chromatography: Reagents and Detection Methods, Vol. 1b: Physical and Chemical Detection Methods: Activation Reactions, Reagents Sequences, Reagents II, VCH Publishers, Weinheim (1994).
R.E. Kaiser, Planar Chromatography, Vol. 1, Heidelberg, Dr. Alfred Hüthig Verlag (1986).
B. Fried u. D. Sherma, Thin-Layer Chromatography: Fourth Edition, Revised and Expanded, Marcel Dekker, Newe York (1999).
P.E. Wall, Thin-Layer Chromatography: A Modern Practical Approach, Royal Society of Chemistry, London (2005).

Gel-Chromatographie

H. Henke, Preparative Gel Chromatography on Sephadex LH-20, Hüthig GmbH, Heidelberg (1995).
M. le Maire, A. Ghazi u. J.V. Moller, Gel chromatography as an analytical tool for characterization of size and molecular mass of proteins, ACS Symposium Series *635* (Strategies in Size Exclusion Chromatography), 36–51 (1996).
M.J. Shepherd, Size exclusion and gel chromatography: theory, methodology and applications to the clean-up of food samples for contaminant analysis, Anal. Food Contam. 1–72 (1984).

Literatur zum Text

Adsorptionsisothermen (geradliniger Teil)

F. Gritti, u. G. Guiochon, Systematic errors in the measurement of adsorption isotherms by frontal analysis, Journal of Chromatography, A *1097*, 98–115 (2005).

Adsorptionswärme

I. Dekany u. F. Berger, Adsorption from liquid mixtures on solid surfaces, Surfactant Science Series *107*(Adsorption), 573–629 (2002).
A. Imre, Microcalorimetric control of liquid sorption on hydrophilic/hydrophobic surfaces in nonaqueous dispersions, Surfactant Science Series *93* (Thermal Behavior of Dispersed Systems), 357–412 (2001).
J. Rouquerol, The contribution of microcalorimetry to the solution of problems involving a liquid/solid or a gas/solid interface, especially in physisorption, Thermochimica Acta *96*, 377–390 (1985).
V. Ticknor u. P. Saluja, Determination of surface areas of mineral powders by adsorption calorimetry, Clays and Clay Minerals *38*, 437–441 (1990).

Affinitäts-Chromatographie

F. Batista-Viera, J.-C. Janson u. J. Carlsson, Affinity chromatography, Methods of Biochemical Analysis *54* (Protein Purification), 221–258 (2011).

K. Engholm-Keller u. M.P. Larsen, Titanium dioxide as chemo-affinity chromatographic sorbent of biomolecular compounds – Applications in acidic modification-specific proteomics, Journal of Proteomics 75, 317–328 (2011).

M. Nachman-Clewner, C. Spence u. P. Bailon, Receptor – affinity chromatography (RAC), Mol. Interact. Biosep. 139–149 (1993).

A.C. Roque u. C.R. Lowe, Affinity chromatography. History, perspectives, limitations and prospects, Methods in Molecular Biology 421 (Affinity Chromatography), 1–21 (2008).

J. Pearson, Affinity chromatography, Bioseparation and Bioprocessing 1, 113–124 (1998).

J. Porath, Strategy for differential protein affinity chromatography, International Journal of Bio-Chromatography 6, 51–78 (2001).

Beeinflussung der Trennstufenhöhe

V. Berezkin, I. Malyukova u. D. Avoce, Description of the experimental dependence of the HETP on the linear velocity of the carrier gas in capillary gaschromatography, Zhurnal Fizicheskoi Khimii 72, 1891–1895 (1998).

J. Done, Sample loading and efficiency in adsorption, partition and bonded-phase high-speed liquid chromatography, Journal of Chromatography 125, 43–57 (1976).

B. Grimes, S. Lüdtke, K. Unger u. A. Liapis, Novel general expressions that describe the behavior of the height equivalent of a theoretical plate inchromatographic systems involving electrically-driven and pressure-driven flows, Journal of Chromatography A 979, 447–466 (2002).

F. Gritti u. G. Guiochon, General HETP Equation for the Study of Mass-Transfer Mechanisms in RPLC, Analytical Chemistry 78, 5329–5347 (2006).

A. Rodrigues, A. Ramos, J. Loureiro, M. Diaz u. Z. Lu, Influence of adsorption-desorption kinetics on the performance of chromatographic processes using large-pore supports, Chemical Engineering Science 47, 4405–4413 (1992).

I. Schmidt, F. Lottes, M. Minceva, W. Arlt u. E. Stenby, Estimation of chromatographic columns performances using computer tomography and CFD simulations, Chemie Ingenieur Technik 83, 130–142 (2011).

Bestimmung von Molekulargewichten

S. Mori, Size-exclusion chromatography and non-exclusion liquid chromatography for characterization of styrene copolymers, Advances in Chemistry Series 247 (Chromatographic Characterization of Polymers), 211–222 (1995).

H. Pasch, Analytical techniques for polymers with complex architectures, Macromolecular Symposia 178 (Polymer Characterization and Materials Science), 25–37 (2002).

D. Sykora u. F. Svec, Synthetic polymers, Journal of Chromatography Library 67 (Monolithic Materials), 457–487 (2003).

B. Trathnigg, Determination of MWD and chemical composition of polymers by chromatographic techniques, Progress in Polymer Science 20, 615–650 (1995).

Eigenschaften von Al_2O_3

E. Baumgarten, Adsorption of ions onto alumina, Surfactant Science Series 78 (Surfaces of Nanoparticles and Porous Materials), 711–741 (1999).

D.K. Chattoraj, P. Mahapatra u. S. Biswas, Thermodynamics of adsorption of a cationic surfactant at solid-water interfaces, Surfactant Science Series 64 (Surfactants in Solution), 83–104 (1996).

Eigenschaften von Silicagel

D. Balkose, Effect of preparation pH on properties of silica gel, Journal of Chemical Technology and Biotechnology 49, 165–171 (1990).

Z. Bayram-Hahn, B. Grimes, A. Lind, R. Skudas, K. Unger, A. Galarneau, J. Iapichella u. F. Fajula, Pore structural characteristics, size exclusion properties and column performance of two mesoporous amorphous silicas and their pseudomorphically transformed MCM-41 type derivatives, Journal of Separation Science 30, 3089–3103 (2007).

Y. Bereznitski, M. Jaroniec u. M. Kruk, Surface and structural properties of silica gels used in high performance liquid chromatography, Journal of Liquid Chromatography & Related Technologies 19, 1523–1537 (1996).

J. Choma, M. Kloske u. M. Jaroniec, An improved methodology for adsorption characterization of unmodified and modified silica gels, Journal of Colloid and Interface Science 266, 168–174 (2003).

C. Jaroniec, R. Gilpin u. M. Jaroniec, Adsorption and Thermogravimetric Studies of Silica-Based Amide Bonded Phases, Journal of Physical Chemistry B 101, 6861–6866 (1997).

Gradient-Elution

A. Felinger, Optimization of preparative separations, Chromatographic Science Series 88 (Scale-Up and Optimization in Preparative Chromatography), 77–121 (2003).

L. Snyder, Role of the solvent in liquid-solid chromatography. Review, Analytical Chemistry 46, 1384–1393 (1974).

Kreuzstromverfahren

F.H. Arnold, H.W. Blanch u. C.R.W. Wilke, Analysis of affinity separations. I: Predicting the performance of affinity adsorbers, Chemical Engineering Journal (Amsterdam, Netherlands) 30, B9–B23 (1985).

R. Giovannini u. R. Freitag, Continuous isolation of plasmid DNA by annular chromatography, Biotechnology and Bioengineering 77, 445–454 (2002).

M. Lay, C.J. Fee u. J.E. Swan, Continuous radial flow chromatography of proteins, Food and Bioproducts Processing 84, 78–83 (2006).

Y. Takahashi u. S. Goto, Continuous concentration of single component using an annular chromatograph, Journal of Chemical Engineering of Japan 24, 460–465 (1991).

Lösungsmittel bei der Adsorption

M. Borowko u. B. Oscik-Mendyk, Adsorption model for retention in normal-phase liquid chromatography with ternary mobile phases, Advances in Colloid and Interface Science 118, 113–124 (2005).

J.-M. Menet u. M.-C. Rolet-Menet, Characterization of the solvent systems used in countercurrent chromatography, Chromatographic Science Series 82 (Countercurrent Chromatography), 1–28 (1999).

H. Oka u. Y. Ito, Solvent systems: systematic selection for HSCCC, Encyclopedia of Chromatography 3, 2192–2197 (2010).

L. Snyder, Solvent selectivity in normal-phase TLC, Journal of Planar Chromatography—Modern TLC 21, 315–323 (2008).

Planare Chromatographie

R.E. Kaiser, Scope and limitations of modern planar chromatography. Part 1: Sampling, Journal of Planar Chromatography—Modern TLC *1*, 182–187 (1988).

R.E. Kaiser, Scope and limitations of modern planar chromatography. Part 2: Separation modes, Journal of Planar Chromatography—Modern TLC *1*, 265–268 (1988).

J. Sherma, Planar Chromatography, Analytical Chemistry *82*, 4895–4910 (2010).

A.-M. Siouffi, From paper to planar: 60 years of thin layer chromatography, Separation and Purification Reviews *34*, 155–180 (2005).

Polymere Gele

P.A. Underwood u. J.G. Steele, Practical limitations of estimation of protein adsorption to polymer surfaces, Journal of Immunological Methods *142*, 83–94 (1991).

Poröse Gläser

G. Shah u. P.L. Dubin, Adsorptive interaction of Ficoll standards with porous glass size-exclusion chromatography columns, Journal of Chromatography, A *693*, 197–203 (1995).

11 Ionenaustausch

11.1 Allgemeines

11.1.1 Geschichtliche Entwicklung

Die Entdeckung des Ionenaustausches an festen Verbindungen wird Thompson und Way (1850) zugeschrieben; wichtige weitere Untersuchungen stammen von Lemberg (1870) und Gans (1905); organische Ionenaustauscher wurden zuerst von Adams u. Holmes (1935) synthetisiert.

Folin (1917) wandte Ionenaustauscher erstmals in der analytischen Chemie an, und schließlich wurde die Ionenaustausch-Chromatographie von mehreren Arbeitsgruppen um Boyd, Spedding und Tompkins (1947) ausgearbeitet.

11.1.2 Definitionen – Funktionelle Gruppen – Austauschreaktionen – Regeneration – Titrationskurven – Austauschkapazität

Definitionen. Als Ionenaustauscher definiert man praktisch unlösliche, feste Substanzen mit einem mehr oder weniger hohen Gehalt an funktionellen Gruppen, die Ionen aus Lösungen aufzunehmen vermögen und dabei eine äquivalente Menge an anderen Ionen gleichen Ladungsvorzeichens an die Lösung abgeben[1].

Funktionelle Gruppen. Ionenaustauscher können saure oder basische funktionelle Gruppen enthalten[2]. Im ersteren Fall nehmen sie Kationen unter Salzbildung in der festen Phase aus Lösungen auf, im letzteren Anionen. Man unterscheidet demgemäß zwischen Kationen- und Anionenaustauschern.

Innerhalb dieser beiden Grundtypen ergeben sich Unterschiede je nach Acidität der sauer bzw. Basizität der alkalisch reagierenden Gruppen.

Saure funktionelle Gruppen sind in gewissen Aluminiumsilicaten, Polymolybdaten, Polywolframaten u. a. anorganischen Verbindungen enthalten. In organische polymere Kunststoffe werden als austauschfähige Gruppen vor allem phenolisches -OH, -COOH oder -SO_3H (steigende Acidität) eingeführt. Die funktionellen Gruppen der entsprechenden Anionenaustauscher bestehen in der Regel aus -NH_2, =NH oder -N^+R_3 (steigende Basizität), wobei R meist ein Methyl- oder Ethylrest ist.

---

[1] Häufig werden zu den Ionenaustauschern auch flüssige Verbindungen, z. B. organische Basen, gerechnet, mit denen man Austauschreaktionen zwischen zwei nicht mischbaren flüssigen Phasen durchführt. Diese Stoffklasse fällt jedoch nicht unter die hier gegebene Definition; sie wurde in Kap. 2 behandelt.

[2] Die sog. „Redoxharze", mit denen Reduktionen und Oxidationen durchgeführt werden können, werden hier nicht behandelt.

Analytische Bedeutung haben vor allem 4 Typen gewonnen: stark und schwach saure Kationenaustauscher sowie stark und schwach basische Anionenaustauscher. Austauscher, die verschiedene funktionelle Gruppen gleichzeitig besitzen, sind für analytische Zwecke weniger geeignet. Austauscher, bei denen man durch Einführung besonderer funktioneller Gruppen eine Selektivität für bestimmte Ionen anstrebt, werden weiter unten beschrieben.

Austauschreaktionen. Im Prinzip handelt es sich bei sämtlichen Austauschreaktionen an Ionenaustauschern um doppelte Umsetzungen, die zwischen einer flüssigen und einer festen Phase verlaufen[3]. Man unterscheidet dabei folgende drei Reaktionsarten: Neutralisation, Neutralsalzspaltung und doppelte Umsetzung.

Bringt man einen Austauscher mit sauren funktionellen Gruppen in eine alkalische Lösung, so tritt in der festen Phase Neutralisation unter Salzbildung ein, z. B.

$$H-R + NaOH \rightarrow Na-R + H_2O \tag{1}$$

(R = Austauscher-Anion).

Der Austauscher geht dabei von der „H^+-Form" in die „Na^+-Form" über. Solange noch saure Gruppen im Austauscher vorhanden sind, verläuft Reaktion (1) praktisch vollständig von links nach rechts.

Zur Neutralsalzspaltung bringt man einen Kationenaustauscher in der H^+-Form mit einer Salzlösung in Berührung; dabei tritt ebenfalls ein Austausch ein, und die Lösung wird durch die vom Austauscher abgegebenen H^+-Ionen sauer:

$$H-R + NaCl \rightleftharpoons Na-R + HCl. \tag{2}$$

Im Gegensatz zu den Verhältnissen bei der Neutralisation führt diese Reaktion meist zu einem Gleichgewicht, welches nicht extrem nach einer Seite verschoben ist.

Als „doppelte Umsetzungen" werden beim Ionenaustausch diejenigen Reaktionen bezeichnet, an denen weder H^+- noch OH^--Ionen beteiligt sind, z. B.:

$$NH_4-R + NaCl \rightleftharpoons Na-R + NH_4Cl. \tag{3}$$

Auch derartige Reaktionen führen zu Gleichgewichten, die in der Regel nicht sehr weit auf einer Seite liegen.

Für Anionenaustauscher gelten entsprechende Gleichungen (vgl. Tab. 11.1).

Sämtliche Austauschreaktionen sind reversibel; sie verlaufen ferner wegen der Elektroneutralitätsbedingung streng stöchiometrisch.

---

[3] Ligandenaustauschreaktionen, die nach einem etwas anderen Schema ablaufen, werden im Abschnitt 6.4.9 besprochen.

Tab. 11.1: Austauschreaktionen (in Ionenform geschrieben)

Austauschreaktion	Kationenaustauscher	Anionenaustauscher
Neutralisation	H^+–R^- + NaOH → Na^+–R^- + H_2O	OH^-–R^+ + HCl → Cl^-–R^+ + H_2O
Neutralsalzspaltung	H^+–R^- + NaCl $\rightleftharpoons$ Na^+–R^- + HCl	OH^-–R^+ + NaCl $\rightleftharpoons$ Cl^-–R^+ + NaOH
doppelte Umsetzung	NH_4^+–R^- + NaCl $\rightleftharpoons$ Na^+–R^- + NH_4Cl	Cl^-–R^+ + NaBr $\rightleftharpoons$ Br^-–R^+ + NaCl

Regeneration. Die Neutralisationsreaktion (1) verläuft in umgekehrter Richtung, wenn ein in der Salzform vorliegender Austauscher mit Säure behandelt wird, z. B.:

$$\text{Na–R + HCl} \rightleftharpoons \text{H–R + NaCl.} \tag{4}$$

Im Gegensatz zu Gl. (1) verläuft diese Reaktion nur unvollständig nach rechts, d. h., dass nur ein Teil der H^+-Ionen vom Austauscher aufgenommen wird. Gießt man die überstehende NaCl-haltige Lösung nach der Gleichgewichtseinstellung ab und behandelt den Austauscher wiederholt mit Portionen frischer Säurelösung, so lässt sich das Alkali-Ion nach und nach aus dem Austauscher entfernen und dieser wieder vollständig in die H^+-Form zurückbringen. Der Vorgang wird als „Regeneration" bezeichnet. Dank dieser Regenerationsfähigkeit lässt sich ein Austauscher sehr oft verwenden.

Die Reaktionen (1) und (4) sind im Grunde identisch, wie die Schreibweise in Ionenform zeigt:

$$H^+–R^- + Na^+ \rightleftharpoons Na^+–R^- + H^+. \tag{5}$$

Bei Reaktion (1) wird jedoch das in Lösung gehende H^+-Ion von den vorhandenen OH^--Ionen abgefangen, sodass das Gleichgewicht laufend gestört und die Reaktion in eine Richtung gedrängt wird.

Die Regeneration von Anionenaustauschern erfolgt entsprechend durch Behandeln mit wässriger Natronlauge oder Kalilauge.

Titrationskurven. Die Neutralisationsreaktion kann durch fortlaufende pH-Messung einer Aufschlämmung des Austauschers in Wasser unter portionsweiser Zugabe von NaOH-Lösung verfolgt werden. Die Umsetzung erfolgt allerdings wesentlich langsamer als eine Neutralisation in homogener wässriger Lösung, sodass das System nach jeder Zugabe von Lauge eine Zeit lang gerührt werden muss. Man erhält auf diese Weise je nach Art des Austauschers und der funktionellen Gruppen charakteristische Titrationskurven (Abb. 11.1).

Austauscher mit COOH- und SO_3H-Gruppen ergeben Kurven, die den in wässrigen Lösungen zu erwartenden entsprechen, während der Austauscher mit phenolischem OH kein ausgeprägtes Umschlagsgebiet zeigt. Die Steilheit der Titrationskurven im Umschlagsbereich gibt somit Hinweise auf die Acidität der funktionellen Gruppen.

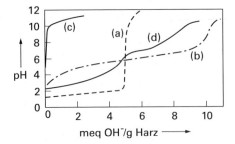

Abb. 11.1: Titrationskurven von Kationenaustauschern. Funktionelle Gruppen:
a) -SO$_3$H;
b) -COOH;
c) -OH;
d) -PO$_3$H$_2$.

Anionenaustauscher in der OH-Form liefern beim Behandeln mit Säure-Lösungen entsprechende Titrationskurven, aus denen sich Schlüsse auf die Basizität der funktionellen Gruppen ziehen lassen.

Aus den Titrationskurven ergibt sich weiterhin die sog. *„Austauschkapazität"* des jeweiligen Austauschers. Das ist diejenige Menge an Alkali, die zum Neutralisieren sämtlicher funktioneller saurer Gruppen einer bestimmten Menge an Kationenaustauscher benötigt wird (bzw. die Säuremenge für einen Anionenaustauscher).

Die Austauschkapazität wird in Milliäquivalenten Base bzw. Säure gerechnet und meist auf 1 g lufttrockenen, seltener ofentrockenen oder auf 1 ml Austauscher bezogen. Bei den in Abb. 11.1 gezeigten Beispielen besitzt der Austauscher mit COOH-Gruppen eine Kapazität von etwa 10,5 meq Alkali pro Gramm, der SO$_3$H-Austauscher eine Kapazität von etwa 4,7 meq/g. Es ist zweckmäßig, Austauscher mit möglichst hoher Kapazität zu verwenden.

Die Austauschkapazität ist nur in erster Näherung eine Konstante; für sehr große Ionen oder beim Austausch von Ionen, die in organischen Lösungsmitteln gelöst sind, kann sie sich verringern, da evtl. nur ein Teil der funktionellen Gruppen reagiert.

11.1.3 Austauscherarten – Porosität und Quellung

Das die funktionellen Gruppen tragende Grundgerüst eines Ionenaustauschers (auch als „Matrix" bezeichnet) kann aus anorganischem oder organischem Material bestehen.

Als anorganische Austauscher fungieren einmal verschiedene Natrium-Aluminiumsilicate der Zeolith-Gruppe, deren Natrium-Ionen durch andere Kationen ersetzt werden können; diese Verbindungen haben in der Technik der Wasserenthärtung breite Anwendung gefunden, spielen aber in der analytischen Chemie keine Rolle, da sie wegen geringer chemischer Beständigkeit nur in einem engen pH-Bereich in der Nähe des Neutralpunktes eingesetzt werden können.

Günstiger verhalten sich einige Salze von Heteropolysäuren, die vor allem bei der Trennung von Alkalimetall- und Erdalkalimetall-Ionen Vorteile bieten. Als anorganischer Anionenaustauscher vermag Hydroxylapatit OH$^-$ gegen F$^-$ Ionen auszutauschen; dieses Material ist auch zu Trennungen von Proteinen eingesetzt worden, doch dürften hierbei Adsorptionseffekte von entscheidender Bedeutung sein.

Für spezielle Trennungen wurden zahlreiche weitere anorganische Niederschläge vorgeschlagen, vor allem schwer lösliche Oxidhydrate, Phosphate und Wolframate höherwertiger Elemente (z. B. des Zirkoniums und Titans), ferner poröses Glas. Diese Verbindungen leiten über zu Niederschlägen wie AgCl, CdS, CuS, $Hg(IO_3)_2$, Ag_2CrO_4 u. a., an deren Oberflächen anorganische Ionen aus stark verdünnten Lösungen unter Ionenaustausch festgehalten werden; man bezeichnet diese Reaktion als „Fällungsaustausch" oder „Austauschadsorption".

Wesentlich größere Bedeutung als die anorganischen Verbindungen haben organische Ionenaustauscher erlangt, die durch Einführung von funktionellen Gruppen in vernetzte hochpolymere Kunstharze erhalten werden.

Die Matrix derartiger Austauscher besteht meist aus Polystyrol, das mit Divinylbenzol vernetzt ist (vgl. Abb. 11.2), oder aus einem Phenol-Formaldehyd-Kondensat (vgl. Abb. 11.3). Die Harze sind chemisch nicht völlig beständig, sondern geben immer geringe Mengen an organischer Substanz an die Lösung ab; vor allem frisch in Verwendung genommene Austauscher können infolge der Anwesenheit nicht durchpolymerisierter niedermolekularer Anteile beträchtliche Löslichkeiten aufweisen.

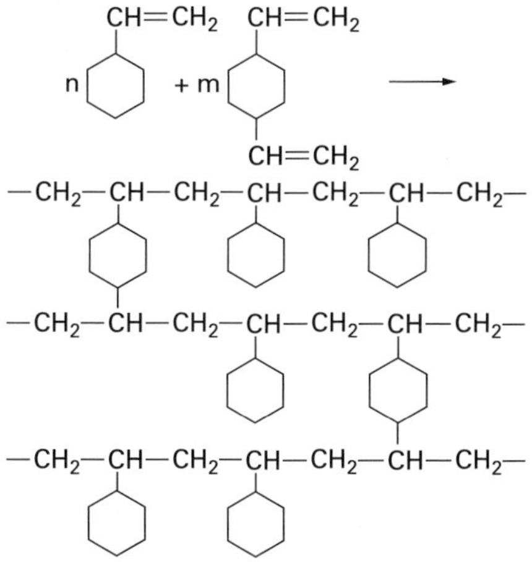

Abb. 11.2: Aufbau eines Styrol-Divinylbenzol-Polymerisates (schematisch).

Ferner werden Harzaustauscher von Oxidationsmitteln angegriffen, was besonders für Anionenaustauscher und Phenol-Formaldehyd-Kondensate, weniger für Styrolharze mit sauren Gruppen, zutrifft. Aber durch sehr starke Oxidationsmittel, wie z. B. $KMnO_4$, werden auch die letzteren abgebaut.

Verschiedene Austauschertypen zersetzen sich in höheren Temperaturbereichen; es empfiehlt sich daher, die Trocknung bei Raumtemperatur an der Luft vorzunehmen. Frische Harzaustauscher sollen vor der eigentlichen Inbetriebnahme „eingefahren" werden. Man überführt sie dazu mehrfach hintereinander abwechselnd in die H^+- (bzw. OH^--) Form und in eine Salzform; erst dann kann man davon ausgehen, dass sie reversibel arbeiten.

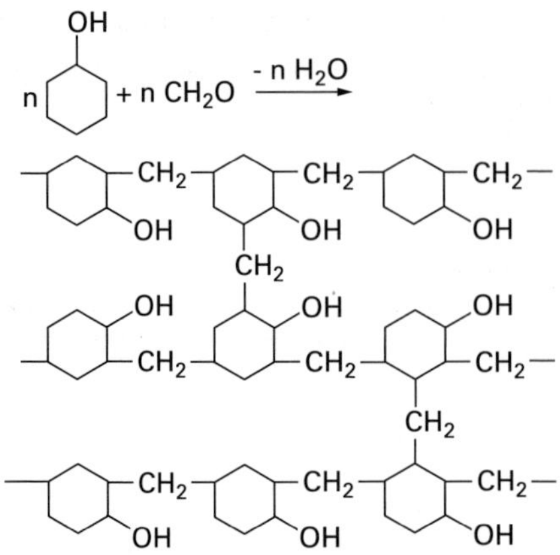

Abb. 11.3: Aufbau eines Phenol-Formaldehyd-Kondensates (schematisch).

Tab. 11.2: Kunstharz-Ionenaustauscher

Austauschertyp	Handelsname* und Firma		Gerüst	funktionelle Gruppe	Kapazität meq/g
Kationenaustauscher					
stark sauer	Amberlite IR 120	Rohm und Haas	Polystyrol	$-SO_3H$	4–5
stark sauer	Dowex 50**	Dow Chem. Co.	Polystyrol	$-SO_3H$	ca. 5
stark sauer	Lewatit S 100	Lanxessa	Polystyrol	$-SO_3H$	ca. 5
stark sauer	Merck I	Merck Chem.	Polystyrol	$-SO_3H$	ca. 4,5
stark sauer	Wofatit KPS 200	VEB Farbenfabrik	Polystyrol	$-SO_3H$	ca. 5
stark sauer	Zeokarb 225	Permutit Co.	Polystyrol	$-SO_3H$	ca. 5
schwach sauer	Amberlite IRC 50	Rohm und Haas	Polyacrylsäure	$-COOH$	ca. 10
schwach sauer	Lewatit CNO	Lanxess	Phenolharz	$-COOH$	ca. 5
schwach sauer	Merck IV	E. Merck	Polyacrylsäure	$-COOH$	ca. 10
schwach sauer	Wofatit CP 300	VEB Farbenfabrik	Polyacrylsäure	$-COOH$	ca. 8
schwach sauer	Zeo-Karb 226	Permutit Co.	Polymethacrylsäure	$-COOH$	ca. 9
Anionenaustauscher					
stark basisch	Amberlite IRA 400	Rohm und Haas	Polystyrol	$-NR_3^+$	ca. 4
stark basisch	Dowex 1	Dow Chem. Co.	Polystyrol	$-NR_3^+$	ca. 3
stark basisch	Lewatit MN	Lanxess	Phenolharz	$-NR_3^+$	ca. 3
stark basisch	Merck III	E. Merck	Polystyrol	$-NR_3^+$	ca. 3
stark basisch	De-Acidite FF	Permutit Co.	Polystyrol	$-NR_3^+$	ca. 4
schwach basisch	Amberlite IRA 45	Rohm und Haas	Polystyrol	$-NH_2$, $=NH$	ca. 6
schwach basisch	Dowex 3	Dow Chem. Co.	Polystyrol	$-NH_2$, $=NH$	ca. 6
schwach basisch	Lewatit MIH	Lanxess	Phenolharz	$-NH_2$, $=NH$	ca. 3,5
schwach basisch	Merck II	E. Merck	Polystyrol	$-CH_2NH_2$	ca. 5
schwach basisch	De-Acidite G	Permutit Co.	Polystyrol	$-NH_2$, $=NH$	ca. 3

* Eingetragenes Warenzeichen.
** Bei den Dowex Styrol-Harzen wird oft der Vernetzungsgrad angegeben, z. B. Dowex 50 × 4 = Dowex 50 mit 4 % Divinylbenzol.

Eine weitere Art von Ionenaustauschern entsteht durch Einführen funktioneller Gruppen in Cellulose; die Austauschkapazitäten derartiger Produkte sind etwas geringer als die der Kunstharzaustauscher (vgl. Tab. 11.3).

Tab. 11.3: Modifizierte Cellulosen als Ionenaustauscher

Acidität bzw. Basizität	Bezeichnung	funktionelle Gruppe	Kapazität (meq/g)
stark sauer	SE-Cellulose	Sulfoethyl $-O-C_2H_4-SO_3H$	0,2
stark sauer	P-Cellulose	Phosphorsäure $-O-PO_3H_2$	0,8
schwach sauer	CM-Cellulose	Carboxymethyl $-O-CH_2-COOH$	0,7
stark basisch	GE-Cellulose	Guanidoethyl $-O-C_2H_4-NH-C(NH_2Cl)-NH_2$	0,4
stark basisch	TEAE-Cellulose	Triethylamino-ethyl $-O-C_2H_4-N(C_2H_5)_3Cl$	0,5
mittel basisch	DEAE-Cellulose	Diethylamino-ethyl $-O-C_2H_4-N(C_2H_5)_2$	0,4 – 0,9
mittel basisch	PEI-Cellulose	Polyethylenimin $(-NH-CH_2-CH_2)n$	0,2
schwach basisch	AE-Cellulose	Amino-ethyl $-O-C_2H_4NH_2$	0,8
schwach basisch	PAB-Cellulose	p-Aminobenzyl $-O-C_2H_4-C_6H_4-NH_2$	0,2
Unterschiedlich	ECTEOLA-Cellulose	mehrere basische Gruppen	0,3

Porosität und Quellung. Die meisten Ionenaustauscher besitzen eine poröse Struktur, sodass sowohl Lösungsmittel als auch gelöste Verbindungen in das Innere der Körnchen eindringen können. Trockene organische Harzaustauscher quellen dabei, das Ausmaß der Volumenvergrößerung hängt vom Vernetzungsgrad ab. Bei anorganischen Austauschern mit starrem Gerüst ist dieser Effekt sehr gering.

11.1.4 Hilfsphasen – Austauschgleichgewichte – Verteilungskoeffizienten – Austauschisotherme – Selektivität und Trennfaktoren – Austausch von Ionen ungleicher Wertigkeiten – Reihenfolge der Bindungsfestigkeiten verschiedener Ionen

Hilfsphasen. Bei Trennungen mithilfe von Ionenaustauschern arbeitet man mit zwei Hilfsphasen, dem festen Austauscher und dem flüssigen Lösungsmittel.

Austauschgleichgewichte. Für Ionenaustauschreaktionen gilt das Massenwirkungsgesetz. Z. B. werde ein Austauscher in der NH_4-Form mit einer NaCl-Lösung in Berührung gebracht (vgl. Abb. 11.4); nach Gleichgewichtseinstellung sind beide Kationen sowohl in der festen als auch in der flüssigen Phase zu finden.

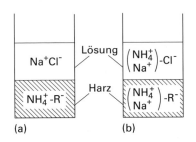

Abb. 11.4: Austausch von Na^+ gegen NH_4^+ an einem Kationenaustauscher.
a) Verteilung der Ionen vor dem Austausch;
b) Verteilung nach dem Austausch.

Bei Anwendung des Massenwirkungsgesetzes ergibt sich

$$\frac{[Na^+]_R \cdot [NH_4^+]_{Lsg}}{[NH_4^+]_R \cdot [Na^+]_{Lsg}} = K, \tag{6}$$

wobei mit dem Index „R" die Austauscherphase, mit dem Index „Lsg" die Lösungsphase bezeichnet ist.

Die Konzentration eines Ions in der Austauscherphase wird dabei meist als Gewichtsmenge des Ions pro Gramm des lufttrockenen Austauschers angegeben; man kann sie ferner definieren als Äquivalente Ion pro Äquivalent im Austauscher enthaltener funktioneller Gruppen oder als Gewichtsmenge des Ions pro ml Austauscher; im letzteren Falle muss auf Volumenänderungen infolge von Quellung geachtet werden.

Das Massenwirkungsgesetz ist beim Ionenaustausch im Bereich niedriger Konzentrationen im Allgemeinen gut erfüllt (vgl. Tab. 11.4). Bei höheren Konzentrationen treten wie üblich Abweichungen auf.

Selektivität. Die Gleichgewichtskonstanten von Ionen gleichen Ladungsvorzeichens gegenüber einem bestimmten Austauscher sind im Allgemeinen verschieden, die Ionen werden somit unterschiedlich stark vom Austauscher aufgenommen. Dieses Verhalten ist die Grundlage für Trennungen gleich geladener Ionen mit Ionenaustau-

Tab. 11.4: Abhängigkeit der Gleichgewichtskoeffizienten von der NH$_4$Cl-Konzentration beim Austausch von H$^+$ gegen NH$_4^+$

NH$_4$Cl-Konzentration (mol/l)	$K_{H^+}^{NH_4^+}$
0,01	1,20
0,10	1,20
1,0	1,15
2,0	0,83
4,0	0,51

schern, es wird als „Selektivität" bezeichnet. Je größer die Unterschiede der Gleichgewichtskonstanten zweier Ionen sind, umso besser werden sie voneinander getrennt.

Beim Austausch verschiedener einwertiger Kationen gegen NH$_4^+$ (Einwirkung von Salzlösungen auf einen Kationenaustauscher in der NH$_4^+$-Form) wurden die in Tab. 11.5 wiedergegebenen Gleichgewichtskonstanten erhalten.

Tab. 11.5: Gleichgewichtskonstanten des Austausches verschiedener einwertiger Kationen gegen NH$_4^+$

Ion	$K_{NH_4^+}^{Me^+}$	Ion	$K_{NH_4^+}^{Me^+}$
Li$^+$	0,40	Rb$^+$	1,70
H$^+$	0,47	Cs$^+$	2,40
Na$^+$	0,67	Ag$^+$	3,20
NH$_4^+$	1,00	Tl$^+$	12,7
K$^+$	1,05		

Verteilungskoeffizienten. Zum Beschreiben der Trenneffekte beim Ionenaustausch können an Stelle der Gleichgewichtskonstanten K auch die Verteilungskoeffizienten α und die Trennfaktoren β verwendet werden. Für jede ausgetauschte Ionenart lässt sich ein Verteilungskoeffizient angeben, z. B. gilt für das in Abb. 11.4 wiedergegebene System:

$$\alpha_{Na^+} = \frac{[Na^+]_R}{[Na^+]_{Lsg}} \tag{7}$$

und

$$\alpha_{NH_4^+} = \frac{[NH_4^+]_R}{[NH_4^+]_{Lsg}}. \tag{7a}$$

Die Verteilungskoeffizienten werden in der Regel definiert als

$$\alpha = \frac{\text{Menge des Ions pro g Austauscher}}{\text{Menge des Ions pro ml Lösung}}$$

Die Verteilungskoeffizienten von Ionen zwischen wässrigen Lösungen und den meist verwendeten Kunstharzaustauschern sind in der Regel nicht sehr hoch, sie liegen vielfach in der Größenordnung von etwa 1–10. Ungewöhnlich hohe Werte, z. T. bis über 5000, werden beim Austausch von komplexen Chloro- und Bromo-Säuren an Anionenaustauschern beobachtet. In derartigen Systemen liegt das Gleichgewicht auch dann fast quantitativ auf der Seite des Harzes, wenn in stark sauren Lösungen, also in Gegenwart eines großen Überschusses an anderen Anionen, gearbeitet wird. Anderseits benötigt man zur Bildung derartiger komplexer Säuren oft hohe HCl- bzw. HBr-Konzentrationen (vgl. Abb. 11.5).

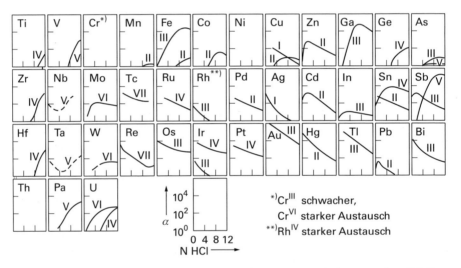

Abb. 11.5: Verteilungskoeffizienten von komplexen Chloro-Säuren zwischen wässrigen HCl-Lösungen und einem stark basischen Anionenaustauscher in Abhängigkeit von der Säure-Konzentration.

Austauschisotherme. Trägt man die Konzentration eines Ions im Austauscher gegen die Konzentration in der Lösung auf, so ergeben sich Verteilungsisothermen („Austauschisothermen") etwa der in Abb. 11.6 wiedergegebenen Form. Der Anfangsteil der Isotherme kann angenähert als geradlinig angesehen werden. Bei höheren Ionenkonzentrationen in der Lösung geht die Konzentration im Austauscher gegen einen Grenzwert, der der Sättigung, d. h. der Kapazität der vorliegenden Austauschermenge, entspricht.

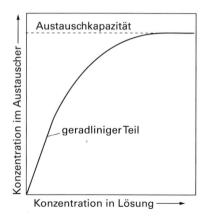

Abb. 11.6: Verteilungsisotherme beim Ionenaustausch.

Trennfaktoren. Betrachtet man den Austausch von zwei Ionen (der ja nach dem Wesen des Austausches stets vorliegen muss), so lässt sich der Trennfaktor β in der üblichen Weise definieren. Für den Austausch von Na$^+$ gegen NH$_4^+$ (Abb. 11.4) gilt z. B.:

$$\beta_{NH_4^+}^{Na^+} = \frac{\alpha_{Na^+}}{\alpha_{NH_4^+}} = \frac{[Na^+]_R/[NH_4^+]_R}{[Na^+]_{Lsg}/[NH_4^+]_{Lsg}}. \tag{8}$$

Da Gl. (8) mit Gl. (6) identisch ist, ist in diesem Beispiel die Konstante der Massenwirkungsgleichung gleich dem Trennfaktor. Das gilt jedoch nur für die Fälle, bei denen die Wertigkeiten der ausgetauschten Ionen gleich sind (s. u.). Die Zahlenwerte der Konstanten K in Tab. 11.5 sind somit zugleich die Trennfaktoren für die Trennungen Me$^+$–NH$_4^+$; die Trennfaktoren für die Trennung zweier beliebiger Ionen dieser Tabelle werden daraus durch Dividieren der beiden für die Trennung von NH$_4^+$ geltenden Werte erhalten.

Trägt man die Konzentrationen eines Ions in der Austauscherphase gegen die Konzentration in der Lösung unter Verwendung des Konzentrationsmaßes

$$„\text{Äquivalentprozente"} = \frac{\text{Äquivalente Me}^+}{\text{Äq. Me}^+ + \text{Äq. NH}_4^+} \cdot 100$$

auf, so ergibt sich die quadratische Darstellung, aus der ebenfalls die Trennmöglichkeiten ersichtlich sind. In Abb. 11.7 ist dies für die Werte der Tab. 11.5 durchgeführt.

Bei dieser Darstellung werden die absoluten Konzentrationen in den beiden Hilfsphasen nicht berücksichtigt, sondern die Konzentrationen ausschließlich auf die ausgetauschten Ionen bezogen.

Austausch von Ionen ungleicher Wertigkeit. Wendet man das Massenwirkungsgesetz auf den Austausch von Ionen ungleicher Wertigkeit an, so ergibt sich an Stelle von Gl. (6) ein Ausdruck, der Konzentrationen in höheren Potenzen enthält; z. B. gilt

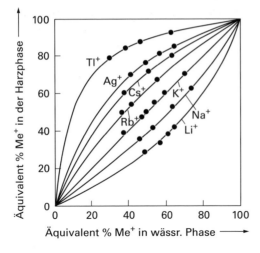

Abb. 11.7: Trennungen Me$^+$–NH$_4^+$ an einem Kationenaustauscher in quadratischer Darstellung.

für den Austausch von Na$^+$ gegen Cu^{2+} an einem Kationenaustauscher

$$2\,\text{Na–R} + \text{Cu}^{2+} \rightleftharpoons \text{Cu–R}_2 + 2\,\text{Na}^+, \tag{9}$$

und für die Gleichgewichtskonstante K erhält man

$$K = \frac{[\text{Cu}^{2+}]_R \cdot [\text{Na}^0]_{Lsg}^2}{[\text{Na}^+]_R^2 \cdot [\text{Cu}^{2+}]_{Lsg}}. \tag{10}$$

Daraus folgt, dass der Trennfaktor

$$\beta_{\text{Na}^+}^{\text{Cu}^{2+}} = \frac{[\text{Cu}^{2+}]_R/[\text{Na}^+]_R}{[\text{Cu}^{2+}]_{Lsg}/[\text{Na}^+]_{Lsg}} \tag{11}$$

nicht mehr konzentrationsunabhängig sein kann, sondern mit zunehmender Verdünnung der Lösung zunimmt. Mehrwertige Ionen werden daher umso besser vom Austauscher festgehalten und von Ionen geringerer Wertigkeit getrennt, je verdünnter die Lösung ist. Bei hohen Konzentrationen kann die Selektivität völlig verloren gehen.

Bei der Darstellung im Quadrat wirkt sich dies in doppelter Weise aus: Einmal werden die Kurven unsymmetrisch, und zum anderen ändern sie ihre Lage gegen die Diagonale bei Änderung der Ionenkonzentration in der Lösung (vgl. Abb. 11.8).

Entsprechend Gl. (9) und Gl. (10) lassen sich für beliebige höherwertige Ionen Austauschgleichungen ansetzen.

Reihenfolge der Bindungsfestigkeiten verschiedener Ionen. Man kann einen Überblick über das Verhalten zahlreicher Ionen beim Austausch erhalten, wenn man sie in der Reihenfolge ihrer Bindungsfestigkeiten anordnet. Derartige Reihen gelten zwar streng nur für den Austauscher, an dem sie experimentell ermittelt wurden; da in der analytischen Chemie überwiegend nur wenige Typen, vor allem Kunstharzaustauscher, verwendet werden, deren Verhalten gegenüber verschiedenen Ionen ähnlich ist, kommt diesen Reihen eine allgemeinere Bedeutung zu (Tab. 11.6).

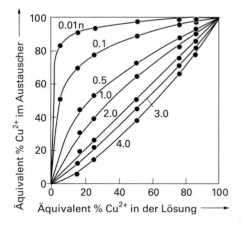

Abb. 11.8: Austausch von Na^+ gegen Cu^{2+} an einem Kationenaustauscher bei verschiedenen Cu^{2+}-Konzentrationen in der Lösung.

Tab. 11.6: Reihenfolge der Bindungsfestigkeiten von Kationen und Anionen an stark sauren bzw. stark basischen Kunstharzaustauschern

Kationen:
$Ti^+ > Ag^+ > Cs^+ > Rb^+ > K^+ > NH_4^+ > Na^+ > H^+ > Li^+$;
$Ba^{2+} > Sr^{2+} > Ca^{2+} > Mg^{2+}$;
$La^{3+} > Ce^{3+} > Y^{3+} > Sc^{3+} > Al^{3+}$.

Anionen:
Citrat > Sulfat > Oxalat > Iodid > Nitrat > Chromat > Bromid > Thiocyanat > Chlorid > Formiat > Hydroxid > Fluorid > Acetat.

11.1.5 Beeinflussung der Verteilungskoeffizienten

Die Verteilungskoeffizienten und damit auch die Trennfaktoren werden durch die Gegenwart anderer Ionen beeinflusst, die um die funktionellen Gruppen des Austauschers konkurrieren; beim Austausch ungleichwertiger Ionen hängen ferner – wie bereits erwähnt – die Verteilungskoeffizienten von der Konzentration ab.

Abgesehen von diesen meist durch das System bedingten Einflüssen lassen sich die Verteilungskoeffizienten durch Zugabe von Komplexbildnern, durch Austausch in nichtwässrigen Lösungsmitteln und durch Verwendung spezieller Austauscher mit selektiv wirkenden funktionellen Gruppen beeinflussen.

Komplexbildner können die Größe, die Anzahl der Ladungen oder den Ladungssinn eines Ions ändern.

So wird z. B. die Abtrennung des Cu^{2+}-Ions von Na^+-Ionen durch Austausch in ammoniakalischen Lösungen gegenüber sauren Lösungen wesentlich verbessert, da sich der Tetramminkomplex bildet. Beim Fe^{2+}-Ion wirkt sich die Komplexbildung mit Dipyridyl in einer Erhöhung des Verteilungskoeffizienten aus.

Durch Komplexbildung können weiterhin Ionen ganz oder teilweise aus Gleichgewichten abgefangen werden; z. B. wird Hg^{2+} aus chloridhaltigen Lösungen durch Bildung des praktisch undissoziierten $HgCl_2$ von Kationenaustauschern nicht mehr aufgenommen. Ein weiteres Beispiel für diesen Effekt ist die Bildung von Citrat- oder Tartrat-Komplexen Seltener Erden, die in schwach sauren Lösungen nur wenig dissoziiert sind; da der Dissoziationsgrad bei den einzelnen Erden unterschiedlich ist, werden die schon vorhandenen (allerdings geringen) Unterschiede der Verteilungskoeffizienten noch verstärkt.

Weiterhin ist es in vielen Fällen, vor allem bei Kationen, möglich, Ionen mit umgekehrtem Ladungsvorzeichen durch Bildung von Komplexen zu erhalten. So gibt z. B. das UO_2^{2+}-Ion in schwefelsauren Lösungen den negativen $UO_2(SO_4)_3^{4-}$-Komplex, außerdem bilden zahlreiche Metall-Ionen anionische Komplexe mit anorganischen und organischen Säuren wie HCl, HBr, HSCN, Weinsäure, Citronensäure u. a. Derartige Komplexe werden nicht mehr von Kationenaustauschern, sondern von Anionenaustauschern aufgenommen und können so von zahlreichen anderen Kationen getrennt werden, die mit dem betreffenden Komplexbildner nicht oder nicht in gleichem Sinne reagieren.

In *nichtwässrigen Lösungsmitteln* erfolgt der Austausch von Ionen grundsätzlich ebenso wie in wässrigen Lösungen, wenn auch die Dissoziation der gelösten Verbindungen geringer ist. Die Kapazität der Austauscher sollte an sich vom Lösungsmittel unabhängig sein; man erhält jedoch häufig in organischen Flüssigkeiten scheinbar kleinere Kapazitäten als in Wasser, da die Austauschgeschwindigkeiten wesentlich geringer zu sein pflegen, sodass die Gleichgewichte auch nach verhältnismäßig langer Versuchsdauer nicht erreicht werden.

Die Verteilungskoeffizienten und Trennfaktoren sind erheblich vom Lösungsmittel abhängig; oft ist eine wesentliche Verbesserung der Trenneffekte durch Änderung des Lösungsmittels zu erzielen (vgl. Tab. 11.7).

Tab. 11.7: Verbesserung der Ag^+–Na^+- und der Na^+–H^+-Trennung beim Übergang von wässrigen zu methanolischen Lösungen

	H_2O	CH_3OH
$\beta_{Na^+}^{Ag^+}$	2,9	12,3
$\beta_{H^+}^{Na^+}$	1,5	3,2

Wird das Lösungsmittel nicht vollständig durch ein anderes ersetzt, sondern nur durch Zumischen einer zweiten Flüssigkeit modifiziert, so hängt der Trennfaktor vom

Mischungsverhältnis der Komponenten ab; er kann bei einem bestimmten Verhältnis ein Maximum aufweisen (vgl. Abb. 11.9).

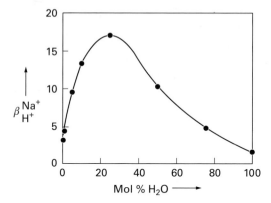

Abb. 11.9: Abhängigkeit des Trennfaktors β beim Na^+–H^+-Austausch vom Mischungsverhältnis $H_2O : CH_3OH$ der Lösung.

Austauscher mit selektiv wirkenden funktionellen Gruppen wurden erstmals von Skogseid (1948) hergestellt; ein Harz mit vom Dipikrylamin abgeleiteten Gruppen ergab eine deutliche Selektivität für Kalium-Ionen:

Später wurden zahlreiche weitere Austauscher mit verschiedenen komplex bildenden Gruppen beschrieben (vgl. Tab. 11.8), doch haben diese in der analytischen Chemie keine breitere Anwendung gefunden, da die Selektivitäten meist nicht sehr ausgeprägt sind.

Tab. 11.8: Austauscher mit selektiven funktionellen Gruppen (Beispiele)

Funktionelle Gruppe	Grundgerüst	Selektivität für
$-N{<}^{CH_2COOH}_{CH_2COOH}$	Polystyrol	Cu^{2+}, Fe^{3+}, Erdalkalien
8-Hydroxychinolin	Phenolharz	Schwermetalle
$-SH$	Polystyrol	Hg^{2+}
$-Hg^+$	Phenolharz	Mercaptane
Ethylendiamintetraessigsäure	Phenolharz	Ca^{2+}, Ni^{2+} u. a.
Anthranilsäure	Phenolharz	Zn^{2+}, Co^{2+}, Ni^{2+}
Hydroxamsäure	Polyacrylat	Fe^{3+}
o,o'-Dihydroxy-azo-Gruppe	Phenolharz	Cu^{2+}
$-COOH + -OH$	Alginsäure	Fe^{3+}

11.1.6 Geschwindigkeit der Gleichgewichtseinstellung

Im Gegensatz zu Ionenreaktionen in homogenen Lösungen stellen sich die Gleichgewichte an festen Ionenaustauschern nur verhältnismäßig langsam ein, da die Ionen erst in das Innere der einzelnen Teilchen hineindiffundieren müssen.

Die Austauschgeschwindigkeit hängt von zahlreichen Faktoren ab (Typ des Austauschers, Vernetzungsgrad, Korngröße, Temperatur, Art und Wertigkeit der austauschenden Ionen); daher lassen sich keine bestimmten Werte für diese Größe angeben. Unter günstigen Bedingungen, die bei Harzaustauschern mit SO_3H-Gruppen, schwacher bis mittlerer Vernetzung und geringer Korngröße vorliegen, werden die Gleichgewichte in wenigen Minuten angenähert erreicht; Austauscher mit COOH-Gruppen sowie Anionenaustauscher benötigen meist wesentlich längere Zeiten. Besonders langsam verläuft, wie bereits erwähnt, der Austausch in organischen Lösungsmitteln.

In Abb. 11.10 ist die Annäherung an das Gleichgewicht in Abhängigkeit von der Zeit für verschiedene Ionen angegeben.

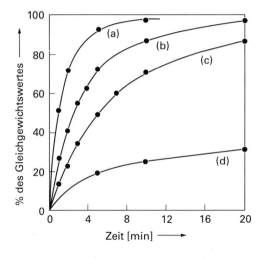

Abb. 11.10: Gleichgewichtseinstellung beim Austausch verschiedener Ionen in Abhängigkeit von der Zeit; Phenol-Formaldehyd-Harz mit SO_3NH_4-Gruppen.
a) Austausch K^+–NH_4^+;
b) Mg^{2+} u. Ba^{2+}–NH_4^+;
c) Al^{3+}–NH_4^+;
d) Th^{4+}–NH_4^+.

Versuche, die Austauschgeschwindigkeit zu vergrößern, sind verschiedentlich unternommen worden. Sieht man von der Möglichkeit der Temperaturerhöhung ab, so kann man einmal Harze verwenden, die nur an der Oberfläche der einzelnen Teilchen funktionelle Gruppen tragen, sodass die Diffusion der Ionen in das Innere entfällt. Derartige Austauscher können z. B. durch sehr kurzes Sulfonieren von Polystyrol-Körnchen erhalten werden. Auch anorganische Niederschläge sind hier zu erwähnen, bei denen nur die Oberflächenschicht zum Austausch befähigt ist. In beiden Fällen geht jedoch die Erhöhung der Austauschgeschwindigkeit zulasten der Kapazität.

Ein anderes Prinzip liegt in der Verwendung von Harzen, deren Poren wesentlich größer sind als die der üblichen Austauscher, die somit gewissermaßen eine schaumige Struktur besitzen. Solche „makroporösen" Austauscher werden durch Polymerisation in Gegenwart bestimmter Zusätze hergestellt, und mit ihnen wurden deutlich verbesserte Trennungen erzielt.

11.1.7 Nebeneffekte beim Ionenaustausch: Neutralsalzadsorption – Aufnahme von Nichtelektrolyten – Siebeffekt – irreversible Adsorption

Ionenaustauscher nehmen aus verdünnten Lösungen praktisch ausschließlich Ionen auf, deren Ladung der ihrer funktionellen Gruppen entgegengesetzt ist, sie schließen also Ionen mit gleichem Ladungsvorzeichen aus. Bei stärkerem Erhöhen der Salzkonzentration in der Lösung können aber beide Ionenarten zunehmend in den Austauscher eindringen. Dieser Effekt, der als *Neutralsalzadsorption*[4] bezeichnet wird, unterscheidet sich vom eigentlichen Ionenaustausch dadurch, dass der zusätzliche Betrag an Gelöstem mit Wasser ausgewaschen werden kann. Da bei analytischen Trennungen in der Regel verdünnte Lösungen zur Anwendung kommen, spielt er hier keine größere Rolle.

Aufnahme von Nichtelektrolyten. Enthält eine Lösung Nichtelektrolyte, so gehen diese beim Quellungsvorgang mit dem Lösungsmittel in den Austauscher. Dabei ist die Konzentration im Austauscher von der in der Lösung verschieden, da noch Adsorption an dem Austauschergerüst stattfinden kann. Schwache Elektrolyte können sich wie Nichtelektrolyte verhalten, wenn der undissoziierte Anteil stark überwiegt.

Von der Neutralsalzadsorption unterscheidet sich dieser Effekt durch die Aufnahme der Nichtelektrolyte auch bei geringen Konzentrationen in der Lösung. Anderseits können die Nichtelektrolyte ebenso wie die Neutralsalze mit reinem Lösungsmittel leicht wieder aus dem Austauscher ausgewaschen werden. Die Aufnahme von Nichtelektrolyten hängt stark vom Lösungsmittel ab.

Siebeffekt. Im Allgemeinen werden Ionen von Ionenaustauschern umso besser aufgenommen, je größer ihr Durchmesser ist. Überschreitet dieser jedoch die Weite der im Inneren der Austauscherteilchen befindlichen Kanäle, so ist ein Austausch aus räumlichen Gründen nur noch in vernachlässigbar geringem Umfange an der Oberfläche der festen Phase möglich.

Sind mehrere Ionenarten unterschiedlicher Größe in der Lösung vorhanden, so werden diejenigen, die nicht mehr in die Kanäle des Austauschers hineinpassen, gewissermaßen abgesiebt und von den kleineren Ionen getrennt. Derartige Trennungen sind sehr stark von der Art des Austauschers, insbesondere von seinem Vernetzungsgrad, abhängig. Die Siebwirkung ist allerdings bei den meist verwendeten Kunstharzaustauschern recht unscharf, da die Kanäle unterschiedliche Porenweiten besitzen.

---

[4] Man findet auch den Ausdruck „Neutralsalzabsorption".

Irreversible Adsorption. Gelegentlich sind irreversible Adsorptionserscheinungen an Ionenaustauschern beschrieben worden, z. B. von organischen Farbstoffen und vor allem von anorganischen Ionen bei Spurenanalysen und Trennungen von radioaktiven Substanzen in unwägbaren Mengen. Dieser Effekt wird vor allem bei Anionenaustauschern und schwach sauren Kationenaustauschern beobachtet, während er bei den viel verwendeten Polystyrolharzen mit SO_3H-Gruppen wesentlich geringer zu sein pflegt.

11.2 Trennungen durch einmalige Gleichgewichtseinstellung

Bei der Arbeitsweise mit einmaliger Gleichgewichtseinstellung wird ein hoher Verteilungskoeffizient des abzutrennenden Ions benötigt. Man verrührt die Lösung mit einer Portion des Austauschers ausreichend lange; dieses einfache Verfahren ist jedoch nur selten, z. B. beim Säure-Base-Austausch und beim Vorliegen von komplexen Chloro- oder Bromosäuren, anwendbar.

So kann man NH_3 und Thiamin aus Urin mit Zeolithen quantitativ entfernen; Anionen und Nichtelektrolyte wie Harnstoff bleiben dabei in der wässrigen Phase. Ähnlich wurden Enzyme mit DEAE-Cellulose isoliert.

Zum Spurennachweis von Ionen in wässrigen Lösungen gibt man ein Körnchen Austauscher zu der Flüssigkeit und führt nach der Anreicherung des betreffenden Ions auf dem Austauscher eine Farbreaktion durch; mit dieser Methode werden wirksame Abtrennungen erreicht, wenn die betr. Ionen als Chloro- oder Bromosäuren vorliegen.

An Stelle von Austauschern in gekörnter Form können auch Austauschermembranen verwendet werden. So wurden verschiedene Kationen an Scheibchen aus Kationenaustauschermembranen in der H^+-Form aus sehr verdünnten Lösungen angereichert und dann auf der Membran direkt, z. B. mittels Röntgenfluoreszenz, bestimmt.

Weiterhin ist hier die Zerlegung von schwer löslichen Niederschlägen mit Ionenaustauschern zu erwähnen. Niederschläge, die spurenweise löslich sind, werden in Wasser aufgeschlämmt und mit einem Austauscher in Berührung gebracht; dabei wird das eine der gelösten Ionen fortlaufend abgefangen, sodass das Löslichkeitsgleichgewicht gestört und der Niederschlag allmählich aufgelöst wird. Der Austauscher muss dabei in größerem Überschuss vorliegen, und wegen der meist geringen Lösungsgeschwindigkeit empfiehlt sich die Anwendung erhöhter Temperaturen.

Auf diese Weise wurden $CaSO_4$-, $SrSO_4$- und $BaSO_4$-Niederschläge mit Kationenaustauschern in der H^+-Form zerlegt, ferner schwer lösliche Phosphate wie Apatit, organische Verbindungen wie Kalziummandelat u. a. m.

11.3 Trennungen durch einseitige Wiederholung

In der überwiegenden Anzahl der Fälle sind die Verteilungskoeffizienten beim Ionenaustausch nicht genügend groß, um ein Ion in einem einzigen Verteilungsschritt praktisch vollständig aus einer Lösung zu entfernen; die Austauschreaktion muss dann wiederholt werden. Dabei bleiben Ionen mit entgegengesetzter Ladung sowie Nichtelektrolyte quantitativ in der flüssigen Phase zurück, sodass die Bedingungen für die Anwendung der einseitigen Wiederholung gegeben sind.

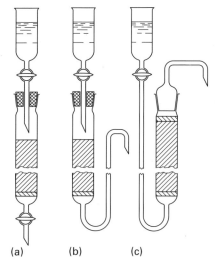

Abb. 11.11: Säulen für Ionenaustausch-Trennungen.
a) gewöhnliche Anordnung;
b) Säule mit hochgezogenem Ablauf;
c) aufsteigende Arbeitsweise.

Man arbeitet dabei mit Austauschersäulen, durch die man die Analysenlösung hindurch gießt. Während die eine Ionenart nach und nach in den verschiedenen Schichten des Austauscherbettes festgehalten wird, fließt die andere zusammen mit etwa vorhandenen Nichtelektrolyten ungehindert durch die Säule; Reste an Lösung werden durch Nachspülen mit reinem Lösungsmittel aus dem Austauscherbett entfernt.

Die Säulen bestehen gewöhnlich aus einem Glasrohr mit dem Austauscher, der durch eine Fritte oder durch einen Glaswollepfropfen am unteren Ende festgehalten wird. Über der Säule befindet sich meist ein Vorratsgefäß mit Lösungsmittel, dessen Zulauf mit einem Hahn geregelt werden kann. Um ein Leerlaufen der Säule zu verhindern, wodurch nur schwer wieder zu entfernende Luftbläschen in das Austauscherbett gelangen würden, wird oft der Ablauf hochgezogen oder die Strömungsrichtung umgekehrt (vgl. Abb. 11.11).

Bei der Herstellung der Säulen muss das Rohr etwa zur Hälfte mit Wasser (bzw. organischem Lösungsmittel) gefüllt sein; dann gibt man den Austauscher unter häufigem Umschütteln zu, sodass eine gleichmäßige dichte Füllung ohne Luftblasen entsteht.

Kunstharzaustauscher müssen vor dem Einfüllen vorgequollen sein, andernfalls kann die Säule durch den Quellungsdruck gesprengt werden.

Bei Trennungen durch einseitige Wiederholung genügen in der Regel wenige Trennstufen, sodass die Säulen relativ kurz sein können. Entscheidend wichtig ist die Durchbruchkapazität: Die Säule muss soviel Austauscher enthalten, dass die aufgegebene Menge an abzutrennenden Ionen mit Sicherheit vollständig zurückgehalten wird.

Die Durchbruchkapazität einer Ionenaustauschersäule hängt jedoch nicht nur von der Menge an Austauscher ab, sondern wird noch von mehreren weiteren Faktoren beeinflusst (Strömungsgeschwindigkeit der Lösung, Korngröße des Austauschers, Temperatur, Anfangskonzentration der Lösung u. a.). Insbesondere wird die Austauschkapazität für ein bestimmtes Ion durch die Gegenwart anderer, konkurrierender Ionen vermindert; das gilt vor allem auch für H^+-Ionen (vgl. Abb. 11.12).

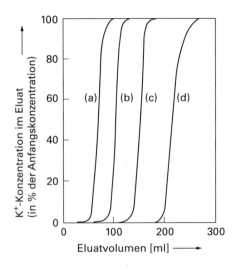

Abb. 11.12: Durchbruchkapazität einer Kationenaustauschersäule (bei Aufgabe von 0,05 M KCl-Lösung) in Abhängigkeit von der HCl-Konzentration.
a) 0,35 M HCl;
b) 0,15 M;
c) 0,05 M;
d) 0,00 M.

Die Säulenabmessungen müssen somit unter Berücksichtigung der jeweils vorliegenden Umstände gewählt werden. Bei analytischen Trennungen im normalen Maßstab sind im allgemeinen Säulen von etwa 20–30 cm Länge und 1–2 cm Durchmesser ausreichend, für kleine Einwaagen sind auch Mikrosäulen (z. B. mit 5 cm Länge bei 4–6 mm Durchmesser) beschrieben worden.

Anwendungen. Durch einseitige Wiederholung können zahlreiche wichtige Trennungen von Anionen und Kationen durchgeführt werden, von denen nur die Entfernung des oft störenden Phosphat-Ions sowie kationischer und anionischer Tenside erwähnt werden soll. Die Trenn-Möglichkeiten erhöhen sich dadurch, dass eine große Anzahl von anorganischen Kationen in anionische Komplexe umgewandelt werden kann.

Einige spezielle Anwendungen werden nachfolgend eingehender behandelt.

Vollentsalzung. Behandelt man eine Lösung nacheinander mit einem Kationenaustauscher in der H^+-Form und einem Anionenaustauscher in der OH^--Form, so werden sämtliche Ionen daraus entfernt, die Lösung wird „entsalzt". Das Verfahren wird vor allem bei der analytischen Untersuchung von Kohlehydrat- und Protein-Lösungen angewandt; es dient ferner in technischem Maßstabe zur Wasseraufbereitung.

Umwandlung von Salzen in die äquivalente Menge an Säure bzw. Base. Lässt man eine Salzlösung durch eine Säule mit einem Kationenaustauscher in der H^+-Form fließen, so enthält die durchgelaufene Lösung eine äquivalente Menge an Säure, die durch Titration bestimmt werden kann.

In gleicher Weise können Säurelösungen mit bestimmtem Gehalt (Normal-Lösungen) aus eingewogenen Mengen an Salzen hergestellt werden. Entsprechende Reaktionen lassen sich mit Anionenaustauschern in der OH^--Form durchführen.

Trennungen durch den Siebeffekt. Durch den Siebeffekt können kleine Ionen von großen gleichen Ladungssinnes getrennt werden; z. B. lassen sich anorganische Ionen aus Lösungen hochmolekularer organischer Farbstoffe oder S^{2-}- und CS_3^{2-}-Ionen aus Lösungen von Cellulosexanthogenat entfernen. Auch zum Reinigen kolloidaler Lösungen von niedermolekularen Elektrolyten wird der Siebeffekt verwendet.

Fällungsaustausch. Auch der sog. „Fällungsaustausch", bei dem auf der Oberfläche von schwer löslichen anorganischen Niederschlägen Austauschreaktionen durchgeführt werden, ist zu den hier besprochenen Verfahren zu rechnen. Da die betreffenden Niederschläge sich aber etwas anders verhalten als die eigentlichen Ionenaustauscher (geringe Kapazität, mangelnde Reversibilität), wird diese Methode erst später bei der Besprechung der Fällungsreaktionen (Kap. 12) behandelt.

11.4 Trennungen durch systematische Wiederholung: Säulenmethoden (Ionenaustausch-Chromatographie)

11.4.1 Prinzip

Die oben erwähnten Unterschiede in den Austauschgleichgewichten gleich geladener Ionen gestatten die Durchführung von Trennungen auch von Ionen gleichen Ladungsvorzeichens. Da die Trenneffekte meist klein sind, wird eine größere Anzahl von Trennstufen benötigt als bei der Trennung ungleich geladener Ionen.

Bei der Ionenaustausch-Chromatographie werden die üblichen Säulenanordnungen verwendet. Man gibt das Substanzgemisch auf die Säule auf, sodass die zu trennenden Ionen in einer schmalen Zone am Kopf des Trennbettes fixiert werden, und eluiert mit einer geeigneten Flüssigkeit. Zum Eluieren werden Säure-, Basen- oder

Salzlösungen verwendet, durch deren Ionen die auf dem Austauscher befindlichen Ionen mehr oder weniger weitgehend verdrängt werden.

11.4.2 Säulenmaterial und -abmessungen

Die bei der Ionenaustausch-Chromatographie eingesetzten Trennsäulen bestehen in der Regel aus Glas; Säulen zum Eluieren unter Druck werden meist aus Edelstahl hergestellt. Das Verhältnis von Länge zu Durchmesser soll wenigstens 100 : 1 betragen; bewährt haben sich Säulen von etwa 80–200 cm Länge bei 0,8–2 cm Durchmesser. Für sehr kleine Substanzmengen wurde eine Polyethylensäule mit nur 0,2 mm^2 Querschnitt bei 1,6 m Länge verwendet. Hochleistungsdrucksäulen sind bis zu etwa 300 cm Länge bei Durchmessern von 0,1–0,6 cm beschrieben worden.

11.4.3 Stationäre und mobile Phase – Beladung

Ebenso wie bei den schon besprochenen anderen chromatographischen Verfahren soll auch bei der Ionenaustausch-Chromatographie die Partikelgröße der stationären Phase möglichst gering sein, da dann die Wirksamkeit der Säule zunimmt.

Die meisten anorganischen Austauscher fallen als Niederschläge mit extrem feiner Körnung an. Damit der Strömungswiderstand von Säulen mit derartiger Füllung nicht zu groß wird, mischt man diese Austauscher meist mit einem inerten gröberen Material.

Harzaustauscher sind in verschiedener Körnung erhältlich. Es ist günstig, dass sie mit sehr gleichmäßigen kugelförmigen Teilchen hergestellt werden können. Für die üblichen Trennsäulen haben sich Partikeldurchmesser von etwa 0,1–0,2 mm bewährt; für Mikro- und Hochleistungssäulen müssen die Austauscherteilchen wesentlich kleiner sein (ca. 20–50 µm Durchmesser), und bei Trennungen mit Elution unter Druck sind sogar Korngrößen bis herab zu 5–10 µm verwandt worden. Die Abhängigkeit der Trennstufenhöhe von der Korngröße ist für eine Kationenaustauschersäule (Dowex 50) in Tab. 11.9 wiedergegeben.

Tab. 11.9: Trennstufenhöhe einer Kationenaustauschersäule in Abhängigkeit von der Korngröße

Korngröße (mm)	Trennstufenhöhe (mm)
0,15–0,30	11
0,07–0,15	6
0,04–0,07	5
< 0,04	4

Beim Eluieren unter höheren Drucken macht sich die geringe mechanische Stabilität gequollener Harzaustauscher durch Verstopfungen der Säulen störend bemerkbar;

man verwendet hierfür Austauscher, die als dünner Überzug auf einer festen Unterlage, z. B. auf Glaskügelchen, aufgezogen sind.

Eine wichtige Größe ist bei Harzaustauschern der Vernetzungsgrad. Einerseits nehmen Quellung und Porengröße mit steigender Vernetzung ab, und die Körnchen werden mechanisch fester. Anderseits können die Ionen aus der umgebenden Lösung immer schwieriger in das Innere der Harzteilchen eindringen, wodurch die Trennwirksamkeit abnimmt (vgl. Tab. 11.10). Man pflegt als Kompromiss Austauscher mit mittlerer Vernetzung zu verwenden.

Tab. 11.10: Trennstufenhöhe einer Ionenaustauschersäule in Abhängigkeit vom Vernetzungsgrad

Austauscher	Trennstufenhöhe (mm)
Dowex 50 × 2	1,5
× 4	3,4
× 8	4,8
× 12	11

Als mobile Phasen werden überwiegend wässrige Lösungen von Säuren, Basen oder Salzen verschiedener Konzentration verwendet. Von großer Bedeutung sind Zusätze von Komplexbildnern, durch die Trennfaktoren häufig wesentlich erhöht werden können. Gelegentlich bringen Zusätze organischer, mit Wasser mischbarer Flüssigkeiten (z. B. von niederen Alkoholen, Aceton u. a. m.) Vorteile (vgl. Abb. 11.9), seltener werden Trennungen durch Eluieren mit rein organischen Lösungsmitteln durchgeführt.

Auf Ionenaustauschersäulen soll nur soviel Analysensubstanz aufgegeben werden, dass nicht mehr als etwa 5 % des Trennbettes beansprucht werden; bei höherer Beladung sinkt die Trennstufenanzahl entsprechend.

11.4.4 Einfluss der Fließgeschwindigkeit der mobilen Phase

Für die Ionenaustausch-Chromatographie gelten dieselben Überlegungen wie für die anderen Säulen-Verfahren: Bei großer Fließgeschwindigkeit der mobilen Phase stellen sich die Gleichgewichte nicht vollständig ein, bei sehr kleiner Fließgeschwindigkeit leidet die Trennwirkung durch Verbreiterung der Banden infolge von Diffusion in der flüssigen Phase, außerdem wird dann der Zeitbedarf einer Trennung groß.

Die Fließgeschwindigkeit wird meist in ml Eluat/min pro cm^2 Säulenquerschnitt angegeben; als günstig haben sich Werte von etwa 0,1–1 ml/min pro cm^2 erwiesen.

11.4.5 Einfluss der Temperatur

Durch Änderung der Temperatur kann sowohl die Trennstufenhöhe der Säule als auch der Trennfaktor zweier Ionen beeinflusst werden. Während man in der Regel damit rechnen kann, dass mit steigender Temperatur infolge besserer Gleichgewichtseinstellung die Trennstufenhöhe abnimmt, lässt sich über die Einwirkung auf den Trennfaktor kaum etwas vorhersagen, und eine Verbesserung von Trennungen durch Temperaturerhöhung ist nicht immer zu erwarten. Anderseits kann wegen der abnehmenden Viskosität der bewegten Phase bei höheren Temperaturen schneller eluiert werden.

Obwohl eine Temperaturerhöhung in der Regel bei der Ionenaustausch-Chromatographie günstig sein dürfte, wird der Einfachheit halber meist bei Raumtemperatur gearbeitet. Dadurch verringert sich auch der Angriff der Elutionslösung auf den Austauscher.

11.4.6 Stufenweise Elution – Gradient-Elution

Zum Beschleunigen von Trennungen wird bei der Ionenaustausch-Chromatographie häufig stufenweise mit Lösungen steigender Wirksamkeit eluiert. Dabei erhöht man meist die Säure- oder Salzkonzentration der Flüssigkeit (vgl. Abb. 11.13).

Das gleiche gilt auch für die Gradient-Elution (vgl. Abb. 11.15). Seltener werden Temperatur-Gradienten angewendet.

11.4.7 Verdrängungstechnik

Da man jede Ionenaustausch-Reaktion als eine „Verdrängung" ansehen kann, sei der Unterschied zwischen der Elutions- und der Verdrängungs-Technik nochmals klargestellt: Bei der Verdrängung enthält die mobile Phase ein Ion, welches vom Austauscher wesentlich fester gebunden wird als jedes der in der Analysenprobe enthaltenen Ionen, und das daher als letztes die Säule verlässt. Bei der Elution befindet sich ein Ion in der Lösung, das vom Austauscher weniger festgehalten wird als jedes der in der Analysenprobe enthaltenen Ionen; es wandert daher am schnellsten durch die Säule, vermag aber trotzdem die anderen Ionen durch das Trennbett zu befördern, da es von der zufließenden Elutionslösung immer nachgeliefert wird.

Die Verdrängungstechnik wird beim Ionenaustausch verhältnismäßig selten angewendet, obwohl sie eine stärkere Beladung der Säulen (bis etwa 50 % der Kapazität) und damit den Durchsatz größerer Substanzmengen gestattet. Nachteilig ist das nicht ganz auszuschaltende Überlappen benachbarter Zonen.

11.4.8 Isolierung der Komponenten – Detektoren

Die Isolierung getrennter Komponenten geschieht üblicherweise mit automatisch arbeitenden Fraktionssammlern.

Gebräuchlicher ist die automatische Aufzeichnung der Elutionskurven; vor allem die Messung der Lichtabsorption im sichtbaren oder ultravioletten Bereich (evtl. nach

Zugabe von Farbreagenzien, z. B. von Ninhydrin) in Durchflussküvetten ist hierfür geeignet. Ferner werden die kontinuierliche Messung der elektrischen Leitfähigkeit, des Brechungsindex, des pH-Wertes, der Radioaktivität oder eine kontinuierliche amperometrische oder voltammetrische Detektion herangezogen.

11.4.9 Wirksamkeit und Anwendungsbereich der Methode

Da man bei der Ionenaustausch-Chromatographie meist im linearen Anfangsteil der Verteilungsisothermen arbeitet, sind die Elutionsbanden in der Regel symmetrisch. Die Trennstufenhöhe beträgt etwa das 8–10fache des Korndurchmessers der stationären Phase; so werden z. B. für Korngrößen von etwa 10–50 μm Werte von 0,1–0,4 (maximal 1,1) mm angegeben, und bei den häufig verwandten Korngrößen von 0,2–0,3 mm kann man mit Trennstufenhöhen von 2–3 mm rechnen. Die Trennstufenhöhen steigen bei sehr langsam austauschenden Harzen (z. B. schwach basischen Anionenaustauschern) infolge unvollständiger Gleichgewichtseinstellung u. U. stark an.

Mit den üblichen Säulen von 1–2 m Länge und 0,2–0,3 mm Korngröße des Austauschers lassen sich somit Trennstufenanzahlen von etwa 300–1000, mit Hochleistungssäulen von 10 000 und mehr erreichen.

Von den zahlreichen Trennungen anorganischer sowie organischer Ionen sollen nur einige charakteristische Beispiele angeführt werden.

Eine Anzahl von Anwendungen anorganischer Austauscher ist in Tab. 11.11 wiedergegeben; diese haben sich vor allem zur Trennung von Alkalimetall-Ionen bewährt (vgl. Tab. 11.12 und Abb. 11.13).

Tab. 11.11: Anwendung anorganischer Ionenaustauscher

Austauscher	Beispiele für Trennungen
Ammoniumphosphomolybdat	$Na^+ - K^+ - Rb^+ - Cs^+$; $Cs^+ - Sr^{2+}$; $Ag^+ - Pd^{2+}$; $Tl^+ - Fr^+$
Ammoniumphosphowolframat	$Na^+ - K^+ - Rb^+ - Cs^+$; $Cs^+ - Sr^{2+}$, Y^{3+}
Zirkoniumphosphat	$Rb^+ - Cs^+$; $Rb^+ - Sr^{2+}$; $Cs^+ - Ba^{2+}$; Aminosäuren
Zirkoniummolybdat	$Ca^{2+} - Sr^{2+} - Ba^{2+} - Ra^{2+}$; $Rb^+ - Cs^+$
Zirkoniumwolframat	$Li^+ - Na^+ - K^+ - Rb^+ - Cs^+$; $<Co^{2+} - Fe^{3+}$
Zirkoniumdioxidhydrat	Alkalimetallionen – Ionen der Seltenen Erden; $Na^+ - Cs^+$
Zirkoniumsilicat	$F^- - OH^-$
Titan(IV)-phosphat	$Sr^{2+} - Y^{3+}$
Titandioxidhydrat	$PO_4^{3-} - CrO_4^{2-}$
Hydroxylapatit	$F^- - OH^-$
Glas	$F^- - OH^-$

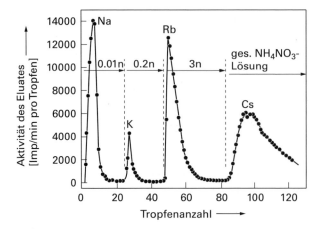

Abb. 11.13: Trennung von Alkalimetall-Ionen an einer Ammoniumphosphomolybdat-Säule; stufenweise Elution mit Ammoniumnitrat-Lösung.

Tab. 11.12: Verteilungskoeffizienten α und Trennfaktoren β bei der Trennung der Alkalimetall-Ionen mit verschiedenen Austauschern

Austauscher	αCs	αRb	αK	αNa	βCs/Rb	βRb/K
Ammonium-phosphomolybdat	5300	192	ca. 4	ca. 0	27,6	ca. 48
Ammonium-phosphowolframat	3500	136	ca. 5	ca. 0	25,7	ca. 27
Organ. Harz (Dowex 50, NH$_4$-Form)	62	52	46	26	1,19	1,13

Ein Beispiel für Trennungen unter Zusatz von Komplexbildnern ist in Abb. 11.14 wiedergegeben. Die Erdalkalimetall–Ionen können an Kationenaustauschern mit stark sauren funktionellen Gruppen nicht ohne weiteres getrennt werden; erst durch Zugabe von Lactat zur mobilen Phase werden die Trennfaktoren soweit erhöht, dass die Trennung Ca^{2+} – Sr^{2+} – Ba^{2+} befriedigend verläuft.

Polyphosphate lassen sich mit Säulen aus stark basischen Anionenaustauschern trennen; dabei wird mit einer Pufferlösung pH 8 und KCl-Gradient eluiert (Abb. 11.15).

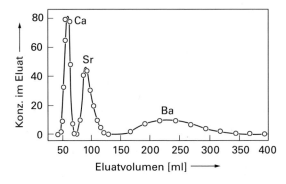

Abb. 11.14: Trennung von Erdalkalimetall-Ionen an einer Kationenaustauscher-Säule; Elution mit Lactat-Pufferlösung.

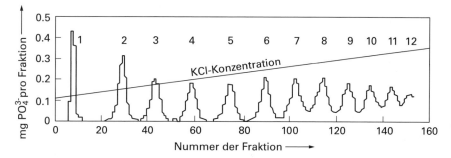

Abb. 11.15: Trennung von Polyphosphaten an einer Anionenaustauschersäule; Elution mit KCl-Gradient. Im oberen Teil Anzahl der P-Atome der eluierten Verbindungen.

Außerordentlich große Bedeutung hat die Ionenaustausch-Chromatographie für den Bereich der Biochemie erlangt. Von den zahlreichen Anwendungen sei nur die wohl wichtigste angeführt, die Analyse von Aminosäuregemischen; das Verfahren zeigt eine bemerkenswerte Trennwirkung, es konnte ferner automatisiert werden (vgl. Abb. 11.16). Zum Trennen anderer biologischer Substanzen (z. B. von Enzymen, Nukleotiden, Polysacchariden u. a.) werden weiterhin in erheblichem Umfange die oben beschriebenen Austauscher aus modifizierter Cellulose verwendet.

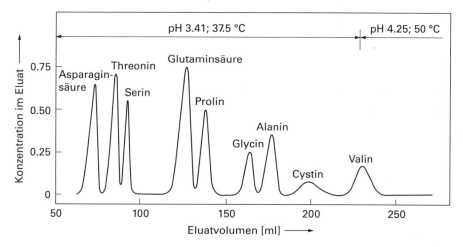

Abb. 11.16: Trennung von Aminosäuren mit einer Ionenaustauscher-Säule; stark saurer Kationenaustauscher, Na$^+$-Form.

Schließlich seien Trennungen unter Ablauf von Ligandenaustausch-Reaktionen erwähnt. Man belädt Kationenaustauschersäulen mit Cu^{2+}, Ni^{2+} oder Ag^+ und überführt die Metall-Ionen auf dem Austauscher mit NH_3 in die Amminkomplexe. An derartigen Säulen können dann organische Amine oder Aminosäuren getrennt werden.

Zu den Trennungen durch Ligandenaustausch dürften auch die als „Aussalz-Chromatographie" und als „Solubilisations-Chromatographie" bezeichneten Verfahren zu rechnen sein. Bei dem ersteren werden u. a. Alkohole an Ionenaustauschern getrennt, wobei man den wässrigen Ausgangslösungen Salze wie $(NH_4)_2SO_4$ zusetzen muss. Als Mechanismus wird der Ersatz von Hydratwasser im Austauscher gegen Alkohol angesehen. Höhere Alkohole werden dabei sehr fest gehalten; um diese zu eluieren, verwendet man die „Solubilisations-Chromatographie", indem man mit wässrigen Methanol-Lösungen eluiert. Nach diesem Verfahren wurden auch Verbindungen anderer Stoffklassen (z. B. Phenole, Ketone, Fettsäuren, Ether u. a.) getrennt.

Die Vorteile der Ionenaustausch-Chromatographie bestehen in der hohen Trennwirkung und der überaus vielseitigen Anwendbarkeit sowohl in der anorganischen als auch in der organischen Analyse. Günstig ist ferner die verhältnismäßig hohe Kapazität vor allem der Harzaustauscher, wodurch die Gewinnung auch etwas größerer Mengen an Substanz ermöglicht wird.

Die Methode ist allerdings im Wesentlichen auf wässrige Lösungen und auf die Trennung von Ionen beschränkt. Nachteilig ist der durch die langsame Einstellung der Austauschgleichgewichte bedingte recht große Zeitbedarf. Ferner gehen immer kleine Mengen des Austauschermaterials in Lösung, die die weitere Untersuchung der Eluate stören können, und schließlich können durch irreversible Adsorption gewisse Anteile der zu trennenden Substanzen verloren gehen; dieser Effekt wird allerdings nur bei Spurenanalysen bemerkbar.

11.5 Trennungen durch systematische Wiederholung: Planar-Technik (Dünnschicht-Ionenaustausch-Chromatographie)

Gegenüber der Säulentechnik spielt die Dünnschicht-Methode beim Ionenaustausch bisher nur eine verhältnismäßig geringe Rolle. Man kann Dünnschichtplatten aus Körnchen von Kunstharzaustauschern herstellen, die durch ein Bindemittel, wie z. B. Kieselgel, auf der Unterlage befestigt werden. Auch Platten aus Zirkoniumphosphat, -dioxidhydrat, Hydroxylapatit oder aus Salzen von Heteropolysäuren sind für spezielle Trennungen empfohlen worden. Einfacher sind Platten aus modifizierten Celluloseaustauschern herzustellen.

Häufiger werden Papiere verwendet, die mit kolloidalen Lösungen von Ionenaustauschern getränkt sind, in denen Niederschläge mit Ionenaustauscher-Eigenschaften erzeugt wurden oder die vollständig aus modifizierten Cellulosen bestehen.

Mit derartigen Austauscherschichten kann man die Chromatogramme auf- oder absteigend entwickeln, sowie zweidimensional oder nach der Methode der Radial-Chromatographie arbeiten.

Der Vorteil des Verfahrens besteht darin, dass die Trennungen schneller verlaufen als bei der Arbeitsweise mit Säulen; allerdings sind die Trennstufenanzahl und die Aufgabemenge wesentlich geringer.

11.6 Gegenstromverfahren

Für technische Zwecke sind Apparaturen entwickelt worden, bei denen Lösung und fester Austauscher kontinuierlich gegeneinander geführt werden, doch haben derartige Anordnungen keine analytische Bedeutung erlangt.

Allgemeine Literatur

V. Bogatyryov, Clathrate-forming ion exchangers, Solvent Extraction and Ion Exchange *16*, 223–265 (1998).
T. Cecchi, Ion-interaction chromatography, in: J. Cazes, Encyclopedia of Chromatography *2*, 1276–1279 (2010).
J. Fritz, Early milestones in the development of ion-exchange chromatography: a personal account, Journal of Chromatography A *1039*, 3–12 (2004).
K. Gooding, Ion exchange: mechanism and factors affecting separation, in: J. Cazes, Encyclopedia of Chromatography *2*, 1258–1261 (2010).
S.K. Menon, Chromatographic separations using liquid ion exchangers, Reviews in Analytical Chemistry *11*, 149–170 (1992).
K.L. Nash u. M.P. Jensen, Analytical-scale separations of the lanthanides: a review of techniques and fundamentals, Separation Science and Technology *36*, 1257–1282 (2001).
A. Nordborg u. E.F. Hilder, Recent advances in polymer monoliths for ion-exchange chromatography, Analytical and Bioanalytical Chemistry *394*, 71–84 (2009).
I.N. Papadoyannis u. V.F. Samanidou, Ion chromatography: suppressed and non-suppressed, in: J. Cazes, Encyclopedia of Chromatography *2*, 1247–1250 (2010).
C.A. Pohl, J.R. Stillian u. P.E. Jackson, Factors controlling ion-exchange selectivity in suppressed ion chromatography, Journal of Chromatography A *789*, 29–41 (1997).

Anorganische Austauscher

J. Lehto u. R. Harjula, Selective separation of radionuclides from nuclear waste solutions with inorganic ion exchangers, Radiochimica Acta *86*, 65–70 (1999).
A. Mushtaq, Inorganic ion-exchangers: Their role in chromatographic radionuclide generators for the decade 1993–2002, Journal of Radioanalytical and Nuclear Chemistry *262*, 797–810 (2004).
S. Sarkar, P. Prakash u. A.K. SenGupta, Polymeric-inorganic hybrid ion exchangers: preparation, characterization, and environmental applications, Ion Exchange and Solvent Extraction *20*, 293–342 (2011).
J. Siroka, P. Jac u. M. Polasek, Use of inorganic, complex-forming ions for selectivity enhancement in capillary electrophoretic separation of organic compounds, Trends in Analytical Chemistry *30*, 142–152 (2011).

Cellulose-Austauscher

F. Svec, Organic polymer support materials, Chromatographic Science Series *87* (HPLC of Biological Macromolecules), 17–48 (2002).

12 Löslichkeit: Fällungsmethoden

12.1 Allgemeines

12.1.1 Geschichtliche Entwicklung

Die Bildung von Niederschlägen durch Zugabe von Reagenzien zu Lösungen war schon im Mittelalter bekannt, ebenso die Erscheinung der Zementation. Systematische Untersuchungen von Trennungen durch Fällung wurden vor allem von Boyle, später von Berzelius und C.R. Fresenius durchgeführt. Die analytische Anwendung der Elektrolyse geht auf Gibbs (1864) und Luckow (1865) zurück.

Als erstes organisches Fällungsreagens für anorganische Ionen wurde das α-Nitroso-β-naphthol von Ilinski und Knorre (1885) zur Fällung von Kobalt empfohlen. Die Harnstoff-Einschlussverbindungen entdeckte Bengen (1940).

Ein eingehendes Studium der Übersättigungserscheinungen verdanken wir vor allem v. Weimarn (1926). Die Fällung aus homogener Lösung wurde von Chancel (1858) eingeführt, aber erst von Moser (1922) eingehender bearbeitet.

12.1.2 Definitionen

Eine Lösung ist *gesättigt*, wenn sie mit ihrem Bodenkörper im Gleichgewicht steht. Sie ist *ungesättigt*, wenn sie weniger, und *übersättigt*, wenn sie mehr Gelöstes enthält, als dem Gleichgewicht entspricht. (Die oft verwendeten Ausdrücke „verdünnte" und „konzentrierte" Lösung sind nicht exakt definiert).

Das Produkt der Konzentrationen der einzelnen Ionen einer dissoziierenden Substanz (je in mol/l) in einer gesättigten Lösung ist das *„Löslichkeitsprodukt"*.

12.1.3 Hilfsphasen – Fällungsreaktionen – Fällungs-pH-Werte – Geschwindigkeit von Fällungsreaktionen

Bei Fällungen wird überwiegend nur eine *Hilfsphase*, das Lösungsmittel, verwendet. Hierdurch ergeben sich Abweichungen in der Arbeitsweise gegenüber den bisher besprochenen Trennungsmethoden: Zwar liegen nach der Fällung zwei Phasen vor, doch besteht die eine davon vollständig aus der abgeschiedenen Substanz; eine Verteilung im oben erwähnten Sinn, bei der die Konzentrationen in beiden Phasen variierbar sind, liegt somit nicht vor. Weiterhin ist die Wiederholung der Trennung bei Fällungen erschwert, da sich die Niederschläge meist nur langsam wieder auflösen lassen.

Trennungen durch Fällung in Gegenwart von zwei Hilfsphasen sind möglich, werden aber nur für spezielle Probleme angewendet; auch bei diesen Verfahren treten Besonderheiten auf (s. u.).

Fällungsreaktionen. Bei zahlreichen Fällungen wird der Niederschlag durch doppelte Umsetzung erzeugt; hierher gehören vor allem die Reaktionen von anorganischen und organischen Ionen. Seltener werden Niederschläge durch Addition von zwei Verbindungen erhalten (z. B. Einschlussverbindungen).

Eine weitere Gruppe von Fällungsverfahren verläuft unter Oxidation oder Reduktion; derartige Reaktionen können nicht nur durch Zugabe von Reagenzien, sondern auch durch Elektrolyse bewirkt werden.

Schließlich kann ein Bestandteil einer Lösung mit einem in der Lösung erzeugten Niederschlag einer anderen Verbindung mitgerissen werden; dabei ist nicht das Überschreiten der Sättigungskonzentration, sondern sind im wesentlichen Adsorption oder Mischkristallbildung für die Ausfällung maßgebend.

Fällungs-pH-Werte. Viele Fällungen werden vom pH-Wert der Lösung wesentlich beeinflusst. Dieser Einfluss lässt sich in mehrfacher Weise graphisch darstellen.

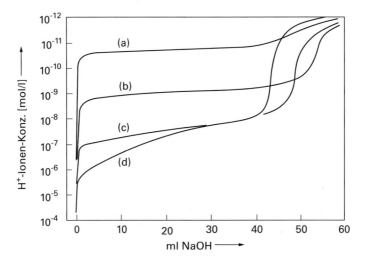

Abb. 12.1: Fällungskurven für die Fällung von Magnesium-, Mangan-, Kobalt- und Eisen(II)-hydroxid mit Natronlauge. a) Mg^{2+}; b) Mn^{2+}; c) Co^{2+}; d) Fe^{2+}.

Trägt man bei Hydroxidfällungen die Menge an zugegebenem Alkali gegen den pH-Wert der Lösung auf, so erhält man zu Beginn und Ende der Fällung je einen Knick in der Kurve, aus denen das pH-Intervall der Fällung abgelesen werden kann (Abb. 12.1). Der Anfangsknick ist allerdings von der Konzentration des Gelösten abhängig, ferner macht sich oft ein Einfluss des Anions bemerkbar; die Werte haben trotzdem eine gewisse praktische Bedeutung, da die Fällungen im Allgemeinen unter ähnlichen Bedingungen durchgeführt werden (vgl. auch Tab. 12.1).

Tab. 12.1: Fällungs-pH-Werte von Hydroxiden für 0,02 M Lösungen

Kation	Fällungs-pH-Wert	Kation	Fällungs-pH-Wert
Mg^{2+}	10,5	Pb^{2+}	6,0
Mn^{2+}	8,5–8,8	Fe^{2+}	5,5
La^{3+}	8,4	Cu^{2+}	5,3
Ag^+	7,5–8,0	Cr^{3+}	5,3
Cd^{2+} (Chlorid)	7,6	Al^{3+}	4,1
Hg^{2+} (Chlorid)	7,3	Th^{4+}	3,5
Zn^{2+}	6,8–7,1	Hg^{2+} (Nitrat)	2
Co^{2+}	6,8	Sn^{4+}	2
Cd^{2+} (Sulfat)	6,7	Fe^{3+}	2
Ni^{2+}	6,7	Ti^{4+}	2

Die Löslichkeit einer Verbindung kann ferner logarithmisch gegen den pH-Wert aufgetragen werden. Für Hydroxide erhält man (wegen $L = [Me^{n+}] \cdot [OH^-]^n$ und $[H^+] \cdot [OH^-] = K_W$). Gerade, deren Steilheit durch die Wertigkeit n des Kations und deren Lage im Diagramm durch das Löslichkeitsprodukt L gegeben ist (Abb. 12.2).

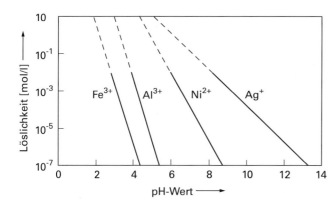

Abb. 12.2: Logarithmisches Löslichkeitsdiagramm für Hydroxide.

Schließlich kann auch der Prozentsatz des Ausgefällten in Abhängigkeit vom pH-Wert der Lösung aufgetragen werden (Abb. 12.3). Man erhält auf diese Weise eine anschauliche Übersicht über die bei der Fällung einzuhaltenden Bedingungen, allerdings sind die Kurven von der Anfangs-Konzentration der vorliegenden Verbindung abhängig.

Geschwindigkeit von Fällungsreaktionen. Anorganische und organische Fällungen durch Ionenreaktionen verlaufen sehr schnell, auch die Bildung von Niederschlägen anorganischer Ionen mit organischen Reagenzien erfordert im Allgemeinen keine merklichen Wartezeiten. Dagegen ist bei der Bildung von Innerkomplexsalzen und von rein organischen Niederschlägen mit mehr oder weniger großen Verzögerungen zu rechnen.

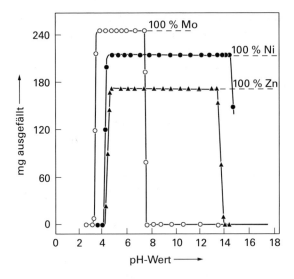

Abb. 12.3: pH-Bereiche für die Fällung einiger 8-Hydroxychinolin-Verbindungen.

Es ist prinzipiell möglich, Unterschiede der Geschwindigkeit von Fällungsreaktionen zu Trennungen auszunützen, doch ist dieser Effekt bisher in der analytischen Chemie kaum verwendet worden, da die Trenneffekte gering zu sein pflegen. Als Beispiel sei die Trennung von Zirkonium und Hafnium durch Fällung der o-Phenylen-bis-dimethylarsin-Komplexe des $ZrCl_4$ und $HfCl_4$ aus Tetrahydrofuranlösung erwähnt. Dabei fällt der Zirkoniumkomplex schneller als der des Hafniums, doch wird nur eine teilweise Trennung erreicht.

12.1.4 Löslichkeit – Beeinflussung der Löslichkeit

Da jede Substanz in jedem Lösungsmittel wenigstens geringfügig löslich ist, kann kein Stoff durch eine Fällungsreaktion absolut vollständig aus einer Lösung entfernt werden. Trotzdem können Fällungen zu analytischen Trennungen verwendet werden, da vielfach der in Lösung verbleibende Anteil vernachlässigbar klein ist.

Es gibt viele Fällungsreaktionen, bei denen die Niederschläge außerordentlich schwer löslich sind (z. B. schwer lösliche Sulfide, Hydroxide, Phosphate, Verbindungen mit organischen Reagenzien u. a. m.). Bei zahlreichen anderen Fällungen entstehen aber merkliche Verluste, die durch geeignete Maßnahmen in erträglichen Grenzen gehalten werden müssen (z. B. bei der Fällung von AgCl, $BaSO_4$, $PbSO_4$, SiO_2 u. a.).

Beeinflussung der Löslichkeit. Die Löslichkeit einer Verbindung ändert sich bei der Änderung der Temperatur, Änderung des Drucks, Zugabe weiterer Stoffe zur Lösung und Änderung der Korngröße des Bodenkörpers.

Temperaturabhängigkeit der Löslichkeit. In der Regel steigt die Löslichkeit mit der Temperatur mehr oder weniger stark an, doch werden des Öfteren auch negative Temperaturkoeffizienten beobachtet.

Die graphische Darstellung der Abhängigkeit der Löslichkeit von der Temperatur ist in Kap. 14 (Kristallisation) beschrieben.

Die Löslichkeit von Festkörpern oder von Flüssigkeiten in flüssigen Lösungsmitteln ist so wenig *druckabhängig*, dass dieser Effekt ohne analytische Bedeutung ist. Dagegen wird die Löslichkeit von Gasen stark vom Druck beeinflusst (vgl. Abschn. 3.1).

Löslichkeitsänderung durch Zugabe weiterer Stoffe zur Lösung. Die Löslichkeitsänderung einer Verbindung infolge der Zugabe weiterer Stoffe zur Lösung kann auf verschiedenen Ursachen beruhen.

Als Folge der Gültigkeit des Massenwirkungsgesetzes ergibt sich bei dissoziierenden Verbindungen eine Erniedrigung der Löslichkeit durch gleichionige Zusätze (vgl. Abb. 12.4, linker Teil der Kurve). Wegen der gleichzeitigen Änderung der Aktivitätskoeffizienten ist allerdings die Löslichkeitserniedrigung meist geringer als sich aus der einfachen Form des Massenwirkungsgesetzes errechnet.

Eine Erhöhung der Löslichkeit kann durch Komplexbildung eintreten (vgl. Abb. 12.4, rechter Teil der Kurve; Bildung von $HAgCl_2$). Im Extremfalle können schwer lösliche Verbindungen leicht löslich werden, z. B. $Fe(CN)_3$ durch Umwandlung in $K_3Fe(CN)_6$ oder $AgCl$ durch Bildung des $Ag(NH_3)_2Cl$-Komplexes mit NH_3.

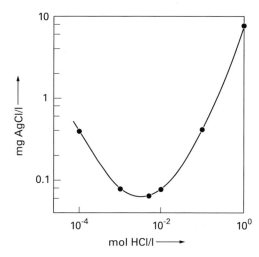

Abb. 12.4: Löslichkeit von AgCl bei + 25 °C in Abhängigkeit von der HCl-Konzentration der Lösung.

Die Zugabe ungleichioniger Verbindungen zu Salzlösungen erhöht oft die Löslichkeit, da sich die Aktivität des zuerst gelösten Salzes ändert. Eine Erklärung für diesen Effekt wird durch die Debye-Hückel-Theorie gegeben.

Eine Zugabe von Salzen in sehr hoher Konzentration kann anderseits die Löslichkeit erniedrigen (Aussalz-Effekt). Schließlich hängt die Löslichkeit oft – wie bereits erwähnt – stark vom pH-Wert ab.

Die Löslichkeit einer Verbindung kann weiterhin durch Zugabe eines zweiten Lösungsmittels, welches mit dem ursprünglichen mischbar ist, verändert werden. Man macht hiervon vor allem zum Verringern der Löslichkeit von Niederschlägen Gebrauch.

Dabei tritt im Allgemeinen eine starke Erniedrigung der Löslichkeit bei relativ kleinen Zusätzen des zweiten Lösungsmittels ein, während weitere Zugaben nur wenig wirksam sind. Bei sehr großen Zusätzen kann schließlich die Verringerung der Löslichkeit des Niederschlages durch die Volumenvermehrung der Lösung, die die absolute Menge des Gelösten erhöht, überkompensiert werden.

Gewöhnlich wird zu wässrigen Lösungen etwa 30–40 % des ursprünglichen Volumens an Aceton oder einem niederen Alkohol zugesetzt. Die optimale Menge an Zusatz lässt sich graphisch ermitteln, wenn die Löslichkeit des Niederschlages in Abhängigkeit vom Mischungsverhältnis der beiden Lösungsmittel bekannt ist. Man legt dazu an die Löslichkeitskurve a (Abb. 12.5) die Tangente b ausgehend von der rechten unteren Ecke des Diagramms. Die vom Berührungspunkt auf die Abszisse gezogene Senkrechte c ergibt das günstigste Mischungsverhältnis.

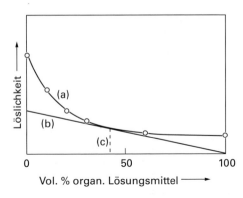

Abb. 12.5: Ermittlung des günstigsten Mischungsverhältnisses bei Zugabe eines schlechteren Lösungsmittels.
a) Löslichkeit des Niederschlages in Abhängigkeit vom Mischungsverhältnis der beiden Lösungsmittel;
b) Tangente;
c) günstigstes Verhältnis.

Änderung der Partikelgröße des Bodenkörpers. Die Löslichkeit steigt mit abnehmender Partikelgröße des Bodenkörpers an, da sich die Oberflächenenergie ändert. Dieser Effekt macht sich allerdings erst bei Teilchendurchmessern in der Größenordnung von etwa 1 μm und darunter bemerkbar. So wurde z. B. für $PbCrO_4$ bei einer durchschnittlichen Korngröße von 0,085 μm eine um 70 % gegenüber der normalen erhöhte Löslichkeit gefunden.

Diese Löslichkeitsänderung spielt sowohl bei der Fällung von Niederschlägen als auch bei der Kornvergrößerung durch längere Kontaktzeit von Lösung und Niederschlag eine Rolle (s. u.).

12.1.5 Übersättigung – Ausbleiben von Fällungen bei kleinen Konzentrationen

Zu Beginn der Bildung eines Niederschlages sind die ausfallenden Teilchen naturgemäß sehr klein. Da deren Löslichkeit größer ist als die gröberer Niederschläge, kann die Fällung erst eintreten, wenn die Lösung – in Bezug auf gröbere Niederschlagsteilchen – übersättigt ist. Die Neigung zur Bildung von Niederschlägen nimmt mit dem Grad der Übersättigung zu, d. h. dass eine übersättigte Lösung umso weniger haltbar ist, je stärker sie übersättigt ist (vgl. Abb. 12.6).

Eine Übersättigung lässt sich aufheben, indem man die Lösung mit Niederschlagsteilchen „impft". Bei mehr oder weniger langem Stehen übersättigter Lösungen bilden sich auch ohne Impfung Kristallkeime, teils durch Verunreinigungen in der Lösung, teils durch Staubteilchen oder Rauigkeiten der Gefäßwände.

Ausbleiben von Fällungen bei sehr geringen Konzentrationen. In stark verdünnten Lösungen kann die Bildung eines Niederschlages ausbleiben, auch wenn das Löslichkeitsprodukt überschritten ist; die Ursache hierfür kann einerseits darin bestehen, dass der notwendige Übersättigungsgrad nicht erreicht wird, anderseits können auch kolloidale Lösungen gebildet werden, oder die Bildungsgeschwindigkeit der betreffenden Verbindung kann stark verringert sein. In der Regel lassen sich daher auch extrem schwer lösliche Verbindungen aus stark verdünnten Lösungen nicht mehr ausfällen.

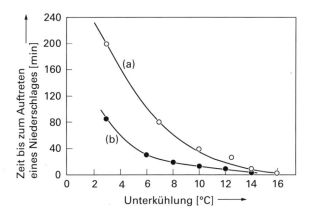

Abb. 12.6: Verzögerung der Fällung von Kaliumdichromat in Abhängigkeit von der Unterkühlung.
a) Für eine bei +30 °C gesättigte Lösung;
b) für eine bei +60 °C gesättigte Lösung.

Allgemein gültige Zahlenwerte für die untere Grenze der Fällbarkeit lassen sich nicht angeben, doch dürften normalerweise Konzentrationen von etwa 1 mg/l erforderlich sein. So wurde z. B. das Ausbleiben der Niederschlagsbildung der Kaliumtetraphenylborat-Verbindung im Bereich von 0,5–2 mg K^+/l beobachtet.

12.1.6 Mitreißeffekt – Verringern des Mitreißens

Werden Niederschläge aus Lösungen ausgefällt, die noch weitere gelöste Substanzen enthalten, so sind die Fällungen niemals völlig rein, sondern enthalten immer – meist geringe – Anteile der Lösungsgenossen. Dieser Effekt wird als „Mitfällung" oder „Mitreißeffekt" bezeichnet; er kommt durch mehrere Ursachen zu Stande, die in von Fall zu Fall verschiedenem Ausmaß zusammenwirken können:
- Mechanisches Einschließen von Lösungsresten in Hohlräume des Niederschlages;
- Bildung von Verbindungen auf der Oberfläche des Niederschlages;
- Bildung von Mischkristallen; und
- Adsorption an der Oberfläche des Niederschlages.

Weiterhin wird gelegentlich beobachtet, dass Niederschläge, die längere Zeit mit der Lösung in Berührung bleiben, nachträglich gelöste Stoffe aufnehmen; diese Erscheinung wird als „Nachfällung" bezeichnet.

Das Ausmaß der Mitfällung fremder Substanzen hängt nicht nur von der Art des Niederschlages und der des mitgerissenen Stoffes ab, sondern in komplizierter Weise auch von den Fällungsbedingungen und von der Gegenwart weiterer Lösungsgenossen.

Bei amorphen Fällungen überwiegt im Allgemeinen der Einfluss der Adsorption; diese ist umso stärker, je größer die Oberfläche des Niederschlages und je fester die Bindung ist, die das mitgefällte Ion mit dem entgegengesetzt geladenen Bestandteil der Fällung verbindet.

Die Mitfällung durch Adsorption ist ferner häufig umso stärker, je kleiner die Konzentration des mitgerissenen Bestandteils in der Lösung ist, ein Verhalten, das durch die Form der Adsorptionsisotherme (nach Freundlich oder Langmuir, vgl. Abschn. 9.1) verständlich ist. Doch gibt es Ausnahmen von dieser Regel.

Kristalline Fällungen neigen besonders stark zum Mitreißen, wenn der mitgefällte Stoff isomorph in das Gitter der Kristalle eingebaut werden kann oder wenn der Niederschlag eine große Oberfläche besitzt.

Die Bildung chemischer Verbindungen auf der Oberfläche von Niederschlägen konnte bisher nur in wenigen Fällen einwandfrei nachgewiesen werden; als Beispiele seien die Verbindung $PbSO_4 \cdot K_2SO_4$, die sich bei Bleisulfat-Fällungen in Gegenwart von Kaliumsulfat bildet, und die Verbindung $(PbCl)_2S$ genannt, die mit ausfällt, wenn Bleisulfidfällungen in chloridhaltigen Lösungen ausgeführt werden.

Der Mitreißeffekt ist eine der wichtigsten Störungen bei Trennungen durch Fällung; zu seiner Verminderung oder Beseitigung sind daher zahlreiche Methoden vorgeschlagen worden.

Vermindern des Mitreißeffekts durch Partikelvergrößerung. Normalerweise reißen kleine schlecht ausgebildete Kriställchen Fremdstoffe stärker mit als gut ausgebildete größere. Eine Partikelvergrößerung kann am einfachsten durch langsames Fällen in der Wärme erreicht werden, wobei die zuerst ausgefallenen Teilchen noch während der Niederschlagsbildung wachsen können.

So wurde z. B. bei der Zinksulfid-Fällung beobachtet, dass der Niederschlag bei schnellem Einleiten von H_2S bis zu 20 % Kobalt enthielt, bei langsamer Fällung dagegen nur 0,5 %.

Eine weitere einfache Methode zum Erzielen größerer Kristalle besteht darin, den Niederschlag längere Zeit, am besten in der Wärme, in Berührung mit der Lösung stehen zu lassen. Die kleinen Teilchen lösen sich infolge ihrer erhöhten Löslichkeit langsam auf, und die gröberen wachsen auf deren Kosten. Dabei können schon mitgerissene Anteile von Fremdstoffen wieder abgestoßen werden (vgl. Tab. 12.2).

Tab. 12.2: Mitfällung von NO_3^- mit $PbSO_4$ in Abhängigkeit von der Alterungszeit des Niederschlages; Fällungstemperatur 95 °C

Alterungszeit (h)	% NO_3^- im Niederschlag
0	0,64
1	0,12
6	0,04
24	0,01

Das Verfahren ist jedoch nicht allgemein anwendbar, da beim Auftreten von Nachfällungen die Reinheit des Niederschlages abnimmt; so erhöht sich beispielsweise die Adsorption von Ni, Co und Zn an $Fe(OH)_3$ oder die von Co an SnS_2 beim Verlängern der Berührungszeit von Niederschlag und Lösung.

Durch die sog. „Fällung aus homogener Lösung" wird ebenfalls eine wirksame Kornvergrößerung von Niederschlägen erzielt. Dabei wird das Fällungsreagens erst während der Fällung langsam in der Lösung erzeugt, sodass die starke Übersättigung, die beim Fällen mit einer Reagenslösung zwangsläufig an der Eintropfstelle auftreten muss, unterbleibt und die Kriställchen ungestört wachsen können.

Die Erzeugung von Fällungsreagenzien in homogener Lösung geschieht meist durch langsame Hydrolyse von Estern, Säureamiden u. a., ferner durch Oxidation oder Synthese in der Lösung selbst (z. B. wird das Reagens Kupferron aus Phenylhydroxylamin und $NaNO_2$ erzeugt); weiterhin können flüchtige Komplexbildner durch Abdampfen aus der Lösung langsam entfernt oder durch Kochen zerstört werden; Beispiele hierfür sind die homogene Fällung von AgCl, AgBr und Ag_3PO_4 durch Verkochen der Amminkomplexe sowie die Fällung von Wolframsäure durch Zersetzen des H_2O_2-Komplexes.

Die wohl am allgemeinsten anwendbare Methode ist die Erhöhung des pH-Wertes der Lösung durch Verkochen von Harnstoff, wodurch der Fällungsbereich von Hydroxiden u. a. schwer löslichen Verbindungen, z. B. des Nickel-Dimethylglyoxim-Komplexes, erreicht wird (vgl. Tab. 12.3).

Tab. 12.3: Fällung aus homogener Lösung (Beispiel)

Ausgangs-Verbindung	Gebildetes Fällungsreagens	Gefällt
Harnstoff	NH_3	
Hexamethylentetramin	NH_3	schwer lösliche Hydroxide
Acetamid	CH_3COONH_4	
Thioacetamid	H_2S	
Thioformamid	H_2S	
Thioharnstoff	H_2S	Schwermetallsulfide
Trithiokohlensäure	H_2S	
Thioformanilid	H_2S	
Amidosulfonsäure	H_2SO_4	
Dimethylsulfat	H_2SO_4	
Kaliummethylsulfat	H_2SO_4	Ca, Sr, Ba, Pb
$SO_2 + O_2$	H_2SO_4	
$K_2S_2O_8$	H_2SO_4	
Trimethylphosphat	H_3PO_4	
Triethylphosphat	H_3PO_4	Zr, Hf
Metaphosphorsäure	H_3PO_4	
Dimethyloxalat	Oxalsäure	Ca, Mg, Zn, Th,
Diethyloxalat	Oxalsäure	Seltene Erden,
Acetondioxalsäure	Oxalsäure	Ac, U
Allylchlorid	HCl	Ag
8-Acetoxychinolin	8-Hydroxychinolin	Mg, Al, Zn, Th, Fe^{3+}, UO_2^{2-}, Co, Cu, Ni, Pb, Mn, Cd
Diacetyl + NH_2OH	Dimethylglyoxim	Ni, Pd
Phenylhydroxylamin + $NaNO_2$	Kupferron	Fe^{3+}, Ti u. a.
$I_2 + ClO_3^-$	HIO_3	Th, Zr
$Cr^{3+} + BrO_3^-$	H_2CrO_4	Pb
$AsO_3^{3-} + HNO_3$	H_3AsO_4	Zr

Die Durchführung von Fällungen aus homogener Lösung erfolgt gewöhnlich durch längeres Kochen des Ansatzes nach Reagenszugabe, wobei sich die Niederschläge in dichter, gut filtrierbarer Form und wesentlich reiner als bei der üblichen Arbeitsweise abscheiden.

Eine in der Zielsetzung ähnliche Methode besteht in der sog. „Fällung in vorgelegtem Medium". Man tropft dabei die Reagens- und die Probelösung gleichzeitig unter intensivem Rühren in ein Medium von für die Fällung optimalem pH-Wert und optimaler Temperatur. Das Verfahren ist meist zur präparativen Darstellung verschiedener Verbindungen verwendet worden, hat sich aber auch bei der Abtrennung des Scandiums von Yttererden durch Hydroxidfällung und bei der Niob-Tantal-Trennung als leistungsfähig erwiesen.

Die Mitfällung kann ferner durch *Zusätze von oberflächenaktiven Reagenzien*, die die aktiven Zentren des Niederschlages besetzen, beträchtlich verringert werden. So

Tab. 12.4: Mitfällung von Mn^{2+} (50 µg) mit Kalziumphosphat (1,3–1,8 g) in Gegenwart von Komplexbildnern

Zugesetzter Komplexbildner	Menge (ml 10 %ige Lösung)	% des Mangans mitgefällt
–	–	100
Ethylendiamintetraessigsäure[x)]	10	20
	20	14
Diethylentriaminpentaessigsäure[xx)]	10	20
	20	2
N-Hydroxyethyläthylendiamintriessigsäure[xxx)]	10	14
	20	0

x)
$$\begin{array}{c}HOOC-CH_2\\HOOC-CH_2\end{array}\!\!>\!\!N-CH_2-CH_2-N\!\!<\!\!\begin{array}{c}CH_2-COOH\\CH_2-COOH\end{array}$$

xx)
$$\begin{array}{c}HOOC-CH_2\\HOOC-CH_2\end{array}\!\!>\!\!N-CH_2-CH_2-N\!\!<\!\!\begin{array}{c}CH_2-COOH\\CH_2-CH_2-N\!\!<\!\!\begin{array}{c}CH_2COOH\\CH_2COOH\end{array}\end{array}$$

xxx)
$$\begin{array}{c}HO-CH_2-CH_2\\HOOC-CH_2\end{array}\!\!>\!\!N-CH_2-CH_2-N\!\!<\!\!\begin{array}{c}CH_2COOH\\CH_2-COOH\end{array}$$

fällt beispielsweise SnS_2 praktisch völlig frei von Kobalt, wenn die Lösung etwas Acrolein enthält, und die Reinheit von Aluminiumhydroxid-Niederschlägen wird durch Gegenwart von Glykokoll wesentlich verbessert.

Auch durch *günstige Wahl des Fällungs-pH-Wertes* kann gelegentlich die Verunreinigung von Niederschlägen vermindert werden; z. B. wird Kupfer bei der Fällung von Eisen(III)-hydroxid umso stärker mitgerissen, je höher der pH-Wert der Lösung bei Beendigung der Fällung ist. Man kann nun zunächst die Hauptmenge des Eisens aus mäßig stark saurer Lösung relativ rein ausfällen und dann den Rest bei höherem pH-Wert nachfällen. Der Gesamtbetrag an mitgerissenem Kupfer ist dann geringer, als wenn der Niederschlag auf einmal bei höherem pH-Wert erhalten worden wäre.

Schließlich lässt sich auch durch *Maskierung* (bzw. Komplexbildung) die Mitfällung weitgehend verringern oder sogar praktisch vollständig verhindern; z. B. bleibt bei der Fällung des Aluminiums als $AlCl_3 \cdot 6\,H_2O$ dreiwertiges Eisen quantitativ in Lösung, da es bei hohen Salzsäurekonzentrationen den Komplex $HFeCl_4 \cdot aq$ bildet; Silberchlorid fällt frei von Palladium aus, wenn letzteres vor der Fällung in den Amminkomplex überführt wird, und durch Zugabe von Komplexbildnern vom Typ der Ethylendiamintetraessigsäure wird die Mitfällung des Mangans mit Kalziumphosphat verhindert (vgl. Tab. 12.4).

12.1.7 Trennung von Niederschlag und Lösung: Filtration – Zentrifugation

Zum *Filtrieren* werden Filterpapiere verschiedener Art, Filtertiegel aus Glas, Porzellan oder Platin sowie Filterstäbchen aus Glas verwendet.

Cellulosefilter für quantitatives analytisches Arbeiten werden durch Behandlung mit Salzsäure und Flusssäure weitgehend von nichtflüchtigen anorganischen Bestandteilen befreit; der Restgehalt an Asche kann normalerweise vernachlässigt werden (vgl. Tab. 12.5).

Tab. 12.5: Aschegehalt von Cellulosefiltern (nach Angaben der Fa. Whatman; 2012)

Filtertyp	Aschegehalt (%)
1 qualitative Anwendung	0,06
6 dito	0,2
40 quantitative Anwendung	0,007
42 dito	0,007
540 gehärtet, quantitative Anwendung	0,006
542 dito	0,006

Die Asche (hier z. B. für Whatman No. 42) besteht im Wesentlichen aus Si ($< 2\,\mu g/g$), Ca ($13\,\mu g/g$), Mg ($1.8\,\mu g/g$), S ($< 5\,\mu g/g$) und Fe ($5\,\mu g/g$). Außerdem finden sich gewöhnlich Spuren von Kupfer, Aluminium, Fluorid und etwas größere Mengen an Natrium und Chlorid; auch Bor wurde nachgewiesen.

Ferner sind geringe Mengen an etherlöslichen und an stickstoffhaltigen Verbindungen vorhanden, deren Anwesenheit jedoch – zumindest bei anorganischen Analysen – nicht stört.

Sehr feinkörnige Niederschläge können unter Zusatz von etwas lockerer Filterflockenmasse, durch welche die Dichte des Filters verstärkt wird, abfiltriert werden.

Gelegentlich treten Störungen durch Hochkriechen der Niederschlagsteilchen an den Wänden des Gefäßes oder des Trichters auf. Diese können durch Zugabe oberflächenaktiver Verbindungen beseitigt werden.

Im Handel sind zahlreiche Arten von Filterpapier mit unterschiedlichen Porenweiten (Äquivalentdurchmesser, abgeleitet aus dem Druckabfall) zwischen etwa $1\,\mu m$ und $12\,\mu m$ erhältlich. Von diesen sind weiche, schnell filtrierende Sorten mit Porenweiten von ca. 7–8 µm für grobflockige, amorphe Niederschläge und solche mit Porenweiten von etwa 2 µm für sehr feinkristalline Fällungen am gebräuchlichsten.

Die üblichen Filterpapiere sind gegen verdünnte Säuren und gegen alkalische Lösungen (bis etwa 8 % NaOH) beständig. Bei höheren Alkalikonzentrationen treten Quellungserscheinungen auf. Zum Abfiltrieren stark saurer Lösungen werden „gehärtete", d. h. mit konzentrierter Salpetersäure behandelte, oder mit Kunststoffen belegte Filter verwendet.

Die schon in Kap. 5 erwähnte Adsorption an Cellulose tritt beim Filtrieren von stark verdünnten Lösungen ($< 10^{-5}$ M) störend in Erscheinung. Soweit es sich dabei um einen reversiblen Prozess handelt, lässt sich der festgehaltene Anteil durch sorgfältiges Auswaschen des Filters wieder entfernen. Dagegen können durch Ionenaustausch festgehaltene Bestandteile nicht mit Wasser, sondern nur mit Lösungen von Elektrolyten (z. B. Säuren) wiedergewonnen werden. Außerdem können aber noch Bestandteile der Lösung in das Innere der Cellulosefasern eindringen und sich dann nur schwer oder überhaupt nicht mehr auswaschen lassen. Diese Störung ist nicht auf anorganische Ionen oder Verbindungen beschränkt, sondern wurde auch bei organischen Substanzen beobachtet.

Von einer ganzen Reihe von Spezialfiltern seien aus Polyvinylchlorid-Fasern bestehende (für die Filtration stark saurer oder stark alkalischer Lösungen) und die bis zu mehreren Hundert Grad beständigen Glasfaserfilter erwähnt. PTFE findet ebenfalls Verwendung.

Membranfilter. Zum Abfiltrieren extrem feinkörniger Niederschläge oder kolloidaler Teilchen verwendet man die sog. Membranfilter, die aus Cellulose, Cellulosederivaten, Polycarbonat, Polyvinylchlorid, PTFE oder Glasfasern bestehen können. Diese Filter werden mit Porenweiten von 0,01 bis etwa 10 µm und sehr hohem Porenvolumen in der Raumeinheit hergestellt, sodass die Filtrationsgeschwindigkeit verhältnismäßig groß ist. Trotzdem muss bei den mittleren Typen unter Absaugen, bei den feineren mit Überdrucken bis zu etwa 30 bar filtriert werden.

Außer der Engporigkeit ist bei Membranfiltern die glatte Oberfläche bemerkenswert; Niederschläge können häufig durch Abspritzen quantitativ vom Filter entfernt werden.

Die Membranfilter können von der Herstellung her Tensid-Spuren enthalten, die gelegentlich bei Analysen störend wirken. Diese Verunreinigung lässt sich durch Auswaschen beseitigen.

Filtertiegel. Niederschläge, die beim Veraschen von Papierfiltern durch die verkohlende organische Substanz angegriffen werden, filtriert man unter Absaugen durch Filtertiegel ab. Die ersten derartigen Tiegel stellte Gooch aus Porzellan- oder Platin-Tiegeln her, deren perforierte Böden mit einer Asbestschicht belegt wurden. Später verwandte man an Stelle von Asbest eine Lage fein verteilten Platins, wodurch die Filtration flusssaurer Lösungen ermöglicht wurde[1]. Diese etwas umständlich herzustellenden Tiegel sind heute weitgehend durch Glas- und Porzellantiegel mit Böden aus porösen Fritten ersetzt.

---

[1] In der europäischen Literatur ist der Ausdruck „Neubauer-Tiegel" gebräuchlich.

Glasfiltertiegel sind mit Porenweiten von 5–100 µm erhältlich, von denen vor allem die mit 5–10 µm für feine und die mit 20–30 µm für gröbere Niederschläge in der analytischen Chemie verwendet werden.

Die Beständigkeit der Glasfiltertiegel gegen Wasser und die gebräuchlichen Säuren ist sehr gut, von alkalischen Lösungen (mit Ausnahme von verdünnten NH_3-Lösungen) werden sie etwas stärker angegriffen. Glasfiltertiegel können bis auf etwa 300 °C erhitzt werden, man verwendet jedoch meist nur niedrigere Temperaturen (ca. 110–150 °C).

Zum Abfiltrieren kleiner Flüssigkeitsmengen eignen sich Filterbecher mit angeschmolzener Fritte (Abb. 12.7). Man fällt den Niederschlag in dem Gefäß aus und saugt die Flüssigkeit unter Kippen des Gefäßes durch den seitlichen Ansatz ab.

Zum Filtrieren von Niederschlägen, die hoch erhitzt werden müssen, sind Porzellanfiltertiegel (seltener Quarzfiltertiegel) in Gebrauch; diese sind bis etwa 1000 °C beständig. Zum analytischen Arbeiten sind Porenweiten von 6–8 µm am günstigsten. Die Resistenz gegen Säuren ist sehr gut, stark alkalische Lösungen greifen das Porzellan merklich an.

Mikrofiltrationen können mithilfe von Filterstäbchen aus Glas oder Porzellan nach Emich durchgeführt werden (Abb. 12.8). Man saugt die Lösung durch das Stäbchen ab, wobei der Niederschlag teils im Fällungsgefäß, teils auf der Fritte des Stäbchens verbleibt.

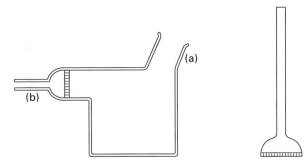

Abb. 12.7: Filterbecher.
a) Einfüllöffnung; b) Ausguss mit Fritte.

Abb. 12.8: Filterstäbchen n. Emich.

Zentrifugieren. Kleine Niederschlagsmengen können durch Zentrifugieren in einfachen elektrisch oder von Hand betriebenen Zentrifugen zum Absetzen gebracht werden. Man hebert die überstehende Flüssigkeit ab, reinigt den Niederschlag durch Waschen mit frischem Lösungsmittel und zentrifugiert erneut. Da die üblichen Zentrifugengläschen nur 15 ml Inhalt besitzen (größere Zentrifugen werden wohl ausschließlich für präparative Zwecke benutzt), wird diese Arbeitsweise vor allem bei Mikroanalysen angewendet.

12.2 Trennungen durch einmalige Gleichgewichtseinstellung: Arbeitsweise mit einer Hilfsphase

12.2.1 Anorganische Niederschläge durch doppelte Umsetzung

Die zahlreichen bei gravimetrischen Bestimmungen anorganischer Substanzen verwendeten Niederschläge werden überwiegend durch langsames Zutropfen der Reagenslösung zur heißen Analysenlösung, gelegentlich auch durch Fällung aus homogener Lösung erzeugt. Durch längeres Stehenlassen von Lösung mit Niederschlag in der Wärme werden häufig die Eigenschaften der Fällungen verbessert (s. o.).

Nach Möglichkeit werden Fällungsreaktionen verwendet, die entweder direkt oder nach dem Glühen stöchiometrisch zusammengesetzte Verbindungen ergeben. Einige der wichtigsten Fällungen sind in Tab. 12.6 angeführt.

Tab. 12.6: Beispiele für Fällungsreaktionen anorganischer Verbindungen

Reagens	Gefällt
NH_3, NaOH	Ag^+, Ba^{2+}, Al, In, Tl^{3+}, Selt. Erden, Sn^{4+}, Ti, Zr, Hf, Th, Nb, Ta, Bi, Cr^{3+}, U^{6+}, Mn^{4+}, Fe^{3+}, Rh^{3+}
SO_4^{2-}	Sr, Ba, Pb^{2+}
Cl^-	Ag
PO_4^{3-}	Ag, Mg, Zn, Cd, Mn^{2+}, Co^{2+}
ClO_4^-	K
SCN^-	Cu^+
S^{2-}	As^{3+}, Sb^{3+}, Hg^{2+}
Mo^{6+}	Pb^{2+}, PO_4^{3-}
Ag^+	Cl^-, Br^-, I^-, PO_4^{3-}, SCN^-
Ba^{2+}	SO_4^{2-}
Cd^{2+}	S^{2-}
Pb^{2+}	F^- (als PbClF)
Ca^{2+}	F^-
Mg^{2+}	PO_4^{3-}, AsO_4^{3-}

12.2.2 Organische Fällungsreagenzien für anorganische Ionen

In großem Umfange werden organische Reagenzien zum Fällen anorganischer Stoffe verwendet. Die Fällungsreaktionen sind z. T. Säure-Base-Reaktionen, z. T. bilden sich Innerkomplexverbindungen, z. T. treten auch Fällungen durch Adsorptionseffekte ein (z. B. bei Fällungen mit Tannin).

Man kann mit organischen Reagenzien vielfach ganze Gruppen von anorganischen Ionen erfassen, manchmal aber auch verhältnismäßig selektive Abtrennungen durchführen (vgl. Tab. 12.7). Durch günstige pH-Einstellung und durch Maskierungsreaktionen lässt sich die Selektivität oft steigern (Tab. 12.8 und 12.9).

Tab. 12.7: Organische Fällungsreagenzien für anorganische Ionen (Beispiele)

Reagens	Formel	Gefällte Ionen
Oxalsäure	COOH–COOH	Ca, Selt. Erden u. a.
Dimethylglyoxim	$H_3C-C=NOH$ / $H_3C-C=NOH$	Ni, Pd, Fe^{2+}, Pt^{2+}, Bi
Kupferron	C₆H₅–N(ONH₄)–N=O	Fe^{3+}, Ti, Zr, Hf, V^{5+}, Mo^{6+}, U^{4+}, Nb, Ta, Pd, Ga, Sn^{4+}, Bi, Sb^{3+}, Cu, Th, Tl, Al, Hg^+
Anthranilsäure	C₆H₄(COOH)(NH₂)	Cu, Cd, Co, Ni, Mn, Hg, Pb, Zn
Pikrolonsäure	$O_2N-CH-C-CH_3$ / $O=C$ / N / N / NO_2	Ca, Pb, Th (Cu, Fe, Ni, Co, Mn, Ba)
Mercaptobenzthiazol	Benzthiazol-C-SH	Cu, Tl, Cd, Pb, Bi, Ag, Au, Hg
α-Benzoinoxim	C₆H₅-CH(OH)-C(=NOH)-C₆H₅	Cu, Mo^{6+}, W^{6+} (Cr^{6+}, Pd, V, Ta)
8-Hydroxychinolin	Chinolin-8-OH	Ag, Al, Bi, Ca, Co, Cu, Cd, Fe^{3+}, Hg^{2+}, Mg, Mn, Mo^{6+}, Ni, Pb, Ti, U^{6+}, V^{5+}, W^{6+}, Zn
Natriumtetraphenyloborat	$(C_6H_5)_4BNa$	K, NH_4^+, Rb, Cs, Ag, Tl^+
Nitron	C_6H_5-N, C_6H_5-N, HC, N, C, C_6H_5	NO_3^-, ReO_4^-, ClO_4^-, Br^-, J^-, NO_2^-, CrO_4^{2-}, ClO_3^-
Tetraphenylarsoniumchlorid	$(C_6H_5)_4AsCl$	MnO_4^-, ClO_4^-, $AuCl_4^-$, $PtCl_6^{2-}$, $HgCl_4^{2-}$ u. a.

Tab. 12.8: pH-Bereiche der Fällung von 8-Hydroxychinolinverbindungen

Gefälltes Ion	Vollständige Fällung	Gefälltes Ion	Vollständige Fällung
Cu^{2+}	pH 5,3–14,6	Bi^{3+}	pH 5,0–8,3
Ag^+	6,1–11,6	V^{5+}	2,0–5,3
Mg^{2+}	9,5–12,7	Mo^{6+}	3,3–7,6
Ca^{2+}	9,2–12,7	W^{6+}	5,0–5,7
Zn^{2+}	4,7–13,5	U^{6+}	5,7–9,8
Cd^{2+}	5,7–14,5	Mn^{2+}	5,9–9,5
Hg^{2+}	4,8–7,4	Fe^{3+}	2,8–11,2
Al^{3+}	4,2–9,8	Co^{2+}	4,2–11,6
Pb^{2+}	8,4–12,3	Ni^{2+}	4,6–10,0
Ti^{4+}	4,8–8,6		

Tab. 12.9: Verbesserung der Selektivität der Fällung von Metallen mit Thionalid durch Maskierung

Ausgangslösung	Gefällt
Mineralsaure Lösung	Ag, Cu, Au, Hg, Sn, As, Bi, Pt, Pd, Ru
Tartrat – KCN – Lösung	Au, Tl, Sn, Pb, Sb, Bi
Tartrat – NaOH – Lösung	Cu, Au, Hg, Cd, Tl
Tartrat – KCN – NaOH – Lösung	Tl

Die mit organischen Reagenzien erhaltenen Niederschläge zeichnen sich häufig durch bemerkenswerte Schwerlöslichkeit aus, sie besitzen ferner meist ein hohes Molekulargewicht, was bei gravimetrischen Bestimmungen von Vorteil ist. Da die Niederschläge in der Regel keinen salzartigen Charakter mehr besitzen, sind die Mitreißeffekte in vielen Fällen ungewöhnlich gering.

12.2.3 Fällungsreaktionen für organische Substanzen: Doppelte Umsetzung – Addition – Kondensation – Einschlussverbindungen – Antigen-Antikörper-Reaktion – Proteinfällung zur Strukturaufklärung

Die meisten Fällungsreagenzien für organische Verbindungen wirken auf bestimmte funktionelle Gruppen ein; man kann daher mit ihnen im Allgemeinen nur ganze Stoffklassen abtrennen, seltener einzelne Verbindungen. Außer doppelten Umsetzungen (häufig zwischen Säuren und Basen) werden Additions- und Kondensationsreaktionen angewendet (vgl. Tab. 12.10).

Eine besondere Art von Fällungen besteht in der Bildung von *Einschlussverbindungen*. Als solche werden Verbindungen bezeichnet, die durch den Einbau von Atomen oder Molekülen in Gitterhohlräume fester Substanzen entstehen. Die wichtigste Voraussetzung für ihre Bildung ist ein passendes Größenverhältnis zwischen Hohlraum und Gestalt des eingebauten Fremdmoleküls, während die chemischen Eigenschaften des letzteren im Allgemeinen nicht entscheidend sind.

Analytisch wichtige Einschlussverbindungen werden vor allem von Harnstoff und Thioharnstoff gebildet. Eine geringere Rolle spielen als Wirtsmoleküle Desoxycholsäure, Hydrochinon, 4,4′-Dinitrodiphenyl, Cyclodextrine sowie Wasser, Chabasit, Montmorillonit, Graphit u. a.

Fester Harnstoff bildet gewöhnlich ein tetragonales Gitter; in Gegenwart bestimmter lang gestreckter Fremdmoleküle ist jedoch ein hexagonales Gitter energetisch begünstigt, in dessen zentrale Hohlräume die betreffenden Fremdmoleküle eingelagert werden (vgl. Abb. 12.9).

Ob sich eine Einschlussverbindung bildet, hängt außer vom Durchmesser noch von der Kettenlänge des Fremdmoleküls ab; bei zu kurzen Molekülen reicht die gewinnbare Energie nicht aus, um das hexagonale Harnstoffgitter zu bilden, und ander-

Tab. 12.10: Fällungsreaktionen organischer Verbindungen (Beispiele)

Fällungsreagens	Gefällte Verbindungen
Pikrinsäure	Amine, Alkaloide, Eiweiß, Naphthalin, Anthracen u. a.
Pikrolonsäure	Amine, Alkaloide
Sulfonsäuren	Aminosäuren
Oxalsäure	Alkaloide, Harnstoff
Perchlorsäure	Eiweiß
Trichloressigsäure	Eiweiß
Sulfosalicylsäure	Eiweiß
Phosphorwolframsäure	Alkaloide, Betaine
Silicowolframsäure	Alkaloide
$KBiI_4$	Alkaloide, Betaine
Reinecke-Salz	Amine
$KI \cdot I_2$	Alkaloide
$HAuCl_4$, H_2PtCl_6, $HFeCl_4$	Amine, Alkaloide
$K_4Fe(CN)_6$	Amine, Alkaloide
$NaB(C_6H_5)_4$	Amine, Alkaloide, Betaine
Benzidin	Sulfonsäuren
$AgNO_3$	Fettsäuren, Sulfonsäuren
$Pb(CH_3COO)_2$	Fettsäuren, Mercaptane
$Hg(CN)_2$	Mercaptane
$HgSO_4$	Olefine
Benzoylchlorid	Alkohole
Dimedon	Aldehyde
$NaHSO_3$	Aldehyde
Hydroxylamin	Aldehyde, Ketone
Semicarbazid	Aldehyde, Ketone
2,4-Dinitrophenylhydrazin	Aldehyde, Ketone
Phenylhydrazin	Aldehyde, Ketone, Kohlehydrate
Br_2	Phenole
Benzochinon	Phenole
Digitonin	Steroide

seits geben auch zu lange Moleküle (z. B. Hochpolymere) vielfach keine Einschlussverbindungen.

Man erhält die Einschlussverbindungen durch Fällen mit gesättigten wässrigen oder methanolischen Harnstofflösungen, durch Umsetzen des flüssigen organischen Stoffgemisches mit festem Harnstoff (fein gepulvert) oder durch Kristallisieren von heiß mit Harnstoff gesättigten Lösungen. Die Fällungen sind nicht ganz vollständig; Temperaturerniedrigung begünstigt die Bildung der Addukte.

Außer mit geradkettigen gesättigten Kohlenwasserstoffen ab C_6 erhält man Harnstoffeinschlussverbindungen mit geradkettigen Alkoholen ab C_6, geradkettigen Monocarbonsäuren ab C_4, geradkettigen Ketonen ab C_3 sowie mit verschiedenen Olefinen, primären Alkylhalogeniden, Estern, sekundären Alkoholen, Ethern, Dicarbonsäuren, Aldehyden, Mercaptanen, Thioäthern, Aminen, Nitrilen u. a. m. Auch

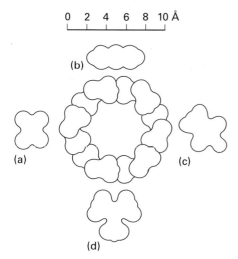

Abb. 12.9: Schnitt durch einen Kanal des hexagonalen Harnstoffgitters und Schnitte durch einige Kohlenwasserstoff-Moleküle.
a) n-Octan (wird eingebaut);
b) Benzol (keine Einschlussverbindung);
c) 3-Methylheptan (keine Einschlussverbindung);
d) 2,2,4-Trimethylpentan (keine Einschlussverbindung).

schwach verzweigte Paraffine können eingebaut werden, besonders, wenn sich die Verzweigung an einer längeren geraden Kette befindet.

Stark verzweigte aliphatische Kohlenwasserstoffe und deren Derivate, Cycloparaffine und Aromaten sowie deren Derivate, bilden keine Harnstoffeinschlussverbindungen.

Die Harnstoffeinschlussverbindungen sind nur in festem Zustand beständig; gibt man ein Lösungsmittel für Harnstoff zu, so zerfallen sie. Leichtflüchtige eingebaute Komponenten können durch Temperaturerhöhung abdestilliert werden. Diese Stoffklasse ist gelegentlich zur Abtrennung von geradkettigen Paraffinen und von n-Fettsäuren aus Gemischen verwendet worden. Da verzweigte Moleküle, auch wenn sie für sich keine derartigen Verbindungen bilden, in beträchtlichem Umfange mit eingebaut werden können, ist der Wert der Methode begrenzt.

Antigen-Antikörper-Reaktion. Schließlich sei die für den Bereich der Bioanalytik wichtige Fällungsreaktion, die „Antigen-Antikörper-Reaktion" erwähnt. Gibt man zu einem Serum, das Antikörper enthält, eine Lösung mit dem spezifischen Antigen hinzu, so bildet sich ein Niederschlag. Die Besonderheit dieser Reaktion besteht darin, dass die Fällung bei einem größeren Überschuss sowohl des einen als auch des anderen Reaktionspartners vermindert wird bzw. ausbleibt (vgl. Abb. 12.10).

Proteinfällung (Proteinkristallisation) zur Strukturaufklärung. Eine der wichtigsten Methoden zur Strukturaufklärung von Proteinen ist die Anwendung der Röntgenstrukturanalyse. Dafür werden aber möglichst Proteineinkristalle benötigt, welche aber wegen der hochkomplexen Zusammensetzung nur schwierig herstellbar sind. Die schlechten mechanischen Eigenschaften sind dabei durch eine Vielzahl an Hohlraumstrukturen bedingt, welche auch der Grund für die Einlagerung von Kristallwasser oder ähnlichen Lösemitteln sind. Die Herstellung von Proteinkristallen setzt

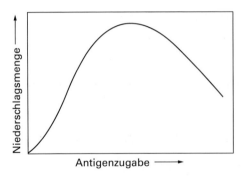

Abb. 12.10: Antigen-Antikörper-Fällungs-Reaktion (schematisch).

bereits hochreine Proteinlösungen voraus, welche dann in kleinsten Volumina (nl bzw. μl) mit Fällungsmitteln (hoch konzentrierte Salzlösungen, Alkohole, Polyethylenglycol) vermischt werden. Dabei muss sich das Protein-/Fällungsmittelgemisch im Phasendiagramm bereits im übersättigten Bereich befinden (Nukleationsbereich). Der Fällungsvorgang kann dabei über diffusive Mischungsprozesse langsam und über lange Zeiträume (bis Monate) eingeleitet werden. Mit derart erzeugten Protein-Einkristallen gelang inzwischen vielfach die räumliche Aufklärung von Proteinen und Proteinkomplexstrukturen (z. B. Antigen – Antikörperkomplex).

Sumner gelang die Proteinkristallisation erstmals bei dem Enzym Urease und bei den Proteinen Concanavalin A und B. Zusammen mit Northrop (Pepsinkristallisation) erhielt er 1946 den Nobelpreis für Chemie.

Von erheblicher Bedeutung ist die Bildung von Proteinkristallen auch für Formulierung als Wirkstoff (Steuerung der Pharmakokinetik in Auflösungsprozessen) sowie zur Steigerung der Proteinlagerungsdauer.

12.2.4 Fällung durch Reduktion: Gasförmige und gelöste Reduktionsmittel

Fällungen mithilfe reduzierender Reagenzien werden vor allem bei der Analyse von Edelmetallen verwendet, doch können auch einige weniger edle Elemente auf diese Weise aus Lösungen ausgefällt werden (vgl. Tab. 12.11). Die Abscheidungen erfolgen meist recht langsam, die Lösungen sollen daher nach Reagenszusatz längere Zeit erwärmt werden.

12.2.5 Fällung durch Reduktion oder Oxidation: Elektrolyse

Eine besondere Art von Fällungsmethoden stellen die elektrolytischen Abscheidungen dar, bei denen kein Reagens, sondern der elektrische Strom zum Niederschlagen verwendet wird.

Zum Verständnis dieser Methoden ist die Kenntnis der Begriffe „Zersetzungsspannung", „Redoxpuffer", „Elektrodenpotenzial" und „Überspannung" erforderlich.

Tab. 12.11: Fällungen durch gasförmige und gelöste Reduktionsmittel (Beispiele)

Gefällt	Reduktionsmittel
Cu	$NaBH_4$, H_3PO_2, $VOSO_4$, $Na_2S_2O_4$
Ag	HCHO, H_3PO_2, $SnCl_2$, Ascorbinsäure, Hg^+, $NaBH_4$, $Na_2S_2O_4$, Hydrazin, Glycerin u. a.
Au	SO_2, $FeSO_4$, Hydrazin, Hydroxylamin, Oxalsäure, Ascorbinsäure, Hydrochinon, $NaBH_4$, $VOSO_4$, HCHO, HCOOH, $TiCl_3$
Cd	$NaBH_4$
Hg	H_3PO_2, H_3PO_3, $SnCl_2$, As^{3+}, HCHO, HCOOH, Hydrazin, $Na_2S_2O_4$, $NaBH_4$, SO_2, V^{2+}-Sulfat
Pb	$NaBH_4$, $CrCl_2$, $Na_2S_2O_4$
As	H_3PO_2, $SnCl_2$, $TiCl_3$, $CrSO_4$, Hg^+, $Na_2S_2O_4$
Sb	$Na_2S_2O_4$, H_3PO_2, V^{2+}-Sulfat
Bi	H_3PO_2, $Na_2S_2O_4$, $CrCl_2$, Na_2SnO_3, HCHO, $TiCl_3$, Hydrazin, V^{2+}-Sulfat
Se	SO_2, Hydrazin, Hydroxylamin, $SnCl_2$, Ascorbinsäure, $TiCl_3$, H_3PO_3, Glucose, H_3PO_2, Thioharnstoff, V^{2+}-Sulfat, $Na_2S_2O_4$
Te	SO_2, Hydrazin, Hydroxylamin, $TiCl_3$, $SnCl_2$, V^{4+}-Sulfat, H_3PO_3, Semicarbazid, V^{2+}-Sulfat
Ni	$NaBH_4$
Rh	Hydrazinsulfat, HCOOH, $TiCl_3$, VCl_2, $CrCl_2$
Pd	Hydrazinsulfat, HCOOH, H_2, $TiCl_3$, SO_2, CO, H_3PO_2, V^{2+}-Sulfat, Ethylen
Ir	HCOOH
Pt	Hydrazinhydrochlorid, HCOOH, H_2, $TiCl_3$, V^{2+}-Sulfat

Zersetzungsspannung. Legt man an einen metallischen Leiter eine steigende Gleichspannung an, so steigt die Stromstärke proportional zu der Spannung (Ohm'sches Gesetz); taucht man dagegen in die Lösung eines Elektrolyten zwei chemisch inerte Elektroden und erhöht die angelegte Spannung, so fließt zunächst nur ein minimaler, sog. „Reststrom". Erst nach Überschreiten einer bestimmten Spannung steigt die Stromstärke steiler an (vgl. Abb. 12.11). Verlängert man den ansteigenden Teil rückwärts bis auf die Abszisse, so erhält man die sog. „Zersetzungsspannung" des Elektrolyten. Diese ist vor allem von der Art der gelösten Ionen, aber auch von anderen Variablen abhängig.

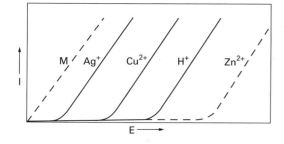

Abb. 12.11: Stromspannungskurven für metallische Leiter (M) und verschiedene Elektrolytlösungen (schematisch).
E = Spannung;
I = Stromstärke.

Im Gegensatz zu den Verhältnissen beim Stromdurchgang durch metallische Leiter treten bei Elektrolytlösungen an den Elektroden chemische Veränderungen der Lösung, sog. „*Elektrodenreaktionen*", auf. Diese sind im Prinzip sehr einfach:

An der *Kathode* werden der Lösung Elektronen zugeführt; Ionen, welche diese aufnehmen, werden *reduziert*.

An der *Anode* werden Elektronen aus der Lösung entfernt; Ionen, welche die Elektronen abgeben, werden dabei *oxidiert*.

Da im Elektrolyten nie ein nennenswerter Überschuss oder ein merkliches Defizit an Elektronen auftreten kann, müssen beide Vorgänge immer gleichzeitig und in stöchiometrischem Verhältnis ablaufen.

Infolge der großen Anzahl möglicher Oxidations- und Reduktionsreaktionen sind zahlreiche Elektrodenreaktionen bekannt, zumal an der Kathode sowohl Kationen als auch Anionen reduziert und an der Anode Kationen und Anionen oxidiert werden können. Die Verhältnisse können weiterhin durch die Bildung instabiler Reaktionsprodukte, die sekundär weiterreagieren, recht kompliziert werden.

Analytisch von Bedeutung sind vor allem Elektrodenreaktionen, bei denen ein Element oder eine Verbindung aus der Lösung quantitativ abgeschieden werden kann. Die hierfür günstigsten Bedingungen sind für eine ganze Anzahl von Elementen empirisch ermittelt worden.

Eine wichtige Störung der elektrolytischen Abscheidungen besteht darin, dass eine Ionenart in der Lösung durch den elektrischen Strom reversibel oxidiert und reduziert wird, ohne dass es zu einer Abscheidung kommt. Im Laufe der Elektrolyse wird dabei die höherwertige Form an der Kathode reduziert, das lösliche Reaktionsprodukt gelangt durch Diffusion oder durch Rühren an die Anode, wo es wieder oxidiert wird, u. s. f. Der Elektrolyt enthält in derartigen Fällen ein sog. „*Redoxpuffersystem*", und der durch die Lösung fließende Strom bewirkt im Endeffekt nur eine nutzlose Erwärmung.

Ein Beispiel hierfür ist eine Eisen(III)-sulfat-Lösung. Nach dem Einschalten des Stromes tritt an der Kathode Reduktion zum Eisen(II)-sulfat ein, das darauf an der Anode wieder oxidiert wird.

Elektrodenpotenzial. Zur Kennzeichnung des elektrochemischen Verhaltens einer Elektrolytlösung könnte die Zersetzungsspannung herangezogen werden, doch ist diese hierfür nur wenig geeignet, da sie in komplizierter Weise von verschiedenen Faktoren (z. B. von der Art des Anions) abhängt. Stattdessen wird der Begriff des „Elektrodenpotenzials" verwendet.

Taucht man eine metallische Elektrode in die Lösung eines ihrer Salze, so bildet sich an der Oberfläche ein elektrisches Potenzial aus, dessen Größe unter bestimmten Bedingungen für das jeweilige Metall charakteristisch ist.

Die absoluten Potenziale derartiger Einzelelektroden können aber experimentell nicht ermittelt werden, sondern man kann nur die Differenz der Potenziale zweier Elektroden messen. Um nun verschiedene Elektroden mit einander vergleichen zu können, werden sämtliche Potenziale gegen die sog. „Normalwasserstoffelektrode" gemessen oder zumindest auf sie bezogen. Das Potenzial dieser Elektrode wird dabei willkürlich gleich 0,0000 V gesetzt.

Die Messanordnung ist in Abb. 12.12 wiedergegeben. Im Gefäß a befindet sich die zu messende Metallelektrode in einer Lösung eines ihrer Salze (z. B. ein Kupferstab in einer Kupfersulfat-Lösung). Gefäß b enthält die Normalwasserstoffelektrode (ein platiniertes Platinblech, das von gasförmigem Wasserstoff von 1 bar Druck umspült wird; Elektrolyt: 2 N H_2SO_4-Lösung). Beide Gefäße sind elektrisch leitend durch die Brücke c verbunden, die mit einer gesättigten Salzlösung (z. B. KCl-Lösung) gefüllt ist, um die Ausbildung eines zusätzlichen Potenzialsprunges an der Grenzfläche der beiden Elektrolyte weitgehend auszuschalten. Die Potenzialdifferenz zwischen den beiden Elektroden wird mit dem hochohmigen Voltmeter d gemessen.

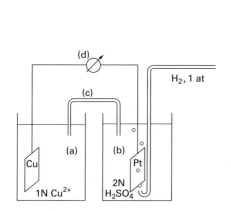
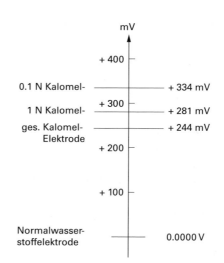

Abb. 12.12: Anordnung zur Potenzialmessung (Prinzip).
a) Gefäß mit der zu vermessenden Metallelektrode;
b) Normalwasserstoffelektrode;
c) Salzbrücke;
d) Voltmeter.

Abb. 12.13: Vergleichselektroden.

Wegen der etwas umständlichen Handhabung der Normalwasserstoffelektrode werden häufig andere Vergleichselektroden verwendet, deren Potenziale gegen die Normalwasserstoffelektrode genau vermessen sind. Drei der wichtigsten sind mit der Lage ihrer Potenziale in Abb. 12.13 wiedergegeben. Das Potenzial gegen die Normalwasserstoffelektrode ergibt sich durch Addition des Eigenwertes der Vergleichselektrode zum Messwert.

Der Einfluss von Temperatur und Konzentration der Lösung auf das so gemessene Potenzial wird in erster Näherung[2] durch die Nernst'sche Potenzialgleichung wiedergegeben:

$$E = E_0 + \frac{RT}{nF} \ln c, \tag{1}$$

wobei E das (gegen die Normalwasserstoffelektrode gemessene) Potenzial, E_0 eine für die betreffende Elektrode charakteristische Konstante, R die Gaskonstante, T die absolute Temperatur, n die Ladungsänderung beim Übergang des Metalls in das Ion, F die Faraday-Konstante = 96.500 Coulomb und c die Konzentration der Metall-Ionen in der Lösung (in Molalitäten m = Mol / 1000 g Wasser) bedeuten.

Setzt man für R und F die Zahlenwerte ein, rechnet den natürlichen in den dekadischen Logarithmus um und wählt eine Temperatur von 20 °C, so ergibt sich:

$$E = E_0 + \frac{0{,}058}{n} \log c \tag{2}$$

E_0 lässt sich durch Messung der Potenzialdifferenz E bei bekannter Konzentration c und bekanntem n ermitteln. Unmittelbar erhält man E_0 aus der Potenzialdifferenz bei $c = 1$ (Mol / 1000 g Wasser), da dann das zweite Glied der Gl. (2) wegen log 1 = 0 wegfällt.

Die Konstante E_0 wird als das „*Normalpotenzial*" eines Metalls bezeichnet; es bedeutet in erster Näherung die Spannung der Metallelektrode in einer 1 m Lösung eines ihrer völlig dissoziierten Salze[3] gegen die Normalwasserstoffelektrode.

Ordnet man die Metalle in der Reihenfolge ihrer Normalpotenziale an, so erhält man die sog. „*Spannungsreihe*" (Tab. 12.12).

Tab. 12.12: Spannungsreihe

Metall	Normalpotenzial	Metall	Normalpotenzial
Ca	−2,84	Sn	−0,14
Na	−2,71	Pb	−0,13
Al	−1,66	H_2	0,0000
Mn	−1,05	Bi	+ 0,3
Cr	−0,86	Cu	+ 0,34
Zn	−0,76	Hg	+ 0,80
Fe	−0,44	Ag	+ 0,80
Cd	−0,40	Pt	+ 1,2
Co	−0,27	Au	+ 1,4
Ni	−0,23		

---

[2] In der exakten Gleichung muss die Konzentration c durch die Aktivität a ersetzt werden.
[3] Genauer: Lösung der Aktivität 1.

Je stärker negativ das Normalpotenzial eines Metalls ist, desto schwerer, je stärker positiv es ist, umso leichter lässt es sich reduzieren. Sind mehrere Metall-Ionen gleichzeitig in einer Lösung vorhanden, so wird zuerst das „edelste", d. h. das Ion mit dem positivsten Potenzial, abgeschieden.

Die Normalpotenziale sind idealisierte Größen, zu deren Ermittlung nicht die Konzentrationen, sondern die Aktivitäten verwendet werden. Bei der praktischen Durchführung von Elektrolysen sind jedoch diejenigen Potenziale von größerer Bedeutung, die sich in den Lösungen tatsächlich einstellen. Sie werden als „Realpotenziale" bezeichnet. Diese können beträchtlich von den Normalpotenzialen abweichen.

Überspannung. Die Zersetzungsspannung eines Elektrolyten ist im Idealfalle gleich der Differenz des Anoden- und des Kathodenpotenzials.
Häufig beobachtet man jedoch eine höhere Zersetzungsspannung, als sich aus den beiden Potenzialen errechnet. Man schreibt diese Anomalie Hemmungserscheinungen bei der Abscheidung zu und bezeichnet sie als „Überspannung". Derartige Überspannungen können sowohl bei kathodischen als auch bei anodischen Reaktionen auftreten. Bei der Abscheidung von Metallen ist die Überspannung im Allgemeinen klein (einige Zehntel Volt); größere Beträge kann sie je nach Kathodenmaterial bei der Abscheidung von Wasserstoff annehmen (Tab. 12.13).

Tab. 12.13: Überspannung der Wasserstoffabscheidung an verschiedenen Metallen bei einer Stromdichte von 0,01 A/cm^2

Metall	Überspannung (Volt)
Pd	0,04
Pt (blank)	0,16
Ni	0,3
Cu	0,4
Pb	0,4
Sn	0,5
Zn	0,7
Hg	1,2

Die Wasserstoffüberspannung ist von großer Bedeutung, da beim Elektrolysieren wässriger Lösungen immer Wasserstoff abgeschieden werden kann. Infolge der Überspannung ist es möglich, Metalle aus wässrigen Lösungen abzuscheiden, die unedler als Wasserstoff sind; insbesondere kann man sich die hohe H$_2$-Überspannung an Quecksilber zu Nutze machen (s. u.).

Analytische Anwendungen der Elektrolyse. Bei der Anwendung der Elektrolyse in der analytischen Chemie unterscheidet man zwei verschiedene Arbeitsweisen:

- Abscheidung bei kontrollierter Stromstärke und
- Abscheidung bei kontrollierter Spannung oder kontrolliertem Potenzial.

Abscheidung bei kontrollierter Stromstärke. Zu Abscheidungen unter Kontrolle der Stromstärke werden Schaltungen gemäß Abb. 12.14 verwendet.

Der von der Gleichstromquelle a abgegebene Strom fließt nach dem Schließen des Schalters b über das Amperemeter f durch das Elektrolysengefäß c. Die Spannung kann durch den Schiebewiderstand d geregelt und mit dem Voltmeter e gemessen werden.

Beim praktischen Arbeiten ist es normalerweise nicht erforderlich, die Stromstärke genau konstant zu halten; man stellt sie zu Beginn der Elektrolyse auf den gewünschten Wert ein und regelt dann von Zeit zu Zeit nach. Außer reinem Gleichstrom kann auch pulsierender Gleichstrom aus einem Gleichrichter mit oder ohne Glättung verwendet werden.

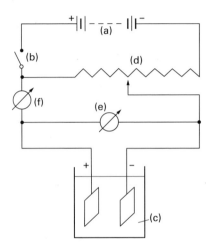

Abb. 12.14: Elektrische Schaltung für Elektrolysen unter Kontrolle der Stromstärke.
a) Gleichstromquelle;
b) Schalter;
c) Elektrolysengefäß mit Kathode und Anode;
d) variabler Widerstand;
e) Voltmeter;
f) Amperemeter.

Die Elektroden bestehen gewöhnlich aus einer Platin-Iridium-Legierung mit etwa 10 % Iridium, die chemisch besonders beständig ist. Von zahlreichen anderen in der Literatur angegebenen Materialien spielt nur metallisches Quecksilber eine gewisse Rolle.

Die Platin-Kathoden werden vorwiegend in Form zylindrischer Netze mit festem Stiel und Oberflächen von etwa 100–150 cm^2 eingesetzt; die zugehörigen Anoden bestehen entweder aus einem dicken, spiralförmig gewundenen Platindraht oder aus einem zweiten, in dem ersten stehenden Netz. Derartige Elektroden besitzen den Vorteil, dass die Lösung leicht durch die Öffnungen des Netzes zirkulieren kann und die Niederschläge fest an den Drähten haften, die sie röhrenförmig umschließen.

Für Elektrolysen in kleinerem Maßstabe werden die Abmessungen der Netze verringert; Abscheidungen aus wenigen Millilitern Lösung führt man mit einfachen Drahtelektroden durch.

Für elektrolytische Abscheidungen wählt man gewöhnlich Lösungen, die Schwefelsäure, Salpetersäure, Schwefelsäure + Salpetersäure oder Perchlorsäure enthalten. Salzsäure und Chloride stören, da anodisch Chlor gebildet wird, welches die Elektroden angreift.

Die praktisch wichtigste Abscheidung ist die des Kupfers, doch werden außer diesem noch zahlreiche andere Elemente annähernd vollständig niedergeschlagen. Weiterhin lassen sich viele Hydroxide durch Elektrolyse ausfällen, indem man durch Erhöhen der Spannung Wasserstoff entwickelt und dadurch den pH-Wert an der Oberfläche der Kathode erhöht. Einige andere Hydroxide, z. B. $U(OH)_4$, werden durch Reduktion höherer Wertigkeitsstufen des betreffenden Elementes in schwach sauren Lösungen abgeschieden. Und schließlich können auch an der Anode Niederschläge entstehen, wenn durch Oxidation hydrolysierende höherwertige Ionen gebildet werden (vgl. Tab. 12.14).

Tab. 12.14: Elektrolytische Abscheidungen an Pt-Elektroden bei kontrollierter Stromstärke (selten angewandte Abscheidungen eingeklammert)

Kathodisch als Elemente abscheidbar:
Ag, Bi, Cd, Cu, Co, Hg, Ni (As, Au, Ga, In, Pb, Pd, Pt, Rh, Ru, Sb, Se, Sn, Te, Tl, Zn).

Kathodisch als Verbindungen abscheidbar:
(Al, Am, Cd, Cm, Cr, Fe, La, Mg, Mn, Mo, Np, Pu, Sn, Tc, Th, Ti, U, Zr u. a. als Hydroxide bzw. Oxidhydrate; As, Ge, Sb als Hydride).

Anodisch als Verbindungen abscheidbar:
Pb^{4+} (Ag^{2+}, Co^{3+}, Mn^{4+}, Tl^{3+}) als Oxide bzw. Oxidhydrate.

Verschiedene Metalle (Bi, Cd, Ga, Hg, In, Sn, Zn) legieren sich während der Elektrolyse oberflächlich mit dem Platin der Kathode; bei der Abscheidung dieser Elemente wird die Elektrode daher zweckmäßig zuerst mit einem Überzug von Kupfer oder Silber versehen.

Die Abscheidung von Hydroxiden und Oxidhydraten spielt vor allem in der Radiochemie eine Rolle, da man auf diese Weise sehr kleine Mengen radioaktiver Stoffe gleichmäßig auf flachen Elektroden niederschlagen kann. Dadurch wird eine geometrisch günstige Anordnung zur Messung der Aktivität erzielt. Derartige Abscheidungen können in becherförmigen Gefäßen (vgl. Abb. 12.15) durchgeführt werden.

Auch extrem geringe, unwägbare Mengen radioaktiver Substanzen können elektrolytisch abgeschieden werden, doch treten dabei beträchtliche Schwierigkeiten durch Bildung von Radiokolloiden, Adsorption an den Gefäßwänden und durch Einschleppen von Verunreinigungen auf.

Die *Abscheidungsgeschwindigkeit* nimmt während der Elektrolyse immer mehr ab, sodass die letzten Substanzreste nur sehr langsam aus der Lösung entfernt werden. Durch Rühren wird die Abscheidung stark beschleunigt, ferner soll die Oberfläche der

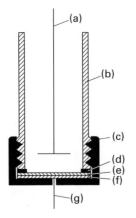

Abb. 12.15: Gerät zur elektrolytischen Abscheidung radioaktiver Substanzen.
a) Anode;
b) Glasröhrchen mit Gewinde;
c) Bakelit-Schraubkappe;
d) Neopren-Dichtung;
e) Kathode (Platin-Blech);
f) Kupfer-Blech mit
g) Stromzuführung.

Elektrode im Verhältnis zum Lösungsvolumen möglichst groß sein. Eine Erhöhung der Stromstärke ist im Allgemeinen ebenfalls günstig, obwohl bei hohen Stromstärken die Wasserstoffentwicklung zunimmt. Eine mäßige H_2-Entwicklung beschleunigt die Metallabscheidung, da die Diffusionsschicht an der Elektrode immer wieder aufgerissen wird, sodass frische Lösungsanteile an die Oberfläche gelangen können. Bei zu starker Wasserstoffentwicklung werden jedoch die Abscheidungen von Metallen porös und neigen zum Abfallen von der Kathode, und außerdem wird ein Teil des Stromes in zunehmendem Maße nutzlos verbraucht.

Elektrolyse an Quecksilberkathoden. Die von Gibbs eingeführten Quecksilberkathoden bringen gegenüber den Platin-Kathoden einige Vorteile: Einmal ist die Abscheidung verschiedener Metalle erleichtert, da unter Energiegewinnung verdünnte Lösungen im Quecksilber oder intermetallische Verbindungen gebildet werden; weiterhin lassen sich wegen der hohen Wasserstoff-Überspannung am Hg (vgl. Tab. 12.13) mehrere unedle Metalle abscheiden, die man an Platin-Kathoden nicht niederschlagen kann, und schließlich können große Mengen abscheidbarer Metalle aus Lösungen entfernt werden, da die Niederschläge nicht von der Elektrode abfallen können. Eine Übersicht über die Leistungsfähigkeit der Methode ist in Tab. 12.15 gegeben.

Tab. 12.15: Metallabscheidungen aus schwefelsauren Lösungen an Quecksilber-Kathoden

Abscheidbar, quantitativ im Quecksilber:
Ag, Au, Bi, Cd, Co, Cr, Cu, Fe, Ga, Hg, In, Ir, Mo, Ni, Pd, Po, Pt, Rh, Sn, Tc, Tl, Zn

Quantitativ aus der Lösung entfernt, aber nicht vollständig im Quecksilber:
As, Os, Pb, Se

Unvollständig abgeschieden:
Ge, Mn, Re, Sb, Te.

Man verwendet Quecksilber-Kathoden vor allem dann, wenn große Mengen eines abscheidbaren Elementes von Spuren anderer Elemente abgetrennt werden sollen, die quantitativ in der Lösung verbleiben. Die Elektrolysen werden fast ausschließlich in schwefelsauren oder perchlorsauren Lösungen durchgeführt.

Als Geräte werden u. a. einfache Bechergläser verwendet, auf deren Boden sich die Quecksilber-Kathode befindet; als Anode taucht ein Platin-Draht in die Lösung. Etwas aufwendiger sind Gefäße mit Kühlmantel, Abflusshahn und eingeschmolzenem Platinstift als Stromzuführung zur Kathode (vgl. Abb. 12.16).

Silber- und Cadmium-Anoden. Zu erwähnen sind noch Silber-Anoden, die zur Abscheidung von Chlor, Brom und Iod aus den entsprechenden Halogenidlösungen vorgeschlagen wurden. Man erhält Niederschläge der Silberhalogenide, die bei günstiger Zusammensetzung der Elektrolyte (z. B. alkalische Tartrat-Lösungen) fest an der Anode haften. Auch einige andere Anionen können durch Elektrolyse aus Lösungen entfernt werden, z. B. Sulfid an Cadmium-Anoden. Alle diese Verfahren haben aber keine größere Bedeutung erlangt.

Elektrolyse bei kontrollierter Spannung. Elektrolysiert man eine Lösung, die mehrere Verbindungen mit unterschiedlichen Zersetzungsspannungen (vgl. Abb. 12.11) enthält, so kann die Elektrolysenspannung so eingeregelt werden, dass das am leichtesten abscheidbare Element allein niedergeschlagen wird.

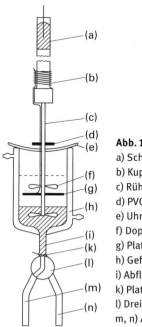

Abb. 12.16: Gerät zur Elektrolyse mit Hg-Kathode.
a) Schaft des Rührers mit Stromzuführung;
b) Kupferdrahtlage;
c) Rührer;
d) PVC-Scheibe;
e) Uhrglas;
f) Doppelrührer;
g) Platinspirale (Anode);
h) Gefäß mit Kühlmantel;
i) Abfluss;
k) Platin-Draht als Stromzuführung;
l) Dreiweghahn;
m, n) Ablaufrohre.

Die einfachste Spannungskontrolle besteht in der Verwendung einer Stromquelle mit bestimmter Maximalspannung, die ohne Zwischenschaltung eines Widerstandes direkt an die beiden Elektroden angelegt wird („Kurzschlusselektrolyse"). Wird z. B. eine einzelne Zelle eines Bleisammlers angeschlossen, so kann die Spannung nicht über 2 V ansteigen. Auf diese Weise lassen sich verschiedene edlere Metalle von unedleren trennen.

Vielseitiger verwendbar ist die oben zur Elektrolyse bei kontrolliertem Strom angegebene Schaltung (Abb. 12.14). Man kann damit zu Beginn der Elektrolyse eine bestimmte Spannung einstellen (an Stelle der Stromstärke) und diese im Laufe der Abscheidung nachregeln. Einige Beispiele für damit erreichbare Trennungen sind in Tab. 12.16 wiedergegeben.

Tab. 12.16: Elektrolyse bei kontrollierter Spannung (Anwendungsbeispiele)

Abgeschieden	Nicht abgeschieden	Elektrolyt	Spannung (V)
Ag	Bi, Cd, Co, Cu, Ni, Zn	verd. H_2SO_4	1,2
Au	Cd, Cu, Ni, Zn	verd. HCl	1,3
Bi	Cd, Ni, Zn	verd. H_2SO_4	2,0
Cd	As, Co, Cu, Zn	KCN-Lösung	2,7
Cu	Cd	verd. $HClO_4$	2,2
Cu	Sn	NH_3 + Tartrat	1,8
Hg	Bi, Cu	verd. HNO_3	1,3

Elektrolysen bei konstanter Spannung dauern wegen der geringeren Stromstärke etwas länger als Elektrolysen bei konstantem Strom. Das Verfahren ist vor allem zur Abscheidung edlerer Metalle wie Ag, Au, Bi, Cu und Hg von Bedeutung. Auch Trennungen von Anionen (Cl^-, Br^- und I^- an Silberanoden) wurden beschrieben.

Potenzialkontrolle. Durch Elektrolyse bei konstanter Spannung können Elemente mit geringen Unterschieden in den Zersetzungsspannungen nicht getrennt werden, da mit fortschreitender Elektrolyse die Stromstärke sinkt, wodurch sich die Abscheidungsüberspannungen ändern. Man kann diese Störung beseitigen, indem man nicht die Spannung, sondern das Kathodenpotenzial während der Abscheidung konstant hält.

Die einfachste Methode zur Potenzialkontrolle verwendet das Prinzip des galvanischen Elementes: Ein edleres Metall wird abgeschieden, indem sich ein unedleres auflöst. Taucht man z. B. einen Zink- und einen Platin-Stab in die zu elektrolysierende Lösung und schließt beide kurz, so nimmt das Zink ein bestimmtes Potenzial an, das durch die Zink-Ionenkonzentration in der Lösung (und die Temperatur) bestimmt wird. An der Platin-Elektrode stellt sich infolge der leitenden Verbindung das gleiche Potenzial ein. Ionen von Metallen, die edler als Zink sind, werden reduziert und metallisch auf der Platin-Elektrode abgeschieden, wobei die äquivalente Menge an Zink in Lösung geht (vgl. Abb. 12.17). Das Verfahren wird als „Innere Elektrolyse" bezeichnet.

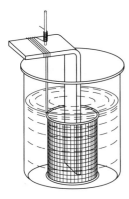

Abb. 12.17: Innere Elektrolyse ohne Diaphragma.

An sich bleibt das Potenzial des Zink-Stabes nicht konstant, da die Zink-Ionenkonzentration in der Lösung fortlaufend erhöht wird. Wenn aber die Lösung schon zu Beginn der Elektrolyse eine relativ hohe Zink-Konzentration enthält und die Menge des abgeschiedenen Metalls gering ist, ändert sich die Konzentration an gelöstem Zink kaum, und man kann das Potenzial der beiden Elektroden als praktisch konstant ansehen.

Bei dieser Arbeitsweise sollte sich das abgeschiedene Element nicht nur auf der Platin-, sondern auch auf der Zink-Elektrode niederschlagen. Liegen nur geringe Metallmengen in der Lösung vor, so ist das jedoch nicht der Fall. Die Erklärung hierfür ist wohl in höherer Überspannung der Metallabscheidung am Zink gegenüber dem Platin zu suchen.

Zur Abscheidung etwas größerer Metallmengen durch innere Elektrolyse verwendet man Gefäße, bei denen die beiden Elektroden durch eine poröse Scheidewand, ein sog. „Diaphragma", getrennt sind. Die unedle Elektrode wird dabei in einen Tonzylinder oder in eine Dialysierhülse gestellt oder mit einer Kollodiumschicht überzogen. Die Gegenelektrode kann konzentrisch darum angeordnet werden.

An Stelle von Zink sind auch andere Metalle als unedle Elektrode verwendbar, wodurch das Potenzial des Systems in gewissen Grenzen wählbar wird. Ferner lässt sich ein unedles Potenzial durch Einstellen einer inerten Platin-Elektrode in ein reduzierendes gelöstes Redoxsystem erzielen, und schließlich kann man auch anodische Abscheidungen höherer Oxide bzw. Oxidhydrate durchführen, indem man als Gegenelektrode ein stark oxidierendes System wählt (vgl. Tab. 12.17).

Die Innere Elektrolyse hat vor allem den Vorteil der apparativen Einfachheit. Sie gestattet auch Abscheidungen von Metallen aus chloridhaltigen Lösungen, da kein freies Chlor entsteht. Nachteilig ist die Langsamkeit der Abscheidungen, sodass selbst Geräte mit Diaphragma und Rührung nur die Abtrennung kleiner Metallmengen (maximal etwa 10 mg) gestatten.

Eine bessere Überwachung und Regelung von Elektrolysen wird durch kontinuierliche Messung und Kontrolle des Kathodenpotenzials erreicht. Man führt dabei die Salzbrücke einer Kalomel-Vergleichselektrode dicht an die Kathode heran und misst deren Potenzial mit einem hochohmigen Voltmeter (Abb. 12.18).

Tab. 12.17: Innere Elektrolyse (Anwendungsbeispiele)

Abgeschieden	Diaphragma	Anode	Nicht abgeschieden
Ag	Pergament	Cu/Cu(NO$_3$)$_2$	As, Bi, Cu, Fe, Ni, Pb
Ag, Bi, Cu	–	Pt/V^{3+} + V^{2+}	–
Bi, Cu	Al$_2$O$_3$	Pb/Pb(NO$_3$)$_2$	As, Cd, Fe, Pb, Sb, Sn, Zn
Cd	–	Zn/ZnSO$_4$	Zn
Cu	Pergament	Fe/FeSO$_4$	As, Cd, Co, Fe, Ni, Pb, Zn
Hg	Pergament	Cu/CuSO$_4$	Cu, Zn
Ni	Pergament	Zn/Zn(NH$_3$)$_6$Cl$_2$	Zn
Pb	Ton	Zn/Zn(NO$_3$)$_2$	Zn
PbO$_2$	Kollodium	Kohle/K$_2$S$_2$O$_8$-Lösung	–
Zn	Kollodium	Na-Amalgam/Na$_2$SO$_4$	–

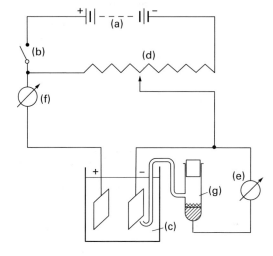

Abb. 12.18: Schaltung für die Elektrolyse bei kontrolliertem Potenzial (Prinzip).
a) Stromquelle;
b) Schalter;
c) Elektrolysegefäß;
d) Schiebewiderstand;
e) hochohmiges Voltmeter;
f) Amperemeter;
g) Kalomelelektrode.

Die Schaltung entspricht weitgehend der in Abb. 12.14 für die Elektrolyse bei kontrollierter Stromstärke angegebenen. Zusätzlich ist die Kalomel-Vergleichselektrode g vorhanden. Das Potenzialmessgerät e muss einen hohen inneren Widerstand besitzen, damit die Messung praktisch stromlos erfolgt; andernfalls würde die Vergleichselektrode geschädigt werden.

Um die unbequeme laufende Beaufsichtigung der Elektrolyse zu vermeiden, wurden selbsttätig regelnde Geräte, sog. „Potentiostaten", entwickelt. Mit diesen kann ein wahlweise vorgegebenes Potenzial auf wenige Millivolt genau konstant gehalten werden.

Bei einer quantitativen Abscheidung wird man anstreben, dass höchstens noch etwa 0,1 % der ursprünglich vorhandenen Metallmenge in der Lösung zurückbleibt. Das entspricht einer Abnahme der Konzentration um drei Zehnerpotenzen; da sich nach Gl. (2) das Potenzial einer Elektrode bei einer Änderung der Konzentration im Elektrolyten um eine Zehnerpotenz um 58 mV ändert (einwertige Ionen vorausgesetzt), muss es bei einer praktisch quantitativen Abscheidung um $3 \cdot 58 = 174$ mV unedler werden. Sollen zwei einwertige Ionen voneinander getrennt werden, so müssen sich demnach ihre Abscheidungspotenziale zu Beginn der Elektrolyse um mindestens diesen Betrag unterscheiden. Wegen unvermeidbarer Fehler bei der Potenzialregelung und wegen der Änderung der kathodischen Überspannung mit der Stromstärke ist jedoch normalerweise eine Potenzialdifferenz von mindestens 0,2 V zur Trennung erforderlich. Zur Trennung zweiwertiger Ionen braucht diese Differenz nur etwa 0,1 V, zur Trennung dreiwertiger Ionen 0,07 V zu betragen.

Mithilfe der Potenzialkontrolle kann die Trennschärfe elektrolytischer Abscheidungen wesentlich verbessert werden. Da man die Abscheidungspotenziale durch Zugabe von Komplexbildnern verschieben kann, lassen sich durch derartige Zusätze weitere Verbesserungen erzielen.

Die für eine bestimmte Trennung zu wählende Zusammensetzung der Lösung und das einzustellende Kathodenpotenzial müssen empirisch ermittelt werden, da die realen Potenziale stark von den Normalpotenzialen abweichen können. (Bei Verwendung von Quecksilberkathoden können die Potenziale aus den oft bekannten polarographischen Halbstufenpotenzialen entnommen werden). Einige Beispiele für elektrolytische Trennungen unter Potenzialkontrolle sind in Tab. 12.18 angegeben.

Tab. 12.18: Elektrolyse bei kontrolliertem Potenzial (Beispiele)

Abgeschieden	Elektrolyt	Potenzial geg. ges. Kalomel-El. (V)	Nicht abgeschieden
Cu	HCl + HNO$_3$ + Hydrazin + Harnstoff + Tartrat + Succinat, pH 5,3	−0,30	Bi, Cd, Ni, Pb
Bi	HCl + HNO$_3$ + Hydrazin + Harnstoff + Tartrat + Succinat, pH 5,3	−0,40	Cd, Ni, Pb
Pb	HCl + HNO$_3$ + Hydrazin + Harnstoff + Tartrat + Succinat, pH 4–5	−0,60	Cd, Ni, Sb, Sn, Zn
Sn	HCl + HNO$_3$ + Hydrazin + Harnstoff + Tartrat + Succinat, pH 2	−0,60	Cd, Fe, Mn, Zn u. a.
Cu	HClO$_4$ + Tartrat + Hydrazin + NH$_3$	−0,40	Cd, Pb, Zn
Pb	HClO$_4$ + Tartrat + Hydrazin + NH$_3$	−0,60	Cd, Zn
Ag	ca. 1 m NH$_3$	−0,24	Cd, Cu
Cu	ca. 1 m NH$_3$	−0,73	Cd
Rh	3,5 M NH$_4$Cl	−0,4	Ir
Bi	H$_2$SO$_4$ + Hydrazin + Na-Citrat, pH 3	−0,2	Sb, Sn
Sb	H$_2$SO$_4$ + Hydrazin + Na-Citrat + HCl, pH 3	−0,3	Sn

Leistungsfähigkeit elektrolytischer Trennungsmethoden. Der Hauptvorteil elektrolytischer Abscheidungen liegt darin, dass Trennungen ohne Zugabe von Chemikalien und ohne Filtrationen möglich sind, wobei die Konzentrationen in den Ausgangslösungen in weiten Grenzen schwanken können. Weiterhin sind die Mitreißeffekte im Allgemeinen sehr klein, sodass außergewöhnlich hohe Trennfaktoren erreicht werden. Bei zahlreichen Trennungen kann sogar der Hauptbestandteil abgeschieden werden, ohne dass in Lösung befindliche Spurenelemente merklich in den Metallniederschlag eingebaut werden. Für derartige Trennungen sind besonders Quecksilberkathoden geeignet, da man an diesen große Metallmengen abscheiden kann.

Dem stehen einige Nachteile und Schwierigkeiten gegenüber. Die vollständige Entfernung eines Ions aus einer Lösung ist nicht möglich, es bleiben immer nachweisbare Mengen unabgeschieden zurück, deren Beträge je nach Element, Zusammensetzung der Lösung und Elektrolysebedingungen unterschiedlich sind. Weitere unvermeidbare Verluste entstehen bei der Beendigung der Elektrolyse: Man entfernt dabei, ohne den Strom zu unterbrechen, die Elektrode aus der Lösung und spült sie schnell mit Wasser ab; auch bei sehr sorgfältiger und schneller Arbeitsweise wird ein merklicher Teil des Niederschlages, der in frisch abgeschiedenem Zustand leicht angreifbar ist, wieder aufgelöst. Bei edleren Elementen, wie z. B. Kupfer, beträgt diese Menge etwa 0,03–0,1 mg, sie kann aber bei weniger edlen Metallen wie Zinn oder Blei auf mehr als 1 mg ansteigen.

Tritt zusätzlich zur Metallabscheidung an den Elektroden noch eine Gasentwicklung ein, was bei der Arbeitsweise mit kontrollierter Stromstärke normalerweise der Fall ist, so versprüht beim Durchbrechen der feinen Gasbläschen durch die Oberfläche der Flüssigkeit etwas Lösung, und die gebildeten Tröpfchen können aus dem Elektrolysengefäß herausgetragen werden. Diese Störung wird durch Abdecken des Gefäßes mit einem in zwei Teile zerbrochenen Uhrglas, dessen Unterseite von Zeit zu Zeit abgespritzt wird, behoben.

Weiterhin neigen manche Abscheidungen zum Abfallen von der Elektrode, es können Reste von Lösung oder von Oxiden im Niederschlag eingeschlossen werden, und schließlich gelangen während der Elektrolyse geringe Mengen des Anodenmaterials (bei Verwendung von Quecksilber-Kathoden auch des Kathodenmaterials) in die Lösung.

Störungen der Abscheidung können bei Anwesenheit von Komplexbildnern sowie von Redoxpuffersystemen in hoher Konzentration auftreten. Die Störung durch Chlorid wurde bereits erwähnt.

12.3 Trennungen durch einmalige Gleichgewichtseinstellung: Arbeitsweise mit zwei Hilfsphasen

12.3.1 Mitfällung

Der bereits beschriebene Mitreißeffekt lässt sich zu analytischen Trennungen ausnutzen, wenn der mitgerissene Bestandteil praktisch vollständig aus einer Lösung entfernt werden kann. Die Mitfällung ist häufig quantitativ, wenn die mitgerissene Verbindung in geringer Konzentration vorliegt. Die Methode eignet sich daher vor allem zum Anreichern von Spurenbestandteilen, und der mitreißende Niederschlag wird dementsprechend auch als „Spurenfänger" bezeichnet.

Da bei diesem Verfahren zwei Hilfsphasen, das Lösungsmittel und der Niederschlag, vorliegen, können „Mitreißisothermen" ermittelt werden, die formell den Adsorptions- oder Ionenaustauschisothermen entsprechen, bei denen jedoch vielfach keine Gleichgewichtseinstellung vorliegt. Zur Bestimmung dieser Isothermen erzeugt man unter festgelegten Bedingungen eine bestimmte Niederschlagsmenge und ermittelt die Verteilung des Mitgerissenen auf Niederschlag und Lösung in Abhängigkeit von der Konzentration. Dabei werden oft Kurvenformen erhalten, die den Freundlich- oder Langmuir-Isothermen entsprechen[4] (vgl. Abb. 12.19a). Bei kristallinen Fällungen sind auch Nernst-Verteilungen beobachtet worden.

Der Mitreißeffekt lässt sich – wie bereits erwähnt – durch Adsorption sowie Verbindungs- oder Mischkristallbildung erklären, doch ist die Deutung im konkreten Falle meist nicht möglich, und auch die Isothermenform gestattet in der Regel keine eindeutigen Entscheidungen.

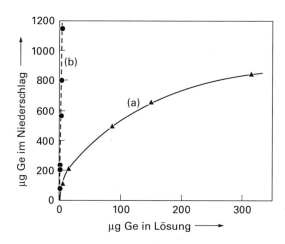

Abb. 12.19: Mitfällung von Germanium(IV) mit Eisen(III)-hydroxid und Zinn(IV)-sulfid.
a) 20 mg Fe aus 50 ml Lösung als Fe(OH)$_3$ gefällt;
b) 10 mg Sn aus 20 ml Lösung als SnS$_2$ gefällt.

Ein anderer Mechanismus der Mitfällung liegt vor, wenn ein schwer löslicher Niederschlag mitgerissen wird, der in so geringer Menge vorhanden ist, dass er nicht filtrierbar (und evtl. auch nicht sichtbar) ist. In derartigen Fällen wirkt ein zusätzlicher, in größerer Menge erzeugter Niederschlag als „Sammler"; die Isotherme besteht dann aus einer Senkrechten, deren Abstand von der Ordinate der Löslichkeit der mitgerissenen Verbindung entspricht (Abb. 12.19 b).

---

[4] Bei einer anderen Versuchsweise wird der mitreißende Niederschlag fraktioniert gefällt und die Verteilung des Mitgerissenen auf die einzelnen Fraktionen untersucht.

Als Spurenfänger werden verschiedene schwer lösliche anorganische Niederschläge verwendet, die meist in Mengen von etwa 10–100 mg ausgefällt werden. Wie aus Tab. 12.19 zu ersehen ist, sind hauptsächlich grobflockige nichtkristalline Niederschläge mit großer innerer Oberfläche zum Mitreißen geeignet.

Tab. 12.19: Mitfällung von Spurenelementen mit anorganischen Niederschlägen (Beispiele)

Niederschlag	Mitgefällt
$Al(OH)_3$	Be, Bi, Co, Cr^{3+}, Ga, In, PO_4^{3-}, Sn^{4+}, Ti, V^{5+}, W^{6+}, U^{6+}
$Fe(OH)_3$	Al, Ag, AsO_4^{3-}, Be, Bi, Cd, Co. Cr^{3+}, Mn, Mo^{6+}, Nb, Ni, Pb, Pd, PO_4^{3-}, Rh, Sb, Se^{4+}, Te^{6+}, Ti, Tl^{3+}, Selt. Erden, U^{6+}, W^{6+}, Zr
MnO_2	AsO_4^{3-}, Bi, Co, Cr, Mo^{6+}, Sb, Fe, Nb, Sn^{4+}, Pa, Tl^{3+}
CuS	Ag, Bi, Cd, Ge, Hg^{2+}, Pb, Pd, Pt, Sb, Tc, Zn
HgS	Ag, Bi, Cd, Cu, Pb, Tl^{I}, Zn
Te	Ag, Au, Hg, Pd, Pt, Se
As	Se, Te
Hg_2Cl_2	Ag, Au
LaF_3	Th, Transurane
$Zn[Hg(SCN)_4]$	Co, Cu, Ni
$Hg(IO_4)_2$	Th
K-Rhodizonat	Sr, Ba, Ra, Pu
NH_4-Dipikrylaminat	K, Rb, Cs
$CaCO_3$	Fe, Pb, Sr.

Eine weitere Art von Spurenfängern besteht aus Fällungen rein organischer Verbindungen; derartige Niederschläge werden auf verschiedene Weise erhalten.

Man kann beispielsweise Ethanol- oder Aceton-Lösungen wasserunlöslicher organischer Verbindungen in die wässrige Lösung des Spurenelementes eingießen. Geeignet sind z. B. Phenolphthalein, β-Naphthol, m-Nitrobenzoesäure, β-Hydroxynaphthoesäure u. a. Mitgerissen werden viele Komplexverbindungen von Metallen mit organischen Reagenzien, z. B. 8-Hydroxychinolin-, Anthranilsäure- oder Dimethylglyoxim-Verbindungen.

Eine zweite Gruppe von Niederschlägen erhält man durch Zugabe von Chlorid, Bromid, Iodid oder Thiocyanat zu wässrigen Lösungen verschiedener organischer Basen. Als solche werden Farbstoffe wie Methylviolett, Kristallviolett, Malachitgrün, Fuchsin, Methylenblau, Rhodamin B, Safranin, verschiedene Polymethinfarbstoffe u. a. verwendet.

Diese Niederschläge reißen vor allem Chloro-, Bromo- und Thiocyanato-Komplexe von Metallen mit, z. B. die Chloro-Komplexe des Tl^{3+}, Sb^{5+} und Au^{3+} sowie die Iodo- und Thiocyanato-Komplexe derselben Metalle und des Bi, Cd, Hg, In, Zn u. a.

Die oben genannten organischen Basen können auch durch Zugabe wasserlöslicher organischer Säuren, z. B. von Sulfonsäuren, gefällt werden.

Schließlich sind noch Niederschläge zu erwähnen, bei denen ein kolloidchemischer Fällungsmechanismus anzunehmen ist; das gilt vor allem für Tannin, das durch Zugabe von Methylviolett gefällt werden kann.

Man erzeugt meist mehrere Hundert Milligramm des organischen Niederschlages; in vielen Fällen können noch außerordentlich geringe Mengen an Spurenelementen mitgefällt werden (vgl. Tab. 12.20). Die Selektivität kann dabei durch günstige Wahl des pH-Wertes und durch Maskierung verbessert werden.

Tab. 12.20: Mitfällung anorganischer Elemente mit organischen Niederschlägen (Beispiele)

Bestandteile des Niederschlages	Medium	Mitgerissen (90–100 %) u. kleinste Konzentration
Methylviolett + SCN$^-$	verd. HCl	0,1 µg U/l
Methylviolett + I$^-$	verd. H$_2$SO$_4$	2 µg Bi/l
Methylviolett + I$^-$	0,5 N H$_2$SO$_4$	0,05 µg In/l
Kristallviolett + SCN$^-$	0,05 N HCl	10 µg Zn/l
p-Dimethylamino-azobenzol + Methylorange	0,2 N HCl	0,1 µg Tl^{3+}/l
8-Hydroxychinolin + β-Naphthol	neutral	2 µg Ni/l
Eriochromblau schwarz T + Methylviolett	pH 4	40 µg Cr^{3+}/l
Methylviolett + Tannin	0,6 N H$_2$SO$_4$	0,5 µg Sn^{4+}/l
Methylviolett + Tannin	0,2 N HCl	1 µg Zr/l
Methylviolett + Tannin	0,2 N HCl	0,0001 µg Nb/l
Methylviolett + Tannin	0,2 N HCl	0,7 µg Ta/l
Methylviolett + Tannin	0,2 N HCl	0,3 µg Mo^{6+}/l
Methylviolett + Tannin	0,2 N HCl	0,1 µg W^{6+}/l

Das Ausmaß der Mitfällung von Spurenelementen wird von zahlreichen Variablen beeinflusst. In Abb. 12.20 ist die Mitfällung von Vanadat mit einer Anzahl von Niederschlägen in Abhängigkeit von der ausgefällten Menge wiedergegeben. Dabei treten beträchtliche Unterschiede zwischen den verschiedenen Spurenfängern auf, außerdem zeigt sich, dass in diesen Beispielen der mitreißende Niederschlag in verhältnismäßig großer Menge erzeugt werden muss.

Eine wichtige Variable ist ferner der pH-Wert der Lösung nach Beendigung der Fällung; als Beispiel für dessen Einfluss sei die Mitfällung von Molybdat mit MnO$_2$ angeführt (Abb. 12.21).

Weiterhin sei auf die Bedeutung der Oberflächenladung des Niederschlages hingewiesen; diese kann durch die Fällungsbedingungen geändert werden. Erzeugt man z. B. in einer AgNO$_3$-Lösung mit steigenden Mengen an NaCl eine Silberchlorid-Fällung, so werden zunächst Ag$^+$-Ionen an der Oberfläche der festen Teilchen adsorbiert, und diesen wird eine positive Ladung verliehen. In der Lösung vorhandene positive Ionen, z. B. Pb^{2+}, werden nicht adsorbiert, während der negativ geladene Pb-Ethylendiamin-tetraessigsäure-Komplex praktisch vollständig mitgerissen wird (Abb. 12.22).

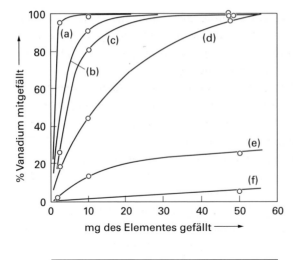

Abb. 12.20: Mitfällung von 43 µg Vanadium(V) aus 50 ml Lösung mit verschiedenen Niederschlägen.
a) $Cr(OH)_3$;
b) $Fe(OH)_3$;
c) $Al(OH)_3$;
d) $SiO_2 \cdot aq$;
e) Kalziumphosphat;
f) $BaSO_4$.

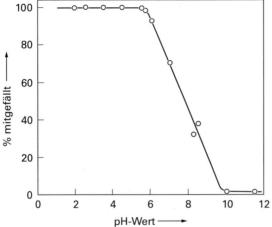

Abb. 12.21: Mitfällung von 10 µg Molybdän(VI) mit 5 mg MnO_2 in Abhängigkeit vom pH-Wert der Lösung.

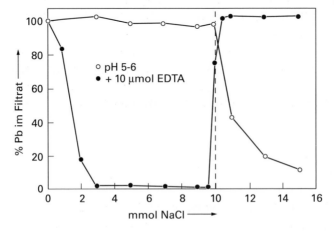

Abb. 12.22: Mitfällung von Blei (als Pb^{2+} und als Pb-EDTA-Komplex) mit AgCl in Abhängigkeit von der zugesetzten NaCl-Menge; 10 mMol $AgNO_3$ in Lösung.

Umgekehrt erhält der AgCl-Niederschlag durch Adsorption von Cl⁻Ionen eine negative Oberflächenladung, wenn die zum Fällen verwendete NaCl-Menge den Äquivalenzpunkt überschreitet, und nunmehr werden die positiven Pb^{2+}-Ionen adsorbiert, während der negative Pb-EDTA-Komplex abgestoßen wird.

Gelegentlich wird ein ausgeprägter Zeiteffekt beobachtet, indem die mitgefällte Verbindung erst nach längerem Rühren des Ansatzes völlig am Niederschlag adsorbiert wird („Nachfällung"); die Ursache dürfte eine langsam verlaufende Verbindungsbildung an der Oberfläche der festen Phase sein.

Die Bedeutung der Mitfällungsmethode besteht in der Möglichkeit, Spurenbestandteile auch aus extrem verdünnten Lösungen wirksam anreichern zu können. Vorteilhaft ist dabei die einfache und schnelle Durchführung.

Ein wesentlicher Nachteil des Verfahrens ist die geringe Selektivität, wodurch häufig die Anwendbarkeit begrenzt wird. Ferner liegen bisher kaum Untersuchungen darüber vor, inwieweit andere Bestandteile einer Lösung die adsorbierenden Zentren des Niederschlages blockieren und dadurch die Mitfällung behindern können.

Eine weitere Schwierigkeit besteht darin, dass die mitgerissenen Spurenbestandteile in der Regel von dem zum Mitreißen verwendeten Niederschlag wieder abgetrennt werden müssen. Nur bei den erwähnten organischen Fällungen (und bei Quecksilberniederschlägen) lässt sich der Spurenfänger durch einfaches Verglühen beseitigen.

12.3.2 Fällung mit festen Reagenzien – Fällungsaustausch

Mit den Mitreißverfahren eng verwandt ist eine Methode, bei der Spurenbestandteile durch Ausfällung auf der Oberfläche von festen Reagenzien aus Lösungen entfernt werden. So lässt sich z. B. Silber noch in Mengen von 0,05–50 µg aus 2 Liter Lösung auf einigen Milligrammen von festem p-Dimethylamino-benzylidenrhodanin praktisch vollständig abscheiden, und auch mit festem Dithizon ist eine entsprechende Reaktion durchführbar. Die zugesetzten Reagenzien sollen in möglichst voluminöser Form vorliegen; sie können durch Fällung unmittelbar vor der Anwendung oder durch Auskristallisieren in der Lösung selbst erzeugt werden.

Fällungsreaktionen auf der Oberfläche von schwer löslichen anorganischen Niederschlägen werden als „Fällungsaustausch" bezeichnet, da es sich dabei um einen Ionenaustausch, d. h. eine doppelte Umsetzung, handelt. Bei diesem Verfahren wird jedoch meist die Methode der einseitigen Wiederholung angewendet, sodass es erst später ausführlicher besprochen werden soll.

12.3.3 Zweiphasenfällung

Wenn sich das Fällungsreagens nicht in dem Lösungsmittel löst, in welchem der Analyt vorliegt, kann die „Zweiphasenfällung" angewendet werden. Man löst dabei die

Analysenprobe in einem Lösungsmittel (z. B. Wasser) und das Reagens in einem anderen (z. B. Benzol). Bringt man beide Lösungen durch Rühren oder Umschütteln in innige Berührung, so bildet sich der Niederschlag an der Phasengrenzfläche, sofern er in beiden Flüssigkeiten schwer löslich ist. Das Verfahren hat bisher nur geringe Bedeutung erlangt.

12.3.4 Zementation

Bei Abscheidungen durch Zementation werden Ionen edlerer Elemente durch unedlere feste Metalle reduziert und aus Lösungen ausgeschieden. Die Methode wurde bereits im Altertum zur Fällung von Kupfer-Ionen mit metallischem Eisen angewendet, aber erst von Bergman eingehend untersucht. Maßgebend für die Reaktion ist die Stellung der beiden beteiligten Elemente in der Spannungsreihe. Die Methode ist daher eng verwandt mit der inneren Elektrolyse.

Bei der Ausführung von Trennungen durch Zementation bringt man das unedlere Metall in Form von Stäbchen, Spänen oder Pulver in die Analysenlösung und verrührt das Ganze eine Zeit lang. Einige Anwendungsbeispiele sind in Tab. 12.21 wiedergegeben.

Tab. 12.21: Abscheidungen durch Zementation (Beispiele)

Abgeschiedenes Element	Metallisches Reduktionsmittel
Cu	Al, Cd, Fe, In, Zn
Ag	Al, Cu, Fe, Zn
Au	Ag, Zn
Cd	Fe, Zn
Hg	Cu, Fe, Zn
In	Zn
Tl	Mg, Zn
Ge	Fe, Mg, Zn
Sn	Zn
Pb	Al, Fe, Zn
As	Zn
Sb	Al, Cd, Fe, Sn, Zn
Bi	Al, Cu, Cd, Fe, Mg, Pb, Sn, Zn
Te	Fe, Zn
Fe	Zn
Ni	Fe, Zn
Ru	Mg
Rh	Cu, Mg, Sb, Zn
Pd	Ag
Os	Mg, Zn
Ir	Mg, Zn
Pt	Ag, Al, Cu, Hg, Mg, Zn

Bei Abwesenheit von Nebenreaktionen (z. B. von H_2-Entwicklung) ist die abgeschiedene Menge des edleren Metalls der in Lösung gegangenen des unedleren äquivalent. Man kann diese Beziehung zu quantitativen Analysen verwenden, z. B. bei der Bestimmung von elementarem Silicium neben SiO_2:

$$Si + 4\,AgF \longrightarrow 4\,Ag + SiF_4.$$

Das ausgeschiedene Silber wird bestimmt.

Der Vorteil der Zementationsverfahren liegt in der einfachen und schnellen Durchführung. Die Selektivität lässt sich bis zu einem gewissen Grade durch Wahl des unedleren Elementes verbessern.

Nachteilig ist, dass die Analysenlösung durch das zugegebene Element verunreinigt wird. Über die Vollständigkeit der Ausfällung durch Zementation liegen bisher kaum Untersuchungen vor.

12.4 Trennungen durch einseitige Wiederholung

12.4.1 Umfällen

Die Reinheit eines Niederschlages lässt sich durch Wiederauflösen und erneutes Fällen erhöhen. Bei diesem als „Umfällen" bezeichneten Verfahren werden mechanisch eingeschlossene Lösungsreste weitgehend entfernt, ferner wird der Gehalt an adsorbierten und durch Mischkristallbildung festgehaltenen Verunreinigungen verringert; allerdings nimmt meist der Reinigungseffekt mit abnehmender Konzentration der Verunreinigungen ab, besonders beim Vorliegen von steil verlaufenden Adsorptionsisothermen.

Die Verluste an gefällter Verbindung erhöhen sich beim Umfällen, sodass nur sehr schwer lösliche Niederschläge hierfür geeignet sind. Aus diesem Grunde sowie wegen der erwähnten schlechten Wirksamkeit bei sehr kleinen Verunreinigungskonzentrationen und der etwas zeitraubenden Durchführung pflegt man Fällungen nur einmal, selten öfter, zu wiederholen.

12.4.2 Fraktioniertes Fällen

Als „fraktioniertes" Fällen wird eine Arbeitsweise bezeichnet, bei der die Niederschläge stufenweise durch Zugabe mehrerer kleiner Portionen an Fällungsreagens oder durch langsames Erhöhen des pH-Wertes der Lösung erzeugt und die einzelnen Fraktionen für sich abfiltriert oder abzentrifugiert werden.

Im Idealfall sollten die Bestandteile der Lösung dabei vollständig voneinander getrennt werden; in der Praxis erreicht man jedoch meist nur Konzentrationsverschiebungen innerhalb der Fraktionen gegenüber dem Ausgangsgemisch.

Die Methode wird vor allem zur Untersuchung von komplizierten Gemischen einander ähnlicher Komponenten verwendet, z. B. zur teilweisen Trennung von Eiweißverbindungen durch steigende Salzzusätze; aus Lösungen von synthetischen Hochpolymeren fällt man durch Zugabe von mehreren Portionen einer schlechter lösenden Flüssigkeit Fraktionen aus. Durch Vergleich der Durchschnittsmolekulargewichte des Ausgangsmaterials und der Fraktionen kann man angenähert die Molekulargewichtsverteilung des ursprünglichen Polymeren ermitteln.

12.4.3 Fällungsaustausch – Fällungen mit Ionenaustauschern

Eine Anzahl von frisch gefällten Niederschlägen vermag Ionen anderer Verbindungen aus Lösungen aufzunehmen und an ihrer Oberfläche zu binden, wobei eine äquivalente Menge des gleich geladenen Ions des Niederschlages in Lösung geht. Als hierfür geeignet haben sich vor allem einige schwer lösliche Sulfide erwiesen, aber auch mit anderen Fällungen lassen sich derartige Austauschreaktionen durchführen (Tab. 12.22). Um die zur Verfügung stehende Oberfläche zu vergrößern, bringt man die Niederschläge häufig in feiner Verteilung auf inerte Träger (z. B. Kieselgel, Cellulose, Asbest) auf.

Diese Austauschreaktionen verlaufen sehr schnell; man saugt die Lösungen mit den abzutrennenden Ionen durch dünne Schichten oder kurze Säulen der Niederschläge hindurch. Allerdings ist die Kapazität der festen Phase gering, sodass das Verfahren auf die Abtrennung kleiner Mengen beschränkt ist.

Tab. 12.22: Trennungen durch Fällungsaustausch (Beispiele)

Niederschlag	Aus Lösungen abgetrennte Ionen und kleinste Konzentration
CdS	Bi^{3+} (ca. 0,4 mg/l); Ag^+ (5 mg/l); Hg^{2+} (0,1 mg/l)
CuS	As^{3+}
Ag_2S	Au^{3+} (30 µg/l)
AgCl	Br^- (0,8 mg/l)
AgBr	I^- (ca. 2 µg/l)
Ag_2CrO_4	Cl^- (2 mg/l)
Pb-Oxalat	S^{2-} (32 mg/l)
$BaSO_4$	Sr^{2+}
CaF_2	Seltene Erden; Cm

Eine Variante der Methode besteht im Austausch von radioaktiven Ionen aus Lösungen gegen inaktive Ionen gleicher Art im Niederschlag. So lässt sich z. B. radioaktives

^{110}Ag$^+$ (trägerfrei) aus extrem verdünnten Lösungen entfernen, indem man die Flüssigkeit durch eine Schicht aus frisch gefälltem AgI hindurchsaugt.

Beide Reaktionen, der Ionen- und der Isotopenaustausch, können zur Isolierung kurzlebiger radioaktiver Nuklide verwendet werden.

An dieser Stelle sind auch *Fällungen mit Ionenaustauschern* zu erwähnen. Diese können z. B. so durchgeführt werden, dass man die Analysenlösung durch eine Anionenaustauschersäule in der OH-Form fließen lässt. Ionen, die schwer lösliche Hydroxide bilden, werden auf dem Austauscher niedergeschlagen. So wurden Y^{3+} von Cs$^+$, La^{3+} von Ba^{2+} oder Ce^{3+} von Na$^+$ getrennt. Entsprechend lassen sich schwer lösliche Sulfate mit Anionenaustauschern in der Sulfat-Form fällen.

Die Bedeutung des Fällungsaustausches liegt vor allem darin, dass radioaktive Elemente in extrem geringen Konzentrationen aus Lösungen entfernt werden können.

12.5 Trennungen durch systematische Wiederholung: Fällungs-Chromatographie

Die Fällungs-Chromatographie entspricht den oben beschriebenen anderen säulenchromatographischen Verfahren. So kann man z. B. verschiedene Metall-Ionen an 8-Hydroxychinolin- oder Violursäure-Säulen trennen; die Metallverbindungen scheiden sich in der Reihenfolge ihrer Löslichkeiten ab, und die Zonen können mit verdünnten Säuren eluiert werden.

Verschiedene weitere Versuche dieser Art sind bisher meist unbefriedigend verlaufen; z. B. kann auf eine Agar-Agar-Säule, die etwas Natriumsulfid und eine Pufferlösung enthält, eine saure Lösung von Schwermetallsalzen aufgegeben werden; beim Eindiffundieren der Lösung in die Säulenfüllung bildet sich ein pH-Gradient aus, und die Schwermetalle werden nacheinander in getrennten Zonen als Sulfide ausgefällt. Auch Versuche, Metalle durch Zementation oder Elektrolyse in Säulen zu trennen, sind beschrieben worden.

Fällungen treten weiterhin – unbeabsichtigt – bei der Chromatographie anorganischer Ionen an Al$_2$O$_3$, MgO u. a. auf. Dabei können Niederschläge von Hydroxiden oder basischen Salzen durch Alkalireste auf der Säule in einzelnen Zonen ausgefällt werden.

12.6 Trennungen durch systematische Wiederholung: Dünnschicht-Technik (Fällungs-Papierchromatographie)

Chromatographische Trennungen können auch mit Papierträgern durchgeführt werden, in die Fällungsreagenzien eingearbeitet sind. Man unterscheidet dabei zwischen Papieren, die lösliche Reagenzien, und solchen, die schwer lösliche Niederschläge enthalten.

Die ersteren werden durch Tränken mit Reagenslösungen und Trocknen hergestellt, bei den letzteren werden Fällungsreaktionen innerhalb des Papiers durchgeführt, hier verlaufen die Trennungen als Fällungsaustausch-Reaktionen.

Beim Arbeiten mit derartigen Papieren gibt man in der üblichen Weise einen oder einige Tropfen Analysenlösung auf den Papierstreifen auf und entwickelt das Chromatogramm mit geeigneten Lösungen; auch die radial-chromatographische Technik ist angewandt worden.

Mit dieser Methode sind vor allem anorganische Ionen voneinander getrennt worden, seltener organische. Das Verfahren ist jedoch nicht sehr leistungsfähig und hat bisher keine größere Bedeutung erlangt.

Allgemeine Literatur

Einschlussverbindungen

E. Chernykh u. S. Brichkin, Supramolecular complexes based on cyclodextrins, High Energy Chemistry *44*, 83–100 (2010).

S. Fakayode, M. Lowry, K. Fletcher, X. Huang, A. Powe u. I. Warner, Cyclodextrins host-guest chemistry in analytical and environmental chemistry, Current Analytical Chemistry *3*, 171–181 (2007).

K. Harris, Fundamental and applied aspects of urea and thiourea inclusion compounds, Supramolecular Chemistry *19*, 47–53 (2007).

Y. Matsui, T. Nishioka u. T. Fujita, Quantitative structure-reactivity analysis of the inclusion mechanism by cyclodextrins, Topics in Current Chemistry 128 (Biomimetic Bioorg. Chem.), *61*–89 (1985).

J. Mosinger, V. Tomankova, I. Nemcova u. J. Zyka, Cyclodextrins in analytical chemistry, Analytical Letters *34*, 1979–2004 (2001).

Terekhova u. O. Kulikov, Cyclodextrins: physical-chemical aspects of formation of complexes "host-guest" and molecular selectivity in relation to biologically active compounds, Chemistry of Polysaccharides 38–76 (2005).

Elektrolyse

C. Gabrielli, J. Garcia-Jareno u. H. Perrot, Charge transport in electroactive thin films investigated by ac electrogravimetry, ACH – Models in Chemistry *137*, 269–297 (2000).

T. Riley u. C. Tomlinson, Analytical Chemistry by Open Learning: Principles of Electroanalytical Methods, John Wiley and Sons, Chichester (1987).

Fällen

Ausführliche Angaben über die Technik des Fällens finden sich in jedem Lehrbuch der quantitativen Analyse.

Fällung aus homogener Lösung

L. Gordon, M.L. Salutsky u. H.H. Willard, Precipitation from Homogeneous Solution, Wiley, New York (1959).

Filtrieren

A. Gasper, D. Öchsle u. D. Pongratz, Handbuch der Industriellen Fest/Flüssig-Filtration, Wiley-VCH (2000).

Mitfällung mit organischen Niederschlägen

S. Hoeffner, J. Conner u. R. Spence, Stabilization/solidification additives, in: R. Spence u. C. Shi, Stabilization and Solidification of Hazardous, Radioactive, and Mixed Wastes, CRC Press, Boca Raton, 177–198 (2005).
C. Vircavs, Organic disulfides – collectors for trace element preconcentration, Reviews in Analytical Chemistry *14*, 167–203 (1995).

Organische Fällungsreagenzien für anorganische Ionen

Y.B. Qu, Recent developments in the determination of precious metals. A review, Analyst (Cambridge, United Kingdom) *121*, 139–161 (1996).

Literatur zum Text

Fällungen mit Ionenaustauschern

P. Behra, J. Douch u. F. Binde, Sorption mechanisms at the solid-water interface, in: Effect of Mineral-Organic-Microorganism Interactions on Soil and Freshwater Environments, [Proceedings of an International Symposium on the Effect of Mineral-Organic-Microorganism Interactions on Soil and Freshwater Environments], 2nd, Nancy, France, Sept. 3–6, 1996, 1–13 (1999).

Fällungsaustausch

T. Neumann, Fundamentals of aquatic chemistry relevant to radionuclide behaviour in the environment, Woodhead Publishing Series in Energy *42* (Radionuclide Behaviour in the Natural Environment), 13–43 (2012).

Fällungs-Chromatographie

Y. Ito u. L. Qi, Centrifugal precipitation chromatography, Journal of Chromatography B: Analytical Technologies in the Biomedical and Life Sciences *878*, 154–164 (2010).
Y. Ito, Centrifugal precipitation chromatography: novel fractionation method for biopolymers, based on their solubility, Journal of Liquid Chromatography & Related Technologies *25*, 2039–2064 (2002).

Filter

M. Al-Aseeri u. Q. Bu-Ali, Filtration systems: classification & selection, TCE *778*, 44–46 (2006).

M. Dosmar u. S. Pinto, Crossflow filtration, Drugs and the pharmaceutical sciences *174* (Filtration and Purification in the Biopharmaceutical Industry), 495–542 (2008).

T. Meltzer, R. Livingstone u. M. Jornitz, Filters and experts in water system design, Ultrapure Water *20*, 26–28, 30 (2003).

L. Mignot, A. Plauchard, D. Lemoine, T. Jouenne u. G. Junter, Immobilized cell layer/microporous membrane filter combination. II. Analytical and biotechnological applications, Chimica Oggi *7*, 35–40 (1989).

L. Sheppard, Porous ceramics: processing and applications, Ceramic Transactions *31* (Porous Materials), 3–23 (1993).

B. Spivakov, V. Shkinev u. K. Geckeler, Separation and preconcentration of trace elements and their physicochemical forms in aqueous media using inert solid membranes, Pure and Applied Chemistry *66*, 631–640 (1994).

K. Spurny, Pore filters – aerosol filtration and sampling, in: K. Spurny, Lewis, Boca Raton, Advances in Aerosol Filtration 415–434 (1998).

Fraktionierte Fällung von (Bio)polymeren

C. Glatz, Separation processes in biotechnology. Precipitation, Bioprocess Technology *9*, 329–356 (1990).

J.-C. Roussel u. R. Boulet, Fractionation and elemental analysis of crude oils and petroleum cuts, Petroleum Refining *1* (Crude Oil, Petroleum Products, Process Flowsheets), *17–38*, 453–460 (1995).

N. Senesi, T. Miano u. G. Brunetti, Methods and related problems for sampling soil and sediment organic matter. Extraction, fractionation and purification of humic substances, Quimica Analitica (Barcelona) *13(Suppl. 1)*, S26–S33 (1994).

A. Torres, L. Foster u. G. Leland, Fractionation of serum proteins: in the search for disease biomarkers, American Biotechnology Laboratory *28*, 8–10, 13 (2010).

Geschwindigkeit von Fällungsreaktionen

B. Fritz u. C. Noguera, Mineral precipitation kinetics, Reviews in Mineralogy & Geochemistry *70* (Thermodynamics and Kinetics of Water-Rock Interaction), 371–410 (2009).

K. Nagy, Dissolution and precipitation kinetics of sheet silicates, Reviews in Mineralogy *31*, 173–233 (1995).

J. Schoot, O. Pokrovsky u. E. Oelkers, The link between mineral dissolution/precipitation kinetics and solution chemistry, Reviews in Mineralogy & Geochemistry *70* (Thermodynamics and Kinetics of Water-Rock Interaction), 207–258 (2009).

Proteinfällung zur Strukturanalyse

B. Rupp, Biomolecular Crystallography: Principles, Practice, and Application to Structural Biology, Garland Science, Taylor & Francis Group, New York (2010).

13 Löslichkeit: Extraktion und Phasenanalyse

13.1 Allgemeines – Definitionen – Hilfsphasen

Als „Extraktion" wird das Herauslösen einzelner Substanzen aus einem Gemisch fester Stoffe mit einem geeigneten Lösungsmittel bezeichnet[1]. Man kann das Verfahren als die Umkehr einer Fällungsoperation ansehen.

Bei der Extraktion wird demnach nur eine Hilfsphase, das Lösungsmittel, verwendet.

Der Extraktionsvorgang kann mit einer chemischen Reaktion verbunden sein (z. B. das Extrahieren von $CaCO_3$ aus Silikaten oder Fluoriden mit verd. HCl oder CH_3COOH). Verläuft die Extraktion ohne chemische Umsetzung, so gestattet die Methode die Isolierung einzelner unzersetzter Verbindungen, die entweder aus dem Extrakt gewonnen werden, oder die unangegriffen im Rückstand verbleiben. Im Bereich der anorganischen Analyse wird das Verfahren auch als „Phasenanalyse" bezeichnet.

Da Trennungen durch Extraktion nur dann wirksam durchgeführt werden können, wenn das Lösungsmittel mit jedem Teilchen der löslichen Komponente in Berührung kommt, muss das Ausgangsmaterial vor oder während der Extraktion fein zermahlen oder in die Form eines dünnen Films gebracht werden.

Beim Vorliegen von Mischkristallen ist eine wirksame Trennung durch Extraktion nicht möglich.

13.2 Trennungen durch einmalige Gleichgewichtseinstellung

Bei Trennungen durch einmalige Gleichgewichtseinstellung wird die Probe intensiv mit dem Lösungsmittel verrieben oder – besonders beim Vorliegen von organischen Substanzen – in einem „Mixgerät" mit drehbaren Messern in Gegenwart des Lösungsmittels fein zerkleinert.

Die einmalige Extraktion besitzt den Nachteil, dass immer etwas Lösung am Rückstand haften bleibt, wodurch die Trennwirkung verschlechtert wird.

---

[1] Das in der Literatur oft als Extraktion bezeichnete Ausschütteln aus Lösungen („liquid-liquid extraction") fällt nicht unter diese Definition.

13.3 Trennungen durch einseitige Wiederholung

13.3.1 Wiederholte Extraktion

Die erwähnte Störung durch Anhaften von Lösung an den unlöslichen Bestandteilen lässt sich beseitigen, indem man die Probe mehrfach extrahiert; diese Arbeitsweise wird daher sehr häufig angewandt.

Ringofenmethode. Anstelle der diskontinuierlichen Extraktion mit mehreren Portionen an Lösungsmittel kann man die Flüssigkeit auch kontinuierlich durch die Probe fließen lassen. Eine Anwendung dieses Prinzips stellt die „Ringofenmethode" dar: Ein Tropfen der zu untersuchenden Lösung wird in die Mitte eines kleinen Rundfilters gegeben, das über die zentrale Bohrung eines etwa 105 °C warmen Aluminium-Heizblockes gelegt wird (Abb. 13.1). Man fällt dann einen Teil der gelösten Stoffe auf dem Filter aus (z. B. durch Überleiten von H_2S-Gas) und wäscht die nicht gefällten Verbindungen mit einem aus einer Pipette zutropfenden Lösungsmittel radial nach außen. Die Waschflüssigkeit verdampft bei Annäherung an den inneren Rand der Heizblockbohrung; die gelösten Anteile bleiben in Form eines scharfen Ringes im Papier zurück und können mit Farbreagenzien empfindlich nachgewiesen werden.

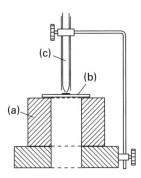

Abb. 13.1: Ringofenmethode.
a) Heizblock mit Bohrung;
b) Filterpapier mit Substanzgemisch;
c) Waschpipette mit Halteröhrchen.

Superkritische Fluidextraktion (SFE). Die Extraktion löslicher Bestandteile aus porösen Festkörpern mittels überkritischer Fluide (meistens CO_2) hat sich zu einer sehr effizienten Methode entwickelt.

Grundlage ist die Änderung der Solvenseigenschaften beim Überschreiten des sog. kritischen Punktes P_c in einem p,T-Phasendiagramm (siehe Abb. 13.2 am Beispiel für CO_2).

Kohlendioxid nimmt dabei Eigenschaften an, welche hinsichtlich der Viskosität mit der Gasphase vergleichbar ist, in Bezug auf die Löseeigenschaften aber denen einer Flüssigkeit ähnelt. Letztere hängt von der Dichte ab, welche sich variabel gestalten lässt. Die hohe Fließfähigkeit macht ein überkritisches Medium zum idealen Lösemittel, da zum einen die hohe Diffusionsfähigkeit ein Eindringen in poröse Festkörper er-

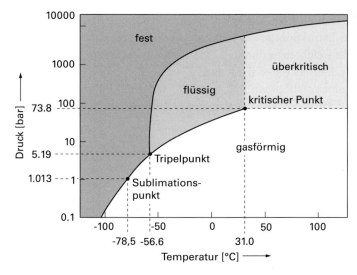

Abb. 13.2: p,T-Phasendiagramm von Kohlenstoffdioxid.

möglich, andererseits die Entfernung des überkritischen Mediums nach erfolgter Extraktion durch Druckentspannung leicht bewerkstelligt werden kann. Großtechnisch ist seit Jahren die Koffeinextraktion mittels SFE bekannt.

Eine Anlage zur SFE (siehe Abb. 13.3) besteht im Wesentlichen aus einer Pumpe, welche im Fall von CO_2 dieses als Flüssigkeit bei 5 °C und >74 bar durch eine Extraktorsäule transportiert, in welcher sich das zu extrahierende Material befindet. Nach der

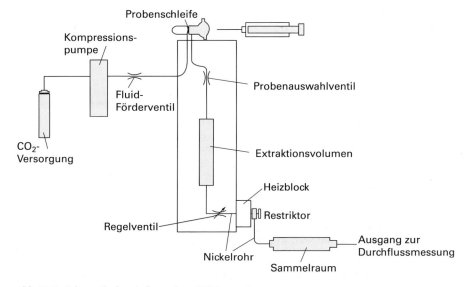

Abb. 13.3: Schematischer Aufbau einer SFE Apparatur.

Extraktorsäule befindet sich eine Restriktionskapillare, welche der Druckerhaltung dient. Aus dieser tritt das Extraktionsgemisch in den sog. Separator ein, ein Rezipient bei niedrigerem Druck, in welchem es durch die Expansion von CO_2 zur kontinuierlichen Trennung vom extrahierten Material kommt.

In Verbindung mit einer stationären Phase lässt sich damit eine superkritische Fluid – Chromatographie aufbauen, welches von großer Bedeutung zur Trennung von Polymergemischen ist.

13.3.2 Kreislaufverfahren

Häufig werden Extraktionsverfahren angewendet, bei denen man die bewegte Phase im Kreis führt; das Extraktionsmittel wird kontinuierlich durch Destillation gereinigt und erneut durch die Probe fließen gelassen.

Ein Gerät, mit dem die einzelnen Schritte dieser Arbeitsweise automatisch absatzweise durchgeführt werden, ist von Soxhlet angegeben worden (Abb. 13.4). Das Substanzgemisch befindet sich in einer Hülse aus Filterpapier b, in die das Extraktionsmittel aus dem Rückflusskühler c hineintropft. Wenn ein bestimmtes Flüssigkeitsniveau in der Hülse erreicht ist, wird die Lösung durch das Heberrohr d durch Siphonwirkung abgezogen; das Lösungsmittel wird im Kolben a verdampft und gelangt durch das Rohr e zum Rückflusskühler.

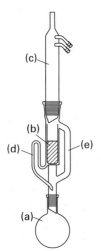

Abb. 13.4: Extraktionsgerät n. Soxhlet.
a) Kolben mit Lösungsmittel;
b) Filterpapierhülse mit Substanzgemisch;
c) Rückflusskühler;
d) Heberrohr;
e) Rohr zum Rückflusskühler.

Anstelle der absatzweisen Extraktion nach Soxhlet kann auch eine kontinuierliche Arbeitsweise angewendet werden; von den zahlreichen hierfür in der Literatur beschriebenen Anordnungen sei ein einfaches Gerät zur Extraktion kleiner Substanzmengen gezeigt (Abb. 13.5). Die Probe befindet sich in einem Glasfiltertiegel, der unter einem

Rückflusskühler angebracht ist, so dass sie von dem Kondensat fortwährend durchspült wird. Ein im Prinzip gleiches Gerät, bei dem man wahlweise in einem Inertgasstrom oder unter Vakuum extrahieren kann, ist in Abb. 13.6 wiedergegeben.

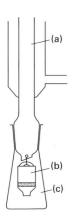

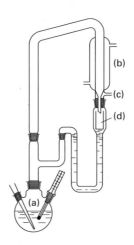

Abb. 13.5: Kontinuierliche Mikroextraktion.
a) Rückflusskühler;
b) Filtertiegel mit Probe;
c) Kolben mit Extraktionsmittel.

Abb. 13.6: Gerät zum Extrahieren im Inertgas-Strom oder unter Vakuum.
a) Kolben mit Gaseinlass und Thermometer;
b) Kühler;
c) Vakuumanschluss;
d) Extraktionshülse oder Filtertiegel mit Substanz.

13.3.3 Fraktionierte Extraktion – Gradient-Extraktion

Als eine Variante der wiederholten Extraktion ist die fraktionierte Extraktion anzusehen. Man zieht dabei Substanzgemische mit verschiedenen Lösungsmitteln nacheinander aus, um mehrere Bestandteile getrennt zu gewinnen.

Das Verfahren spielt vor allem in der Chemie der Hochpolymeren eine Rolle; man kann aus Gemischen unterschiedlichen Polymerisationsgrades einheitlichere Fraktionen erhalten. Die Hauptschwierigkeit besteht dabei in der möglichst feinen Zerkleinerung des Polymeren, die die Voraussetzung für die Wirksamkeit der Methode ist. Entweder wird das Ausgangsgemisch als dünner Film auf einer Metallunterlage oder als Überzug auf kleinen Körnchen eines inerten Trägers (z. B. Kieselgur) eingesetzt. Die verschiedenen Lösungsmittel werden durch Mischen einer das Polymere lösenden mit einer nicht lösenden Flüssigkeit in unterschiedlichen Mischungsverhältnissen hergestellt; z. B. verwendet man zum Fraktionieren von Polyvinylacetat Gemische von Methylacetat und Petrolether.

Hierbei ist auch eine Gradient-Extraktion möglich. Das Hochpolymere wird auf Kieselgur niedergeschlagen, das Ganze in eine Säule gefüllt und mit einem Lösungsmittelgemisch extrahiert, dessen lösende Eigenschaften durch ein Mischkammersystem kontinuierlich verbessert werden.

Bei einer weiteren Art der Gradient-Extraktion wird die Zusammensetzung des Lösungsmittels konstant gehalten, aber die Temperatur fortlaufend erhöht.

13.3.4 Anwendungsbereich und Wirksamkeit der Methode

In der anorganischen Analyse werden Extraktionsverfahren verhältnismäßig selten angewendet, da oft Mischkristalle auftreten, deren Komponenten nicht auf diese Weise getrennt werden können. Einige Anwendungsbeispiele sind in Tab. 13.1 wiedergegeben.

Tab. 13.1: Trennungen anorganischer Stoffgemische durch Extraktion (Beispiele)

Gemisch	Lösungsmittel	Gelöst
Alkalimetallchloride	niedere Alkohole, Pyridin u. a.	LiCl
$NaClO_4 + KClO_4$	Ethanol	$NaClO_4$
$Ca(NO_3)_2 + Sr(NO_3)_2 + Ba(NO_3)_2$	Ethanol	$Ca(NO_3)_2$
Zement	5%ige Borsäure	Gips
Erze, Gesteine	CCl_4	S (elementar)
$CaSO_4$ + Silicat	HI	$CaSO_4^{x)}$
Au-Ag-Legierungen	HNO_3	Ag
Versch. Mineralien	Dioxan	H_2O

Größere Bedeutung hat die selektive Extraktion zur Untersuchung von Erzen und metallurgischen Produkten gewonnen. Das als „Phasenanalyse" bezeichnete Verfahren stellt vielfach die einzige Methode dar, mit der die in Gemischen vorliegenden anorganischen Verbindungen (nicht die Elemente) ermittelt werden können (vgl. Tab. 13.2).

Tab. 13.2: Phasenanalyse (Beispiele)

Gemisch	Lösungsmittel	Gelöst
Kalisalze (Chloride)	CH_3OH, C_2H_5OH	$MgCl_2 \cdot aq$
Zement, Mörtel, gebr. Kalk	Ethylenglykol, Glycerin	CaO
$Pb + PbO + PbSO_4$	Ricinolsäure	PbO
$Pb + PbO + PbSO_4$	Ammoniumacetat-Lsg.	$PbO + PbSO_4$
$Cu + Cu_2O + CuO$	NH_3-Lösung	Cu_2O
Cu + CuO	verd. H_2SO_4	CuO
SeO_2 + Selenit	CH_3OH	SeO_2
Se + Selenide	Na_2SO_3-Lösung	Se
Fe + Eisenoxide	$CH_3OH + Br_2$	Fe
Quarz + Silicate	HBF_4-Lösung	Silicat
Quarz + Ton	H_3PO_4-Lösung	Ton

Wesentlich wichtiger als in der anorganischen Analyse sind Extraktionsverfahren im Bereich der organischen Spurenanalytik, da viele organische Substanzen, z. B. biologisches Material, Kunststoffe, Farbstoffe u. a., amorph sind, sodass keine Mischkristalle gebildet werden können; oft lassen sich bestimmte Verbindungen auch aus dem Inneren gröberer Teilchen herauslösen, in die das Lösungsmittel unter Quellungserscheinungen eindringen kann.

Bei der Extraktion von biologischem Material sind oft Lösungsmittel von Vorteil, die mit Wasser mischbar sind, z. B. Aceton oder niedere Alkohole, da diese besser in das Innere der Zellen diffundieren als wasserunlösliche Flüssigkeiten.

Beispiele für die Extraktion biologischer Substanzen finden sich in Tab. 13.3.

Tab. 13.3: Trennung organischer Stoffgemische durch Extraktion (Beispiele)

Material	Lösungsmittel	Gelöst
Nahrungsmittel	Ether, Petrolether, Trichlorethylen u. a.	Fett
Knochen	Benzin, Benzol	Fett
Palmkerne	Benzin, Benzol	Fett
Zuckerrüben	Wasser (heiß)	Zucker
Holz, Rinden	Wasser	Gerbstoffe
Nahrungsmittel	Salzsäure (10 %)	Vitamin B_1
Nahrungsmittel	Wasser; Essigsäure (0,2 %)	Vitamin C
Kaffee, Tee	Benzol	Koffein
Blüten, Früchte	Ether, Petrolether	äther. Öle
Pflanzenmaterial	HCl versch. Konzentr.	Alkaloide
Pflanzenmaterial	Aceton, $CHCl_3$ u. a.	Insektizide

Die fraktionierte Extraktion von hochpolymeren Kunststoffen wird zur Gewinnung von Fraktionen durchgeführt, die im Polymerisationsgrad einheitlicher sind als das Ausgangsmaterial; außerdem kann man durch Bestimmung des Durchschnittsmolekulargewichtes jeder Fraktion – ebenso wie bei der fraktionierten Fällung – die Polymerenverteilung der ursprünglichen Probe berechnen.

Spezielle Extraktionslösungen werden für die Analyse von Düngemitteln und Böden zur Ermittlung des sog. „pflanzenverfügbaren" Nährstoffgehaltes verwendet, da hier nicht der Gesamtgehalt, sondern nur der Anteil von Bedeutung ist, der von den Wurzeln der Pflanzen aufgenommen werden kann (Tab. 13.4).

Die Wirksamkeit von Trennungen durch Extraktion ist bedingt durch die Unterschiede in den Löslichkeiten der jeweiligen Substanzen. Brauchbare Ergebnisse können nur erzielt werden, wenn der schwer lösliche Anteil der Analysenprobe eine extrem geringe Löslichkeit aufweist. Ferner muss das Extraktionsmittel mit allen Teilchen der leicht löslichen Substanz in Berührung kommen können.

Bei der Untersuchung einer Anzahl von Extraktionsgeräten wurden dementsprechend Fehler von etwa ±2 % ziemlich einheitlich beobachtet. Eine weitere Fehler-

Tab. 13.4: Extraktionslösungen zur Ermittlung pflanzenverfügbarer Nährstoffe (Beispiele)

Probematerial	Extraktionslösung	Extrahierter Nährstoff
Düngemittel	Ammoniumcitrat; pH 7	Phosphat-Ion
Torf	1 M NH_4Cl-Lösung	Na^+, K^+, Mg^{2+}, Ca^{2+}
Boden	Natriumcitrat (35 g/l)	Phosphat-Ion
Boden	1 N CH_3COONH_4, pH 7	K^+, Fe^{2+}, Mn^{2+}
Boden	1,7 M NaCl + HCl (pH 2,5)	NH_4^+
Boden	0,5 N H_2SO_4	Cu^{2+}, Co^{2+}, Zn^{2+}, Mn^{2+}
Boden	H_2O (heiß)	Borat-Ion
Boden	0,1 N Ammonium-Lactat + 0,04 N CH_3COOH (pH 3,7)	Phosphat-Ion

quelle tritt bei Geräten mit Kreislauf des Lösungsmittels auf: Beim Eindampfen des Extraktes versprüht ein kleiner Teil der Lösung, und die feinen Tröpfchen können teilweise vom Dampfstrom bis zum Rückflusskühler getragen werden, sodass sie wieder in die zu extrahierende Substanz gelangen. Das Ausmaß dieser Störung hängt im Wesentlichen von der Konzentration der Lösung im Kolben und von der Destillationsgeschwindigkeit ab.

13.4 Gegenstromverfahren

Extraktionen lassen sich im Gegenstromverfahren durchführen, indem man das Extraktionsgut mithilfe einer Schnecke gegen den Strom des Lösungsmittels führt. Derartige Trennungen haben in der Technik breite Anwendung gefunden, sind jedoch für die analytische Chemie ohne Bedeutung.

Allgemeine Literatur

N. Aoki u. K. Mae, Extraction, Micro Process Engineering *1*, 325–345 (2009).

E. Blass, W. Göttert u. M. Hampe, Selection of extractors and solvents, Liq.-Liq. Extr. Equip. 737–767 (1994).

A. Chaintreau, Simultaneous distillation-extraction. From birth to maturity. Review, Flavour and Fragrance Journal *16*, 136–148 (2001).

T. Cunha u. R. Aires-Banos, Large-scale extraction of proteins, Methods in Biotechnology *11* (Aqueous Two-Phase Systems), 391–409 (2000).

J. Dean u. R. Ma, Pressurized fluid extraction, Handbook of Sample Preparation 163–179 (2010).

L. Garcia-Ayuso u. M. Luque de Castro, Employing focused microwaves to counteract conventional Soxhlet extraction drawbacks, TrAC, Trends in Analytical Chemistry *20*, 28–34 (2001).

H. Kataoka, A. Ishizaki, Y. Nonaka u. K. Seito, Developments and applications of capillary microextraction techniques: A review, Analytica Chimica Acta *655*, 8–29 (2009).

J. Luque-Garcia u. M. Luque de Castro, Where is microwave-based analytical equipment for solid sample pre-treatment going?, TrAC, Trends in Analytical Chemistry *22*, 90–98 (2003).

M. McHugh u. V. Krukonis, Supercritical Fluid Extraction – Principles and Practice, Butterworth-Heinemann, Boston (1994).

M. Mikutta, M. Kleber, K. Kaiser u. R. Jahn, Review: Organic matter removal from soils using hydrogen peroxide, sodium hypochlorite, and disodium peroxodisulfate, Soil Science Society of America Journal *69*, 120–135 (2005).

A. Pfennig, D. Delinski, W. Johannisbauer u. H. Josten, Extraction technology, Industrial Scale Natural Products Extraction 181–220 (2011).

Q. Pham u. F. Lucien, Extraction process design, in: J. Ahmed u. M. Rahman, Handbook of Food Process Design, Wiley-Blackwell, Chichester, UK *2*, 871–918 (2012).

R. Prabhudesai, Leaching, in: P. Schweitzer, Handbook of Separation Techniques for Chemical Engineers, McGraw-Hill, New York, N. Y 5/3–5/31 (1979).

L. Taylor, Supercritical Fluid Extraction. Techniques in Analytical Chemistry, John Wiley, Chichester (1996).

Literatur zum Text

Fraktionierte Extraktion von Polymeren

J. Klose, Fractionated extraction of total tissue proteins from mouse and human for 2-D electrophoresis, Methods in molecular biology (Clifton, N.J.) *112*, 67–85 (1999).

Phasenanalyse

C. van Alphen, Automated mineralogical analysis of coal and ash products – Challenges and requirements Minerals Engineering *20*, 496–505 (2007).

O. Borggaard, Phase identification by selective dissolution techniques NATO ASI Series, Series C: Mathematical and Physical Sciences *217* (Iron Soils Clay Miner.), 83–98 (1988).

O. Omotoso, D. McCarty, S. Hillier u. R. Kleeberg, Some successful approaches to quantitative mineral analysis as revealed by the 3rd Reynolds Cup contest, Clays and Clay Minerals *54*, 748–760 (2006).

K. Rao, The role of solids characterization techniques in the evaluation of ammonia leaching behavior of complex sulfides, Mineral Processing and Extractive Metallurgy Review *20*, 409–445 (2000).

S. Vassilev u. C. Vassileva, Methods for characterization of composition of fly ashes from coal-fired power stations: A critical overview, Energy & Fuels *19*, 1084–1098 (2005).

Ringofenmethode

H. Weisz, Recent applications of the ring-oven technique. A brief review, Analytica Chimica Acta *202*, 25–34 (1987).

Soxhlet-Gerät

S. Arment, Automated soxhlet extraction, LC-GC *17*, S38–S40, S42 (1999).

M. Luque de Castro u. F. Priego-Capote, Focused microwave-assisted Soxhlet extraction, in: A. Marchetti, Microwaves: Theoretical Aspects and Practical Applications in Chemistry, Transworld Research Network, TC, Kerala, India S. 227–247 (2011).

Superkritische Fluidextraktion

Chester, T.L.; Pinkston, J.D.; Raynie, D.E., Supercritical fluid chromatography and extraction, Analytical Chemistry (1998), *70*, 301R–319R (1998).

W. Eisenbach, Supercritical carbon dioxide as an extraction agent, NATO ASI Series, Series C: Mathematical and Physical Sciences *206* (Carbon Dioxide Source Carbon: Biochem. Chem. Uses), 371–388 (1987).

S. Hawthorne, Analytical-scale supercritical fluid extraction, Analytical Chemistry *62*, 633A–636A, 638A–642A (1990).

M. Henry u. C. Yonker, Supercritical fluid chromatography, pressurized liquid extraction, and supercritical fluid extraction, Analytical Chemistry *78*, 3909–3915 (2006).

H.-G. Janssen u. X. Lou, Supercritical fluid extraction in organic analysis, in: A. Handley, Extraction Methods in Organic Analysis, John Wiley & Sons, Hoboken 100–145 (1999).

J. King, Analytical-process supercritical fluid extraction: a synergistic combination for solving analytical and laboratory scale problems, TrAC, Trends in Analytical Chemistry *14*, 474–481 (1995).

R. Köber u. R. Niessner, Screening of pesticide-contaminated soil by supercritical fluid extraction (SFE) and high-performance thin-layer chromatography with automated multiple development (HPTLC/AMD), Fresenius' Journal of Analytical Chemistry *354*, 464–469 (1986).

J. Kroon u. D. Raynie, Supercritical Fluid Extraction, in: J. Pawlyszin u. H. Lord, Handbook of Sample Preparation, Wiley – Blackwell, Hoboken 191–196 (2010).

H. Vandenburg, A. Clifford, K. Bartle, J. Carroll, I. Newton, L. Garden, J. Dean u. C. Costley, Analytical extraction of additives from polymers, Analyst *122*, 101R–115R (1997).

B. Wright, J. Fulton, A. Kopriva u. R. Smith, Analytical supercritical fluid extraction methodologies, ACS Symposium Series *366* (Supercrit. Fluid Extr. Chromatogr.), 44–62 (1988).

14 Löslichkeit: Kristallisation

14.1 Allgemeines (Definitionen – Hilfsphasen – Schmelz- und Löslichkeitsdiagramme)

Fällungen durch Temperaturänderung einer Schmelze oder Lösung ohne Zugabe von Reagenzien werden als „Kristallisation"[1] bezeichnet. Kristallisationen werden überwiegend durch Abkühlen, selten durch Erwärmen der betreffenden Systeme durchgeführt.

Kristallisationen aus Schmelzen verlaufen ohne Hilfsphasen; bei Kristallisationen aus Lösungen ist eine Hilfsphase, das Lösungsmittel, anwesend.

Schmelzdiagramme geben die Verhältnisse beim Übergang vom flüssigen zum festen Zustand in Mehrstoffsystemen wieder. Von den zahlreichen Typen sollen hier nur Zweistoffsysteme mit einer lückenlosen Reihe von Mischkristallen und eutektische Systeme angeführt werden (Abb. 14.1).

Kühlt man in einem eutektischen System eine Schmelze der Zusammensetzung X ab, so wird beim Erreichen der Schmelzkurve ein Teil der Komponente B rein ausgeschieden. Die verbleibende Schmelze reichert sich im Verlauf der Abscheidung an A an, und im eutektischen Punkt kristallisieren schließlich A und B gemeinsam aus. Entsprechendes gilt für die Abkühlung einer Schmelze mit der Zusammensetzung Y, aus der bis zum Erreichen des eutektischen Punktes reines A ausgeschieden wird.

Durch Abkühlen von Schmelzen eutektischer Systeme kann demnach immer nur ein Teil einer Komponente rein erhalten werden; welche das ist, hängt von der Zusammensetzung des Ausgangsgemisches und der Lage des eutektischen Punktes ab. Für quantitative Trennungen sind derartige Systeme daher nicht geeignet.

Liegt ein System mit einer lückenlosen Reihe von Mischkristallen vor (Abb. 14.1 b), so erhält man beim Abkühlen Ausscheidungen, deren Zusammensetzung von derjenigen der ursprünglichen Schmelze abweicht. Hier kann jedoch durch einmalige Kristallisation überhaupt keine reine Komponente erhalten werden, ferner sind die Trenneffekte meist nur klein.

Zur graphischen Darstellung des Verhaltens von Lösungen[2] werden zwei verschiedene Auftragungsweisen verwendet, die durch Vertauschen der Koordinaten entstehen; Entweder wird die Abszisse oder die Ordinate als Temperaturachse gewählt (vgl. Abb. 14.2). Die letztere Auftragung entspricht der in Abb. 14.1 gezeigten für Schmelzen; sie wird gewöhnlich dann verwendet, wenn das gesamte System Lösungsmittel –

---

[1] Unter diese Definition fallen auch nichtkristalline Ausscheidungen durch Temperaturänderung. (Kristallisationen durch Abdampfen des Lösungsmittels werden hier nicht behandelt.)
[2] Eine allgemein gültige Unterscheidung von Lösungen und Schmelzen ist kaum möglich. Man versteht meist unter Lösungen Systeme, bei denen eine Komponente (das Lösungsmittel) bei gewöhnlicher Temperatur flüssig ist, während als Schmelzen Systeme bezeichnet werden, deren Komponenten sämtlich bei gewöhnlicher Temperatur erstarren.

Gelöstes dargestellt werden soll. Häufig wird aber nur ein Teil des Diagrammes wiedergegeben (meist zwischen etwa 0 °C und dem Siedepunkt der Lösung); in diesem Fall trägt man üblicherweise die Temperatur auf der Abszisse auf.

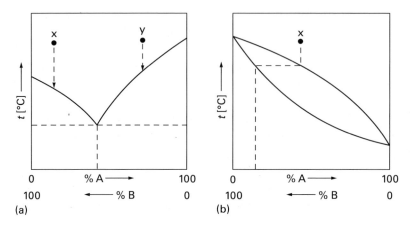

Abb. 14.1: Schmelzdiagramme.
a) Eutektisches System;
b) System mit lückenloser Reihe von Mischkristallen.

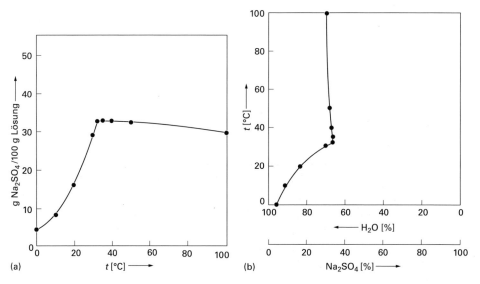

Abb. 14.2: Löslichkeitsdiagramm (Löslichkeit von Na_2SO_4 in Wasser bei verschiedenen Temperaturen; System nur teilweise wiedergeben).
a) Darstellung mit der Abszisse als Temperaturachse;
b) Darstellung mit der Ordinate als Temperaturachse.

14.2 Trennungen durch einmalige Kristallisation

Die einmalige Kristallisation wird in der präparativen und technischen Chemie in erheblichem Umfang angewendet, spielt aber für analytische Trennprobleme kaum eine Rolle, da in der Regel noch erhebliche Mengen der auskristallisierten Verbindungen in der Lösung verbleiben, die Ausbeuten somit zu gering sind.

Gerichtetes Erstarren. Dagegen wird gelegentlich das gewissermaßen umgekehrte Verfahren angewendet, bei dem nicht die gelöste Substanz, sondern das Lösungsmittel durch Kristallisation („Erstarren" durch gerichtetes Ausfrieren") zum größten Teil entfernt wird. Da hierzu meist tiefe Temperaturen angewendet werden müssen, wird die Methode als „Gerichtetes Erstarren" bezeichnet; sie ist nur anwendbar, wenn in dem betreffenden System keine Mischkristalle auftreten.

Experimentell geht man dabei so vor, dass ein senkrecht stehendes, unten geschlossenes Rohr mit der Lösung langsam in ein Kältebad gesenkt wird, bis nur noch eine kleine Menge an flüssiger Phase vorhanden ist, in der sich die zu bestimmenden Verbindungen befinden (Abb. 14. 3). Entscheidend wichtig ist dabei, dass die Lösung während des Kristallisationsprozesses dauernd gerührt wird, da andernfalls merkliche Anteile der an der Grenzfläche zur festen Phase relativ konzentrierten Lösung me-

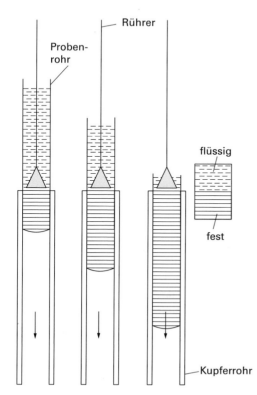

Abb. 14.3: Schematische Darstellung des Gerichteten Erstarrens.

chanisch eingeschlossen werden können. Beispielsweise ist so die Herstellung einer 99,8 %igen Wasserstoffperoxidlösung möglich.

Der Vorteil des Verfahrens liegt in der Möglichkeit, leicht zersetzliche Spurenbestandteile von Lösungen schonend in der Mutterlauge anreichern zu können. Dabei sind Verluste an flüchtigen Substanzen beobachtet worden, doch lässt sich dieser Fehler durch Abdecken der Oberfläche während des Ausfrierens weitgehend beseitigen.

Die Methode wurde zur präparativen Gewinnung extrem reiner Lösungsmittel verwendet, kann aber auch zur schonenden Anreicherung von Mikroorganismen oder isotopenmarkierter Substanzen verwendet werden

14.3 Trennungen durch einseitige Wiederholung

14.3.1 Wiederholte Kristallisation aus Schmelzen (Zonenschmelzen)

Die Schwierigkeiten, die der Anwendung der Kristallisation aus Schmelzen in der analytischen Chemie entgegenstehen, sind durch das von Pfann (1964) eingeführte Zonenschmelzverfahren bis zu einem gewissen Grade beseitigt worden. Das zu trennende Stoffgemisch befindet sich dabei in fester Form in einem lang gestreckten Schiffchen, und man zieht einen ringförmigen Ofen von einem Ende des Schiffchens zum anderen, sodass eine schmale Schmelzzone durch die Substanz wandert (Abb. 14.4).

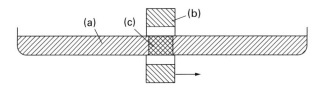

Abb. 14.4: Zonenschmelzapparatur (schematisch).
a) Schiffchen mit Substanz; b) Heizvorrichtung; c) Schmelzzone.

Die Substanz möge eine Verunreinigung enthalten, die mit dem Hauptbestandteil Mischkristalle bildet und die beim Auskristallisieren der festen Phase bevorzugt in der Schmelze bleibt. Die zu Beginn des Versuches am Anfang des Schiffchens auskristallisierenden Anteile enthalten daher weniger, die Schmelzzone enthält mehr Verunreinigung als das Ausgangsmaterial. Beim Weiterwandern des Ofens wird schließlich soviel Verunreinigung in der Schmelze angereichert, dass das Kristallisat dieselbe Zusammensetzung erhält wie das vor der Schmelzzone liegende Ausgangsgemisch. Von da ab wird auf der Vorderseite ebenso viel Verunreinigung gelöst, wie auf der Rückseite ausgeschieden wird (vgl. Abb. 14.5 a). Es bildet sich somit ein Gleichgewichtszustand aus, der sich erst dann ändert, wenn die Schmelzzone das Ende des Schiffchens erreicht. Nunmehr können keine neuen Anteile an Substanz geschmolzen werden, und die Menge an geschmolzenem Material nimmt ab. Dabei reichert sich einerseits die Verunreinigung in der Restschmelze weiter an, und andererseits nimmt ihre Konzentration auch in den Kristallen zu; der höchste Gehalt befindet sich in den zuletzt kristallisierenden Anteilen (Abb. 14.5 b). Die schraffierten Flächen am Anfang und Ende der Kurve in Abb. 14.5 b sind gleich.

Werden weitere Schmelzzonen nacheinander auf dieselbe Weise durch die Substanz gezogen, so wird die Verunreinigung immer mehr zum Ende des Schiffchens geschoben (Abb. 14.5 c), bis schließlich nach vielen Durchgängen ein sich nicht mehr ändernder Grenzzustand erreicht wird, bei dem Anfangs- und Endanstieg der Konzentrationskurve ineinander übergehen (Abb. 14.5 d).

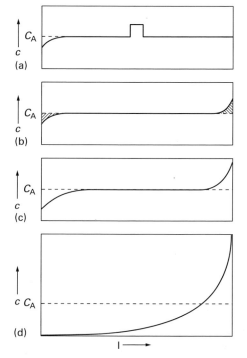

Abb. 14.5: Konzentration c von Verunreinigungen im Kristallisat längs des Schiffchens beim Zonenschmelzen; C_A = Anfangskonzentration.
a) Verhältnisse beim Durchgang der ersten Schmelzzone;
b) nach dem Durchgang der ersten Schmelzzone;
c) nach mehrmaligem Durchgang einer Schmelzzone;
d) nach Durchgang sehr vieler Schmelzzonen.

Die Wirksamkeit der Anreicherung (bzw. Abreicherung) der Verunreinigung hängt einerseits von deren Verteilungskoeffizient zwischen Kristallen und Schmelze ab, sie ist andererseits angenähert dem Quotienten aus Gesamtlänge des Schiffchens und der Länge der Schmelzzone proportional. Man wird demnach die Apparaturen so einrichten, dass das Material in sehr lang gestreckter Form vorliegt und die Schmelzzone möglichst schmal ist.

Zonenschmelzapparaturen müssen dem Schmelzpunkt des zu reinigenden Materials angepasst sein. Für hochschmelzende Metalle (z. B. Si) werden oft horizontal liegende Graphit- oder Quarzschiffchen verwendet und die Schmelzzonen durch induktives Heizen erzeugt. Tiefer schmelzende, vor allem organische Stoffe werden besser in senkrechten, nicht zu dünnwandigen Glasrohren von 1–2 m Länge und 0,5–3 cm Durchmesser gereinigt. Man zieht bei diesen eine Schmelzzone von etwa 5 cm Länge mit einer Geschwindigkeit von 2–3 cm pro Stunde durch die Probe hindurch. Um das Verfahren zu beschleunigen, werden meist mehrere Heiz- und Kühlvorrichtungen abwechselnd hintereinander angeordnet. Einige Ergebnisse, die bei der Reinigung organischer Verbindungen erzielt wurden, sind in Tab. 14.1 wiedergegeben.

Die Hauptanwendung des Zonenschmelzverfahrens liegt in der präparativen Darstellung extrem reiner Substanzen. Die Methode gestattet keine quantitativen Trennungen, sie eignet sich jedoch zum Anreichern von Verunreinigungsspuren, die dann leichter nachgewiesen und bestimmt werden können, und hat somit auch für die analytische Chemie eine gewisse Bedeutung erlangt.

Tab. 14.1: Reinigung organischer Verbindungen durch Zonenschmelzen (Beispiele)

Substanz	Verunreinigung	Konz. C_A (%)	Durchgänge	Endkonz. am Probenanfang C_n (%)	C_A/C_n
Benzol	Thiophen	10^{-1}	15	10^{-2}	10
Benzol	CH_3COOH	2	10	10^{-1}	20
H_2O	CH_3CH_2COOH	18	13	2	9
p-Bromtoluol	o-Bromtoluol	2	9	$2 \cdot 10^{-2}$	100
p-Xylol	o-Xylol	10	6	$5 \cdot 10^{-1}$	20

14.3.2 Wiederholte Kristallisation aus Lösungen

Das ein- oder mehrmalige Wiederholen einer Kristallisation wird als „Umkristallisieren" bezeichnet. Das Verfahren wird in großem Umfange zur präparativen Reinigung zahlreicher Verbindungen angewendet, ist jedoch wegen der mit jeder Kristallisation weiter absinkenden Ausbeuten für die analytische Chemie kaum brauchbar. Als Anwendungsbeispiel sei die Abtrennung von n-Paraffinen aus Wachs durch wiederholtes Kristallisieren der Harnstoffeinschlussverbindungen angeführt.

Günstiger liegen die Verhältnisse bei der Beseitigung von Lösungsmitteln durch Ausfrieren. Wenn das Kristallisat noch einen Teil der gelösten Substanzen enthält, so lässt sich durch Erwärmen und erneutes teilweises Kristallisieren der zuerst mitgerissene Anteil gewinnen; allerdings wird dabei der Anreicherungsgrad in der Lösung insgesamt geringer.

Die Methode der einseitigen Wiederholung wurde auch in Säulenanordnungen durchgeführt. Lässt man z. B. die Lösung eines Fettsäuregemisches in i-Octan + 1 % Methanol durch eine Harnstoffsäule fließen, so wird die geradkettige Stearinsäure im oberen Teil der Säule festgehalten und kann mit diesem Lösungsmittelgemisch auch nicht eluiert werden; die verzweigte Tuberculostearinsäure fließt dagegen frei von Stearinsäure zu etwa 80 % durch die Säule.

14.4 Systematische Wiederholung (Kristallisation im Dreieckschema – Trennreihe – Säulenverfahren)

Die Kristallisation im Dreieckschema wurde ursprünglich zur präparativen Trennung der Seltenen Erden entwickelt; wegen der umständlichen Arbeitsweise wird die Methode aber heute kaum noch angewendet.

Die sich aus dem Dreieckschema ableitende Trennreihe (vgl. Kap. 1) wurde in neuerer Zeit zur Trennung von Fettsäuren mithilfe der Harnstoffeinschlussverbindungen herangezogen (vgl. Abb. 14.6).

In eine Serie von 24 Kolben gab man je 10 g festen Harnstoff, in den ersten zusätzlich das Fettsäuregemisch (15 g) und 250 ml Lösungsmittel (Methanol – Ethylacetat 70:30, kalt mit Harnstoff gesättigt). Dann wurde erwärmt, bis eine klare Lösung entstanden war, langsam auf 20 °C abgekühlt und die Mutterlauge von den Kristallen in das nächste Gefäß abdekantiert. In diesem wurde die Kristallisation wiederholt usw., bis die flüssige Phase sämtliche Gefäße durchlaufen hatte. Schließlich wurde der Fettsäuregehalt in jedem Kolben bestimmt; die eingesetzten Säuren waren praktisch vollständig getrennt worden, in den Zwischenfraktionen hatten sich Verunreinigungen angereichert.

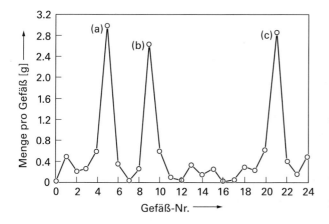

Abb. 14.6: Trennung eines Fettsäuregemisches durch Kristallisation der Harnstoff-Einschlussverbindungen. a) Stearinsäure; b) Palmitinsäure; c) Ölsäure.

Von größerer Bedeutung für die analytische Chemie ist ein von Baker u. Williams angegebenes Säulenverfahren, das aus einer Kombination von wiederholtem Lösen und wiederholter Kristallisation in einem Temperaturfeld besteht[3] (vgl. Abb. 14.7).

Man gibt das Substanzgemisch auf den Kopf einer mit einem inerten Trägermaterial (z. B. Glaskügelchen) gefüllten Säule, die oben erwärmt und unten gekühlt wird.

---

[3] Das Verfahren wird auch als „Fällungs-Chromatographie" bezeichnet, soll aber hier zu den Kristallisationsmethoden gerechnet werden.

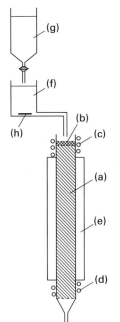

Abb. 14.7: Säulenkristallisation.
a) Trennsäule;
b) Substanzgemisch;
c) Heizung;
d) Kühlung;
e) Isoliermantel;
f) Gefäß für schlechtes Lösungsmittel;
g) Gefäß für gutes Lösungsmittel;
h) Rührer.

Die Trennung erfolgt durch Eluieren mit einem für die betreffenden Verbindungen schlechten Lösungsmittel, dem kontinuierlich ein gutes in steigender Konzentration zugemischt wird. Die Substanzprobe wird zunächst gelöst, fällt aber in der nächsten kälteren Zone der Säule wieder aus, wird durch die Verbesserung des Lösungsmittels wiedergelöst usw.. Gemische von Verbindungen mit unterschiedlichen Löslichkeiten werden auf dem Wege durch die Säule auseinander gezogen und in günstigen Fällen getrennt eluiert.

Bei einer Variante des Verfahrens wird an Stelle des Temperaturgradienten längs der Säule eine periodisch hin- und herschwankende Temperatur angewandt.

Die Methode hat sich vor allem bei der Fraktionierung von polymeruneinheitlichen Hochpolymeren bewährt, sie diente aber gelegentlich auch zur Trennung niedermolekularer Verbindungen, z. B. von Polyphenylenen oder von Steroiden.

Verschiedentlich wurden Säulen angegeben, die als stationäre Phase zur Bildung von Einschlussverbindungen befähigte Substanzen enthalten, z. B. Säulen mit Nickelkomplexen zur Trennung von Nitroverbindungen oder Säulen mit Harnstoff zur Trennung von hochmolekularen Estern sowie – mit Temperaturprogrammierung – von n-Paraffinen. Erwähnt sei schließlich noch ein Vorschlag, das Zonenschmelzverfahren mit einer Hilfsphase durchzuführen. Man füllt eine Säule mit einem geeigneten Lösungsmittel und lässt dieses erstarren. Dann gibt man das Substanzgemisch auf den Kopf der Säule auf und zieht schmale Schmelzzonen durch die feste Phase. Dabei sollen Verbindungen mit unterschiedlichen Verteilungskoeffizienten zwischen Schmelze und Kristallisat schnell wandern und in Zonen auseinander gezogen werden.

14.5 Gegenstromverfahren

Der Vollständigkeit halber sei auch die Kristallisation im Gegenstrom erwähnt. Diese Arbeitsweise lässt sich u. a. so verwirklichen, dass sich eine gesättigte Lösung in einem ringförmigen Spalt zwischen zwei konzentrischen Rohren befindet. Durch einen Temperaturgradienten längs des Rohres wird ein teilweises Kristallisieren des Gelösten bewirkt, wobei eine Spirale die Kristalle gegen die Lösung bewegt und ein wiederholtes Auflösen und Ausfallen erzielt wird. Die Methode hat jedoch bisher für die analytische Chemie keine Bedeutung erlangt.

Allgemeine Literatur

A. Collet, Separation and purification of enantiomers by crystallisation methods, Enantiomer *4*, 157–172 (1999).
Y. Delannoy, Purification of silicon for photovoltaic applications, Journal of Crystal Growth *360*, 61–67 (2012).
D. Erdemir, A. Lee u. A. Myerson, Nucleation of crystals from solution: classical and two-step models, Accounts of Chemical Research *42*, 621–629 (2009).
W. Genck, A clearer view of crystallizers, Chemical Engineering (Rockville, MD, United States) *118*, 28–32 (2011).
K. Hein, E. Buhrig u. C. Frank, Crystallization from melts as a metallurgical process, Metall (Isernhagen, Germany) *47*, 924–928 (1993).
M. Hursthouse, L. Huth u. T. Threlfall, Why do organic compounds crystallize well or badly or ever so slowly? Why is crystallization nevertheless such a good purification technique?, Organic Process Research & Development *13*, 1231–1240 (2009).

Literatur zum Text

Ausfrieren

R. Agrawal, D. Herron, H. Rowles u. G. Kinard, Cryogenic technology, Kirk-Othmer Encyclopedia of Chemical Technology (5th Edition) *8*, 40–65 (2004).
M. Rahman, M. Ahmed u. X. Chen, Freezing-melting process and desalination: review of present status and future prospects, International Journal of Nuclear Desalination *2*, 253–264 (2007).
R. Scholz, K. Genthner u. J. Ulrich, Factors influencing growth and purity on freezing out binary systems during flow through a tube, Chemie Ingenieur Technik *62*, 850–852 (1990).
B. Tleimat, Principles of desalination. Freezing methods, Princ. Desalin. (2nd Ed.) B, 359–400 (1980).

Gerichtetes Erstarren

T. Gouw, Normal freezing, Progress in Separation and Purification *1*, 57–82 (1968).
E. Knypl, Efficiency of refining acetic acid from inorganic impurities by normal freezing methods by using radioisotopic techniques, Isotopenpraxis *3*, 190–192, (1967).
H. Schildknecht, R. Keller u. K. Penzien, Chemiker-Zeitung *95*, 807–819 (1971).

H. Schildknecht u. F. Schlegelmilch, Normales Erstarren zur Anreicherung und Reinigung organischer und anorganischer Verbindungen, Chemie-Ing.-Technik *35*, 637–640 (1963).

Umkristallisieren von Harnstoff-Einschlussverbindungen

K. Harris, Meldola lecture: understanding the properties of urea and thiourea inclusion compounds, Chemical Society Reviews *26*, 279–290 (1997).

Zonenschmelzen

A. Eyer, A. Räuber u. A. Götzberger, Silicon sheet materials for solar cells, Optoelectronics—Devices and Technologies *5*, 239–257 (1990).
H. Inoue, High strength bulk amorphous alloys with low critical cooling rates, Materials Transactions, JIM *36*, 866–875 (1995).
M. Rettenmayr, Melting and remelting phenomena, International Materials Reviews *54*, 1–17 (2009).
G. Sloan u. A. McGhie, Techniques of melt crystallization, Techniques of Chemistry, J. Wiley, New York (1988).

15 Verflüchtigung: Destillation und verwandte Verfahren

15.1 Allgemeines

15.1.1 Geschichtliche Entwicklung

Die historische Forschung ist sich mangels eindeutiger Quellen über den Ursprung der Destillationsverfahren bisher nicht einig. Teils werden bereits den Sumerern und Ägyptern lange vor der Zeitenwende einschlägige Kenntnisse zugeschrieben, teils setzt man das Auftreten echter Destillationsgeräte wesentlich später an. Sicher ist jedoch, dass in den ersten Jahrhunderten n. Chr. in Alexandria Destillationen durchgeführt wurden.

Die Kenntnisse der hellenistischen Wissenschaft wurden von den Arabern übernommen, dem Abendland vermittelt und hier im Mittelalter wesentlich weiterentwickelt; vor allem wirkte das Problem der Gewinnung von Alkohol stimulierend.

Die theoretische Durchdringung der Vorgänge in Destillationskolonnen und die Konstruktion leistungsfähiger Apparaturen für Technik und Laboratorium erfolgten im wesentlichen erst im 20. Jahrhundert. Anlass für diese umfangreichen Arbeiten gaben die in größtem Maßstabe durchgeführten Destillationen der Erdölindustrie.

15.1.2 Definitionen – Hilfsphasen (Hilfssubstanzen)

Als „Destillation" wird das Überführen einer Flüssigkeit in den Dampfzustand durch Erwärmen und das anschließende Kondensieren des Dampfes durch Abkühlen definiert.

Das Entfernen von Gasen aus Flüssigkeiten oder Festkörpern ohne Kondensation fällt nicht unter diese Definition, soll aber in diesem Kapitel mitbehandelt werden.

Bei einer Reihe von Destillationsverfahren werden Hilfssubstanzen zugesetzt, die das Übertreiben der flüchtigen Verbindungen erleichtern oder die Trenneffekte verbessern sollen. Im Sinne der früheren Definition (vgl. Kap. 1) handelt es sich dabei nicht eigentlich um Hilf*sphasen*, da die flüssige oder gasförmige Phase nicht erst durch diese Substanzen neu gebildet wird. Der Einfachheit halber sei jedoch der Ausdruck „Hilfsphasen" beibehalten.

15.1.3 Dampfdruckkurven reiner Stoffe – graphische und rechnerische Darstellung – Gleichung von Clausius-Clapeyron – Cox-Diagramme

Die Abhängigkeit des Dampfdruckes[1] von der Temperatur lässt sich in guter Annäherung mit der folgenden Gleichung wiedergeben:

$$p = 10^{A - \frac{B}{T}} \tag{1}$$

A und B sind Konstanten, p = Dampfdruck, T = abs. Temperatur). Diese Exponentialgleichung wird zur bequemeren Auswertung meist umgeformt:

$$\log p = A - \frac{B}{T} \tag{2}$$

Trägt man $\log p$ gegen $\frac{1}{T}$ auf, so ergeben sich Gerade (vgl. Abb. 15.1).

Gl. (1) bzw. Gl. (2) geht unter vereinfachenden Annahmen (Unabhängigkeit der Verdampfungsenthalpie λ[2] von der Temperatur; Vernachlässigung des Flüssigkeitsvolumens V_fl gegenüber dem Gasvolumen V_g) aus der Gleichung von Clausius-Clapeyron hervor:

$$\frac{dp}{dT} = \frac{\lambda}{T \cdot (V_\text{g} - V_\text{fl})}. \tag{3}$$

In Tab. 15.1 und Abb. 15.1 ist der Dampfdruck des Wassers in Abhängigkeit von der Temperatur als Beispiel für das Verhalten von Flüssigkeiten beim Erwärmen wiedergegeben.

Die Konstanten in Gl. (2) werden entweder aus den bei zwei verschiedenen Temperaturen gemessenen Drucken einer Flüssigkeit oder – genauer – durch Aufnehmen der Dampfdruckkurve über ein größeres Temperaturintervall und Berechnen der betreffenden Geraden nach Gl. (2) ermittelt.

Man hat verschiedene Methoden ausgearbeitet, um aus möglichst wenigen experimentellen Werten die gesamte Dampfdruckkurve ableiten zu können. Von diesen sei nur das sog. „Cox-Diagramm" angeführt, bei dem nur noch ein Druck-Temperatur-

---

[1] Der Druck ist als Quotient Kraft/Fläche definiert; je nach der Maßeinheit für Kraft und Fläche erhält man verschiedene Ausdrücke: 1 Atmosphäre (atm) entspricht dem mittleren Luftdruck von 760 Torr, d. h. dem Druck, den eine 760 mm hohe Quecksilbersäule auf ihre Unterlage ausübt. Dieser beträgt 1,033 kp/cm^2 (Dichte des Hg = 13,5954 g/cm^3 bei 0 °C). Die physikalische Einheit des Druckes ist 1 bar = 10 N/cm^2 = 1,02 kp/cm^2; die Einheit des Druckes im SI-System ist 1 Pascal (Pa), 1 Pa = 1 N/m^2, 10^5 Pa = 1 bar. In der Technik wird mit der technischen Atmosphäre (at) = 1 kp/cm^2 gerechnet. In der angelsächsischen Literatur findet sich der Ausdruck psi = pounds per square inch = 0,0703 at (15 psi = 1 at). Früher nahm man als Krafteinheit 1 dyn; 10^5 dyn = 1 Newton (N).
[2] Die molare Verdampfungsenthalpie λ ist definiert als diejenige Wärmemenge, die erforderlich ist, um 1 Mol einer Flüssigkeit gegen den Atmosphärendruck in den Dampfzustand zu überführen.

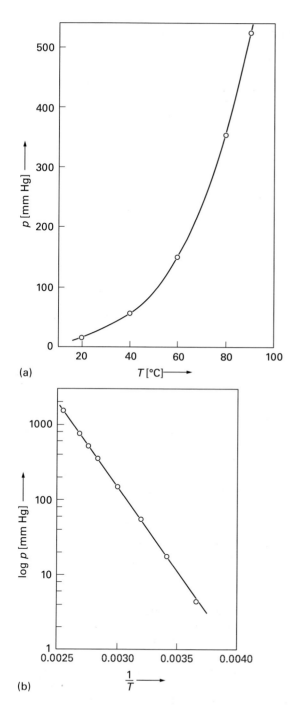

(a)

(b)

Abb. 15.1: Dampfdruck des Wassers in Abhängigkeit von der Temperatur.
a) Auftragung des Druckes gegen die Temperatur;
b) Auftragung von log p gegen $1/T$.

Tab. 15.1: Dampfdruck des Wassers in Abhängigkeit von der Temperatur

t (°C)	$1/T$	p (mm Hg)	$\log p$
0	0,00366	4,6	0,6628
20	0,00341	17,4	1,2406
40	0,00320	55,3	1,7427
60	0,00300	149,2	2,1738
80	0,00283	355,1	2,5504
90	0,00276	525,8	2,7208
100	0,00268	760,0	2,8808
120	0,00255	1489,2	3,1729

Wertepaar des untersuchten Stoffes benötigt wird (z. B. der Siedepunkt bei Atmosphärendruck).

Zum Zeichnen des Cox-Diagrammes wird eine Gerade im Winkel von etwa 45° in ein Koordinatennetz gelegt. Die Abszisse gibt in logarithmischer Auftragung die Dampfdrücke wieder. Man ordnet nun mithilfe der willkürlich eingezeichneten Geraden die Temperaturwerte einer bekannten Dampfdruckkurve den Drucken zu, sodass sich die Skala der Temperaturen auf der Ordinate aus der Lage der betreffenden Geraden ergibt. Wenn man in dieses Koordinatennetz die Dampfdruck-Temperatur-Wertepaare von anderen, chemisch ähnlichen Stoffen einträgt, so erhält man Gerade, die sich in einem Punkte schneiden (vgl. Abb. 15.2).

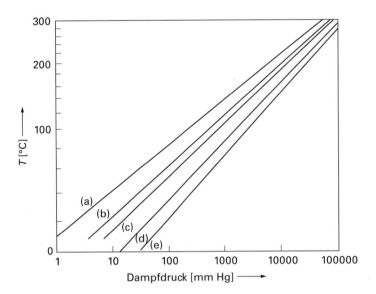

Abb. 15.2: Cox-Diagramm für niedere Alkohole.
a) i-Amylalkohol; b) i-Butanol; c) Propanol; d) Ethanol; e) Methanol.

Ist dieser Punkt für eine bestimmte Stoffklasse bekannt, so kann die Dampfdruckkurve einer unbekannten Substanz aus einem einzigen Dampfdruck-Temperatur-Wertepaar und diesem Punkt ermittelt werden (vorausgesetzt, dass die Substanz zu der Stoffklasse gehört, für die das Cox-Diagramm ermittelt wurde).

15.1.4 Dampfdrucke von binären Flüssigkeitsgemischen – Raoultsches Gesetz – Dampfdruckdiagramme – Siedediagramme – Gleichgewichtsdiagramme

Bei Zweistoffgemischen sind außer der Temperatur und dem Druck die Konzentrationen in der flüssigen und in der gasförmigen Phase variabel. Man geht zur Beschreibung der in derartigen Systemen herrschenden Verhältnisse zweckmäßig von dem Begriff des „idealen" Gemisches aus, bei dem die Wechselwirkungskräfte zwischen den ungleichen Molekülen ebenso groß sind wie zwischen den gleichen.

Im Gaszustand gilt für derartige Gemische das Dalton'sche Partialdruckgesetz:

$$P = p_1 + p_2 \tag{4}$$

(P = Gesamtdruck; p_1 und p_2 = Partialdrucke der Komponenten 1 und 2.)

Somit setzt sich der Gesamtdruck einer Gasmischung in einem bestimmten Volumen additiv zusammen aus den Drucken, die die einzelnen Komponenten für sich in dem gleichen Volumen ergeben würden.

Da nach den Gasgesetzen (mit N für die Anzahl der Mole und der Gaskonstanten R)

$$P \cdot V = N \cdot R \cdot T \quad \text{bzw.} \quad P = \frac{N \cdot R \cdot T}{V} \tag{5}$$

und

$$p_1 = \frac{N_1 \cdot R \cdot T}{V}, \tag{5a}$$

gilt:

$$\frac{p_1}{P} = \frac{N_1 \cdot R \cdot T/V}{N \cdot R \cdot T/V} = \frac{N_1}{N} = y_1 \tag{6}$$

Daraus folgt, dass der Partialdruck p_1 einer Komponente eines Gasgemisches, dividiert durch den Gesamtdruck P, gleich dem Molenbruch y_1 dieser Komponente ist (oder: der Partialdruck in % des Gesamtdruckes ist gleich der Konzentration in Mol-%).

Dampfdrücke von Flüssigkeitsgemischen. Der Dampfdruck der Komponenten von Flüssigkeitsgemischen wird nicht nur durch die Temperatur, sondern auch durch ihre Konzentration in der Mischung bedingt. Für ideale Gemische gilt bei festgelegter

Temperatur das Raoult'sche Gesetz:

$$p_1 = P_1 \cdot x_1. \tag{7}$$

(p_1 = Partialdruck der Komponente 1;
P_1 = Druck der reinen Komponente 1 bei derselben Temperatur;
x_1 = Molenbruch der Komponente 1 im flüssigen Gemisch).

Demnach ist der Partialdruck einer Komponente eines idealen Gemisches gleich dem Produkt aus dem Dampfdruck der reinen Substanz und ihrem Molenbruch in der Flüssigkeit. Der Dampfdruck von reinem Benzol beträgt beispielsweise bei 100 °C 1344 mm Hg, der Partialdruck des Benzols in einem Gemisch von 9 mol Toluol und 1 mol Benzol bei der gleichen Temperatur 134 mm Hg.

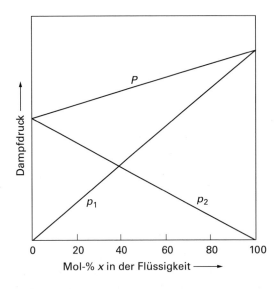

Abb. 15.3: Dampfdruckdiagramm eines idealen binären Gemisches (konstante Temperatur).
P = Gesamtdruck;
p_1 = Partialdruck der Komponente 1;
p_2 = Partialdruck der Komponente 2.

Graphisch dargestellt werden diese Beziehungen im sog. Dampfdruckdiagramm, bei welchem man die Partialdrücke der Komponenten und den Gesamtdruck gegen die Zusammensetzung des binären Flüssigkeitsgemisches aufträgt (Abb. 15.3). (Gelegentlich wird in das Dampfdruckdiagramm noch die Zusammensetzung der Dampfphase eingezeichnet). Ein Dampfdruckdiagramm gilt nur für eine bestimmte Temperatur.

Diese Darstellungsweise ist jedoch zum Übersehen der Verhältnisse beim Destillieren weniger geeignet, da man hier gewöhnlich bei konstantem Druck und variabler Temperatur arbeitet.

Das Verhalten von binären Flüssigkeitsgemischen bei variabler Temperatur wird durch das sog. „Siedediagramm" (x–t-Diagramm) dargestellt. Dieses gibt mit zwei Kurven einmal die Abhängigkeit des Siedepunktes der Flüssigkeit von ihrer Zusammensetzung und zum anderen die Zusammensetzung des Dampfes bei der jeweiligen Siedetemperatur an (Abb. 15.4). Ein derartiges Diagramm gilt nur für einen bestimmten Druck (z. B. 1 bar).

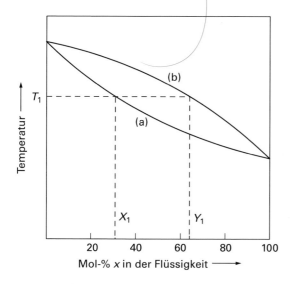

Abb. 15.4: Siedediagramm eines idealen binären Gemisches (konstanter Druck).
a) Siedekurve der flüssigen Phase;
b) Zusammensetzung des Dampfes.

Eine Mischung x_1 mit z. B. 30 Mol-% der Komponente x siedet bei der Temperatur T_1; der zugehörige Dampf y_1 enthält 64 Mol-% der Komponente x.

Von dem Siedediagramm leitet sich als weitere Darstellung das sog. „Gleichgewichtsdiagramm" oder die „Gleichgewichtskurve" x–y ab. Man trägt dabei die Zusammensetzung des Dampfes gegen die Zusammensetzung der Lösung in einem quadratischen Koordinatensystem auf (Abb. 15.5, vgl. auch Abb. 6.3).

Eine Flüssigkeit x_1 mit z. B. 30 Mol-% x ergibt nach dem Diagramm der Abb. 15.5 einen Dampf y_1 mit 64 Mol-% x (üblicherweise wird die Konzentration der leichter flüchtigen Komponente in der Flüssigkeit mit x, die Konzentration *der gleichen Komponente* im Dampf mit y bezeichnet; daher rühren auch die Ausdrücke „x–t-Diagramm" und „x–y-Diagramm").

Annähernd ideale Gemische werden von einer Reihe chemisch einander sehr ähnlicher Verbindungen gebildet, z. B. Benzol – Toluol, n-Hexan – n-Heptan, 1,2-Dibromethan – 1,2-Dibrompropan u. a.

In der Mehrzahl der Fälle treten jedoch mehr oder weniger große Abweichungen vom idealen Verhalten auf, durch die sich gegenseitige Anziehungs- oder Abstoßungskräfte der verschiedenen Molekülarten bemerkbar machen. In Extremfällen, die für Destillationen von erheblicher Bedeutung sind, werden sogar Minima in den Dampfdruckdiagrammen (und damit Maxima in den Siedediagrammen) und umgekehrt Maxima in den Dampfdruck- bzw. Minima in den Siedediagrammen beobachtet. In Abb. 15.6 ist das Dampfdruckdiagramm eines Systems mit Dampfdruckminimum wiedergegeben.

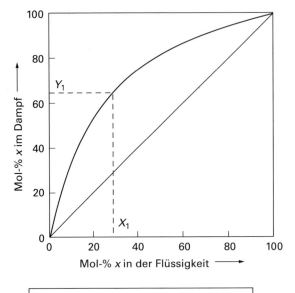

Abb. 15.5: Gleichgewichtsdiagramm eines idealen binären Gemisches (konstanter Druck).

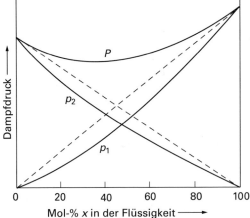

Abb. 15.6: Dampfdruckdiagramm eines binären Systems mit Dampfdruckminimum. P = Gesamtdruck; p_1 = Partialdruck der Komponente 1 (= x); p_2 = Partialdruck der Komponente 2.

Beide Partialdruckkurven weichen von den bei idealem Verhalten zu erwartenden Werten (gestrichelt gezeichnet) nach unten ab.

Das zugehörige Siedediagramm zeigt Abb. 15.7. Ein Gemisch x_1 mit z. B. 20 Mol-% x in der flüssigen Phase siedet bei der Temperatur T_1, der Dampf besitzt die Zusammensetzung y_1 = 10 Mol-% der leichter flüchtigen Komponente x, und diese Zusammensetzung hat auch das Destillat zu Beginn der Destillation. Da das Destillat weniger an der Komponente x enthält als die zugehörige Flüssigkeit, reichert sich x im Kolben an; der Siedepunkt steigt, bis der Punkt A erreicht ist, bei dem Kolbeninhalt und Dampf dieselbe Zusammensetzung haben und die restliche Destillation bei konstant bleibender Temperatur und konstanter Zusammensetzung des Destillates erfolgt. Ein derartiges konstant siedendes Gemisch wird als „Azeotrop" bezeichnet.

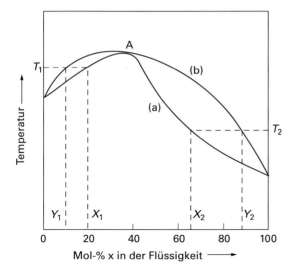

Abb. 15.7: Siedediagramm eines binären Systems mit Siedepunktsmaximum (Dampfdruckminimum).
a) Siedekurve der Flüssigkeit;
b) Zusammensetzung des Dampfes.
A = Azeotrop.

Ein Gemisch x_2 mit 65 Mol-% x, d. h. einer Zusammensetzung, die auf der anderen Seite des Azeotrops liegt, siedet bei der Temperatur T_2; der Dampf y_2 enthält 88 Mol-% x, sodass sich die Flüssigkeit im Kolben während der Destillation an x abreichert und die Siedetemperatur ansteigt, bis wiederum der Punkt A mit dem konstant siedenden Gemisch erreicht ist.

Bei derartigen Systemen kann demnach immer nur eine Komponente durch Destillation rein erhalten werden; daneben entsteht ein Azeotrop, das durch Destillation unter dem einmal gewählten Druck nicht in seine Komponenten zerlegt werden kann (es sei denn, man beeinflusst das System durch Zugabe weiterer Stoffe).

Das Gleichgewichtsdiagramm zeigt eine s-förmig gebogene Kurve, die bei der Zusammensetzung des Azeotrops die Diagonale schneidet (Abb. 15.8).

Bei Systemen mit Dampfdruckmaximum weichen die Partialdruckkurven der beiden Komponenten vom idealen Verhalten nach oben ab (Abb. 15.9).

Im Siedediagramm tritt demgemäß ein Minimum der Siedetemperatur auf (Abb. 15.10). Wird z. B. ein Gemisch x_1 mit 10 Mol-% x destilliert, so ist bei der Temperatur T_1 der Siedepunkt erreicht; der zugehörige Dampf hat die Zusammensetzung y_1 = 25 Mol-% x. Während der Destillation reichert sich die Komponente x in der Flüssigkeit ab, der Siedepunkt steigt an, und man gelangt schließlich zur reinen Komponente 2 (0 % x). Will man die Komponente x anreichern, so müsste die Destillation mit dem Destillat wiederholt werden. Man ginge dann von dem Gemisch y_1 aus, das bei Beginn der Destillation einen Dampf mit etwa 41 Mol-% x geben würde (in Abb. 15.10 nicht eingezeichnet). Die Zusammensetzung des Destillates rückt bei öfterer Wiederholung immer mehr an den Punkt A heran, welcher wieder ein Azeotrop darstellt, da hier Flüssigkeit und Dampf die gleiche Zusammensetzung besitzen. Von da an ist eine weitere Trennung durch Destillieren nicht mehr möglich.

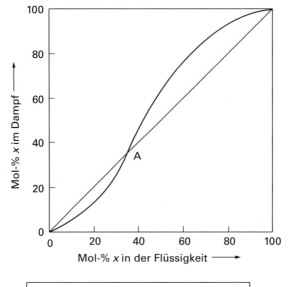

Abb. 15.8: Gleichgewichtsdiagramm eines binären Systems mit Siedepunktsmaximum.

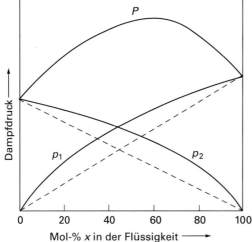

Abb. 15.9: Dampfdruckdiagramm eines binären Systems mit Dampfdruckmaximum.
P = Gesamtdruck:
p_1 = Partialdruck der Komponente 1 (= x);
p_2 = Partialdruck der Komponente 2.

Entsprechendes gilt, wenn das Ausgangsgemisch in der Zusammensetzung auf der anderen Seite des Punktes A liegt. Das Gemisch x_2 mit 90 Mol-% z. B. siedet bei der Temperatur T_2, und der Dampf besitzt die Zusammensetzung y_2 = 80 Mol-% x. Während der Destillation wird x im Kolben angereichert und kann schließlich rein gewonnen werden. Zur Anreicherung der Komponente 2 müsste die Destillation mit dem Destillat wiederholt werden.

Hierbei nähert man sich aber dem Punkte A immer mehr, bis wieder das Azeotrop übergeht.

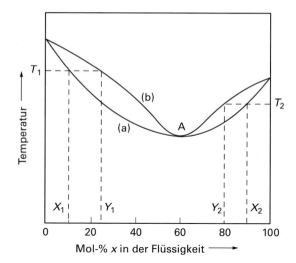

Abb. 15.10: Siedediagramm eines binären Systems mit Siedepunktsminimum (Dampfdruckmaximum).
a) Siedekurve der Flüssigkeit;
b) Zusammensetzung des Dampfes.
A = Azeotrop.

Auch beim Vorliegen eines derartigen Gemisches kann also immer nur eine Komponente rein gewonnen werden, während auf der anderen Seite das Azeotrop gebildet wird.

Die Gleichgewichtskurve ist ebenfalls s-förmig; sie schneidet die Diagonale bei der Zusammensetzung des Azeotrops (Abb. 15.11).

Schließlich seien binäre Systeme angeführt, bei denen die beiden Flüssigkeiten praktisch ineinander unlöslich sind und somit zwei flüssige Phasen bilden.

Der Dampfdruck jeder der beiden Substanzen ist hier bei gegebener Temperatur konstant und unabhängig vom Mengenverhältnis, der Gesamtdruck ergibt sich durch

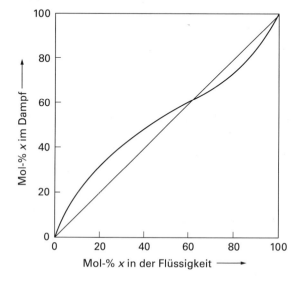

Abb. 15.11: Gleichgewichtsdiagramm eines binären Systems mit Siedepunktsminimum.

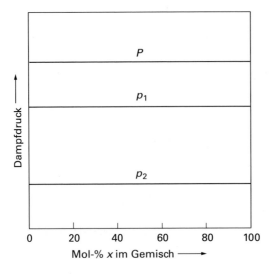

Abb. 15.12: Dampfdruckdiagramm eines binären Systems von zwei ineinander unlöslichen Flüssigkeiten.
P = Gesamtdruck;
p_1 = Druck der Komponente 1;
p_2 = Druck der Komponente 2.

Addition der beiden Drucke (Abb. 15.12). Das Gemisch siedet, wenn die Summe der Drucke den Atmosphärendruck erreicht.

Das Siedediagramm ist entsprechend eine Gerade, die die konstante Siedetemperatur (unabhängig vom Mengenverhältnis der beiden Flüssigkeiten) wiedergibt (Abb. 15.13). Die Dampfzusammensetzung wäre als ein Punkt auf dieser Geraden einzuzeichnen.

Das Gleichgewichtsdiagramm ist wiederum eine Gerade, da die Dampfzusammensetzung unabhängig vom Mengenverhältnis der Flüssigkeiten ist (Abb. 15.14). Destilliert man ein derartiges Gemisch, so gehen die beiden Komponenten konstant im Verhältnis ihrer Dampfdrücke über. Wenn eine der beiden Flüssigkeiten vollständig

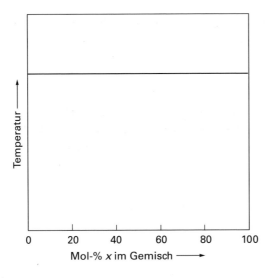

Abb. 15.13: Siedediagramm eines binären Systems von zwei ineinander unlöslichen Flüssigkeiten.

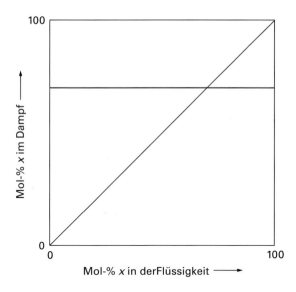

Abb. 15.14: Gleichgewichtsdiagramm eines binären Systems von zwei ineinander unlöslichen Flüssigkeiten.

abdestilliert ist, springt der Siedepunkt auf den Wert der anderen, und diese destilliert rein ab.

Im Allgemeinen hat die Destillation ineinander unlöslicher Flüssigkeiten keine Bedeutung, da man beide ohne Schwierigkeiten mechanisch trennen kann. Die entsprechenden Diagramme sind hier jedoch angeführt, da sie bei der Wasserdampfdestillation und verwandten Verfahren (s. u.) maßgebend sind.

15.1.5 Flüchtigkeit – relative Flüchtigkeit (Trennfaktor) – Darstellung des Ergebnisses von Destillationen (Destillationskurven)

Als „Flüchtigkeit" V_1 einer Substanz 1 ist das Verhältnis vom Partialdruck p_1 im Dampf zum Molenbruch x_1 in der Flüssigkeit definiert:

$$V_1 = \frac{p_1}{x_1} \tag{8}$$

Diese Größe entspricht dem Verteilungskoeffizienten, da der Partialdruck in der Gasphase ebenso wie der Molenbruch in der Flüssigkeit eine Konzentrationsangabe bedeutet. Je größer die Flüchtigkeit ist, desto leichter lässt sich eine Substanz aus der flüssigen Phase entfernen.

Relative Flüchtigkeit (Trennfaktor). Die relative Flüchtigkeit β einer Substanz ist das Verhältnis ihrer Flüchtigkeit V_1 zu der Flüchtigkeit V_2 einer zweiten Substanz:

$$\beta = \frac{V_1}{V_2} = \frac{p_1/x_1}{p_2/x_2} = \frac{p_1/p_2}{x_1/x_2}. \tag{9}$$

Die relative Flüchtigkeit entspricht daher dem früher definierten Trennfaktor.

Die relative Flüchtigkeit kann mit steigender Temperatur zunehmen oder absinken; überwiegend fällt sie mit steigender Temperatur, sodass man in der Regel bei möglichst tiefer Temperatur destillieren soll (Vakuumdestillation, s. u.).

Darstellung des Ergebnisses von Destillationen (Destillationskurve). Das Ergebnis einer Destillation wird gewöhnlich durch die sog. „Destillationskurve" wiedergegeben, bei der man eine Eigenschaft des Destillates gegen die übergegangene Menge aufträgt (Abb. 15.15). Zum Kennzeichnen des Destillates wird häufig die Destillationstemperatur gewählt, oft verwendet man aber auch andere Größen, z. B. die Dichte, den Brechungsindex, die Dielektrizitätskonstante u. a.

Die Destillationskurve gibt – falls die Temperatursprünge zwischen den einzelnen Substanzen genügend ausgeprägt sind und keine Azeotrope auftreten – einen Überblick über Anzahl und Mengen der Komponenten im Ausgangsgemisch.

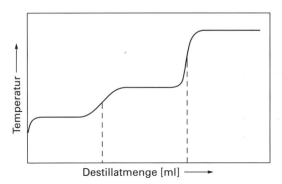

Abb. 15.15: Destillationskurve.

Gemische aus zahlreichen Substanzen mit eng beieinander liegenden Siedepunkten (z. B. Kohlenwasserstoffe) geben vielfach beim Destillieren keine einheitlichen Fraktionen; die Destillationskurve steigt in solchen Fällen monoton an. Durch Destillieren unter genau festgelegten Bedingungen (Ausgangsmenge, Geräteabmessungen, Destillationsgeschwindigkeit) kann man jedoch Kurven erhalten, die zu Vergleichszwecken mit ähnlichen Proben oder mit Standardmischungen geeignet sind. Das Verfahren wird als „Siedeanalyse" bezeichnet.

Man kann weiterhin aus der Steilheit der Übergänge zwischen je zwei Fraktionen auf die Wirksamkeit der Trennung schließen: Im Idealfalle tritt überhaupt keine unreine Zwischenfraktion auf, und der Temperaturanstieg verläuft senkrecht. Je schlechter die Trennung ist, desto flacher liegt die Kurve im Übergangsbereich, und desto größer wird die Menge an Zwischenfraktion. Als Maß für die Steilheit des Anstieges kann man den Winkel benutzen, den die im Wendepunkt angelegte Tangente mit der Abszisse bildet (Abb. 15.16).

Eine genauere Einsicht in den Verlauf einer Destillation erhält man durch Auftragen der Zusammensetzung des Destillates gegen dessen Menge, wobei zweckmäßig ein logarithmischer Maßstab für die Ordinate mit der prozentualen Zusammensetzung gewählt wird (Abb. 15.17). Das Verfahren erfordert allerdings eine ganze Anzahl von quantitativen Analysen einzelner Fraktionen.

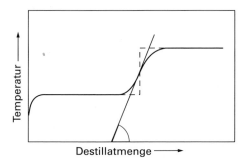

Abb. 15.16: Beurteilung der Wirksamkeit einer Trennung aus der Destillationskurve.

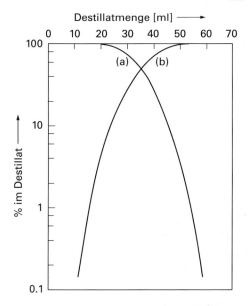

Abb. 15.17: Verlauf der Destillation eines Zweistoffgemisches.
a) Prozent der leichter flüchtigen Komponente im Destillat;
b) Prozent der schwerer flüchtigen Komponente im Destillat.

Ebenfalls nur selten wird ein Verfahren angewendet, bei dem die pro Grad Temperaturänderung übergegangene Menge g gegen die Destillationstemperatur aufgetragen wird (Abb. 15.18). Man kann ein derartiges Diagramm aus der gewöhnlichen Destillationskurve (Abb. 15.15) durch Vertauschen der Koordinaten und Differenzieren hervorgegangen denken.

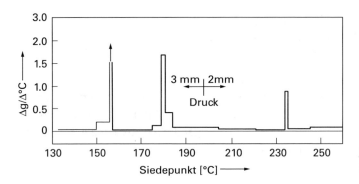

Abb. 15.18: Differenzielle Destillationskurve.

15.2 Trennungen durch einmalige Gleichgewichtseinstellung

15.2.1 Dampfraumanalyse – Absaugen von gelösten Gasen (Gase in Metallen und Lösungen)

Bei der zuerst von Schulek (1956) angegebenen sog. „Dampfraumanalyse" werden flüchtige Bestandteile einer Analysenprobe durch Untersuchung des über der Probe stehenden Gases nachgewiesen und bestimmt. Man füllt das Material in ein ausreichend dimensioniertes Gefäß, verschließt es und wartet die Einstellung des Verdampfungsgleichgewichtes ab; dann entnimmt man einen Teil der Gasphase, den man – in der Regel gaschromatographisch – weiteruntersucht.

Der Dampfdruck der zu untersuchenden Verbindungen kann durch Temperaturerhöhung, durch Sättigen mit einem Salz, wie Na_2SO_4, $(NH_4)_2SO_4$ oder NaCl, sowie durch chemische Umsetzungen (z. B. durch Verestern von Alkoholen oder durch Silylierung) erhöht werden. Vielfach reichert man die flüchtigen Substanzen nach der Entnahme durch Ausfrieren an.

Bei der Dampfraumanalyse (angelsächs. „head space analysis") füllt man die Probe am einfachsten in ein kleines Serumfläschchen oder Erlenmeyerkölbchen, das mit einem Plastik- oder Silikon-Septum verschlossen wird. Die Entnahme eines Teils des überstehenden Gases erfolgt nach der bereits im Abschnitt „Gas-Chromatographie" beschriebenen Durchstichkappentechnik mit einer Injektionsspritze und Nadel (Abb. 15.19).

Das Verfahren wird vor allem zur qualitativen Analyse von Aromastoffen in Nahrungsmitteln und Getränken sowie zur Untersuchung flüchtiger Bestandteile in bio-

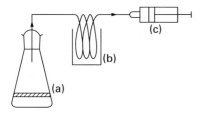

Abb. 15.19: Dampfraumanalyse mit Anreicherung durch Ausfrieren.
a) Gefäß mit Probe; b) PTFE-Kapillare in Kältebad; c) Spritze.

logischem Material verwendet (vgl. Tab. 15.2). Bei der quantitativen Auswertung ist zu berücksichtigen, dass die Abtrennungen unvollständig sind und die Verteilungskoeffizienten in die Berechnung eingehen. Man verwendet deshalb meist die Methode des Inneren Standards (Zugabe eines getrennt vom eigentlichen Analyten gut nachweisbaren Stoffes mit ähnlichen Eigenschaften).

Tab. 15.2: Anwendung der Dampfraumanalyse (Beispiele)

Probe	Nachgewiesene Bestandteile	Bedingungen
Gemüse, Früchte	Aromastoffe	100 °C
Früchte	Aromastoffe	Raumtemperatur
Milch	Aromastoffe	Na_2SO_4-Zugabe; 50 °C Argon-Atmosphäre
Fruchtsaft	Aromastoffe	Na_2SO_4-Zugabe; 30 °C
Fermentationsbrühen	flücht. Bestandteile	NaCl- oder $(NH_4)_2SO_4$-Zugabe; 10–36 °C
biol. Material	niedere Ester, Aldehyde, Mercaptane, Alkohole	Na_2SO_4-Zugabe; 60 °C
Blut	Ethanol	60 °C
Blut	Methanol, Ethanol, i-Propanol, Aceton	Na_2SO_4-Zugabe; 50 °C
biol. Gewebe	Alkohole	Verestern mit HNO_2
Kesselspeisewasser	H_2	–
hochpolymere Kunststoffe	Monomeren-Reste	Raumtemperatur

Der Vorteil des Verfahrens besteht in der einfachen und schnellen Durchführung; größere Probenserien können automatisch untersucht werden, wobei gute Genauigkeiten erzielt wurden.

Eine Fehlerquelle besteht in der Absorption vieler organischer Verbindungen in Septen aus Polymer; man kann diese Störung durch Verwendung einer Aluminiumbeschichtung auf einer Seite des Septums vermeiden.

Weiterhin treten Fehler auf, wenn die Gleichgewichtseinstellung im Dampfraum nicht abgewartet wird und wenn bei der Gasentnahme die Spritze zu kalt ist, sodass Anteile der flüchtigen Komponenten in der Injektionsnadel kondensieren.

15.2.2 Absaugen von gelösten Gasen (Gase in Metallen und Lösungen)

Im Sinne der oben angegebenen Definition der Destillation gehören Verfahren, bei denen ein Gas aus einer nichtflüchtigen Substanz abgesaugt wird, nicht zu den eigentlichen Destillationsmethoden, da das Verdampfungsprodukt nicht kondensiert wird. Da es sich aber auch hierbei um Trennungen durch Verflüchtigung handelt, sollen derartige Verfahren an dieser Stelle mitbehandelt werden. Von der Methode her sind dabei zwei Gruppen zu unterscheiden: Die Verflüchtigung von Gasen aus Metallen und Legierungen und die Verflüchtigung aus – meist wässrigen – Lösungen.

Gase in Metallen. Wasserstoff liegt in Metallen physikalisch gelöst oder doch nur schwach gebunden vor und kann durch Erhitzen der Probe schon bei Temperaturen unterhalb des Schmelzpunktes ausgetrieben werden. In der Regel stellt sich ein Gleichgewichtsdruck ein, und es gilt ein Verteilungsgesetz der Form

$$\frac{c_1^2}{c_2} = \text{konst.}, \tag{10}$$

das gewöhnlich umgeformt wird zu

$$V = \alpha \cdot \sqrt{p}. \tag{11}$$

Die Löslichkeit V des Wasserstoffes im Metall (in ml/100 g bei 0 °C und 760 mm Hg) ist demnach der Wurzel aus dem H_2-Druck (in mm Hg) proportional. Der Verteilungskoeffizient α ist eine temperaturabhängige Konstante, die für jedes Metall und jede Legierung experimentell ermittelt werden muss (man bestimmt dazu die Wasserstoffkonzentration im Metall bei mindestens zwei verschiedenen Drucken und trägt V gegen $\sqrt{p}$ auf. Die Neigung der Geraden ergibt α).

Wenn α bekannt ist, kann die Wasserstoffbestimmung durch Druckmessung bei bestimmter Temperatur unter Berücksichtigung des im Metall verbliebenen Anteils erfolgen. Man arbeitet somit nach der Methode der unvollständigen Trennung unter Zuhilfenahme des Verteilungskoeffizienten (vgl. Teil 1, Kap. 4). Eine weitere Möglichkeit besteht im vollständigen Entfernen des Gases aus dem Metall, was durch wiederholtes Absaugen oder einfacher durch Erhitzen über den Schmelzpunkt geschehen kann.

Die ebenfalls zu den „Gasen" in Metallen gerechneten Elemente Sauerstoff und Stickstoff sind als Oxide bzw. Nitride gebunden und müssen erst durch chemische Reaktionen freigesetzt werden, bevor sie verflüchtigt werden können. Hierfür werden vor allem die folgenden Umsetzungen verwendet

1. Lösen des Metalls in Säuren, wobei Nitrid-Stickstoff in Ammoniumsalz übergeht (sog. Kjeldahl-Aufschluss);
2. Erhitzen in H_2-Atmosphäre, wobei aus Oxiden Wasser gebildet wird, und
3. Erhitzen mit Kohlenstoff auf sehr hohe Temperaturen, wobei Oxide in CO und Nitride in N_2 überführt werden (Wasserstoff entweicht als H_2).

Die Kjedahl-Methode ist zu den Aufschlussverfahren zu rechnen und soll hier nicht besprochen werden. Die auf Ledebur zurückgehende Sauerstoffbestimmung durch Umsetzen mit Wasserstoff ist nur zur Reduktion der Oxide nicht zu unedler Elemente geeignet; SiO_2 und Al_2O_3 werden beispielsweise bei Temperaturen bis etwa 1000 °C nicht merklich angegriffen. Die Reaktion wird dagegen zur Bestimmung des Sauerstoffgehalts von Pb, Cu, Bi, W u. a. verwendet. Eine Apparatur, in der Bismut-Metall statisch unter H_2-Atmosphäre erhitzt wird, ist in Abb. 15.20 wiedergegeben; das gebildete Wasser wird in einer Magnesiumperchlorat-Schicht absorbiert und die Abnahme der Wasserstoffmenge mithilfe der Bürette gemessen. Häufiger wird die Probe in strömendem Wasserstoff erhitzt, doch soll dieses Verfahren erst später besprochen werden, da hierbei die Arbeitsweise der einseitigen Wiederholung vorliegt.

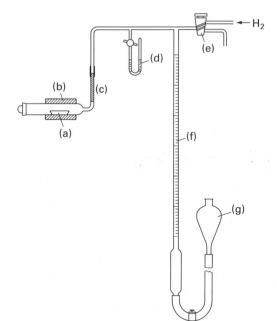

Abb. 15.20: Bestimmung des Sauerstoff-Gehaltes von Bismut-Metall.
a) Schiffchen mit Probe;
b) Ofen;
c) Magnesiumperchlorat-Schicht;
d) Manometer;
e) Dreiweghahn zum Evakuieren und Einlassen von Wasserstoff;
f) Mikrobürette;
g) Quecksilbervorratsgefäß.

Von größerer Bedeutung als die Reaktion mit Wasserstoff ist die wohl zuerst von Tucker (1881) zur Sauerstoffbestimmung angewandte Umsetzung mit Kohlenstoff. Da bei den hierfür notwendigen sehr hohen Temperaturen sämtliche oxidischen Tiegelmaterialien ebenfalls unter CO-Bildung reagieren, arbeitet man nach einem Vorschlag von Walker (1912) in Graphit-Tiegeln, die somit gleichzeitig als Behälter und Kohlenstoffquelle dienen.

Eine apparativ einfache Durchführung dieser Reaktion zur Bestimmung des Oxid-Gehaltes von Kupfer zeigt Abb. 15.21; die Probe wird in einem Graphit-Schiffchen in ein evakuierbares Rohr gebracht, und das Gefäß wird nach dem Evakuieren durch Schließen eines Hahnes abgesperrt und erhitzt. Die Analyse erfolgt schließlich durch Druckmessung des entwickelten Kohlenmonoxids.

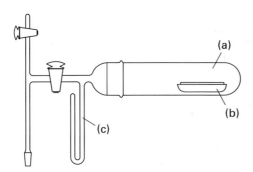

Abb. 15.21: Bestimmung von Sauerstoff in Kupfer.
a) Evakuierbares Gefäß;
b) Graphit-Schiffchen mit Probe;
c) Schliff-Ansatz mit Manometer und Verbindung zur Pumpe.

Zur Untersuchung vieler unedler Metalle müssen jedoch apparativ wesentlich aufwendigere Methoden, die sog. „Vakuumschmelzverfahren", angewendet werden. Bei diesen werden die entwickelten Gase durch eine Hochvakuumpumpe aus dem Gefäß entfernt und in den Messteil des Gerätes überführt (die in der Literatur häufig zu findende Bezeichnung „Heißextraktion" sollte vermieden werden, da keine Extraktion im üblichen Sinne vorliegt).

Zum Erhitzen der Proben werden dabei wohl ausnahmslos Induktionsöfen verwendet, mit denen ohne Schwierigkeiten die erforderlichen Temperaturen von 1500–2200 °C erreicht werden. Durch eine außerhalb des Behälters befindliche Hochfrequenzspule werden im Graphit-Tiegel und in der Probe Wirbelströme erzeugt, die das Aufheizen bewirken. Nicht leitende Substanzen, wie die Quarzwand, nehmen dagegen kaum Energie auf. Ein wesentlicher Vorteil dieser Heizungsmethode besteht in der Möglichkeit, die Gefäßwand zu kühlen, sodass jede thermische Belastung des Behälters vermieden wird.

Der Graphit-Tiegel wird meist mit einer Schicht von Graphit-Pulver umgeben, um die Wärmeabstrahlung einzudämmen. Er kann an einem Tantaldraht aufgehängt oder in einen becherförmigen Untersatz gestellt werden (Abb. 15.22).

Da vor jeder Bestimmung ein längeres Ausgasen der Apparatur erforderlich ist, setzt man meist mehrere Proben gleichzeitig ein und bringt sie mithilfe einer magnetischen Einschleusvorrichtung nacheinander in den Tiegel.

Eine Fehlerquelle des Verfahrens besteht in der teilweisen Destillation der Metallproben bei den zur Umsetzung mit Kohlenstoff notwendigen hohen Temperaturen; die abdestillierten Anteile setzen sich an den kälteren Stellen der Apparatur ab und

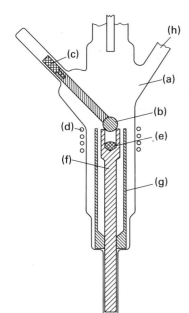

Abb. 15.22: Vakuumschmelzverfahren.
a) Quarzbehälter;
b) magnetisch verschiebbarer Stempel zum Abdecken des Tiegels;
c) Eisenstiel;
d) Induktionsheizung;
e) Probe;
f) Graphit-Tiegel mit Fuß;
g) Wärmeschild;
h) Pyrometeransatz.

absorbieren die freigesetzten Gase in beträchtlichem Umfange wieder. Der Effekt wird als „Getterwirkung" bezeichnet.

Zum Beseitigen dieser Störung deckt man den Tiegel während der Schmelzperiode ab. Außerdem hat es sich als günstig erwiesen, die Probe in ein Bad eines hochsiedenden Metalls zu werfen, das bereits im Tiegel vorgeschmolzen ist („Badmethode"). Dadurch wird einerseits eine Erniedrigung des Partialdruckes des zu untersuchenden Metalls erreicht, anderseits kann oft die Temperatur herabgesetzt werden, was sich im gleichen Sinne auswirkt. Ferner wird die Viskosität der Schmelze erniedrigt und damit die zum Herausdiffundieren der Gase benötigte Zeit verkürzt. Als Badmetalle verwendet man u. a. kohlenstoffhaltiges Eisen, Zinn oder Platin, von denen das letztere besonders günstige Eigenschaften aufweist.

Eine Variante der Badmethode besteht darin, die Analysenprobe in eine Metallfolie oder ein Blech einzuwickeln oder in eine Metallkapsel einzuschließen; die Probe wird dann mit Umhüllung in den hocherhitzten Tiegel geworfen (sog. „Flux-Verfahren"). Auf diese Weise kann das Verspritzen des Metalls verhindert werden, das leicht eintritt, wenn die Probe nicht eingehüllt in das heiße Bad geworfen wird.

Einige Beispiele für die Anwendung des Vakuumschmelzverfahrens finden sich in Tab. 15.3.

Aus Flüssigkeiten können Gase durch eine von van Slyke (1924) angegebene Methode entfernt werden. In ein pipettenartiges, mit Quecksilber gefülltes Gefäß wird aus einem darüber angeordneten Einfülltrichter die zu untersuchende Flüssigkeit (z. B. Blut) eingelassen (Abb. 15.23). Dann erzeugt man durch Senken des Vorratsgefäßes für das Quecksilber einen leeren Raum von etwa 50 ml Inhalt über der Flüssigkeit und

Tab. 15.3: Vakuumschmelzverfahren zur Bestimmung von Wasserstoff, Sauerstoff und Stickstoff in Metallen und Legierungen (Anwendungsbeispiele)

Metall	bestimmte Elemente	Temperatur (°C)	Bad	Flux
Ag	O	1400	–	–
B, Cr, Cu, Si, Fe	O, H, N	1500–1600	Fe	
Be	O	1850	Pt	Pt
Cr	O	1600	Fe + Sn	Al + Fe
Cu	O	1150	–	–
Fe	O	1600–2000	–	–
Ferrosilicium	O	1750	Sn + C	Ni
Ga, In	O	1700	–	Pt
Mo, Ta, Ti, W	O	2000	–	–
Mo	O	1750–1800	Fe + Sn	
Nb	O	1650	Fe	–
Pd	O	2100	–	–
Pu, U, Zr	O	1900	Pt	–
Si	O	1700	Fe + Sn	
Ta	O, H, N	1860	Pt	–
Th	O, H, N	1900	Pt	–
Ti	O	1900	Sn	Sn
U	O, H, N	1820	Pt	–
UC	O, H, N	2000	Pt	–
V	O	1900	Pt	–
W	O	1950	Pt	–
Zr	O, H, N	1860	Pt	

schüttelt das Ganze, bis die gelösten Gase ausgetrieben sind. Schließlich komprimiert man sie durch Anheben des Quecksilberspiegels wieder auf ein bestimmtes Volumen (z. B. 2 ml) und bestimmt die Menge durch Druckmessung.

15.3 Trennungen durch einseitige Wiederholung ohne Hilfssubstanz

15.3.1 Trocknen

Das Trocknen von feuchten Proben und Niederschlägen geschieht überwiegend durch Erwärmen auf etwa 105–130 °C im Trockenschrank. Ferner haben sich kleine Blöcke aus Aluminium mit einer weiten Bohrung zum Aufnehmen von Tiegeln bewährt, die mit einem Bunsenbrenner auf die gewünschte Temperatur erhitzt werden; durch einen am unteren Ende angebrachten Ansatz kann ein Inertgas eingeleitet werden.

Sehr wirksam ist ferner das Trocknen in der sog. „Trockenpistole", bei der man das Wasser im Vakuum aus der Probe entfernt und in P_2O_5 absorbiert. Das Glasgefäß mit dem zu trocknenden Material kann entweder durch den Dampf einer siedenden

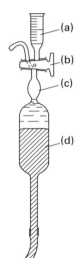

Abb. 15.23: Bestimmung von gelösten Gasen in Körperflüssigkeiten.
a) graduierter Einfülltrichter für die Probe;
b) Dreiweghahn;
c) Messvolumen;
d) Quecksilber (Sperrflüssigkeit).

organischen Flüssigkeit oder durch Einführen in einen Trockenschrank auf eine bestimmte Temperatur gebracht werden.

Das Trocknen von Substanzen, die Wasser sehr fest gebunden enthalten, wird bei höheren Temperaturen (bis etwa 1100 °C) meist in elektrischen Öfen durchgeführt.

Der Vollständigkeit halber ist ferner das Trocknen in Exsikkatoren bei Raumtemperatur über verschiedenen Absorptionsmitteln für Wasser zu erwähnen.

15.3.2 Abdampfen von Lösungsmitteln – Überkopfdestillation

Das Entfernen von größeren Wassermengen erfolgt gewöhnlich durch Abdampfen über freier Flamme, auf dem Wasserbad oder Sandbad. Günstig sind außerdem die sog. Oberflächenstrahler, bei denen die Hitze einer Heizspirale von oben auf die Oberfläche der Flüssigkeit einwirkt; der Verdampfungsvorgang verläuft dadurch wesentlich schneller als beim Eindampfen auf dem Wasserbad, ohne dass Verluste durch Verspritzen entstehen können.

Zum Abtrennen und Reinigen von organischen Flüssigkeiten wird in großem Umfange die sog. „Überkopfdestillation" (meist einfach als „Destillation" bezeichnet) verwendet. Man arbeitet dabei nach dem Prinzip der einseitigen Wiederholung, da sich im Dampfraum immer wieder das Verdampfungsgleichgewicht einstellt, das durch die Kondensation des Dampfes fortlaufend gestört wird. Nach dem in Kap. 1 Gesagten ergibt das Verfahren nur dann wirksame Trennungen, wenn die Ausbeute auf einer Seite des Schemas annähernd 100 % beträgt; das ist der Fall, wenn der im Kolben verbleibende Rückstand nichtflüchtig ist, d. h. bei jeder Gleichgewichtseinstellung der flüchtigen Komponente quantitativ zurückbleibt.

Die Überkopfdestillation besitzt kein hohes Trennvermögen und ist beim Vorliegen von Flüssigkeitsgemischen selten brauchbar. Nur wenn die einzelnen Komponenten sehr unterschiedliche Siedepunkte besitzen, kann durch Destillieren bei stufenweise gesteigerter Temperatur und portionsweises Auffangen des Destillates eine befriedigende Trennung erreicht werden. Dieses Verfahren wird als „fraktionierte Destillation" bezeichnet.

Die für Laboratoriumsansätze üblichen Geräte bestehen gewöhnlich aus einem Kolben, einem Zwischenstück mit Thermometer und einem Kühler. Bewährt haben sich weiterhin Geräte, bei denen der Kolben mit der zu destillierenden Flüssigkeit schräg in einem Heizbad liegt und während des Erhitzens kontinuierlich gedreht wird, sodass sich der Kolbeninhalt dauernd im Bewegung befindet. Der Vorteil besteht in der schnelleren Destillation infolge des besseren Wärmeüberganges vom Heizbad auf die Flüssigkeit, außerdem lassen sich Vakuumdestillationen weitgehend ohne Verspritzen und ohne Schaumbildung durchführen. Derartige Destillationsapparate werden als „Rotationsverdampfer" (Rotavapor®) bezeichnet.

Tiefsiedende Flüssigkeiten können u. a. in Anordnungen wie in Abb. 15.24 destilliert werden. Man friert das Ausgangsgemisch in einem Röhrchen mit Schliff a ein, setzt dieses an die Apparatur an und evakuiert das Ganze; dann lässt man das Gefäß a langsam auftauen und schlägt den gebildeten Dampf in dem tiefgekühlten Gefäß b bei z. B. $-180\,°C$ nieder (für dieses Verfahren findet sich in der Literatur der Ausdruck „Kryodiffusion"; es handelt sich jedoch um ein Destillationsverfahren).

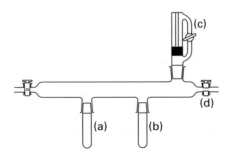

Abb. 15.24: Destillation bei tiefen Temperaturen.
a) Gefäß für die Analysenprobe;
b) Gefäß für das Destillat;
c) Manometer;
d) Pumpenanschluss.

Die üblichen Destillationsgeräte sind für Substanzmengen von weniger als etwa 5 ml nicht mehr geeignet, und es wurden daher zahlreiche Abwandlungen für Trennungen in kleinerem Maßstabe entwickelt. Von diesen soll ein Beispiel, bei dem durch Verschieben eines Stempels die Vorlage gewechselt werden kann, angeführt werden (Abb. 15.25). Mengen von etwa 0,05 ml (1 Tropfen) können von einer ebenen Unterlage an einen darüber befindlichen gekühlten Objektträger destilliert werden.

Fehler durch Verspritzen. Bei allen Destillationen, bei denen das Flüssigkeitsgemisch zum Sieden erhitzt wird, tritt eine die Trennungen oft erheblich beeinflussende Störung ein:

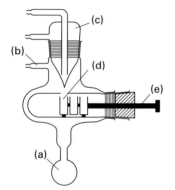

Abb. 15.25: Gerät zur fraktionierten Mikrodestillation.
a) Destillationskolben;
b) Vakuumanschluss;
c) Kühler;
d) Vorlagen;
e) verschiebbarer Stempel.

Beim Durchbrechen der Dampfbläschen durch die Flüssigkeitsoberfläche bilden sich durch Versprühen feine Nebeltröpfchen, die durch den Dampfstrom in den Kühler und dadurch in das Destillat getragen werden. Das Ausmaß dieser Störung hängt von der Destillationsgeschwindigkeit, von den Apparatedimensionen und von der Oberflächenspannung der Flüssigkeit ab; man kann im Allgemeinen damit rechnen, dass größenordnungsmäßig etwa 0,1 % der Flüssigkeit auf diese Weise in das Destillat gelangt. Zum Beseitigen dieses Fehlers sind verschiedene Tropfenfänger vorgeschlagen worden, deren Wirksamkeit jedoch begrenzt ist.

15.3.3 Kurzweg-Destillation

Auf Arbeiten von Caldwell (1909), Brönstedt (1921) und Burch (1928) geht das Verfahren der sog. „Kurzweg-Destillation" oder „Molekular-Destillation" zurück. Man destilliert dabei unter hohem Vakuum (ca. 10^{-3} mm Hg) und bringt den Kondensator so dicht über der Flüssigkeit an, dass die mittlere freie Weglänge der Moleküle im Dampf größenordnungsmäßig dem Abstand von Kondensator und Flüssigkeitsoberfläche entspricht. Von den zahlreichen in der Literatur beschriebenen apparativen Anordnungen ist in Abb. 15.26 ein Beispiel angeführt.

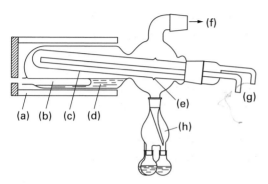

Abb. 15.26: Kurzweg-Destillation.
a) Ofen;
b) Thermoelement-Einsatz;
c) Kühler;
d) Substanz;
e) Ringwulst;
f) Vakuumanschluss;
g) Kühlwasserzufluss und -abfluss;
h) Vorlage.

Die Kurzweg-Destillation weist gegenüber allen anderen Destillationsverfahren eine grundlegende Besonderheit auf: Für die Trennungen sind nicht nur Unterschiede in den Dampfdrucken, sondern auch in den Molekulargewichten maßgebend. Daher können auch Substanzen mit identischen Dampfdrucken mit diesem Verfahren getrennt werden, sofern nur die Molekulargewichte unterschiedlich sind.

Das Hauptanwendungsgebiet der Methode ist die präparative Gewinnung oder Reinigung hochsiedender organischer Verbindungen, die bei einer Destillation unter Normaldruck oder in gewöhnlichem Vakuum (einige Torr) bereits zersetzt würden. In Spezialfällen kann das Verfahren aber auch für analytische Trennungen eingesetzt werden.

An dieser Stelle sei die Destillation von Metallen erwähnt, die in der Regel ebenfalls im Hochvakuum durchgeführt wird, um die Destillationstemperatur möglichst zu erniedrigen und um die Einwirkung von Luftsauerstoff auszuschließen (eine Zersetzungsgefahr wie bei organischen Verbindungen besteht selbstverständlich nicht). In der analytischen Chemie wurde gelegentlich die Destillation von Alkalimetallen, Cadmium und Blei angewendet (Tab. 15.4). Aus einigen Metallen lassen sich auch Phosphor und Tellur auf diese Weise entfernen; zur Destillation des Quecksilbers ist Vakuum nicht erforderlich.

Tab. 15.4: Hochvakuumdestillation von Metallen (Beispiele)

Ausgangsmaterial	abdestilliert	Bedingungen
Li + Li$_2$O	Li	700 °C; $7 \cdot 10^{-6}$ Torr
Messing	Zn	800–850 °C; 10^{-4} Torr
Al-Zn-Legierungen	Zn	850 °C; $3 \cdot 10^{-3}$ Torr
Sn-Zn-Legierungen	Zn	850 °C; ≤ 0,05 Torr
Cu-Sn-Cd-Legierungen	Cd	800 °C; ≤ 0,05 Torr
Cu-Pb-Legierungen	Pb	850 °C; ≤ 0,05 Torr
Sn-Pb-Legierungen	Pb	1000 °C; ≤ 0,05 Torr

15.3.4 Mikrodiffusion

In Flüssigkeiten gelöste leichtflüchtige Substanzen besitzen häufig schon bei gewöhnlicher oder mäßig erhöhter Temperatur einen beträchtlichen Partialdruck (z. B. Ammoniak über der wässrigen Lösung). Sie können quantitativ aus der Flüssigkeit entfernt werden, wenn das Dampf-Lösungs-Gleichgewicht fortwährend durch Absorption der im Dampf befindlichen Komponente gestört wird.

Trennungen nach diesem Prinzip wurden erstmals von Schlösing (1851) durchgeführt; das Verfahren wurde später vor allem von Conway (1957) ausgearbeitet und „Microdiffusion" genannt (der Ausdruck wurde gewählt, weil der Dampf von der Flüssigkeit zum Absorptionsmittel diffundiert; es handelt sich jedoch um ein Verflüchtigungsverfahren).

Die Arbeitsweise möge am Beispiel der Abtrennung vom Ammoniak aus einer Ammoniumsalzlösung gezeigt werden: Im inneren Behälter eines modifizierten Petrischälchens von etwa 6 cm Durchmesser befindet sich verdünnte Schwefelsäure als Absorptionsmittel (Abb. 15.27). Die Analysenlösung wird in den äußeren ringförmigen Teil des Schälchens gefüllt. Dann deckt man das Gefäß mit einer plan geschliffenen Glasplatte soweit ab, dass nur noch ein schmaler Spalt am Rande offen bleibt. Durch diesen gibt man starke KOH- oder Soda-Lösung aus einer Pipette in den äußeren Ring, schiebt die Abdeckplatte möglichst schnell über die Öffnung und mischt Reagens- und Analysenlösung durch vorsichtiges Umschwenken. Das Schälchen wird dann stehen gelassen, bis das gesamte NH_3 von der Absorptionslösung aufgenommen ist.

Die Dauer einer derartigen Abtrennung hängt außer von dem Partialdruck der flüchtigen Substanz im wesentlichen von der Schichtdicke der Lösung und ferner von den Abmessungen des Gerätes ab. Durch Schaukeln des Gefäßes und durch mäßige Temperaturerhöhung kann die Verflüchtigung beschleunigt werden, Salzzusätze in hohen Konzentrationen sind zum Erhöhen der Flüchtigkeit ebenfalls günstig. In dem obigen Gerät ist eine leichtflüchtige Substanz wie NH_3 aus etwa 1 ml Lösung in 60 min zu wenigstens 99,5 % in den inneren Napf diffundiert. Schwerer flüchtige Stoffe, z. B. Propionsäure, benötigen mehrere Stunden.

Abb. 15.27: Mikrodiffusionsapparatur.

Für Trennungen nach diesem Prinzip sind noch zahlreiche andere Geräte vorgeschlagen worden, von denen nur das von Widmark (1922) angegebene Kölbchen zur Blutalkoholbestimmung angeführt werden soll (Abb. 15.28).

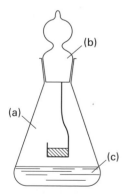

Abb. 15.28: Widmark-Kölbchen zur Blutalkoholbestimmung.
a) Erlenmeyer-Kölbchen;
b) Stopfen mit angeschmolzenem Probenbehälter;
c) Absorptionslösung (Chromschwefelsäure).

Das Verfahren ist naturgemäß nur für leichtflüchtige Substanzen geeignet; der Anwendungsbereich lässt sich jedoch erweitern, da viele Substanzen mit zu geringen Dampfdrucken in geeignetere Verbindungen überführt werden können. Z. B. kann man NO_3^- und NO_2^- durch Reduktion, Säureamide durch Hydrolyse in NH_3 überführen, viele Stickstoff-haltige organische Stoffe durch Kjeldahlaufschluss ebenfalls in NH_3, andere durch Enzymreaktionen oder Oxidation in CO_2 u. a. m.

Die Verflüchtigung durch Mikrodiffusion wird vor allem zum Abtrennen von Spurenbestandteilen bis in den Nanogramm-Bereich verwendet; die untere Grenze ist durch die Empfindlichkeit der Bestimmungsmethode gegeben. Anderseits soll man höchstens einige Milligramm an Substanz nach diesem Verfahren übertreiben. Einige Anwendungsbeispiele sind in Tab. 15.5 wiedergegeben.

Tab. 15.5: Mikrodiffusion (Anwendungsbeispiele)

Abzutrennen	Zugesetztes Reagenz	Absorptionslösung
NH_4^+, NH_3	KOH, K_2CO_3 u. a.	H_2SO_4, HCl, Borsäure
CO_3^{2-}, CO_2	H_2SO_4	$Ba(OH)_2$
CN^-, HCN	H_2SO_4	NaOH
F^-, $(CH_3)_3SiF$	Hexamethyldisiloxan	NaOH/Isopropanol
N_3^-, HN_3	H_2SO_4	$AgNO_3$
S^{2-}, H_2S	H_2SO_4	NaOH
Cl^-, Cl_2	$KMnO_4$	KI; Fast Green FCF
Br^-, Br_2	$K_2Cr_2O_7 + H_2SO_4$	KI
I^-, I_2	$K_2Cr_2O_7 + H_2SO_4$	KI
CO	H_2SO_4	$PdCl_2$
Flüchtige Amine	NaOH; K_2CO_3	versch. Säuren
Fettsäuren C_1–C_4	$H_2SO_4 + Na_2SO_4$	Na-Citrat
CH_3OH, i-Propanol	K_2CO_3 [x]	H_2SO_4
C_2H_5OH	K_2CO_3 [x]	$K_2Cr_2O_7 + H_2SO_4$
Phenole	H_2SO_4	NaOH
Formaldehyd	–	Chromotropsäure
Acetaldehyd	–	Semicarbazid + HCl
Aceton	–	$NaHSO_3$; 2,4-Dinitrophenylhydrazin

[x] zum Erhöhen der Flüchtigkeit.

15.4 Trennungen durch einseitige Wiederholung mit Hilfssubstanz

15.4.1 Destillation im Strom eines nicht kondensierten Gases: Gase in Metallen – Austreiben von Gasen aus Lösungen mit einem Hilfsgas – Vakuumdestillation

Das im vorigen Abschnitt beschriebene Vakuumschmelzverfahren zur Bestimmung von Gasen in Metallen lässt sich nach einem Vorschlag von Singer (1940) apparativ wesentlich vereinfachen, indem man die durch Erhitzen im Graphit-Tiegel freigesetzten Gase mit einem Inertgas-Strom (meist Argon, seltener Helium oder Stickstoff) aus dem

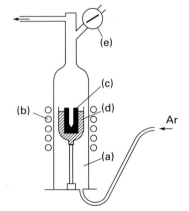

Abb. 15.29: Trägergasverfahren zur Bestimmung von Gasen in Metallen.
a) Quarzgefäß;
b) Induktionsspule;
c) Tiegel;
d) Wärmeschild (Graphitpulver);
e) Probeneinschleusung.

Gerät heraustreibt (Abb. 15.29). Dadurch wird die aufwendige Hochvakuumapparatur vermieden, allerdings ist eine sehr sorgfältige Reinigung des Inertgases erforderlich. Die als „Trägergasverfahren" bezeichnete Methode wird daher verhältnismäßig selten angewandt, einige Beispiele sind in Tab. 15.6 angegeben. Außer zur Bestimmung von Gasen in Metallen hat das Verfahren zur Ermittlung des Stickstoff-Gehaltes von Gesteinen und des Sauerstoff-Gehaltes von organischen Verbindungen und Metalloxiden gedient.

Tab. 15.6: Trägergasverfahren (Anwendungsbeispiele)

Metall	bestimmtes Element	Temp. (°C)	Bad	Flux
Be	O	2600	Ni	Cu
Fe	O	1800	Pt	–
Mn	O	1650	Sn	–
U	N	1950	Pt	–
V	H	1950	Pt	–
Y	O	2100–2200	–	Pt
Zr	O	2100	–	Pt

Austreiben von Gasen aus Lösungen mit einem Hilfsgas. Zum schnellen Austreiben von Gasen aus Lösungen wird häufig ein Strom eines Hilfsgases verwendet, aus dem in einer anschließenden Absorptionsvorrichtung die gesuchte Komponente entfernt wird.

Das Treibgas wird im einfachsten Fall in der Lösung selbst entwickelt; z. B. führt beim Arsen-Nachweis nach Gutzeit das aus Zink und Salzsäure entwickelte H_2-Gas den durch Reduktion entstandenen Arsenwasserstoff aus dem Reaktionskölbchen heraus.

Vielseitiger anwendbar sind Vorrichtungen, bei denen ein äußerer Gasstrom durch die Lösung geleitet wird. Wenn die Verflüchtigung bei Raumtemperatur durchgeführt wird, genügt es, den Gasstrom – möglichst fein verteilt – durch die Analysenlösung zu führen.

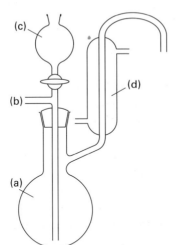

Abb. 15.30: Austreiben von Gasen aus Lösungen mit einem Hilfsgas.
a) Kolben mit Probe;
b) Gaszuführung;
c) Tropftrichter;
d) Rückflusskühler.

Geräte, in denen die Probe erhitzt werden kann, bestehen in der Regel aus einem Kolben mit Gaseinleitung, einem Tropftrichter zum Zuführen von Reagenzlösungen und einem Rückflusskühler, in welchem verdampftes Lösungsmittel zurückgehalten wird (Abb. 15.30); nach diesem Prinzip arbeitende Vorrichtungen sind in zahlreichen Abwandlungen in der Literatur beschrieben.

Einige Anwendungsbeispiele für die Methode sind in Tab. 15.7 wiedergegeben.

Tab. 15.7: Austreiben von Gasen aus Lösungen mit einem Hilfsgas (Anwendungsbeispiele)

Substanz	Reagenzzusatz	Hilfsgas	Übergetrieben
Carbonate	HCl	Luft	CO_2
Arsenate	Zn + HCl	H_2	AsH_3
Sulfide (in Metallen)	H_3PO_4	CO_2	H_2S
Dimethylether	HJ	CO_2	CH_3I
Blut	–	Luft	C_2H_5OH
Nahrungsmittel (+ H_2O)	HCl	N_2	SO_2
Nahrungsmittel	–	Luft	NH_3

Vakuumdestillation. Bei der im Laboratorium üblichen Vakuumdestillation wird meist nur das Vakuum einer Wasserstrahlpumpe angewendet, wodurch Drucke von etwa 15–20 Torr (je nach Wassertemperatur) erreicht werden können. Der Siedepunkt von Flüssigkeiten wird dadurch im Allgemeinen um etwa 50 °C erniedrigt.

Da bei der Vakuumdestillation mit geringen Substanzmengen ein Stoßen oder Spritzen des Ansatzes schwer zu vermeiden ist, pflegt man einen feinen Luftstrom aus einer lang ausgezogenen Kapillare durch die Flüssigkeit perlen zu lassen. Diese wird so dauernd in Bewegung gehalten, ferner werden die verdampften Verbindungen in den Kühler übergetrieben.

15.4.2 Destillation im Strom eines anschließend kondensierten Gases („Kodestillation"): Wasserdampfdestillation – Destillation aus wässrigen Lösungen – Destillation im Dampfstrom organischer Hilfsflüssigkeiten

Setzt man dem zu trennenden Stoffgemisch eine Hilfsflüssigkeit zu, deren Dämpfe die abzutrennende Komponente mitführen, so spricht man nach einem Vorschlag von Rassow von „Kondestillation" (gebräuchlicher ist der Ausdruck „Kodestillation").

Das wohl bekannteste dieser Verfahren ist die Wasserdampfdestillation, die zum Verflüchtigen von Substanzen verwendet wird, welche beim Siedepunkt des Wassers einen zwar geringen, aber doch merklichen Dampfdruck besitzen. Man leitet dabei durch die Analysenprobe (oder durch ein Gemisch von Wasser und Analysenprobe) einen Wasserdampfstrom, der die flüchtigen Anteile entsprechend ihren Dampfdrücken mitführt; die Dämpfe werden in einem Kühler kondensiert.

Im einfachsten Falle ist die Analysenprobe in Wasser unlöslich; nach dem Dampfdruckdiagramm von Systemen ineinander unlöslicher Komponenten (vgl. Abb. 15.12) addieren sich die Partialdrücke, sodass bei einem Gesamtdruck von 760 Torr die Destillationstemperatur immer unter 100 °C liegen muss.

Das Verfahren führt auch dann zur schnellen Abtrennung flüchtiger Bestandteile, wenn deren Partialdrücke nur gering sind, da sich die Dampfdichten der verschiedenen Komponenten in der Gasphase wie ihre Molekulargewichte verhalten. Der Dampf enthält die abzutrennende Substanz 1 mit dem Molekulargewicht M_1 und die Komponente 2 (Wasser, Molekulargewicht 18) im Verhältnis ihrer Drücke beim Siedepunkt des Gemisches. Bei einem Gesamtdruck von 760 Torr besteht er somit aus $p_1/760$ der Substanz 1 und $p_2/760$ Wasser. Die Gewichtsmengen a_1 und a_2 im Dampf betragen jedoch $p_1 \cdot M_1/760$ und $p_2 \cdot 18/760$, das Gewichtsverhältnis von abzutrennender Substanz und Wasser somit)

$$\frac{a_1}{a_2} = \frac{p_1 M_1}{p_2 \cdot 18} = \frac{p_1}{p_2} \cdot \frac{M_1}{18} \tag{12}$$

Als Beispiel einer derartigen Destillation soll Nitrobenzol durch Wasserdampfdestillation übergetrieben werden. Beim Siedepunkt des Systems (ca. 99 °C) beträgt der Dampfdruck des Nitrobenzols 20 Torr, der des Wassers 740 Torr, die Dampfdrucke verhalten sich demnach wie $20/740 = 0{,}027$, die Gewichtsmengen im Dampf jedoch wie $20/740 \cdot 123/18 = 0{,}185$. Dieses Verhältnis ist um den Faktor $M_1/18 = 123/18 = 6{,}8$

höher als das Partialdruckverhältnis. Mit wenig Wasser wird also eine recht große Menge an Nitrobenzol übergetrieben.

Allgemein ist die Methode umso günstiger, je höher das Molekulargewicht der überdestillierten Substanz ist.

Das Verfahren wird auch zum Abtrennen von Substanzen angewendet, die in Lösung vorliegen. Für die Gewichtsverhältnisse im Dampf gelten dabei die gleichen Überlegungen; im Gegensatz zu dem Verhalten von Systemen ineinander unlöslicher Komponenten sinkt jedoch der Partialdruck der abzutrennenden Verbindung mit sinkender Konzentration, sodass man in der Regel wesentlich größere Wassermengen zum quantitativen Übertreiben benötigt. Dieser unerwünschte Effekt kann durch Zugabe von Salzen in hoher Konzentration zur Ausgangslösung (Erhöhen des Partialdruckes) oder von nichtflüchtigen Verbindungen, z. B. Schwefelsäure, (zum Erhöhen des Siedepunktes) mehr oder weniger kompensiert werden.

Bei der Durchführung von Wasserdampfdestillationen wird ein Gefäß zum Entwickeln des Dampfes benötigt; dieser wird durch den Kolben mit dem Substanzgemisch geleitet (Abb. 15.31); für analytische Zwecke mit geringeren Probemengen verwendet man auch kompaktere Ausführungen (Abb. 15.32).

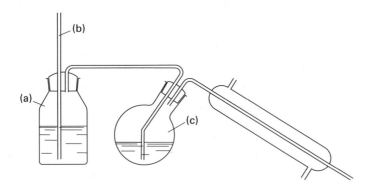

Abb. 15.31: Wasserdampfdestillation.
a) Gefäß mit Wasser; b) Steigrohr; c) Kolben mit Substanzgemisch.

Die Wasserdampfdestillation wird vor allem zur präparativen Reinigung organischer Verbindungen verwendet; in der analytischen Chemie besitzt diese Methode hauptsächlich für die Isolierung flüchtiger Naturstoffe Bedeutung.

Der Vorteil besteht in der schonenden Abtrennung bei geringem apparativem Aufwand. Anderseits ist die Trennwirkung gering, da man Gemische nur in flüchtige und nichtflüchtige Anteile zerlegen kann.

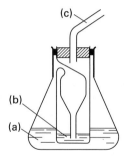

Abb. 15.32: Wasserdampfdestillation zum Bestimmen von flüchtigen Säuren in Wein[3].
a) Wasser; b) Probe; c) Dampfableitung zum Kühler.

Destillation aus wässrigen Lösungen. Bei der Destillation aus wässrigen Lösungen liegt im Prinzip eine Wasserdampfdestillation vor, nur wird der zum Übertreiben flüchtiger Substanzen dienende Dampf in der Lösung selbst erzeugt.

Man verwendet Geräte wie bei der einfachen Überkopfdestillation, doch sind zahlreiche in Einzelheiten abweichende Varianten beschrieben worden. Zum Beschleunigen derartiger Destillationen wird häufig noch zusätzlich ein Gasstrom durch die Lösung geleitet.

Das Verfahren besitzt eine erhebliche Bedeutung für die anorganische analytische Chemie, da nur wenige anorganische Verbindungen aus wässrigen Lösungen abdestilliert werden können, für die daher eine hohe Selektivität erzielt wird. Die Ausgangslösungen müssen meist eine bestimmte Zusammensetzung aufweisen, damit die flüchtige Verbindung in ausreichender Konzentration gebildet wird; z. B. benötigt man zum Destillieren von Arsen(III)-chlorid eine hohe HCl-Konzentration (ca. 20–25 %, vgl. Abb. 15.33), zum Destillieren von OsO_4 und RuO_4 ein hohes Oxidationspotenzial u. a. m. Häufig wird der Siedepunkt der Lösung durch H_2SO_4-Zugabe erhöht, gelegentlich wird ein Gas durch die Lösung geleitet, durch das bestimmte Reaktionen bewirkt werden sollen; z. B. destilliert man CrO_2Cl_2 mithilfe eines HCl-Stromes (vgl. Tab. 15.8).

Die Wirksamkeit des Verfahrens wird durch das bereits erwähnte Überspritzen von Flüssigkeitströpfchen etwas beeinträchtigt.

Destillation im Dampfstrom organischer Hilfsflüssigkeiten. Aus verschiedenen Gründen wird Wasserdampf durch Dämpfe organischer Flüssigkeiten zum Übertreiben flüchtiger Substanzen ersetzt: Einmal ist Wasserdampf beim Abdestillieren von Wasser selbst nicht geeignet, zum anderen lässt sich die Temperatur bei der Destillation durch Verwendung hochsiedender Flüssigkeiten heraufsetzen, und schließlich

---

[3] Die Idee stammt von M. Pozzi-Escot (1904).

können in Sonderfällen durch die Dämpfe spezielle chemische Reaktionen bewirkt werden (z. B. die Veresterung von Borsäure durch Methanol).

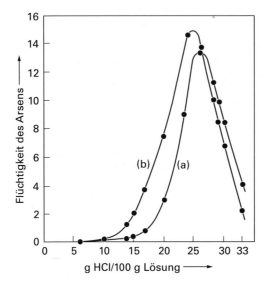

Abb. 15.33: Flüchtigkeit von AsCl$_3$ in Abhängigkeit von der HCl-Konzentration der Lösung beim jeweiligen Siedepunkt.
a) reine HCl-Lösung;
b) HCl-Lösung mit 13 % H$_2$SO$_4$-Zusatz.

Tab. 15.8: Destillation anorganischer Verbindungen aus wässrigen Lösungen (Beispiele)

Abzutrennen-des Element	Zusammensetzung der Lösung	Destillierte Verbindung
As	stark salzsauer	AsCl$_3$
Ge	stark salzsauer	GeCl$_4$
Sb	stark salzsauer	SbCl$_3$
Se	HBr + H$_2$SO$_4$	SeBr$_4$
Sn	HBr + HCl + H$_2$SO$_4$	SnBr$_4$
F	HClO$_4$ + Silikat	H$_2$SiF$_6$ (SiF$_4$)
Cr	HClO$_4$ + HCl-Gasstrom	CrO$_2$Cl$_2$
Os	5 M HNO$_3$	OsO$_4$
Ru	stark perchlorsauer	RuO$_4$
S	H$_3$PO$_4$ oder H$_2$SO$_4$	H$_2$S
N	stark alkalisch	NH$_3$

Bei der praktischen Durchführung gibt man gewöhnlich die Hilfsflüssigkeit zur Probe und destilliert das Gemisch über Kopf ab. Häufig werden auch Kreislaufverfahren angewendet (s. u.).

Zur Wasserbestimmung sind vor allem Xylol und verschiedene chlorierte Kohlenwasserstoffe als Hilfsflüssigkeiten geeignet; z. B. wird bei der bekannten Methode nach Tausz u. Rumm (1926) Perchlorethylen zugesetzt. Das im Kühler kondensierte

Gemisch scheidet sich in zwei Phasen, sodass die Bestimmung des Wassers durch einfache Volumenmessung erfolgen kann.

Auf diese Weise wird Wasser vor allem in fettigen oder schmierigen Gemischen bestimmt. Die Methode versagt, wenn im Ausgangsmaterial außer Wasser noch andere wasserlösliche und flüchtige Substanzen (z. B. niedere Alkohole) vorhanden sind, ferner, wenn das Wasser in der Probe sehr fest gebunden ist, und schließlich, wenn Wasser nur spurenweise vorliegt. Soll die Destillationstemperatur heraufgesetzt werden, so können höher siedende Flüssigkeiten wie Ethylenglycol (Kp + 197 °C), Tetralin (Kp + 206 °C), verschiedene Fraktionen aliphatischer Kohlenwasserstoffe u. a. zugesetzt werden.

Die Destillation von Borsäure als Methylester erfolgt aus stark sauren Methanol-haltigen Lösungen, die zum Verschieben des ungünstig liegenden Veresterungsgleichgewichtes wasserentziehende Mittel enthalten müssen; meist setzt man Schwefelsäure zu.

15.4.3 Azeotrope Destillation

Wie oben ausgeführt, kann ein Zweistoffgemisch nicht durch Destillation getrennt werden, wenn ein Azeotrop auftritt. Bei der sog. „azeotropen" Destillation wird nun in derartigen Systemen durch Zugabe eines geeigneten dritten Stoffes ein ternäres Azeotrop erzeugt, mit dessen Hilfe der gesuchte Stoff rein erhalten werden kann.

Das wohl bekannteste Beispiel für dieses Verfahren ist die Herstellung von absolutem Alkohol. Während aus wässrigen Ethanol-Lösungen durch Destillation nur ein Gemisch mit maximal 95 % Ethanol erhalten werden kann, geht nach Zugabe von Benzol ein ternäres Azeotrop mit 74 % Benzol, 18,5 % Ethanol und 7,5 % Wasser über, mit dessen Hilfe das Wasser vollständig aus dem Ausgangsgemisch entfernt werden kann.

Derartige Verfahren haben in der Technik große Bedeutung erlangt, spielen bisher jedoch in der analytischen Chemie nur eine geringe Rolle.

15.4.4 Kreislauf-Verfahren

Verfahren, bei denen die Gasphase im Kreis geführt wird, sind sowohl unter Verwendung von Gasen als auch von Flüssigkeiten als Hilfssubstanzen ausgearbeitet worden. Der Hauptvorteil bei der Führung von Gasen im Kreis besteht in der geringen Menge an Fremdmaterial, das über die feste oder flüssige Analysenprobe geleitet wird; dadurch lassen sich die Blindwerte verringern, was vor allem bei der Abtrennung von Spuren an H_2O oder CO_2 von entscheidender Bedeutung ist. Die Arbeitsweise ist im Prinzip in Abb. 15.34 wiedergegeben.

Man benötigt dabei eine Umwälzpumpe für das Gas, die meist als Schlauchquetschpumpe ausgeführt wird; bei der Bestimmung von H_2 in Aluminium wurde Ar-

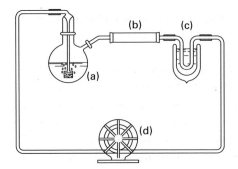

Abb. 15.34: Austreiben von Gasen aus Lösungen durch Kreislaufführung eines Hilfsgases.
a) Kolben mit Analysenlösung;
b) Absorptionsgefäß für Wasserdampf;
c) Ausfrierschleife;
d) Umwälzpumpe.

gon als Hilfsgas mit einer Stahlmembran-Pumpe umgepumpt, das entstandene H_2-Ar-Gemisch konnte bequem durch Wärmeleitfähigkeitsmessung analysiert werden.

Die Hauptanwendung haben destillative Kreislaufverfahren aber wohl bei der Wasserbestimmung mithilfe organischer Flüssigkeiten gefunden. Die apparative Durchführung ist hierbei besonders einfach, weil sich das Destillat in zwei Phasen trennt, von denen die organische direkt wieder in den Kolben zurückgeführt werden kann. Von den zahlreichen Ausführungen, bei denen Hilfsflüssigkeiten verwendet werden, die teils spezifisch leichter, teils schwerer als Wasser sind, sei nur ein Beispiel angeführt (Abb. 15.35). Eine wichtige Einzelheit ist dabei die Verwendung eines Durchflusskühlers, aus dem die niedergeschlagenen Wassertröpfchen quantitativ in das Sammelgefäß gespült werden.

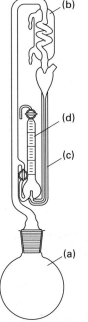

Abb. 15.35: Wasserbestimmung durch Kreislaufdestillation nach der Tetrachlorethan-Methode.
a) Destillationskolben;
b) Durchflusskühler;
c) Kapillare;
d) Sammelgefäß für das abdestillierte Wasser.

Der Vorteil des Verfahrens gegenüber der Destillation ohne Kreislauf besteht in der geringen Menge an umlaufender Flüssigkeit, die auch nur entsprechend wenig Wasser lösen kann, das der Bestimmung entgeht.

Bei anderen Anwendungen der Kreislaufdestillation bleibt die abgetrennte Komponente der Analysenprobe im Destillat gelöst; bei derartigem Verhalten muss die Hilfsflüssigkeit erst von der betreffenden Substanz getrennt werden, bevor sie in den Destillationskolben zurückgeführt werden kann. Diese Trennung wird in der Regel durch eine zweite Destillation unter veränderten Bedingungen erreicht.

Z. B. wird bei der Abtrennung von Borsäure der Methylester in eine Vorlage mit methanolischer NaOH destilliert, aus der das Methanol unter Verseifung des Esters in den Kolben mit der Analysenprobe zurückdestilliert wird (Abb. 15.36).

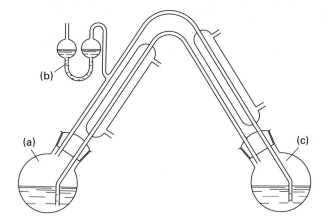

Abb. 15.36: Kreislaufdestillation zur Abtrennung von Bor als Borsäuremethylester.
a) stark saure Borat-Methanol-Lösung; b) Druckausgleichgefäß mit Absorptionslösung;
c) methanolische NaOH-Lösung.

Im Prinzip ähnlich lässt sich HF aus wässrigen Lösungen als H_2SiF_6 abtrennen, wobei sich wässrige NaOH-Lösung in der Vorlage befindet, aus der das Wasser wieder abdestilliert wird.

15.5 Gegenstromverfahren ohne Hilfssubstanz

15.5.1 Allgemeines – Verwendung von Siede- und Gleichgewichtsdiagrammen – theoretische Böden (Trennstufen) – Rücklaufverhältnis – Betriebsinhalt

Die bisher besprochenen Destillationsverfahren sind sämtlich wenig wirksam; sie gestatten nur die Trennung von Substanzen mit weit auseinander liegenden Siedepunkten, versagen aber beim Vorliegen von Substanzgemischen mit geringen Unterschieden in der Flüchtigkeit (bzw. geringen Trennfaktoren). Zum Verbessern der Wirksamkeit muss auch bei der Destillation die Trennung wiederholt werden. Das geschieht in sog. Destillationskolonnen, die jedoch nach einem von den übrigen Trennverfahren in Säulen abweichenden Prinzip arbeiten.

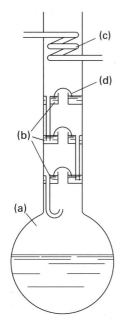

Abb. 15.37: Destillationskolonne (Prinzip).
a) Kolben mit Ausgangsgemisch;
b) Böden;
c) Rückflusskühler;
d) Glocke.

Das zu trennende Flüssigkeitsgemisch befindet sich dabei in einem Kolben, auf den ein hoher Aufsatz, die Kolonne, aufgesetzt ist (Abb. 15.37). Diese enthält kastenförmige Abteilungen zur Aufnahme von Flüssigkeit, die sog. „Böden", die mit einem Überlauf und mit einer zentralen Öffnung zum Durchtritt des Dampfes versehen sind. Die Öffnungen sind mit glockenförmigen Deckeln abgedeckt, sodass aufsteigender Dampf gezwungen wird, durch die Flüssigkeit auf dem Boden hindurchzusprudeln. Auf dem Kolonnenkopf befindet sich ein Rückflusskühler.

Das Substanzgemisch im Kolben möge aus zwei sich ideal verhaltenden Flüssigkeiten mit etwas unterschiedlichen Siedepunkten bestehen. Beim Erhitzen steigt der entwickelte Dampf zunächst bis zum ersten Boden und wird hier kondensiert. Mit zunehmender Erwärmung des gesamten Systems verdampft die Flüssigkeit des ersten Bodens ihrerseits, wird auf dem nächsthöheren Boden kondensiert usw., bis der Dampf in den Rückflusskühler gelangt. Erhitzt man den Kolben weiter, so bildet sich ein kontinuierlicher Gegenstrom von aufsteigendem Dampf und herabfließender Flüssigkeit aus; nach einiger Zeit werden sich längs der Kolonne die Dampf-Flüssigkeits-Gleichgewichte einstellen, d. h., die Zusammensetzung der Flüssigkeit auf jedem Boden steht im Gleichgewicht mit dem von ihr aufsteigenden Dampf. Man bezeichnet das vom Kühler in die Kolonne tropfende Destillat als „Rücklauf" und die Arbeitsweise, bei der das gesamte Destillat in die Kolonne zurückfließt, als „Destillation mit totalem Rücklauf".

Wenn das Siedediagramm des vorliegenden Zweistoffgemisches bekannt ist, lassen sich – unter der Voraussetzung, dass sich auf jedem Boden das Dampf-Flüssigkeitsgleichgewicht vollständig eingestellt hat – die Konzentrationsverhältnisse innerhalb der Kolonne angeben.

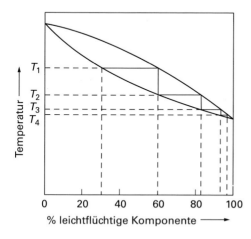

Abb. 15.38: Graphische Ermittlung der Konzentrationsverhältnisse in einer Glockenbodenkolonne nach dem Siedediagramm.

Das Ausgangsgemisch möge 30 % der leichter flüchtigen Komponente enthalten (vgl. Abb. 15.38). Es siedet bei der Temperatur T_1, der Dampf und damit auch die Flüssigkeit auf dem ersten (untersten) Boden enthalten 60 % der leichter flüchtigen Komponente. Dieses letztere Gemisch siedet bei T_2 und ergibt einen Dampf (und eine Flüssigkeit auf dem zweiten Boden) mit 83 % an leichter Flüchtigem; dieses Gemisch wiederum siedet bei T_3 und ergibt einen Dampf und eine Flüssigkeit auf dem dritten Boden mit 92,5 % an leichter flüchtiger Komponente, das bei T_4 siedet; am Kühler kondensiert schließlich das Endprodukt mit 97 % Reinheit.

Eine entsprechende graphische Auswertung lässt sich anhand des Gleichgewichtsdiagrammes durchführen (Abb. 15.39); man erhält eine aufsteigende Treppenkurve, aus der allerdings die Siedetemperaturen der einzelnen Fraktionen nicht hervorgehen.

In diesem Beispiel ergeben sich 4 Gleichgewichtseinstellungen zwischen den beiden Phasen, d. h. 4 Trennstufen bei nur drei Böden in der Kolonne. Die Differenz beruht darauf, dass sich das Verdampfungsgleichgewicht bereits einmal unterhalb der Kolonne im Kolben eingestellt hat. In der Literatur wird oft die Anzahl der Trennstufen mit der der Böden gleichgesetzt, d. h. die eine Gleichgewichtseinstellung unterhalb der Kolonne wird nicht berücksichtigt. Bei Kolonnen mit einer größeren Anzahl von Böden kann der Unterschied vernachlässigt werden.

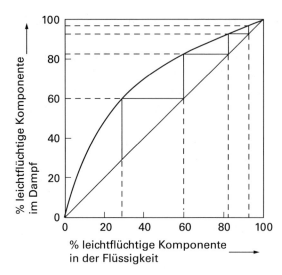

Abb. 15.39: Graphische Ermittlung der Konzentrationsverhältnisse in einer Glockenbodenkolonne nach dem Gleichgewichtsdiagramm.

Theoretischer Boden. In der Praxis wird der oben zu Grunde gelegte Idealfall völliger Gleichgewichtseinstellung bei jedem Verdampfungsvorgang nie erreicht, die Wirksamkeit jedes Bodens und damit auch die der gesamten Kolonne ist demnach geringer, als nach der Theorie zu erwarten wäre.

Bei der Beurteilung einer Destillationskolonne legt man nun die tatsächlich erreichte Trennleistung zu Grunde und berechnet, wievielmal sich das Gleichgewicht hätte einstellen müssen, um eine gefundene Trennleistung zu erzielen. Eine solche berechnete Gleichgewichtseinstellung wird als „theoretischer Boden" bezeichnet. Die Anzahl der theoretischen Böden einer Bodenkolonne ist nach dem Gesagten immer geringer als die der in Wirklichkeit eingebauten Böden.

Von diesem Begriff leitet sich die Bezeichnung „Höhe eines theoretischen Bodens" ab (Kolonnenlänge dividiert durch die Anzahl der theoretischen Böden) entsprechend den Überlegungen bei anderen Trennverfahren („Höhe einer Trennstufe"). Im angelsächsischen Sprachbereich findet man hierfür die Angabe „HETP" = „height equivalent to a theoretical plate", die erstmals von Peters angewandt wurde. Die Bezeichnungen „theoretischer Boden" und „Trennstufe" werden im Folgenden synonym verwendet.

Rücklaufverhältnis. Die Destillation mit totalem Rücklauf ist ohne praktische Bedeutung, da kein Destillat gewonnen wird und demzufolge auch keine Trennung des Gemisches erfolgt. Diese Arbeitsweise ist jedoch die Basis für theoretische Ableitungen der Verhältnisse in der Kolonne, sie wird ferner bei der Ermittlung der Anzahl der theoretischen Böden verwendet (s. u.).

Bei Trennungen durch Destillation in einer Kolonne entnimmt man einen Teil der am Kopf kondensierten Flüssigkeit und lässt den Rest zurückfließen. Das Verhältnis der in der Zeiteinheit zurückfließenden Menge (z. B. in ml/min) zu der entnommenen

Menge ist das sog. „Rücklaufverhältnis". Die Arbeitsweise mit totalem Rücklauf bedeutet demnach das Rücklaufverhältnis ∞.

Durch die Destillatentnahme arbeitet die Kolonne nicht mehr unter optimalen Bedingungen, die Reinheit des Destillates nimmt also ab. Je mehr Destillat gegenüber dem Rücklauf entnommen wird und je geringer somit das Rücklaufverhältnis ist, desto schlechter wird die Trennung. Der Einfluss des Rücklaufverhältnisses lässt sich nach einer von McCabe und Thiele (1925) angegebenen graphischen Methode quantitativ ermitteln, doch soll hier auf die recht komplizierten Betrachtungen nicht eingegangen werden, da deren Bedeutung vor allem im Bereich der technischen Destillation liegt.

Betriebsinhalt. Während der Destillation befindet sich ein Teil der Flüssigkeit, der sog. Betriebsinhalt, in der Kolonne selbst. Da dieser Anteil die Menge an Übergangsfraktion zwischen zwei getrennten Komponenten vergrößert, wirkt er sich auf das Ergebnis der Destillation schädlich aus, und man versucht, die Geräte so zu konstruieren, dass der Betriebsinhalt möglichst klein wird.

15.5.2 Ermittlung der Anzahl der theoretischen Böden einer Destillationskolonne

Wie aus Abb. 15.39 hervorgeht, lässt sich die zum Erzielen einer Kopffraktion bestimmter Reinheit benötigte Anzahl an theoretischen Böden durch eine Treppenkurve ermitteln. Voraussetzungen sind dabei, dass das Gleichgewichtsdiagramm und die Anfangskonzentration im Kolben bekannt sind sowie dass unter totalem Rücklauf destilliert wird.

Diese Betrachtung kann umgekehrt zur Ermittlung der Trennstufenanzahl verwendet werden: Man gibt ein Zweistoffgemisch, dessen Gleichgewichtsdiagramm bekannt ist, in den Kolben (z. B. Benzol – Toluol 50 : 50) und destilliert unter totalem Rücklauf solange, bis sich die Gleichgewichte im gesamten System eingestellt haben; hierfür werden gewöhnlich etwa 1–2 h benötigt. Dann entnimmt und analysiert man eine kleine Menge an Destillat und an Kolbeninhalt und zeichnet nach dem Ergebnis der Analysen die Treppenkurve in das Gleichgewichtsdiagramm ein. Die Anzahl der Trennstufen lässt sich unmittelbar ablesen.

Zum Vereinfachen des Verfahrens sind Diagramme ausgearbeitet worden, bei denen eine geeignete Messgröße, z. B. der Brechungsindex, im Destillat und im Kolbeninhalt bestimmt wird. Die beiden Werte trägt man auf der Kurve des Diagramms ein und liest auf der Ordinate die Trennstufenanzahl als Differenz zweier Zahlen ab (s. Abb. 15.40).

Einen ungefähren Überblick über die bei verschiedenen Siedepunktsdifferenzen von Flüssigkeiten zur Trennung benötigten Trennstufenanzahlen gibt Tab. 15.9.

Die Anzahl der theoretischen Böden einer Destillationskolonne ist keine sehr genau bestimmbare Größe; einerseits ist die Reproduzierbarkeit des Wertes bei Wieder-

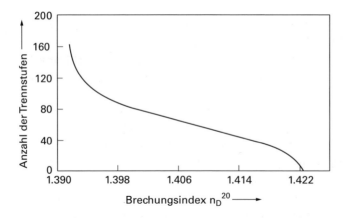

Abb. 15.40: Ermittlung der Trennstufenanzahl einer Destillationskolonne aus dem Brechungsindex des Testgemisches 2,2,4-Trimethylpentan – Methylcyclohexan.

Tab. 15.9: Benötigte Trennstufenanzahlen für binäre Gemische von Kohlenwasserstoffen mit verschiedenen Siedepunktdifferenzen

Siedepunktsdifferenz °C bei 760 mm Hg	Benötigte Trennstufenanzahl
7,0	20
5,0	30
3,0	55
1,5	100

holung des Versuches mit dem gleichen Testgemisch nicht gut, da unvermeidbare Unregelmäßigkeiten beim Destillieren das Ergebnis etwas beeinflussen, zum anderen erhält man bei Verwendung verschiedener Testgemische unterschiedliche Werte, da sich die Geschwindigkeit des Stoffaustausches zwischen den beiden Phasen ändern kann. Trotz dieser Mängel ist die Anzahl der theoretischen Böden zur ersten Beurteilung der Wirksamkeit einer Kolonne und zum Vergleich verschiedener Kolonnen recht gut brauchbar.

15.5.3 Kolonnentypen – Rücklaufregelung – Vakuumdestillation – Tieftemperaturdestillation

Die in Abb. 15.37 gezeigte Kolonne mit einzelnen Böden wird in der analytischen Chemie kaum verwendet, da derartige Geräte nur schwierig aus Glas hergestellt werden können und zudem einen großen Betriebsinhalt besitzen.

Gebräuchlicher sind die sog. „Füllkörperkolonnen", bei denen an Stelle der einzelnen Böden eine durchgehende Schicht von unregelmäßig geformten Füllkörpern vorhanden ist. Deren Aufgabe besteht darin, den herabfließenden Rücklauf möglichst fein zu verteilen, damit die Flüssigkeit dem aufsteigenden Dampf eine große Oberfläche darbietet. Als Füllkörper werden u. a. Raschig-Ringe, Sattelkörper oder Drahtwendeln verwendet, von denen sich die letzteren für Laboratoriumskolonnen besonders bewährt haben. Beim Füllen der Kolonnen muss darauf geachtet werden, dass die Füllkörper unregelmäßig angeordnet liegen, damit sich innerhalb der Schicht keine Kanäle bilden können. Ferner soll das Destillat nicht ungehindert an der Rohrwand herabfließen.

Bei den Füllkörperkolonnen ist – wie auch bei allen anderen Kolonnentypen – darauf hinzuarbeiten, dass die Wärmeverluste in der Säule gering sind. Man versieht sie daher in der Regel mit einer Umhüllung, die entweder aus einer Schicht Isoliermaterial, evtl. noch mit einer Zusatzheizung versehen, oder aus einem evakuierten, innen verspiegelten Vakuummantel besteht.

Da der Betriebsinhalt auch bei den Füllkörperkolonnen noch recht groß ist, sind sie ebenso wie die Bodenkolonnen zum Destillieren kleiner Substanzmengen wenig geeignet. Man muss daher versuchen, das Ausmaß dieses störenden Faktors zu verringern. Das geschieht durch Weglassen der Füllkörper, wobei jedoch dafür Sorge zu tragen ist, dass aufsteigender Dampf und Rücklauf in der leeren Kolonne ausreichend miteinander in Berührung kommen. Um das zu erreichen, sind die sog. „Ringspaltkolonnen" und Kolonnen mit rotierenden Einsätzen entwickelt worden.

Die zuerst von Craig (1936) angegebenen Ringspaltkolonnen enthalten innerhalb der Kolonne ein etwas dünneres abgeschmolzenes Rohr, sodass nur ein schmaler ringförmiger Zwischenraum von etwa 1–2 mm Breite zwischen den beiden Rohrwänden verbleibt. Dadurch findet zwischen der als dünner Film an den Wänden herabfließenden Flüssigkeit und dem Dampf ein intensiver Stoffaustausch statt (Abb. 15.41).

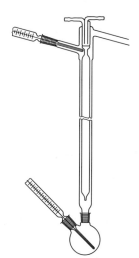

Abb. 15.41: Ringspalt-Kolonne.

Kolonnen mit rotierenden Einsätzen werden als Drehband- und als Drehwalzenkolonnen ausgeführt. Bei den von Lesesne u. Lochte (1938) zuerst beschriebenen Drehbandkolonnen befindet sich ein schnell rotierendes Metall- oder PTFE-Band in der Trennsäule, durch das die Flüssigkeitströpfchen des Rücklaufes fein versprüht werden und die Gasphase durchgewirbelt wird, sodass eine intensive Berührung stattfindet.

Das Band ist im einfachsten Falle flach, doch sind auch spiralförmig gewundene oder sternförmige Ausführungen beschrieben worden. Die Drehzahl soll zwischen 1000 und 2000 min^{-1} liegen, eine Erhöhung bringt keine Verbesserung, sondern evtl. sogar eine Verschlechterung der Trennwirkung.

Bei den Drehwalzenkolonnen lässt man den inneren Einsatz einer Ringspaltkolonne rotieren, wodurch eine Kombination von Drehband- und Ringspaltkolonne entsteht. Die Trennwirkung ist bei kleinem Betriebsinhalt sehr gut.

Rücklaufregelung. Von den zahlreichen Vorschlägen zur Regelung des Rücklaufverhältnisses sei nur ein Kolonnenkopf mit einem schwenkbaren Trichter angeführt, der so unterhalb des Rückflusskühlers angebracht ist, dass das Destillat in ihm herabläuft (Abb. 15.42). In bestimmten, beliebig einstellbaren Zeitintervallen wird ein an dem Trichter angebrachter Eisenstab durch einen außerhalb der Kolonne angebrachten Magneten zur Seite gezogen und das Destillat in ein Abflussrohr gelenkt. Das Rücklaufverhältnis ist durch die Dauer des Ein- und Abschaltens des Magneten gegeben.

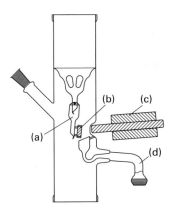

Abb. 15.42: Rücklaufregelung durch einen schwenkbaren Trichter.
a) Schwenktrichter;
b) Eisenstab;
c) Elektromagnet;
d) Destillatablauf.

Vakuumdestillation. Die oben beschriebenen Kolonnentypen können auch unter Vakuum betrieben werden. Wie bereits erwähnt, steigt in der Regel die relative Flüchtigkeit bei einer Erniedrigung der Siedetemperatur, sodass die Anwendung von Vakuum eine Verbesserung der Trennungen mit sich bringt. In Abb. 15.43 ist der Einfluss des Druckes auf ein Gleichgewichtsdiagramm, in Abb. 15.44 derselbe Effekt in anderer Darstellung (Änderung der relativen Flüchtigkeit mit dem Druck) wiedergegeben.

Tieftemperaturdestillation. Zur Trennung tiefsiedender Gase sind spezielle Destillationsgeräte entwickelt worden, die ein weitgehend automatisches Arbeiten gestatten. Die Hauptschwierigkeiten hierbei bestehen in der Probenahme und in der Kondensation des Destillates, das man daher z. T. auch gasförmig entnimmt.

15.5 Gegenstromverfahren ohne Hilfssubstanz — **313**

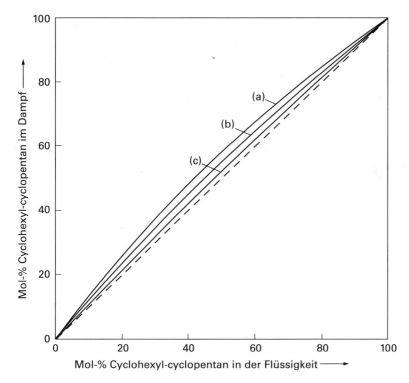

Abb. 15.43: Gleichgewichtsdiagramm des Systems Cyclohexyl-cyclopentan – n-Dodecan bei verschiedenen Drücken.
a) 20 mm Hg; b) 100 mm Hg; c) 400 mm Hg.

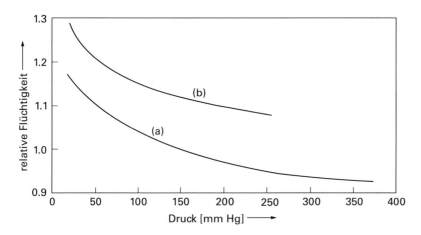

Abb. 15.44: Relative Flüchtigkeiten in Abhängigkeit vom Druck.
a) System n-Tridecan – Dicyclohexyl; b) System Cyclohexyl-cyclopentan – n-Dodecan.

15.6 Gegenstromverfahren mit Hilfssubstanz

15.6.1 Extraktive Destillation

Bei der sog. „extraktiven Destillation" lässt man dem in der Kolonne aufsteigenden Dampf eine höher siedende Hilfsflüssigkeit entgegenfließen; wenn diese mit einem Teil der Verbindungen im Dampf eine besonders starke Wechselwirkung eingeht, werden deren Flüchtigkeiten selektiv erniedrigt, und die Trennfaktoren gegenüber den nicht beeinflussten Komponenten erhöhen sich. Das Verfahren ist umständlich, da die zugesetzte Hilfsflüssigkeit anschließend mit einer anderen Methode wieder entfernt werden muss; es hat vor allem für technische Zwecke Bedeutung.

15.6.2 Azeotrope Destillation

Das bereits erwähnte Verfahren der azeotropen Destillation kann zum Verbessern der Wirksamkeit auch im Gegenstrom durchgeführt werden. Es hat aber ebenfalls kaum analytische Anwendungen gefunden und soll nur der Vollständigkeit halber erwähnt werden.

15.6.3 Zwischenschieben von Hilfssubstanzen

Setzt man zu einem Zweistoffgemisch eine dritte Flüssigkeit hinzu, deren Siedepunkt zwischen den Siedepunkten der zu trennenden Substanzen liegt und die mit keiner der beiden bevorzugt eine Wechselwirkung eingeht, so wird die Trennung verbessert (Abb. 15.45). Das Verfahren wird in der angelsächsischen Literatur als „amplified distillation" bezeichnet.

Der günstige Effekt des Zusatzes beruht in diesem Falle darauf, dass der störende Einfluss des Betriebsinhaltes der Kolonne beseitigt wird; während des Überganges von der tiefer siedenden zur höher siedenden Komponente übernimmt die Hilfsflüssigkeit selbst die Rolle des Betriebsinhaltes.

Bei der Trennung einer größeren Anzahl von Verbindungen setzt man zweckmäßig ein Stoffgemisch zu, dessen Siedebereich den der zu trennenden Substanzen überdeckt; so kann z. B. die Trennung von Amingemischen durch Zugabe von geeigneten Kohlenwasserstoff-Fraktionen verbessert werden.

Ein prinzipiell ähnliches Verfahren liegt vor, wenn man dem Ausgangsgemisch eine Hilfsflüssigkeit zusetzt, deren Siedepunkt höher ist als der jeder Komponente des Gemisches. Auf diese Weise können auch die letzten Reste der Probe überdestilliert werden, deren Entfernung aus der Kolonne sonst nicht ohne weiteres möglich ist.

Auch diese Methode ist umständlich, sodass trotz der oft erheblichen Verbesserung der Trennungen ihre Anwendung begrenzt ist.

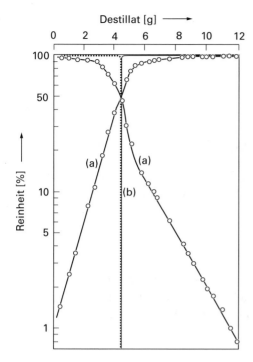

Abb. 15.45: Verbesserung der Trennung von Önanthsäuremethylester (K_p + 173 °C) und Caprinsäuremethylester (K_p + 223 °C) durch Zumischen von *cis-trans* Dekalin (K_p + 185 bzw. + 193 °C).
a) Destillationskurven ohne Zusatz;
b) mit Zusatz von 30 % Dekalin.

15.7 Wirksamkeit und Anwendungsbereich der Methode

Die einfache Überkopfdestillation zur Trennung von Substanzen mit weit auseinander liegenden Siedepunkten ist ein unentbehrliches Hilfsmittel vor allem zum Trocknen von Analysenproben und zum Entfernen von Lösungsmitteln. In der anorganischen Analyse ist das Verfahren wegen der oft großen Selektivität von erheblicher Bedeutung. Auch die Bestimmung von gasförmigen Bestandteilen nach Verflüchtigung aus Lösungen, Schmelzen oder festen Stoffen ist eine häufig angewandte Methode, die in vielen Fällen durch keine andere ersetzt werden kann.

Die Kolonnendestillation ist in den letzten Jahrzehnten zu einem sehr wirksamen Verfahren ausgearbeitet worden. Tab. 15.10 gibt einen Überblick über die mit Laboratoriumsgeräten erreichbaren Trennstufenhöhen; allerdings hängen die Werte nicht nur von der Ausführung der Apparaturen, sondern auch von der Destillationsgeschwindigkeit und – in geringerem Maße – von der Art der Proben ab. Die Angaben der Tab. 15.10 sind daher nur als Näherungswerte anzusehen.

Beim analytischen Arbeiten werden gewöhnlich Kolonnen von etwa 1 m, höchstens von etwa 2 m Länge eingesetzt; somit stehen normalerweise 30–50 bzw. ca. 50–100 Trennstufen zur Verfügung. Einer Vermehrung dieser Anzahl sind Grenzen gesetzt durch ansteigenden Betriebsinhalt, zunehmenden Druckabfall in der Kolonne und steigende Destillationszeiten. Aus diesen Gründen werden Kolonnen mit mehreren

Tab. 15.10: Trennstufenhöhen verschiedener Destillationskolonnen

Typ	Trennstufenhöhe (cm)
Füllkörperkolonne mit Drahtwendeln	3–7
Füllkörperkolonne mit Spezialpackung („Heligrid®")	0,9–1,9
Drehbandkolonne	2–3
Drehwalzenkolonne	0,9–1,7
Ringspaltkolonne	0,5–3

Hundert Trennstufen, die für besondere Zwecke hergestellt wurden, in der analytischen Praxis kaum verwendet.

Während Trennungen durch Kolonnendestillation in der präparativen und technischen Chemie in größtem Umfange durchgeführt werden, ist die Bedeutung dieser Methode für die analytische Chemie seit der Einführung der Gas-Chromatographie stark zurückgegangen. Als Nachteile sind vor allem die lange Dauer einer Trennung und das Auftreten von Zwischenfraktionen infolge des Betriebsinhaltes der Säulen anzusehen; die oben angeführte Methode der „amplified distillation" zum Beseitigen der Zwischenfraktionen ist umständlich, sodass sie keine größere Verbreitung gefunden hat.

Trotz dieser Nachteile dürfte die Kolonnendestillation auch weiterhin in begrenztem Umfange für analytische Zwecke angewendet werden, da sie den Einsatz größerer Substanzmengen gestattet und damit vor allem zum Anreichern von Spurenverunreinigungen geeignet erscheint.

Allgemeine Literatur

Grundlagen zur Destillation finden sich in allen Büchern der Physikalischen Chemie.

Speziellere Einführungen

G. Burrows, Molecular Distillation, Clarendon Press, Oxford, (1960).
J. Hollo, E. Kurucz u. A. Borodi, The Applications of Molecular Distillation, Akad. Kiado, Budapest (1971).
H. Kister, Distillation Design, McGraw-Hill, New York (1992).
E. Krell, Handbook of Laboratory Distillation, Elsevier/North-Holland, New York, (1982).
E. Perry u. A. Weissberger, Technique of Organic Chemistry, Bd. 4, Distillation, Interscience Publ., New York 1965.
M. Renner, Materials of construction for distillation, evaporation, and condensation, Chemie Ingenieur Technik *61*, 899–901 (1989).
R. Saidur, E. Elcevvadi, S. Mekhilef u. H. Mohammed, An overview of different distillation methods for small scale applications, Renewable & Sustainable Energy Reviews *15*, 4756–4764 (2011).
Z.M. Turovtseva u. L.L. Kunin, Analysis of Gases in Metals, Consultants Bureau, New York (1961).

Literatur zum Text

Azeotrope Destillation

M. Doherty u. J. Knapp, Distillation, azeotropic and extractive in: Kirk-Othmer Separation Technology, Wiley & Sons, Hoboken *1*, 918–984 (2008).

W. Luyben u. I.-L. Chien, Design and Control of Distillation Systems for Separating Azeotropes, John Wiley & Sons, Hoboken (2010)

A. Pereiro, J. Araujo, J. Esperanca, I. Marrucho u. L. Rebelo, Ionic liquids in separations of azeotropic systems – A review, Journal of Chemical Thermodynamics *46*, 2–28 (2012).

Dampfraumanalyse

J. Angerer u. B. Hörsch, Determination of aromatic hydrocarbons and their metabolites in human blood and urine, Journal of Chromatography, Biomedical Applications *580*, 229–255 (1992).

B. Ioffe, Head-space gas chromatographic analysis: present state and prospects of development, Fresenius' Zeitschrift für Analytische Chemie *335*, 77–80 (1989).

B. Ioffe u. A. Vitenberg, Head-Space Analysis and Related Methods in Gas Chromatography, John Wiley & Sons, Hoboken (1984).

B. Kolb, B. Liebhardt u. L. Ettre, Cryofocusing in the combination of gas chromatography with equilibrium headspace sampling, Chromatographia *21*, 305–311 (1986).

J. Lichtenberg, Methods for the determination of specific organic pollutants in water and waste water, IEEE Transactions on Nuclear Science *NS22*, 874–891 (1975).

N. Snow u. G. Slack, Head-space analysis in modern gas chromatography, TrAC, Trends in Analytical Chemistry *21*, 608–617 (2002).

T. Wampler, Analysis of food volatiles using headspace-gas chromatographic techniques, Food Science and Technology (New York, NY, United States) *115* (Flavor, Fragrance, and Odor Analysis), 25–54 (2002).

Drehbandkolonne

S. Sumpter u. M. Lee, Enhanced radial dispersion in open tubular column chromatography, Journal of Microcolumn Separations 3, 91–113 (1991).

R. Yost, Distillation primer. Survey of distillation systems, American Laboratory (Shelton, CT, United States) *6*, 63–68, 70–71 (1974).

Gase in Metallen

W. Elwell u. D. Wood, Determination of gases in metals by vacuum-fusion and inert-gas fusion methods, Compr. Anal. Chem. *3*, 259–304 (1975).

W. Harris, Vacuum fusion furnace reactions, Chemical Analysis (New York, NY, United States) *40* (Determination Gaseous Elem. Met.), 53–74 (1974).

Ko-Destillation

J. Dingle, Automation of the Storherr sweep co-distillation method and associated techniques, Environmental Quality and Safety, Supplement *3* (Pesticides), 1–7 (1975).

R. Drost u. R. Maes, Sweep codistillation as a clean-up method in toxicology, Forensic Science 3, 175–180 (1974).

F. Ferreira, M. Carneiro, D. Vaitsman, F. Pontes, M. Monteiro, L. da Silva u. A. Alcover Neto, Matrix-elimination with steam distillation for determination of short-chain fatty acids in hypersaline waters from pre-salt layer by ion-exclusion chromatography, Journal of Chromatography A *1223*, 79–83 (2012).

J. Kovac, V. Batora, A. Hankova u. A. Szokolay, Cleanup of extracts using sweep co-distillation adapted to a gas chromatograph, Bulletin of Environmental Contamination and Toxicology, *13*, 692–697 (1975).

H. Muhamad, P. Abdullah, Pauzi T. Al u. S. Chian, Optimization of the sweep co-distillation clean-up method for the determination of organochlorine pesticide residues in palm oil, Journal of Oil Palm Research *16*, 30–36 (2004).

E. Neidert u. P. Saschenbrecker, Improved Storherr tube for assisted and sweep co-distillation cleanup of pesticides, polychlorinated biphenyls, and pentachlorophenol from animal fats, Journal – Association of Official Analytical Chemists *67*, 773–775 (1984).

N. Sahraoui, M. Vian, I. Bornard, C. Boutekedjiret u. F. Chemat, Improved microwave steam distillation apparatus for isolation of essential oils, Journal of Chromatography A *1210*, 229–233 (2008).

C. Zhang, R. Eganhouse, J. Pontolillo, I. Cozzarelli u. Y. Wang, Determination of nonylphenol isomers in landfill leachate and municipal wastewater using steam distillation extraction coupled with comprehensive two-dimensional gas chromatography/time-of-flight mass spectrometry, Journal of Chromatography A *1230*, 110–116 (2012).

Kurzweg-Destillation

K. Erdweg, Distillation under extreme conditions. Fine vacuum evaporation of 500° and 10^{-3} mbar, Chemie Technik (Heidelberg, Germany) *22*, 20–22 (1993).

B. Stahl, Short-path distillation, Vakuum in der Praxis *3*, 134–137 (1991).

X. Xu, Short-path distillation for lipid processing, Healthful Lipids 127–144 (2005).

Mikrodestillation

W. Dünges: Prächromatographische Mikromethoden. Verlag Dr. Alfred Hüthig, Heidelberg, Basel, New York (1979).

R. Lane, C. Chow, D. Davey, D. Mulcahy, R. Lane u. S. McLeod, Online microdistillation-based preconcentration technique for ammonia measurement, Analyst (Cambridge, United Kingdom) *122*, 1549–1552 (1997).

A. Maquieira, F. Casamayor, R. Puchades u. S. Sagrado, Determination of total and free sulfur dioxide in wine with a continuous-flow microdistillation system, Analytica Chimica Acta *283*, 401–407 (1993).

L. Schronk, R. Grigsby u. S. Scheppele, Probe microdistillation/mass spectrometry in the analysis of high-boiling petroleum distillates, Analytical Chemistry *54*, 748–755 (1982).

H. Vreman, J. Dowling, R. Raubach u. M. Weiner, Determination of acetate in biological material by vacuum microdistillation and gas chromatography, Analytical Chemistry *50*, 1138–1141 (1978).

A. Ziogas, G. Kolb, H.-J. Kost u. V. Hessel, Development of high performance micro rectification equipment for analytical and preparative applications, Chemie Ingenieur Technik *83*, 465–478 (2011).

Mikrodiffusion

M. Abdul-Rashid, J. Riley, M. Fitzsimons u. G. Wolff, Determination of volatile amines in sediment and water samples, Analytica Chimica Acta *252*, 223–226 (1991).

F. Ehrenberger, Quantitative determination of boron and fluorine in presence of each other in organic and inorganic compounds, Fresenius' Zeitschrift fuer Analytische Chemie *305*, 181–188 (1981).

M. Holzbecher u. H. Ellenberger, An evaluation and modification of a microdiffusion method for the emergency determination of blood cyanide, Journal of Analytical Toxicology *9*, 251–253 (1985).

R. Kimarua, D. Kariuki u. L. Njenga, Comparison of two microdiffusion methods used to measure ionizable fluoride in cows' milk, Analyst (Cambridge, United Kingdom) *120*, 2245–2247 (1995).

D. Klockow, J. Auffarth u. C. Kopp, A catalytic-kinetic method for the determination of traces of fluoride in biological material, Analytica Chimica Acta *89*, 37–46 (1977).

H. Lindell, P. Jappinen u. H. Savolainen, Determination of sulfide in blood with an ion-selective electrode by preconcentration of trapped sulfide in sodium hydroxide solution, Analyst (Cambridge, United Kingdom) *113*, 839–840 (1988).

V. Neuhoff, Microdiffusion techniques, Molecular Biology, Biochemistry and Biophysics *14*, 179–203 (1973).

Ringspaltkolonne

W. Fischer, Fully automatic distillation. Annular gap column for careful separation of small amounts, Chemie-Anlagen + Verfahren *34*, 104 (2001).

16 Verflüchtigung: Sublimation

16.1 Allgemeines

16.1.1 Geschichtliches

Sublimationen wurden bereits im Altertum durchgeführt; so erwähnt der griechische Arzt Dioskurides im 1. Jahrh. n. Chr. die Gewinnung von Quecksilber durch Sublimieren von Zinnober.

16.1.2 Definitionen – p, t-Diagramme – Hilfsgase

Als Sublimation wird der Übergang einer festen Substanz in die Gasphase (ohne das Auftreten einer Flüssigkeit) und die anschließende Kondensation des Gases definiert. Die kondensierten Bestandteile sind das „Sublimat" (für die zu sublimierende Substanz wurde der Ausdruck „Sublimand" vorgeschlagen, der sich jedoch ebenso wie die Bezeichnung „Desublimation" für Kondensation nicht eingebürgert hat).

Eine Substanz kann sublimiert werden, wenn ihr Dampfdruck bereits bei Temperaturen unterhalb des Schmelzpunktes „merkliche" Werte erreicht, sodass sie mit für praktische Zwecke ausreichender Geschwindigkeit verdampft werden kann. Die Sublimationsgeschwindigkeit hängt allerdings nicht nur vom Sublimationsdruck ab, sondern wird wesentlich beeinflusst durch die Partikelgröße der Substanz und die Geschwindigkeit, mit der das Gas von der Oberfläche fortgeführt wird.

Die Dampfdruckkurve einer sublimierenden Substanz ist in Abb. 16.1 wiedergegeben. Sowohl die flüssige als auch die feste Phase weist einen temperaturabhängigen Dampfdruck auf; die beiden Kurven schneiden sich im Schmelzpunkt, bei dem sich Flüssigkeit, feste Phase und Dampf im invarianten Gleichgewicht befinden. Stof-

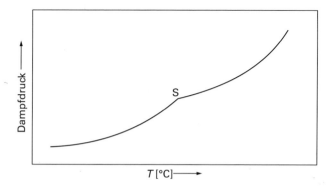

Abb. 16.1: Dampfdruckkurve einer sublimierenden Substanz. S = Schmelzpunkt.

fe, deren Dampfdruck bereits unterhalb des Schmelzpunktes den Wert von 760 Torr erreicht, können bei Normaldruck nicht geschmolzen werden.

Um Sublimationen zu beschleunigen, die wegen niedrigen Dampfdruckes der betreffenden Substanz nur langsam verlaufen, kann man im Vakuum arbeiten oder ein inertes Hilfsgas über die Probe leiten, welches den Dampf wegführt.

Eine etwas unterschiedliche Art der Sublimation liegt vor, wenn ein Hilfsgas angewendet wird, welches mit der Probe reagiert und die flüchtige Verbindung erst erzeugt. So wird z. B. bei der oben erwähnten Quecksilbergewinnung durch „Sublimation" des Sulfides das verdampfende Element erst durch die Einwirkung von Luft (oder von zugesetzten Eisenspänen) in Freiheit gesetzt. Auch derartige Verflüchtigungsverfahren sollen im Folgenden mitbesprochen werden.

16.2 Trennungen durch einseitige Wiederholung

16.2.1 Sublimation unter Normaldruck – Vakuumsublimation – Gefriertrocknung

Bei Sublimationen zu analytischen Zwecken wird ausschließlich die Methode der einseitigen Wiederholung angewendet; das Verdampfungsgleichgewicht wird – ebenso wie bei der Überkopfdestillation – durch Kondensation des Verdampften fortlaufend gestört.

Eine sehr einfache Sublimationsmethode besteht im Erhitzen der Substanz auf einem Objektträger; das Sublimat wird an der Unterseite eines zweiten, über die Probe gehaltenen Objektträgers aufgefangen. Die bei diesem Verfahren erheblichen Verluste lassen sich verringern, indem die Probe in einen kleinen Glasring zwischen den beiden Objektträgern gelegt wird, aber auch dann geht noch ein Teil des Sublimates verloren.

Für quantitatives Arbeiten werden meist geschlossene Apparaturen mit Kühlfinger verwendet, die evakuiert werden können, sodass auch Substanzen mit niedrigem Sublimationsdruck noch mit brauchbarer Geschwindigkeit verflüchtigt werden können; außerdem werden bei empfindlichen Proben Zersetzungserscheinungen verringert oder beseitigt, da der Prozess bei niedriger Temperatur abläuft.

Eine senkrecht stehende Ausführung einer derartigen Apparatur ist in Abb. 16.2 wiedergegeben; der Kühlfinger kann mit einer Kältemischung gefüllt oder mithilfe eines (nicht eingezeichneten) Einsatzes mit strömendem Wasser gekühlt werden.

Die Nachteile derartiger Geräte bestehen darin, dass Teile des Sublimates vom Kühlfinger in den nichtflüchtigen Rückstand herunterfallen können, und ferner, dass vor allem bei schnellem Arbeiten nichtflüchtige Anteile in feiner Verteilung mechanisch vom Sublimat mitgerissen werden. So wurden auch bei einer Reihe von quantitativen Trennungen im Durchschnitt etwas zu hohe Werte für die verflüchtigten Substanzen gefunden.

Das Zurückfallen des Sublimates lässt sich durch horizontale Anordnung des Kühlers bzw. Kühlfingers verhindern, weiterhin kann man die Dämpfe durch eine

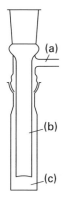 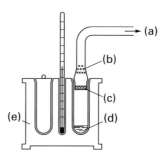

Abb. 16.2: Sublimationsgerät mit Kühlfinger.
a) Vakuumanschluss; b) Kühlfinger;
c) Probenraum.

Abb. 16.3: Gerät zur fraktionierten Sublimation.
a) Vakuumanschluss; b) Sublimat;
c) Glasfritte; d) Probe; e) Heizblock.

Filterplatte oder eine Glasfritte hindurchtreten lassen, wodurch gleichzeitig der Mitreißeffekt beseitigt wird (vgl. Abb. 16.3).

Gefriertrocknung (Lyophilisierung). Eis besitzt auch bei recht tiefen Temperaturen (bis ca. −30 °C) noch einen ausreichenden Dampfdruck, sodass es durch Sublimieren entfernt werden kann. Man wendet dieses Verhalten bei der sog. „Gefriertrocknung" an. Wässrige Lösungen werden bei etwa −20 bis −30 °C in einem Kolben eingefroren, und das Eis wird dann durch Abpumpen unter Vakuum entfernt. Bei quantitativem Arbeiten empfiehlt es sich, den Dampf durch ein Filter zu leiten, um Verluste durch den Mitreißeffekt zu vermeiden. In der Spurenanalytik können so z. B. Pestizidrückstände in Wasser in eine dauerhaftere Form der Probenaufbewahrung überführt werden. Lyophilisierungsverfahren haben besonders in der Pharmazie und Lebensmitteltechnologie große Bedeutung erlangt. Die Haltbarmachung von Proteinen und anderen labilen bioorganischen Stoffen gelingt häufig durch Überführung in den lösemittelfreien Trockenzustand durch Gefriertrocknung. Dieser kann auch als Aerosol-Sprühprozess durchgeführt werden.

16.2.2 Fraktionierte Sublimation – Umsublimieren

Liegen in einem Gemisch verschiedene sublimierbare Substanzen gleichzeitig vor, so können durch fraktionierte Sublimation mehr oder weniger weitgehende Trennungen erzielt werden. Man sublimiert zunächst die am leichtesten flüchtige Komponente ab, wechselt die Vorlage und sublimiert unter Erhöhen der Temperatur erneut (vgl. Abb. 16.3). Das Verfahren ist jedoch nur bei großen Unterschieden in den Sublimationsdrucken brauchbar.

Als „Umsublimieren" bezeichnet man das wiederholte Sublimieren eines Sublimates zur weiteren Reinigung. Das Verfahren wird kaum angewendet, da der Effekt in der Regel gering ist.

16.2.3 Sublimation im Strom eines Hilfsgases – Chlorierung – Verdampfungsanalyse – Pyrohydrolyse

Die Sublimation im Strom eines inerten Hilfsgases bietet gegenüber der Vakuumsublimation kaum Vorteile, zumal es schwierig sein kann, die letzten Sublimatreste aus dem Gasstrom zu kondensieren. Das Verfahren wird daher nur wenig angewandt; als Beispiel sei die Reinigung von Iod durch Sublimation mit Wasserdampf angeführt.

Eine etwas größere Bedeutung hat die Sublimation mithilfe von reaktionsfähigen Gasen gewonnen; von den verschiedenen Verfahren sollen die Chlorierung, die Verdampfungsanalyse (Thermodesorptionsanalyse) und die Pyrohydrolyse beschrieben werden. Diese Verfahren wurden in Kap. 3.3 als Transportreaktionen bereits besprochen. Dabei wird der Analyt durch die Hilfsphase transportfähig.

Die Behandlung mit Chlor bei mäßig erhöhten Temperaturen führt bei einer Reihe von Metallen, einigen Nichtmetallen sowie bei verschiedenen Sulfiden, Arseniden, Seleniden und Telluriden zur Bildung von flüchtigen Chloriden. Einige Metalle, die zu heftig mit Cl_2 reagieren, setzt man besser mit gasförmigem HCl um (z. B. Al, Be); ferner lassen sich mit CCl_4, C_3Cl_8 oder Cl_2 + C Oxide wie TiO_2, Nb_2O_5, Ta_2O_5 u. a. in die ebenfalls flüchtigen Chloride überführen (vgl. Tab. 16.1).

Durch diese Reaktionen lässt sich die Analyse einiger kompliziert zusammengesetzter sulfidischer und arsenidischer Erze (z. B. Fahlerze) sowie mancher Legierungen vereinfachen. Chlorierungsverfahren haben außerdem bei der Isolierung von Einschlüssen in Metallen und Legierungen Anwendung gefunden.

Tab. 16.1: Sublimation unter Chlorierung (Beispiele)

Analysenprobe	Reagenz	Absublimiert
Fe, Si, Ti, Ga, Sn, Sb, Legierungen	Cl_2	Metallchloride
Al, Be, Sn	HCl	$AlCl_3$; $BeCl_2$; $SnCl_2$
P, As	Cl_2	PCl_5, $AsCl_3$
Sulfide, Selenide, Arsenide, Telluride	Cl_2; S_2Cl_2	S, As, Se, Te (als Chloride), Metallchloride
TiO_2, Nb_2O_5, Ta_2O_5	CCl_4; C_3Cl_8; Cl_2 + C	$TiCl_4$, $NbCl_5$, $TaCl_5$

Verdampfungsanalyse. Bei der sog. „Verdampfungsanalyse" werden Elemente oder Verbindungen bei hohen Temperaturen aus festen Proben mit einem Gasstrom ausgetrieben und auf einer gekühlten Oberfläche kondensiert. Als Treibgas wird meist

Wasserstoff verwendet, durch den As, Bi, Cd, Ge, Hg, In, Pb, Te, Tl, Sb, und Zn (sowie verschiedene schwerflüchtige Elemente, die in diesem Zusammenhang jedoch nicht interessieren) aus ihren Verbindungen freigesetzt werden. Im O_2-Strom können ferner Oxide, im H_2S-Strom Sulfide, im HCl-Gasstrom Chloride u. a. m. verflüchtigt werden.

Als Apparatur dient ein einseitig zu einer engen Düse ausgezogenes Quarzrohr, welches das Schiffchen mit der Analysenprobe aufnimmt (Abb. 16.4). In geringem Abstand von der Düse befindet sich ein Kühlfinger, der mit einer dünnen Kappe aus Aluminium überzogen sein kann. Bei günstiger Wahl der Größenverhältnisse und des Abstandes von Düse und Kühlfinger lässt sich eine praktisch quantitative Kondensation der verdampften Substanzen erreichen.

Das Kondensat kann vom Kühlfinger abgelöst oder direkt auf diesem spektroskopisch bestimmt werden.

Der Anwendungsbereich des Verfahrens liegt hauptsächlich in der Bestimmung von Spuren flüchtiger Metalle in einer nichtflüchtigen Matrix; seltener werden Verbindungen verflüchtigt (vgl. Tab. 16.2). Zur Abtrennung von Spaltprodukten (As, Cd, Ge, Mo, Ru, Sb, Te, Zn) aus bestrahlten Uran-Proben wurde eine bis 1500 °C brauchbare Apparatur mit Induktionsheizung beschrieben (Abb. 16.4).

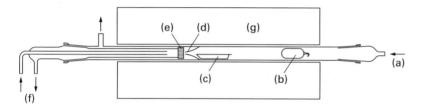

Abb. 16.4: Apparatur zur Verdampfungsanalyse.
a) Gaszuführung; b) Diffusionskörper; c) Schiffchen mit Probe; d) Düse; e) Kühlfinger mit Kappe; f) Kühlung; g) Ofen.

Pyrohydrolyse. Behandelt man feste anorganische Analysenproben bei Temperaturen von etwa 800–1000 °C mit überhitztem Wasserdampf, so werden verschiedene flüchtige Säuren aus ihren Salzen in Freiheit gesetzt und abgetrennt.

Die Umsetzungen können oft durch Zugabe von nichtflüchtigen Oxiden (Säureanhydriden) wie U_3O_8, WO_3, SiO_2 oder V_2O_5 beschleunigt werden; diese verbinden sich mit den durch die Hydrolysereaktion entstehenden Basen.

Die zur Durchführung analytischer Pyrohydrolysen verwendeten Apparaturen bestehen aus einem Siedekolben für das Wasser, Öfen zum Überhitzen des Dampfes und zum Erhitzen der Substanz und einem Kühler, in dem die verflüchtigten Anteile zusammen mit dem Wasserdampf niedergeschlagen werden. Als Material wird wegen der hohen Temperaturen meist Quarz gewählt (Abb. 16.5).

Die Pyrohydrolyse wird vor allem bei der Bestimmung von Fluor in Fluoriden und Silikaten, z. B. Gläsern, keramischen Massen, Aschen u. a. m., eingesetzt; sie stellt ei-

Tab. 16.2: Verdampfungsanalyse (Anwendungsbeispiele)

Probe	Verdampfte Substanz	Gasstrom	Temperatur (°C)	Zeit (min)	Zuschlag
Abbrand	Zn	H_2	1100	30	Kohle
Pyrit, Cu-Erze	Zn	H_2	1100	30	C + Fe
Al-Legierung	Zn	H_2	1100	60	–
Ga, In	Zn	H_2	1000	30	–
Graphit, Abbrand	Cd	H_2	800	20–30	–
Kupfer	Pb	H_2	1150	20–35	–
Li-Glas	Tl	H_2	950–1000	30–50	–
Braunstein	Tl	O_2	950–1000	30–50	–
ZnO	Tl	O_2	950–1000	30–50	–
Bi, Pb, Zn	Tl	O_2	950–1000	30	Al_2O_3
Bauxit	Be	$N_2 + H_2O$	1050	40	CeF_3

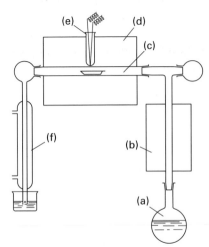

Abb. 16.5: Gerät zur Pyrohydrolyse.
a) Siedekolben mit Wasser;
b) Ofen zum Überhitzen des Dampfes;
c) Reaktionsrohr mit Schiffchen;
d) Ofen;
e) Thermoelement;
f) Kühler.

ne bequeme und wirkungsvolle Abtrennungsmethode für dieses Element dar, kann allerdings versagen, wenn das Fluor nur in Spuren vorliegt, da Reste im Innern von festen Teilchen eingeschlossen bleiben können. Das Verfahren wird außerdem zum Zersetzen von Boriden und zum Entfernen von Borsäure aus Gläsern empfohlen; dabei muss allerdings die Temperatur auf 1100–1400 °C gesteigert werden.

16.2.4 Wirksamkeit und Anwendungsbereich der Methode

Das Sublimationsverfahren gestattet vielfach die wirkungsvolle Abtrennung einzelner flüchtiger Komponenten aus komplizierten Gemischen; die Methode leistet auch bei der Anreicherung von Spurenelementen häufig gute Dienste.

In der anorganischen Analyse liegt die Hauptanwendung wohl bei der Sublimation mithilfe eines reagierenden Gases, vor allem bei den Chlorierungsverfahren. Im Bereich der organischen Analyse werden Sublimationsverfahren zum Nachweis und zur Isolierung geringer Mengen von flüchtigen Verbindungen eingesetzt; nach der Kondensation des Sublimates auf einem Objektträger lässt sich häufig durch mikroskopische Untersuchung der Kriställchen die Identifizierung von Substanzmengen im µg-Bereich und darunter durchführen. Auch Dünnschicht-chromatographisch getrennte Substanzen können oft auf diese Weise rein gewonnen werden; man schabt den Fleck mit der nachzuweisenden Verbindung von der Platte ab und trennt Substanz und Adsorptionsmittel in einer Mikrosublimationsapparatur (z. B. auf einer Kofler-Bank). Weitere Anwendungen sind die Isolierung von Naturstoffen aus Pflanzen und von toxischen Verbindungen aus biologischem Material.

Sieht man von den bereits erwähnten Fehlerquellen ab (Mitreißeffekt und Zurückfallen des Sublimates), die sich durch apparative Maßnahmen beseitigen lassen, so besteht die wichtigste Störung bei allen Sublimationsverfahren darin, dass die Verflüchtigung nicht quantitativ zu sein braucht, weil die sublimierende Substanz aus dem Innern von festen Körnchen herausdiffundieren muss; dieser Vorgang kann je nach Temperatur und Größe der Teilchen eine mehr oder weniger lange Zeit in Anspruch nehmen. Daher soll die Analysenprobe bei allen Sublimationen sehr fein gepulvert sein.

Allgemeine Literatur

H. Brinkmann, C. Kelting, S. Makarov, O. Tsaryova, G. Schnurpfeil, D. Woehrle u. D. Schlettwein, Fluorinated phthalocyanines as molecular semiconductor thin films, in: C. Woell, Organic Electronics, John Wiley / VCH Weinheim 37–60 (2009).
A. Gupta, Short review on controlled nucleation, International Journal of Drug Development & Research 4, 35–40 (2012).
J. Han, D. Nelson, E. Sorochinsky u. V. Soloshonok, Self-disproportionation of enantiomers via sublimation; new and truly green dimension in optical purification, Current Organic Synthesis 8, 310–317 (2011).
C. Holden u. H. Bryant, Purification by sublimation, Separation Science 4, 1–13 (1969).
J. van Staden, Separation analysis. IV. Sublimation, Spectrum, Pretoria, 15, 19–20 (1977).
V. Varadi, F. Longo u. A. Adler, Nonchromatographic methods of purification of porphyrins, in: D. Dolphin, Porphyrins, Academic Press, New York 1, 581–589 (1978).

Literatur zum Text

Fehler bei der Sublimation

R. Rouseff, Analytical methods to determine volatile sulfur compounds in foods and beverages, ACS Symposium Series *826* (Heteroatomic Aroma Compounds), 2–24 (2002).

Gefriertrocknung (Lyophilisierung)

G. Adams, The principles of freeze-drying, Methods in Molecular Biology 368 (Cryopreservation and Freeze-Drying Protocols), 15–38 (2007).

A. Gupta, Annealing is one of the best method for rapid drying in lyophilization technique, Internationale Pharmaceutica Sciencia 2, 78–84 (2012).

Y.-F. Maa u. R. Costantino, Spray freeze-drying of biopharmaceuticals: Applications and stability considerations, Biotechnology: Pharmaceutical Aspects 2 (Lyophilization of Biopharmaceuticals), 519–561 (2004).

L. Qian u. H. Zhang, Controlled freezing and freeze drying: a versatile route for porous and micro-/nano-structured materials, Journal of Chemical Technology and Biotechnology 86, 172–184 (2011).

I. Roy u. M. Gupta, Freeze-drying of proteins: some emerging concerns, Biotechnology and Applied Biochemistry 39, 165–177 (2004).

S. Shukla, Freeze drying process: a review, International Journal of Pharmaceutical Sciences and Research 2, 3061–3068 (2011).

Pyrohydrolyse

F. Baerhold u. A. Lebl, Recycling of acids via pyrohydrolysis: Fundamentals and applications, in: I. Gaballah, J. Hager u. R. Solozabal, REWAS '99–Global Symposium on Recycling, Waste Treatment and Clean Technology, Proceedings, San Sebastian, Spain, Sept. 5–9, 1999 2, 1297–1308 (1999).

S. Jeyakumar, V. Raut u. K. Ramakumar, Simultaneous determination of trace amounts of borate, chloride and fluoride in nuclear fuels employing ion chromatography (IC) after their extraction by pyrohydrolysis, Talanta 76, 1246–1251 (2008).

W. Kladnig u. W. Karner, Pyrohydrolysis for the production of ceramic raw materials American Ceramic Society Bulletin 69, 814–817 (1990).

P. Mello, J. Barin, F. Duarte, C. Bizzi, L. Diehl, E. Muller, I. Edson u. E. Flores, Analytical methods for the determination of halogens in bioanalytical sciences: A review, Analytical and Bioanalytical Chemistry 405, 7615–7642 (2013).

Sawant, R.M.; Mahajan, M.A.; Shah, D.J.; Thakur, U.K.; Ramakumar, K.L., Pyrohydrolytic separation technique for fluoride and chloride from radioactive liquid wastes, Journal of Radioanalytical and Nuclear Chemistry 287, 423–426 (2011).

Verdampfungsanalyse

D. Allan, J. Daly u. J. Liggat, Thermal volatilisation analysis of TDI-based flexible polyurethane foam, Polymer Degradation and Stability 98, 535–541 (2013).

J. Bischof, K. Haeusler, G. Popov, K. Haeupke u. G. Schwachula, Characterization of crosslinked polymers by evaporation analysis. VII. Porous adsorbent polymers on the basis of ethylstyrene and divinylbenzene, Acta Polymerica 40, 468–473 (1989).

K. Haeusler, G. Bischof, G. Popov, L. Feistel u. G. Schwachula, Characterization of crosslinked polymers via evaporation analysis. 8. Fine-pored absorbing polymers based on polystyrene, Angewandte Makromolekulare Chemie 184, 123–131 (1991).

T. Matsueda, Y. Hanada, Y. Yao, T.Tanizaki, T. Kuroiwa, M. Moriguchi u. K. Tobiishi, Thermo-desorption analysis of dioxins and related compounds in flue gas, Organohalogen Compounds 60, 521–524 (2003).

H. Wachtel u. H. Hobert, Evaporation analysis as a method of testing organic substances on metals Schmierungstechnik *12*, 305–307 (1981).

W. Weisweiler, E. Mallonn u. B. Schwarz, Enrichment of thallium and lead halides: vaporization analysis of electrostatic precipitator dust from cement plants Staub – Reinhaltung der Luft *46*, 120–124 (1986).

17 Kondensation

17.1 Allgemeines

Kondensation ist der Übergang von der Gasphase in die flüssige oder feste Form; für Kondensationen bei tiefen Temperaturen findet sich auch die Bezeichnung „Ausfrieren".

Die Kondensation wurde bereits als Bestandteil von Destillations- und Sublimationsverfahren erwähnt; hier sollen Methoden besprochen werden, bei denen die eigentliche Trennung während der Kondensation (und nicht durch die vorausgehende Verflüchtigung) erfolgt.

Trennungen durch Kondensieren werden überwiegend nach der Methode der einmaligen Gleichgewichtseinstellung durchgeführt, außerdem wurde ein Verfahren mit systematischer Wiederholung in einem Trennrohr beschrieben.

17.2 Trennungen durch einmalige Gleichgewichtseinstellung

17.2.1 Ausfrieren einer Komponente aus einer ruhenden Gasmenge – fraktionierte Kondensation

Trennungen von Gasgemischen können bei großen Unterschieden in den Siedepunkten der Bestandteile durch Kondensieren der schwerer flüchtigen Komponenten erzielt werden. So lassen sich z. B. kleine Helium-Gehalte in Neon durch Abkühlen eines Kölbchens mit dem Gasgemisch auf die Temperatur des flüssigen Wasserstoffes (20,4 K) ermitteln; das Neon fällt in fester Form an, in der es nur noch einen geringen Dampfdruck besitzt, und in der Gasphase ist das Helium angereichert.

Beim Vorliegen von Gasmischungen mit mehreren Komponenten kann u. U. eine fraktionierte Kondensation durch Ausfrieren bei verschiedenen Temperaturen durchgeführt werden.

17.2.2 Kondensation im Temperaturgradienten

Die fraktionierte Kondensation wird häufiger in einem mit einem Temperaturgradienten versehenen Rohr ausgeführt, an dessen heißem Ende sich das zu trennende Substanzgemisch in fester oder flüssiger Form befindet. Je nach den Kondensationstemperaturen schlagen sich die verschiedenen Komponenten in einzelnen Zonen in mehr oder weniger großer Entfernung von der heißen Seite nieder.

Die Trennwirkung derartiger Verfahren ist recht gering; zwar ist der Anfangsteil des Kondensates scharf begrenzt, aber nach der kälteren Seite verschmiert das Kondensat über eine größere Strecke, sodass sich Zonen, die nicht sehr weit voneinander getrennt sind, zu überlappen pflegen (vgl. Abb. 17.1). Das Verfahren eignet sich daher nur zum Trennen von Substanzen mit großen Dampfdruckunterschieden.

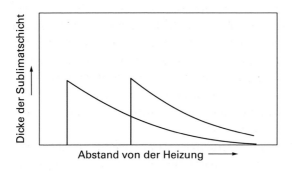

Abb. 17.1: Kondensation zweier Substanzen im Temperaturgradienten.

Als Anwendungsbeispiel sei die Trennung von einigen Metallchloriden gezeigt, die in einem Quarzrohr bei etwa 1000 °C verflüchtigt werden; dieses ist von einem Kupfermantel umgeben, der an einem Ende gekühlt wird (Abb. 17.2). Die Chloride des Iridiums, Platins und Wolframs setzen sich in gut voneinander getrennten Zonen ab.

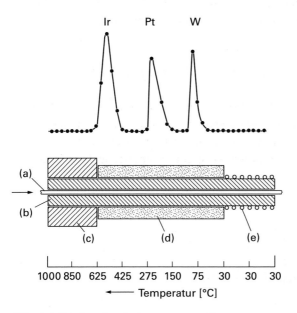

Abb. 17.2: Kondensation im Temperaturgradienten.
Oben: Trennungsergebnis.
Unten: Apparatur.
a) Quarzrohr; b) Kupferrohr; c) Ofen; d) Isolierung; e) Kühlschlange.

17.2.3 Ausfrieren von Komponenten aus einem Gasstrom

Zum Entfernen kondensierbarer Anteile aus strömenden Gasen verwendet man Kühlfallen, die in verschiedenen Ausführungsformen beschrieben sind. Am einfachsten sind U-Rohre und Kühlschlangen, die in ein Kältebad getaucht werden (vgl. Abb. 15.19). Da bei allen Kondensationsverfahren mit der Bildung von Aerosolen zu rechnen ist, die nur schwierig niedergeschlagen werden können, hat man sich bemüht, die Wirksamkeit der Kühlfallen durch Filtereinsätze, Füllen mit Adsorbenzien, kreisende Führung des Gasstromes, Prallflächen oder durch erweiterte Räume mit geringerer Strömungsgeschwindigkeit u. a. zu verbessern.

Die Schwierigkeit einer quantitativen Abtrennung durch Kondensation nimmt mit abnehmender Konzentration der Substanz im Gas zu.

Wie bereits im Abschnitt „Gas-Chromatographie" erwähnt wurde, ist die quantitative Kondensation von Spurenbestandteilen eine bisher nicht befriedigend gelöste Aufgabe; durch Füllen der Kühlfallen mit Adsorbenzien erreicht man Abscheidungen von etwa 90–95 %. Am wirksamsten hat sich die Methode erwiesen, das gesamte Trägergas mitsamt den darin enthaltenen Komponenten der Analysenprobe zu kondensieren; damit ist jedoch die ursprünglich beabsichtigte Trennung von Gas und Kondensat aufgegeben und das Verfahren auf den Spezialfall der Gas-Chromatographie beschränkt. Im Prinzip ähnlich sind die ebenfalls schon erwähnten Verfahren, bei denen man dem Gasstrom eine kondensierbare Hilfssubstanz zumischt.

17.3 Systematische Wiederholung von Kondensationen

Die Kondensation im Temperaturgradienten lässt sich auf folgende Weise zur Methode der systematischen Wiederholung erweitern: Man stellt das Schiffchen mit der Analysensubstanz in ein längeres, von einem Inertgas durchströmtes Rohr und zieht einen verhältnismäßig kurzen Temperaturgradienten in der Strömungsrichtung längs des Rohres (Abb. 17.3).

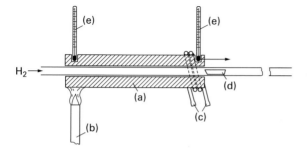

Abb. 17.3: Systematische Wiederholung von Kondensationen („Horizontaldestillation").
a) verschiebbarer Aluminiumkörper; b) Bunsenbrenner; c) Kühlschlange;
d) Schiffchen mit Substanz; e) Thermometer.

Wenn die Probe in eine genügend heiße Zone des Öfchens gelangt, wird sie verdampft, und die verdampften Anteile setzen sich je nach Kondensationstemperatur in verschiedenen kälteren Teilen des Rohres ab, werden beim Vorrücken des Temperaturgradienten wieder verdampft u. s. f.

Man erzielt mit dieser von Jantzen entwickelten Anordnung, die als „Horizontaldestillation" bezeichnet wird, aber hier zu den Kondensationsmethoden gerechnet werden soll, die Ausbildung schärferer Zonen mit höherer Reinheit als bei der einfachen Kondensation im Temperaturgradienten.

Literatur zum Text

J. Christian, D. Petti, R. Kirkham u. R. Bennett, Advances in Sublimation Separation of Technetium from Low-Specific-Activity Molybdenum-99, Industrial & Engineering Chemistry Research *39*, 3157–3168 (2000).

J. Maslowska u. J. Baranowski, Thermofractochromatograph and its use for the determination of molar heat of sublimation, Chemia Analityczna (Warsaw, Poland) *26*, 1017–1025 (1981).

L. Westgaard, G. Rudstam u. O. Jonsson, Thermochromatographic separation of chemical compounds, Journal of Inorganic and Nuclear Chemistry *31*, 3747–3758 (1969).

Teil III: Trennungen durch unterschiedliche Wanderungsgeschwindigkeiten in einer Phase

18 Einführung

Die in der Einleitung zum 1. Teil (Abschn. 2.2) gezeigte vollständige Trennung zweier Substanzen durch unterschiedliche Wanderungsgeschwindigkeiten stellt ebenso wie die vollständige Trennung durch Verteilung zwischen zwei nicht mischbaren Phasen einen Idealfall dar, der praktisch nicht verwirklicht werden kann. Die Zonen der wandernden Verbindungen verbreitern sich grundsätzlich in der Bewegungsrichtung, sodass ein mehr oder weniger starkes Überlappen erfolgt.

Die Wirksamkeit eines derartigen Trennverfahrens hängt daher einerseits von der Länge der Trennstrecke und dem Unterschied der Wanderungsgeschwindigkeiten, anderseits von dem Ausmaß der störenden Zonenverbreiterung ab. Auch hier kann man einen Trennfaktor definieren: Man schneidet aus der Trennstrecke die Abschnitte mit den Substanzen A und B heraus und bestimmt in jedem dieser Abschnitte das Mengenverhältnis m_A/m_B. Der Trennfaktor β ist dann

$$\beta = \frac{m_A/m_B \text{ in Abschnitt 1}}{m_A/m_B \text{ in Abschnitt 2}}. \tag{1}$$

Die Wanderung ursprünglich ruhender Teilchen muss durch eine Kraft bewirkt werden, die die betreffenden Massen beschleunigt. Eine konstante Geschwindigkeit wird dann entweder durch Beenden der Krafteinwirkung erreicht, oder sie ergibt sich durch die Wirkung einer mit der Geschwindigkeit zunehmenden Gegenkraft (z. B. die Reibung).

Bei Trennungen durch unterschiedliche Wanderungsgeschwindigkeiten lassen sich folgende Verfahren unterscheiden:
- Eindimensionale Verfahren;
- Gegenstromverfahren und
- zweidimensionale Verfahren.

Die eindimensionalen Verfahren werden durch die Wanderung in einem gasförmigen oder flüssigen Medium in *einer* Richtung gegeben (vgl. 1. Teil, Abb. 2.2).

Gegenstromverfahren liegen vor, wenn die Wanderung der Teilchen in einer Flüssigkeit erfolgt, die der Wanderungsrichtung entgegenströmt. Auf die Trennung wirkt sich dies wie eine Verlängerung einer gegebenen Trennstrecke aus.

Bei den zweidimensionalen Verfahren lässt man zwei gekreuzte Kraftfelder (gleichzeitig oder nacheinander) auf die Teilchen einwirken. Diese Verfahren gestatten – ebenso wie das Kreuzen von zwei nicht mischbaren Phasen – die kontinuierliche Trennung von Substanzgemischen, auch wenn diese mehr als zwei Komponenten enthalten (vgl. Abb. 18.1). Dabei brauchen die Wanderungsgeschwindigkeiten nur in einer Bewegungsrichtung unterschiedlich zu sein.

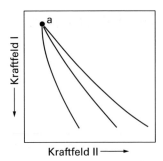

Abb. 18.1: Kontinuierliche Trennung in gekreuzten Kraftfeldern. a = Substanzzufuhr.

In gleicher Weise ergeben sich zweidimensionale Trennungen, wenn die Teilchen in einem bewegten Medium in einer Richtung mitgeführt werden und senkrecht (orthogonal) zur Bewegungsrichtung ein Kraftfeld wirkt.

19 Wanderung von Ladungsträgern in elektrischen und magnetischen Feldern (Massenspektrometrie)

19.1 Geschichtliche Entwicklung

Die Trennung von gasförmigen Ionen durch elektrische Felder gelang erstmals Thompson (1911). Die Methode wurde von Dempster (1918) und von Aston (1919) wesentlich verbessert und zur Ermittlung der Isotopenzusammensetzung zahlreicher Elemente verwendet. Ein weiterer wichtiger Fortschritt wurde von Mattauch und Herzog (1934) durch Entwicklung der sog. „doppeltfokussierenden" Geräte erzielt, und schließlich wurde die „Flugzeit-Massenspektrometrie" von Stephens (1946) sowie von Cameron und Eggers (1948) ausgearbeitet. Höchstauflösende Massenspektrometer auf Basis der FT-Ionenzyklotronresonanz in einer Ionenfalle wurden von Carnisarow und Marshall (1974) entwickelt.

Besondere Bedeutung erhielt die präparative Massenspektrometrie durch parallele Nutzung Hunderter von Calutron-Massenspektrometern während des Zweiten Weltkriegs im sog. „Manhattan"-Projekt (Produktion der Atombombe in den USA). Dabei wurde zum ersten Mal präparativ ^{235}U von ^{238}U getrennt.

Heutzutage stellt die Massenspektrometrie die wichtigste Technik zur hochselektiven analytischen Trennung komplexer Element- und Molekülionen dar. In Kombination mit sensitiver Nachweistechnik gelingt routinemäßig die Identifizierung von 10^{-15} g (absolut). Verbunden mit einer vorhergehenden chromatographischen Trenntechnik (z. B. GC, LC) stellt sie die derzeit effektivste Methode für Trennung, Identifizierung und Quantifizierung dar. Derzeit gewinnt die Nutzung Isotopen-markierter Analyten zur rückführbaren Kalibrierung oder die Messung natürlicher Isotopenverteilungen bei geochemischen Fragestellungen steigende Bedeutung.

19.2 Allgemeines

19.2.1 Definitionen

Als „Massenspektrometrie" wird ein Verfahren bezeichnet, bei dem Ionen im Gaszustand beschleunigt und durch geeignete Anordnungen elektrischer und magnetischer Felder nach ihren Massen (genauer: nach ihren Masse/Ladung-Verhältnissen) getrennt werden. Die getrennten Ionen werden entweder auf einer Detektorplatte aufgefangen und hier nachgewiesen oder als Ionenstrom elektrisch gemessen. Im ersteren Falle spricht man von „Massenspektrographie", im zweiten (der für die analytische Chemie vor allem von Bedeutung ist) von „Massenspektrometrie". Wenn die zu untersuchende Substanz in fester, nicht ohne weiteres verdampfbarer Form vorliegt, wird die Methode als „Festkörper-Massenspektrometrie" bezeichnet.

19.2.2 Prinzipieller Aufbau eines Massenspektrometers

Ein Massenspektrometer besteht nach dem oben Gesagten prinzipiell aus drei Teilen: Zunächst aus der Vorrichtung zum Erzeugen der Ionen, der sog. „Ionenquelle", dann aus der Trennvorrichtung und schließlich aus dem Auffänger mit den Hilfsmitteln zum Nachweisen und quantitativen Messen des Ionenstromes.

Im Folgenden sollen nur die wichtigsten Ionisierungs- und Trennverfahren besprochen werden.

19.2.3 Ionisierungsverfahren

Von den zahlreichen Methoden zum Ionisieren von Gasen seien hier nur die bei der analytischen Anwendung der Massenspektrometrie gebräuchlichsten erläutert; es sind dies die Elektronenstoß-Ionisierung, die Feld-Ionisierung und die Ionisierung im elektrischen Funken.

Elektronenstoß (ES) – Ionisierung. Aus Gasmolekülen, die bei niedrigem Druck von einem Elektronenstrahl getroffen werden, können Elektronen unter Bildung von positiven Ionen herausgeschlagen werden. Die experimentelle Durchführung ist im Prinzip in Abb. 19.1 gezeigt: Aus dem Glühdraht a tritt ein Elektronenstrahl c durch die Öffnung b in den Stoßraum, wo er auf einen feinen Gas-Strom trifft, der aus einer Düse zugeführt wird. Die Elektronen verlassen den Stoßraum durch eine untere Öffnung und werden im Käfig d aufgefangen. Man lenkt die gebildeten Gas-Ionen durch eine schwache „Ziehspannung" zwischen den Platten e_1 (negativ geladen) und e_2 (positiv) aus dem Stoßraum heraus und beschleunigt sie dann durch eine Spannung von einigen Tausend Volt, die an der Platte f liegen, gegen den Eintrittsspalt des Spektrometers.

Der Gasdruck im Stoßraum beträgt etwa 10^{-5} Torr, und mit derartigen Anordnungen werden Ionenströme von ca. 10^{-8} bis 10^{-9} A erreicht. Nichtionisierte Atome und Moleküle müssen durch kontinuierliches Abpumpen entfernt werden.

Die in Abb. 19.1 gezeigte Substanzzuführung durch eine Düse ist für Gase und verhältnismäßig leicht verdampfbare Flüssigkeiten geeignet. Vor der Düse befindet sich ein Vorratsbehälter, in dem ein Gasdruck von 0,01–1 Torr aufrecht erhalten wird. Der Vorratsbehälter lässt sich meist bis auf etwa 350 °C aufheizen, sodass sich auch beim Vorliegen von Verbindungen mit höheren Siedepunkten ein ausreichender Druck erzielen lässt.

Noch höher siedende Verbindungen erhitzt man in einem kleinen Öfchen, das direkt vor dem Stoßraum angebracht wird.

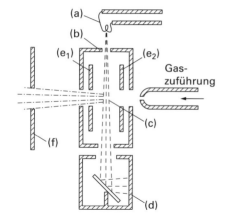

Abb. 19.1: Elektronenstoß-Ionisierung.
a) Glühdraht;
b) Eintritt der Elektronen in den Stoßraum;
c) Elektronenstrahl;
d) Auffangkäfig;
e_1, e_2) Platten für die Ziehspannung;
f) Elektrode zum Beschleunigen.

Eine wichtige Variable bei der Elektronenstoß-Ionisierung ist die Spannung zwischen Glühdraht und Auffänger, durch die die Energie der ionisierenden Elektronen bestimmt wird. Bei ausreichender Energie können einerseits von einem bestimmten Elektron mehrere Ionen gebildet werden, und anderseits kann ein Gasatom bzw. -molekül mehrfach ionisiert werden.

Man bezeichnet die Anzahl von Paaren an Ladungsträgern, die ein Elektron auf 1 cm Weg im Gas erzeugt, als „differenzielle Ionisierung"; um diese in verschiedenen Gasen miteinander vergleichen zu können, bezieht man sie auf einen Gasdruck von 1 Torr. In Abb. 19.2 ist die differenzielle Ionisierung von Quecksilber in Abhängigkeit von der Elektronenenergie wiedergegeben.

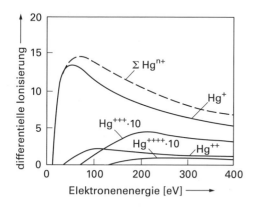

Abb. 19.2: Differenzielle Ionisierung von Quecksilber in Abhängigkeit von der Elektronenenergie.

Wie man sieht, wird für jedes Ion eine bestimmte Mindestenergie der ionisierenden Elektronen benötigt, bevor es auftreten kann. Man nennt dieses Potenzial daher das „Auftrittspotenzial" (engl. "appearance potential"). Mit zunehmender Elektronenenergie steigt die differenzielle Ionisierung bis zu einem Maximum an, um dann langsam wieder abzunehmen. Das Maximum liegt für die meisten Ionen zwischen etwa 50 und 100 eV; man regt daher in der Regel mit Energien von etwa 70 eV an.

Aus Abb. 19.2 ergibt sich weiterhin, dass mehrfach positiv geladene Ionen verhältnismäßig selten auftreten, und zwar umso weniger, je höher die Ladung ist.

Die Elektronenstoß-Ionisierung lässt sich nicht nur mit Atomen wie Hg oder Ar u. a. durchführen, sondern auch – was für die analytische Chemie von wesentlich größerer Bedeutung ist – mit anorganischen und organischen Molekülen. Diese geben dabei in der Regel nicht nur Ionen, die dem unveränderten Molekül (bis auf den Verlust einer Ladung) entsprechen, sondern werden zusätzlich in eine mehr oder weniger große Anzahl von Bruchstücken gespalten; dieser Vorgang wird als „Fragmentierung" bezeichnet. Die Massen der Bruchstücke und die relativen Mengen, in denen sie gebildet werden, sind unter konstanten Ionisierungsbedingungen gut reproduzierbar, sodass man sie zur Charakterisierung der betreffenden Verbindungen heranziehen kann. Bei größeren organischen Molekülen tritt oft die Masse des Molekül-Ions überhaupt nicht auf, sondern es werden ausschließlich Bruchstücke gebildet; in derartigen Fällen ist eine massenspektrometrische Molekulargewichtsbestimmung nicht ohne weiteres möglich.

Fast Atom Bombardment (FAB)-Ionisierung. Werden anstatt Elektronen hochenergetische (ca. 16 keV) ionisierte Atome (z. B. Cs^+) verwendet, gelingt die weiche Ionisierung von komplexen Molekülen. Allerdings muss dazu die aufzuladende Substanz sich in einer schwerflüchtigen Matrix (z. B. Nitrobenzylalkohol, Glycerin oder Thioglycerin) befinden. Die Analytmoleküle werden dabei aus der Oberfläche herausgerissen und durch Sekundärionenbildung geladen.

Induktiv-gekoppelte Plasma (ICP)-Ionisierung. ICP als Ionisierungstechnik hat sich in den letzten Jahren besonders in der Elementanalytik und neuerdings auch zur Nanopartikel-Charakterisierung durchsetzen können. Grund dafür ist die effiziente Ionenbildung in einem Gasionenplasma. Dabei wird z. B. Argon in einer durch Hochfrequenz angeregten Plasmabildung (freie Elektronen und Ar^+) auf (elektronische) Temperaturen bis zu 12000 K aufgeheizt. Das Ar-Ionenplasma wird in einem Kollisionsraum mit der Probe in Form eines Aerosols vereinigt. Dabei wird die Energie auf die Submikron-Probenteilchen übertragen und diese ionisiert. Die Probenaerosolbildung kann auch durch Laserablation bewerkstelligt werden. Dadurch besteht die Möglichkeit Proben abzurastern und zweidimensionale Verteilungen zu erstellen.

Sekundärionenstrahl (SI)-Ionisierung. Werden leichtere Element- oder Clusterionen (O_2^+, Cs^+, Ga^+, Ar^+, Bi^+; SF_5^+, Au_3^+, Bi_3^+, Bi_2^{3+}) mit einer Energie von 0,2–25 keV zum Beschuss verwendet, entstehen neutrale, positiv und negativ geladene Teilchen. Die neutralen Teilchen gehen bei der SI für die Analyse verloren. Diese Technik wird besonders zur flächigen Abtragung von Materialoberflächen und nachfolgender massenspektrometrischer Tiefenprofilanalyse angewandt (SIMS).

Chemische Ionisierung (CI). Will man eine Molekulargewichtsbestimmung durchführen, besteht die Möglichkeit, im Elektronenstrahl (150 eV) im Überschuss zu den Analytmolekülen zugemischte Reaktandgase (z. B. Methan, oder höhere Alkane, Ammoniak, Wasser) zu transient instabilen Protonierungsspezies umzuformen:

$$CH_4 + e^- \longrightarrow \cdot CH_4^+ + 2\,e^- \longrightarrow CH_3^+ + H\cdot$$
$$\cdot CH_4^+ + CH_4 \longrightarrow CH_5^+ + \cdot CH_3$$
$$\cdot CH_4^+ + CH_4 \longrightarrow C_2H_5^+ + H_2 + H\cdot$$

Die gebildeten Methylradikalkationen reagieren mit Methan im Plasma zu instabilen Carboniumionen CH_5^+ bzw. $C_2H_5^+$, welche der Protonierung eines Analytmoleküls dienen können. Im nächsten Schritt bilden sich durch Ladungsaustausch einfach positiv geladene Analytmolekülionen.

$$M + CH_5^+ \longrightarrow CH_4 + [M+H]^+$$
$$AH + CH_3^+ \longrightarrow CH_4 + A^+$$

Da die Protonenaffinität in der Reihenfolge $CH_5^+ > C_2H_5^+ > H_3O^+ > C_4H_9^+ > NH_4^+$ abnimmt, wird bei der Protonenübertragung nur wenig Energie freigesetzt und daher eine Molekülfragmentierung vermieden. Die dabei gebildeten Ionen werden durch das Molekülion dominiert und erlauben so die Molmassenbestimmung. Durch Wahl der Gase und Druckbedingungen lässt sich das Ausmaß der Fragmentierung steuern.

Negative chemische Ionisierung (NICI). Die bei der Wechselwirkung der Reaktandgasmolekel mit den beschleunigten Elektronen entstehenden thermalisierten Elektronen können an halogenhaltige Moleküle, und dadurch stark elektronenaffine Verbindungen, angelagert werden. Dieser Effekt tritt bei Ionisierung mit niederenergetischen Elektronen (0,1–1 eV) auf, wobei die Energie in einem engen, von der Art des ionisierten Moleküls abhängigen Bereich liegen muss.

Eine weitere Variante stellt die Ionisation bei Atmosphärendruck dar (*Atmosphärendruck-Ionisation (APCI)*. Dabei wird zu den gasförmigen Analytmolekülen Stickstoff in einer Corona unipolar aufgeladen. Das dabei gebildete Stickstoffradikalkation kann durch weitere Gasphasenreaktionen sowohl positiv und negativ geladene Fragmentionen bilden.

Elektrospray-Ionisation (ESI). Weite Anwendung findet inzwischen die sog. Elektrospray-Ionisation. Besonders in Kopplung mit der Flüssigchromatographie eignet sich diese Technik. Dabei wird ein leitfähiges Eluens durch eine Kapillare gepresst, der eine Corona-Nadel als Elektrode entgegensteht. Es bildet sich dabei ein Flüssigkeitskegel (sog. Taylor-Kegel), welcher in der Spitze durch gleichnamige Ladungen in der Flüssigkeit in der Nähe der Coronanadel dominiert wird. Dies führt zur spontanen Bildung eines feindispersen Aerosols aus Laufmittel mit Analyt. Durch den Kelvineffekt verdampft der flüchtige Anteil schlagartig unter Bildung nm-großer Ionencluster. Die

Zusammensetzung des Laufmittels sowie die Polarität der Coronanadel mit angelegter Hochspannung im höheren kV-Bereich determiniert die Fragmentierung. Im Allgemeinen wird dabei nur eine geringe Fragmentierung erreicht. Fenn erhielt 2002 dafür den Nobelpreis.

Desorptions-Elektrospray-Ionisation (DESI). Die Nutzung des geladenen Aerosolstrahls zur Oberflächendesorption dort adsorbierter Moleküle führt zu ebenfalls schonender Ausbildung geladener Analyt-Ionen und geht auf Arbeiten von Cooks (2004) zurück.

Feld-Ionisierung (FI). Wie von Müller (1951) gezeigt wurde, können Moleküle in extrem starken elektrischen Feldern unter Verlust eines Elektrons positive Ionen bilden. Die erforderlichen Feldstärken werden durch Gegenüberstellen einer sehr feinen Spitze mit ca. 0.1 µm Radius und einer Platte im Abstand von wenigen mm erreicht; man legt Spannungen von etwa 10 kV an die beiden Teile, wodurch man Feldstärken in der Größenordnung von 10^8 V/cm erhält.

Da die Ausbeuten an Ionen bei dieser Anordnung gering sind, verwendet man nach einem Vorschlag von Beckey (1962) an Stelle der Spitze einen feinen Draht oder eine Schneide.

Die Feld-Ionisierung besitzt gegenüber der Elektronenstoß-Ionisierung den Vorteil, dass bei geeigneter Feldstärke auch komplizierte organische Moleküle nur wenige oder keine Bruchstücke geben; das der Molekülmasse entsprechende Ion tritt demgemäß mit hoher Intensität auf. Die Methode ist daher vor allem zur Molekulargewichtsbestimmung geeignet.

Matrix-unterstützte Laserdesorptions-Ionisation (MALDI). Wird hochintensives Laserlicht zur Probenionisation verwendet, ist eine effektive Photonenabsorption entscheidend für die Ausbildung von Ionen. Die Analytmoleküle werden dabei zuvor mit einem bei der Laserwellenlänge gut absorbierenden kristallinen Material (der Matrix, z. B. Sinapinsäure, 2,5-Dihydroxybenzoesäure, α-Cyanohydroxyzimtsäure) gemischt. Üblicherweise findet ein Stickstofflaser mit einer Wellenlänge von 337 nm Verwendung. Die dabei ablaufenden Prozesse sind komplex. Durch den intensiven Energieübertrag des Laserpulses (wenige ns Pulsdauer) wird die Matrix an der Oberfläche schlagartig in ein ultra feines geladenes Aerosol überführt, welches partiell die Matrix verlieren und ein geladenes Analytmolekül übrig bleiben lässt. Es sind damit besonders schonende Ionisierungen großer Biomoleküle möglich.

Funken-Ionisierung. Hochschmelzende anorganische Verbindungen, bei denen der in der Ionenquelle erforderliche Dampfdruck von ca. 10^{-5} Torr praktisch nicht erreichbar ist, können durch Abfunken ionisiert werden. Man bringt die Substanz in die Form von dünnen Stäbchen, macht – wenn notwendig – die Masse durch Graphitzusatz elektrisch leitend und lässt in der Ionenquelle im Hochvakuum zwischen den Elektroden einen Funken überspringen. Dabei werden sehr hohe Spannungen benötigt.

Mit dieser Methode können praktisch alle anorganischen Substanzen ionisiert werden; dabei werden auch höher geladene Ionen in größerem Umfange gebildet. Nachteilig ist, dass die Funkenentladungen zeitlich nur schlecht konstant sind und dass die entstandenen Ionen sehr unterschiedliche kinetische Energien besitzen, wodurch ihre Trennung nach Massen erschwert wird (s. u.).

Photoionisation (PI). Gasförmige Komponenten können durch den Prozess der Photoionisation (< 20 eV) in Gasionen überführt werden. Unterschieden wird dabei in die Einphotonen-Ionisation (SPI) und die resonanzverstärkte Multiphotonen-Ionisation (REMPI). Photoionisation erlaubt bei adäquater Wellenlängenwahl eine weiche, substanzselektive Ionisation. REMPI benötigt dazu entsprechend durchstimmbare Laserlichtquellen. Die hohe Photonendichte führt hierbei zur nichtlinearen Photonenabsorption und -ionisation.

19.2.4 Beschleunigung von Ionen im elektrischen Feld – Energiedispersion

Die Grundlage der Trennung von Ionen verschiedener Masse im Massenspektrometer besteht in ihrer unterschiedlichen Beschleunigung im elektrischen Feld. Durchläuft ein Ion mit der Ladung e (e = Elementarladung = $1{,}60 \cdot 10^{-19}$ Coulomb) eine Spannung V, so nimmt es die Energie $e \cdot V$ auf, die gleich der erlangten kinetischen Energie sein muss:

$$e \cdot V = 1/2\, m \cdot v^2, \tag{1}$$

oder:

$$v = \sqrt{\frac{2\, e \cdot V}{m}}. \tag{1a}$$

Nach Gl. (1a) werden sowohl Ionen gleicher Ladung, aber verschiedener Massen, als auch Ionen unterschiedlicher Ladung aber gleicher Massen auf verschiedene Geschwindigkeiten beschleunigt. Ein Sonderfall liegt vor, wenn Ladung und Masse gleichzeitig verdoppelt (oder verdreifacht u. s. w.) werden. Das Ion mit der Masse $2m$ und der Ladung $2e$ erhält beim Durchlaufen eines Feldes die gleiche Geschwindigkeit wie das Ion mit der Masse m und der Ladung e; maßgebend ist das Verhältnis von Masse zu Ladung (das sog. „m/e-Verhältnis"). Bei den in der Massenspektrometrie üblichen Beschleunigungsspannungen von etwa 2000 V werden von einfach geladenen Ionen mittlerer Masse Geschwindigkeiten von ca. 10^4–10^5 m/s erreicht.

Energiedispersion. Aus einer Ionenquelle kommende Ionen gleicher Ladung und Masse sollten gemäß Gl. (1a) nach dem Durchlaufen des Beschleunigungsfeldes die genau gleichen Endgeschwindigkeiten besitzen. Tatsächlich ist das jedoch nicht oder doch nur angenähert der Fall; auch in einem Ionenstrahl, der aus einer einheitlichen Ionenart besteht, treten unterschiedliche Geschwindigkeiten auf. Diese „Energiedispersion" rührt zum einen daher, dass die Gasmoleküle mit verschiedenen Geschwindigkeiten in die Ionenquelle eintreten, zum anderen erfolgt die Ionisierung an Stellen mit etwas unterschiedlichem Potenzial.

Bei der Elektronenstoß- und der Feld-Ionisierung ist die Energiedispersion gegenüber der Gesamtenergie so gering, dass sie normalerweise vernachlässigt werden kann. Die so erzeugten Ionen sind somit praktisch monoenergetisch. Anders liegen jedoch die Verhältnisse bei der Funkenionisierung; wie bereits erwähnt, werden hier Ionen mit sehr unterschiedlichen Anfangsenergien erzeugt, sodass die Geschwindigkeiten nach der Beschleunigung recht uneinheitlich sind.

19.3 Eindimensionale massenspektrometrische Trennungen (Flugzeit-Massenspektrometer)

Flugzeit-MS. In einem „Flugzeit-Massenspektrometer" (angelsächs. Time of flight mass spectrometer, TOF-MS) beschleunigt man ein Ionenpaket, das in einer Elektronenstoß-Ionenquelle erzeugt wird, durch einen extrem kurzen Spannungsstoß und lässt es dann eine feldfreie Strecke von bis zu 1 m Länge durchlaufen. Hier trennen sich die Ionen nach ihren Geschwindigkeiten, sodass sie bei unterschiedlichen m/e-Verhältnissen nacheinander in den Auffänger gelangen (Abb. 19.3).

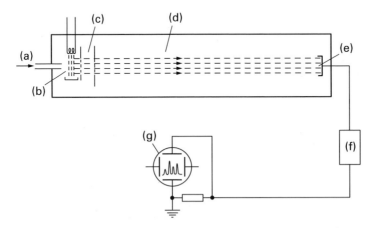

Abb. 19.3: Flugzeit-Massenspektrometer (schematisch).
a) Gaseinlass; b) Ionenquelle; c) Beschleunigungsstrecke; d) Laufstrecke; e) Auffänger; f) Verstärker; g) Oszilloskop.

Eine eigentliche Trennung der in einem zeitlichen Abstand von etwa 10–100 μs auftreffenden Ionenarten ist dabei nicht möglich; man kann aber die einzelnen Impulse nach Verstärkung mithilfe eines Oszilloskops, das synchron mit den Beschleunigungsimpulsen läuft, als stehendes Bild sichtbar machen. Die Trennung von Ionen verschiedener Masse ist dabei umso besser, je kürzer die zum Beschleunigen verwandten Spannungsstöße sind.

Ionen – Mobilitäts – Spektrometrie, IMS. Eine weitgehend ähnliche Trenn- und Nachweistechnik für geladene Gasionen stellt die IMS dar. Bereits Langevin (1903) stellte die Anwesenheit von diversen Gasionen in Umgebungsluft (bei Normaldruck und -temperatur) fest, und veröffentlichte kurze Zeit danach die noch heute gültigen Überlegungen zur Bewegung von Gasionen in elektrischen Feldern. Heutzutage ist die IMS als schneller Gassensor in Gebrauch, aber auch zunehmend als Möglichkeit zu Trennung chiraler oder komplexer Biomoleküle Gegenstand intensiver Forschung.

Wesentliches Merkmal der IMS ist es, dass die Trennung geladener Gasionen, welche z. B. durch Stoßionisation von Neutralmolekülen mit β-Strahlung oder Photo-Ionisation entstanden sind, bei Umgebungsbedingungen stattfindet. Es entfällt somit die Notwendigkeit eines Vakuums.

Trennprinzip ist aber analog zur TOF-MS, dass die erzeugten Analytgasionen in einer sog. Driftröhre entgegen einem strömenden Gas in einem elektrischen Feld bewegt werden, und somit wiederum gemäß ihrer elektrischen Beweglichkeit nacheinander den Detektor erreichen. Abb. 19.4 stellt den prinzipiellen Aufbau eines IMS dar.

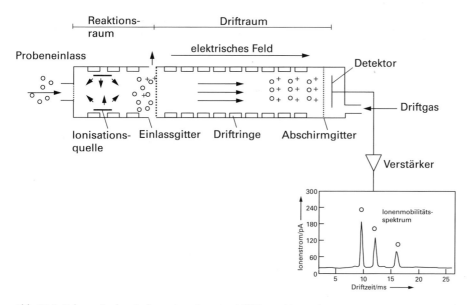

Abb. 19.4: Schematischer Aufbau eines Ionenmobilitätsspektrometers.

Wie ersichtlich, besteht es aus einem Reaktionsraum, dem die gasförmige Probe zugeführt wird, dem nachfolgenden Driftraum, sowie dem Ionendetektor. Im Reaktionsraum werden aus neutralen Analyt-Gasmolekülen durch direkte Ionisation oder Anlagerung von Ladungsträgern wie Elektronen oder anderweitig erzeugten Ionenclustern geladene Analyt-Ionen erzeugt. Diese werden durch Umpolung eines Gitters, welches den Reaktionsraum vom Driftraum trennt, schlagartig in den Driftraum entlassen. Im selbigen werden die Analyt-Ionen durch sequenziell folgende Ringelektroden zum Flug zu einem Ionendetektor beschleunigt. Dieser registriert nunmehr die in Abhängigkeit von ihrer Ionenbeweglichkeit nacheinander eintreffenden Ionen. Die erzielbaren Trennungen sind vergleichsweise niedrig, aber die anwendbare Geometrie und das Fehlen einer Hochvakuumvorrichtung erlaubt den Bau kompakter, nur wenige Zentimeter großer IMS-Geräte. Bei Nutzung entsprechender Driftbedingungen und Auswertealgorithmen können Gasspezies getrennt und identifiziert werden. So findet IMS seit den 1970er Jahre in der schnellen Kampfstoff-Gassensorik Anwendung.

19.4 Zweidimensionale massenspektrometrische Trennungen

19.4.1 Trennung von Ionenarten im magnetischen Sektorfeld – einfach fokussierende Massenspektrometer

Durchläuft ein monoenergetischer Ionenstrahl ein magnetisches Sektorfeld, so werden Ionen mit unterschiedlichen m/e-Verhältnissen verschieden stark abgelenkt. Gleichzeitig tritt eine sog. „Richtungsfokussierung" ein, indem ein aus einem Spalt austretendes, etwas divergentes Ionenbündel hinter dem Sektorfeld wieder in einem Punkt (bzw. bei räumlicher Betrachtungsweise in einem dem Spalt entsprechenden Strich) vereinigt wird (Abb. 19.5).

Mit der aus der Optik entnommenen Terminologie lässt sich der Vorgang als „Abbildung des Spaltes a an den Stellen b_1 und b_2" beschreiben.

Der Sektorwinkel des Magnetfeldes kann verschieden gewählt werden, z. B. sind Geräte mit 30°-, 60°- oder 180°-Magnetfeldern in Gebrauch. In Abb. 19.6 ist ein Mas-

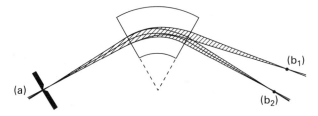

Abb. 19.5: Verhalten eines monoenergetischen Ionenstrahles mit zwei Ionenarten im magnetischen Sektorfeld.
a) Eintrittsspalt; b_1, b_2) Fokussierungsstellen der beiden Ionenarten.

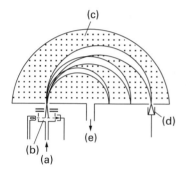

Abb. 19.6: Massenspektrometer mit 180°-Magnetfeld.
a) Gaseinlass;
b) Ionenquelle;
c) Magnetfeld (Feldlinien senkrecht zur Papierebene);
d) Auffänger;
e) Pumpenanschluss.

senspektrometer mit 180°-Sektor, Ionenquelle und Auffänger schematisch wiedergegeben; das Massenspektrum wird erhalten, indem man die Stärke des Magnetfeldes kontinuierlich ändert, sodass die einzelnen Ionenarten nacheinander in den Auffänger gelangen.

19.4.2 Verhalten von Ionenarten im elektrischen Sektorfeld – doppelt fokussierende Massenspektrometer

Wenn der aus der Ionenquelle in das Massenspektrometer gelangende Ionenstrahl nicht monoenergetisch ist, versagen die einfach fokussierenden Geräte mit magnetischem Sektorfeld; der Spalt wird dann nicht scharf abgebildet. Man kann jedoch durch zusätzliche Verwendung eines elektrischen Sektorfeldes auch in derartigen Fällen eine Fokussierung erreichen.

Das Verhalten eines etwas divergenten Ionenstrahles, der Ionen verschiedener Energie enthält, beim Durchlaufen eines elektrischen Sektorfeldes ist in Abb. 19.7 gezeigt: Ionen mit gleicher Energie werden um gleiche Beträge abgelenkt, auch wenn ihre Massen verschieden sind; anderseits werden Ionen verschiedener Energie unterschiedlich abgelenkt (je größer die Energie, desto geringer die Ablenkung). Gleichzeitig erhält man auch hier eine Richtungsfokussierung des divergenten Ionenstrahles. Ionen, die etwas näher an die positive Platte des Kondensators gelangen, werden vom Feld gebremst und dann stärker abgelenkt, und Ionen, die näher an die negative Platte gelangen, werden beschleunigt und schwächer abgelenkt.

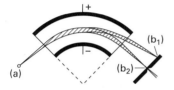

Abb. 19.7: Verhalten eines Ionenstrahls mit Ionen verschiedener Energie im elektrischen Sektorfeld.
a) Eintrittsspalt; b_1, b_2) Fokussierungsstellen von Ionen verschiedener Energie.

So könnte man mit Hilfe eines elektrischen Sektorfeldes zunächst eine Trennung von Ionen nach ihrer Energie vornehmen, hinter dem Feld einen monoenergetischen Strahl ausblenden und diesen schließlich in einem magnetischen Sektorfeld nach Massen (bzw. nach m/e-Verhältnissen) trennen. Ein derartiges Gerät ist jedoch aus Intensitätsgründen nicht zu verwirklichen; nachdem schon am Eintrittsspalt ein erheblicher Teil des Ionenstromes verloren geht, wird durch eine notwendigerweise enge Blende zwischen den beiden Feldern wiederum der größte Teil der Ionen eliminiert, so dass der schließlich in den Auffänger gelangende Anteil für die Auswertung zu klein ist.

Es gelang erst Mattauch und Herzog, durch einen Kunstgriff eine Intensitätserhöhung zu erzielen. Wenn man die Sektorwinkel der beiden Felder in bestimmter Weise aufeinander abstimmt, kann man eine verhältnismäßig weite Zwischenblende verwenden, so dass der Ionenverlust tragbar wird. Für einen Magnetsektor von 90° ergibt sich ein Sektorwinkel des elektrischen Feldes von 31,49° (vgl. Abb. 19.8).

Derartige Massenspektrometer sind doppelfokussierend in dem Sinne, dass sie einmal eine Richtungsfokussierung des divergenten Ionenstrahles und zum anderen eine Fokussierung von Ionen gleichen m/e-Verhältnisses aber unterschiedlicher Geschwindigkeiten bewirken (Energiefokussierung).

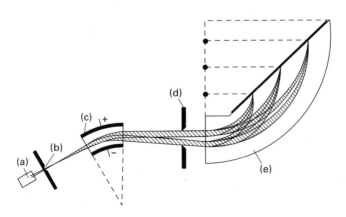

Abb. 19.8: Doppelfokussierender Massenspektrograph.
a) Ionenquelle; b) Eintrittsspalt; c) elektrisches Sektorfeld; d) Zwischenblende; e) magnetisches Sektorfeld.

19.4.3 Quadrupol-Massenspektrometer

Bei den sog. „Quadrupol-Massenspektrometern" wird die Trennung von Ionen durch Schwingungen senkrecht zur Bewegungsrichtung erzielt. Man ordnet 4 runde Stabelektroden parallel zueinander an und legt an je zwei gegenüberliegende Stäbe eine Gleichspannung desselben Vorzeichens an (Abb. 19.9). Ferner wird der Gleichspannung eine hochfrequente Wechselspannung überlagert.

Schießt man einen feinen Ionenstrahl parallel zur Längsrichtung in den Innenraum zwischen den Stäben, so werden die Ionen durch die Wirkung des Hochfrequenzfeldes zu Schwingungen angeregt, deren Amplituden sich auf dem Weg durch das System immer mehr vergrößern, bis die Ionen auf einen der Stäbe auftreffen und damit aus dem Strahl eliminiert werden. Nur für Ionen einer bestimmten Masse bleibt die Schwingungsamplitude so klein, dass sie durch den gesamten Längsraum zwischen den Stäben hindurchwandern und am anderen Ende in einem Auffänger gemessen werden können. Das System wirkt somit als ein Massenfilter. Durch Ändern der Werte der Gleich- und der Wechselspannung kann das Massenspektrum durchfahren werden.

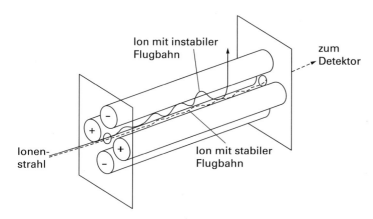

Abb. 19.9: Quadrupol-Massenspektrometer (Prinzip).

19.4.4 Ionenfallen – Massenspektrometrie

Ionenfallen wurden bereits in den 1950er Jahren zum Studium gasförmiger Ionen, die in elektromagnetischen Feldern wie in einem Käfig eingeschlossen sind, benutzt. Wolfgang Paul erhielt dafür 1989 den Nobelpreis. In den 1980er Jahren gelang es dann, definierte Ionen, gefangen in einer Falle, gezielt zu entlassen und zu registrieren. Damit war der Weg für die Ionenfallen – MS frei.

Fouriertransformations – Ionenzyklotronresonanz-MS; FT-ICR-MS. Hierbei wird in der Ionenfalle ein homogenes Magnetfeld verwendet, das die Ionen auf Kreisbahnen mit einer massenabhängigen Umlauffrequenz zwingt. Die Arbeitsgleichung dafür ist in den Basisgleichungen für Zentripetalkraft und Lorentz-Kraft zu finden:

$$mv^2 = e\,v\,B \tag{2}$$

ausgedrückt als Winkelgeschwindigkeit des beschleunigten Analyt-Ion ergibt sich daraus

$$\omega = v/r = eB/m \qquad (3)$$

Abb. 19.10 verdeutlicht den Aufbau.

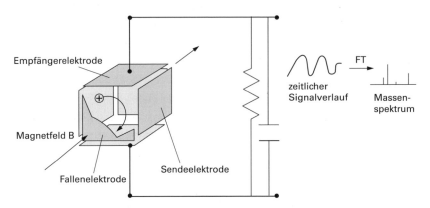

Abb. 19.10: Schematischer Aufbau einer kubischen ICR-Ionenfalle.

Die Analyt-Ionen werden zunächst mit einem Anregungsimpuls in Phase gebracht. Mittels eines elektrischen Wechselfeldes senkrecht zum Magnetfeld wird eine Zyklotron-Resonanz generiert. Stimmen Frequenz des eingestrahlten Wechselfeldes und Zyklotron-Kreisfrequenz der beschleunigten Ionenmasse überein, tritt Resonanz ein und der Zyklotronradius des beschleunigten Analyt-Ions vergrößert sich durch Aufnahme von Energie aus dem Wechselfeld. Diese Änderungen induzieren Signale an den Detektorplatten der Ionenfalle. Um Ionen mit unterschiedlicher Masse zu erfassen, wird das eingestrahlte Wechselfeld variiert und das gemessene Signal fouriertransformiert. FT-ICR-MS-Geräte erreichen dadurch enorme Massenauflösungen. Die Auflösung des FT-ICR-MS steigt zudem mit der Intensität des Magnetfeldes (bis 15 Tesla), welches heutzutage mittels supraleitender Magneten erzeugt wird. Die Auflösung kann bis zu R = 2.000.000 betragen.

Orbitrap – Massenspektrometrie. Die Orbitrap-Konfiguration geht auf Makarov (1999) zurück und ist in Abb. 19.11 dargestellt.

Das Prinzip kann auf Arbeiten von Kingdon (1923) zurückgeführt werden. Die zu trennenden gasförmigen Analyt-Ionen werden dabei in eine rotationssymmetrische spindelförmige Zelle eingebracht. Das dabei angebrachte elektrostatische Feld zwingt die dezentral injizierten Ionen zu elliptischen Kreisbewegungen, welche aber zu einem bestimmten Punkt elektrostatisch so manipuliert sind, dass sie eine gleiche axiale Frequenz einnehmen, jedoch unterschiedliche Rotationsgeschwindigkeiten erfah-

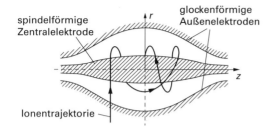

Abb. 19.11: Darstellung der Ionentrajektorien in einer Orbitrap-Ionenfalle.

ren. Dies führt zu unterschiedlichen Umlaufpositionen innerhalb der Zelle für Ionen unterschiedlicher m/e-Verhältnisse. Diese induzieren in den plattenartigen, isolierten Wandsegmenten Spannungssignale, die zur quantitativen Auswertung verwendet werden. Der Unterschied zur FT-ICR-Technik liegt somit in der ausschließlichen Verwendung eines elektrostatischen Feldes, was sich im Gewicht einer Orbitrap-Anlage äußert. Es sind inzwischen kommerzielle Tischgeräte mit Auflösungen von R in der Größe von 300.000 erhältlich.

19.4.5 Kontinuierliche Arbeitsweise – Differenzieller Mobilitätsanalysator

Eine kontinuierliche Trennung geladener Teilchen gelingt durch Anwendung des orthogonalen Kraftfeldprinzips. Dieses wurde erstmals durch Knutson und Whitby (1975) für die kontinuierliche Herstellung monodisperser Aerosole entwickelt.

Differenzieller Mobilitätsanalysator. Der differenzielle Mobilitätsanalysator (angelsächs. "differential mobility analyzer, DMA") dient zur kontinuierlicher Produktion von monodispersen, elektrisch aufgeladenen Partikeln im Größenbereich von etwa 2–600 nm. Die Herstellung monodisperser (= einheitliche Partikelgröße d_p) Teilchen ist von Bedeutung zu Kalibrierzwecken von Aerosolsammelsystemen. Mittlerweile ist aber auch die Ermittlung der Größenverteilung polydisperser ultra feiner Stäube, wie sie etwa in Verbrennungsvorgängen entstehen, mittels der DMA-Technik weitverbreitet. Der Aufbau eines DMA ist in der Abb. 19.12 dargestellt.

Der DMA stellt im Prinzip einen röhrenförmigen Kondensator dar, welcher kontinuierlich von polydispersen, einfach geladenen (n = +1 oder −1) Aerosolteilchen durchflossen wird. Der innere Teil des Kondensators besteht dabei aus dem partikeldurchströmten Ringspalt, der durch eine geerdete Röhrenaußenwand und eine koaxiale Zentralelektrode begrenzt wird. Die senkrecht stehende Trennvorrichtung wird dabei von oben nach unten durchströmt. Die Zentralelektrode wird auf einem vorgewählten elektrischen Potenzial gehalten, so dass auf die nach unten strömenden Teilchen ein orthogonales elektrisches Kraftfeld E wirkt. Die horizontale Partikelgeschwindigkeit ist dabei

$$v = Z_p \, E \tag{4}$$

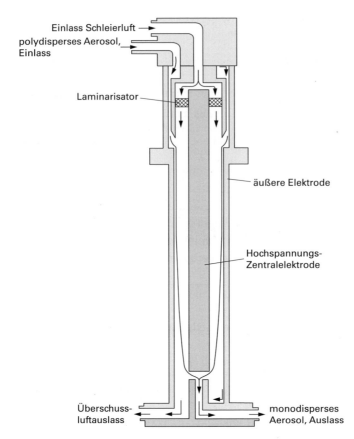

Abb. 19.12: Aufbau eines Differenziellen Mobilitätsanalysators.

Dabei ist Z_p die elektrische Mobilität der Partikeln, und E die elektrische Feldstärke zwischen Zentralelektrode und Röhrenwandung. Der Bewegung der Teilchen steht nun die Viskosität η des Trägergases, in welchem sie suspendiert sind, entgegen. Weiterhin ist noch ein Korrekturfaktor C_c zur Gasreibung zu berücksichtigen. Damit wird die Z_p eine Funktion der Teilchengröße d_p:

$$Z_p = n\, e\, C_c(d_p)/3\pi\, \eta\, d_p \tag{5}$$

Durch Variation des elektrischen Feldes werden somit die Trajektorien der auf die Zentralelektrode auftreffenden Partikeln manipulierbar. Am unteren Ende der Zentralelektrode ist diese hohl und über einen Lochkranz mit dem Kondensatorinnenraum verbunden. Dadurch wird ein Teilstrom abgesaugt. Bei gegebenen Potenzialverhältnissen gibt es nun eine enge Mobilitätsfraktion an Teilchen, deren Trajektorien zur Position des Lochkranzes führen und somit durch den Lochkranz den Kondensatorinnenraum verlassen können. Dabei bestimmt die endliche Breite der Absauglöcher die Monodispersität der das System kontinuierlich entnehmbaren Teilchen. Der DMA wirkt wie ein Bandpassfilter; er „schneidet" sozusagen eine schmale Fraktion aus einer breiten Partikelgrößenverteilung heraus. Wesentliche Voraussetzung für eine definierte Trennung ist die Kenntnis der elektrischen Ladung $n \cdot e$, da Mehrfachladungen ($n > 1$) eines Teilchens dessen Mobilität proportional ändern. In der Praxis werden die zu trennenden Teilchen durch Anlagerung von Trägergasionen (z. B. O_2^- oder N_2^+) definiert elektrisch aufgeladen. Die erreichbare Auflösung ist im Vergleich zu Massenspektrometern mit etwa 30 bislang gering.

In den letzten Jahren werden Anwendungen zur kontinuierlichen Proteintrennung oder Erzeugung von Nanopartikeln berichtet. Die Parallelisierung ermöglicht hier einen höheren Stoffdurchsatz.

Durch definierte, schnelle Potenzialänderung kann in Verbindung mit einem kontinuierlichen Partikelzähler die Größenverteilung unbekannter Aerosole innerhalb weniger Minuten ermittelt werden. Nachteilig ist der Zwang zur definierten Aufladung der Partikel, da diese i. A. selbst größenabhängig ist.

19.4.6 Präparative Massenspektrometrie

Während die DMA-Technik den Weg zur präparativen Trennung über die elektrische Mobilitätsselektion geladener Partikeln weist, wird unabhängig davon versucht, mittels klassischer Massenspektrometrie eine hochauflösende Auftrennung verwertbarer Massenanteile zu erreichen. Bislang sind diverse Versuche zur Trennung biologischer Komponenten berichtet worden, bei denen der Detektor flächig ausgestaltet ist und nach der Trennung der Analyt entnommen werden kann.

19.5 Wirksamkeit der Methode – Auflösungsvermögen

Auflösungsvermögen. Während Massenspektrometer mit photographischer Registrierung der Spektren eine Serie von Abbildungen des Eintrittsspaltes an verschiedenen Stellen der Fotoplatte liefern, wird bei den in der analytischen Chemie üblichen Geräten das Spektrum kontinuierlich „abgefahren"; man ändert dabei die Magnetfeldstärke (oder die Beschleunigungsspannung) fortlaufend, sodass die einzelnen Ionenarten nacheinander über den Spalt des Auffängers wandern und man die Abhängigkeit des Ionenstromes vom m/e-Verhältnis registrieren kann. Es ergibt sich damit die Intensitätsverteilung quer zu den Spaltbildern. Infolge unvermeidbarer Fehler bei der Abbildung werden nicht scharfe Rechteckprofile erhalten, sondern Banden mit Verbreiterungen am Bandenfuß.

Die Trennschärfe von Massenspektrometern wird offensichtlich durch die Breite der Bande einschließlich des Bandenfußes bedingt. Um zu einer zahlenmäßigen Aussage zu gelangen, bestimmt man auf der Abszisse den Abstand vom Bandenmaximum m, nach welchem die Intensität I auf 1 % ihres Maximalwertes abgesunken ist; dies möge bei der Masse m' der Fall sein (Abb. 19.13).

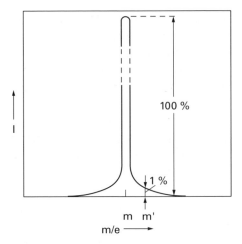

Abb. 19.13: Definition des Auflösungsvermögens.

Wenn an der Stelle m' ein anderes Ion auftreten würde, so trüge die Masse m 1 % zur dort gemessenen Intensität bei.

Da es nicht gleichgültig ist, bei welcher Absolutmasse der 1 %ige Beitrag vorliegt, setzt man die Differenz $m - m'$ in Beziehung zur Masse m und definiert (unter Verwendung der Terminologie der Optik) als „Auflösungsvermögen A" das Verhältnis beider Werte:

$$A = \frac{m}{|m - m'|} = \frac{m}{|\Delta m|}, \tag{6}$$

wobei Δm immer positiv gerechnet wird.

Beispiele. Der Beitrag der Masse 300 zur Masse 298 möge auf 1 % abgeklungen sein; das Auflösungsvermögen beträgt dann

$$\frac{300}{300 - 298} = 150.$$

Weiterhin möge die Masse 600 1 % zur Nachbarmasse 601 beitragen; als Auflösungsvermögen ergibt sich der Wert

$$\frac{600}{|600 - 601|} = 600;$$

anderseits würde bei gleichem Auflösungsvermögen von 600 die Masse 60 schon im Abstand von 1/10 Masseneinheit auf 1 % ihrer Maximalintensität abgesunken sein.

Die Willkür in dieser Definition des Auflösungsvermögens liegt in der Wahl des 1 %-Beitrages, und es sind auch andere Werte (z. B. 0,1 %) verwendet worden. Man muss daher bei Zahlenangaben immer die Berechnungsweise, d. h. den gewählten prozentualen Beitrag zur Nachbarmasse, mit angeben.

Eine andere Definition des Auflösungsvermögens geht vom Begriff des „Tals" zwischen benachbarten Massen aus. Man bezeichnet dabei zwei benachbarte Massen gleicher Intensitäten als aufgelöst, wenn das Tal zwischen beiden im Minimum nur noch 2 % der Intensität der Banden beträgt. Dabei ist die Wahl der Prozentangabe für das Tal willkürlich, und auch hier sind andere Werte (z. B. 1 % oder 10 %) vorgeschlagen worden.

Das Auflösungsvermögen von Massenspektrometern mit magnetischen Sektorfeldern ist unabhängig von der Größe der getrennten Massen. Einfach fokussierende Geräte ergeben Werte von etwa 500–1000 (1 % Beitrag), was zum Lösen vieler analytischer Probleme ausreichend ist. Für Präzisionsmassenbestimmungen, die in der Kernphysik und bei bestimmten Aufgaben der organischen Analyse von Bedeutung sind, benötigt man ein Auflösungsvermögen von > 20 000, das mit doppelt fokussierenden Massenspektrometern erreicht werden kann.

Bei Flugzeitmassenspektrometern ist das Auflösungsvermögen von der Masse abhängig. Für Massen von etwa 500 erreicht man bei einer Trennstrecke von 1 m Werte von ca. 1000.

Hinsichtlich Trennschärfe und Größe des Anwendungsbereiches wird die Massenspektrometrie von keinem anderen Trennverfahren auch nur annähernd erreicht. So bedeutet z. B. ein Auflösungsvermögen von 600 (1 % Beitrag), dass die Massen 600 und 601 mit einem Trennfaktor von 99/1 : 1/99 ≃ 10 000 voneinander getrennt werden, wenn sie mit gleicher Intensität auftreten. Die Trennung von zwei chemisch sehr ähnlichen Kohlenwasserstoffen wie n-Decan (M = 142) und n-Undecan (M = 156) wäre auch schon mit einem wesentlich schlechteren Auflösungsvermögen praktisch quantitativ (Trennfaktor > 10^6).

Trotz dieser außerordentlichen Leistungsfähigkeit spielt die Massenspektrometrie als präparative Trennungsmethode bislang in der analytischen Chemie keine Rolle, da die getrennten Substanzmengen extrem gering sind (größenordnungsmäßig etwa 10^{-8}–10^{-15} g), sodass anschließend häufig keine weiteren Nachweis- oder Bestimmungsverfahren angewendet werden können. Weiterhin tritt bei der Trennung organischer Moleküle in der Regel eine mehr oder weniger weitgehende Fragmentierung ein. Man verzichtet daher auf die Isolierung der getrennten Ionen und begnügt sich mit der Bestimmung der *m/e*-Verhältnisse sowie der Intensitäten der Ionenströme. Aus diesen Daten lassen sich für die Spurenanalyse vielseitige Schlüsse über die qualitative und quantitative Zusammensetzung der Proben ziehen.

Allgemeine Literatur

J. Becker, Inorganic Mass Spectrometry: Principles and Applications, John Wiley & Sons Ltd.West Sussex, UK (2007).

R. Cole, Electrospray and MALDI Mass Spectrometry: Fundamentals, Instrumentation, Practicalities, And Biological Applications, John Wiley & Sons, Inc., Hoboken, N.J. (2010).

J. Gross, Mass Spectrometry: A Textbook, Springer, Heidelberg (2004).
J. Herbig, Proton Transfer Reaction-Mass Spectrometry Applications in Medical Research, Institute of Physics Publishing, Bristol, UK (2009).
J. Lang, Handbook on Mass Spectrometry: Instrumentation, Data and Analysis, and Applications, Nova Science Publishers, Inc., Hauppauge (2009).
J. Laskin u. C. Lifshitz, Principles of Mass Spectrometry Applied to Biomolecules, John Wiley & Sons, Inc., Hoboken (2006).
M. Lee, Mass Spectrometry Handbook, John Wiley & Sons, Inc., Hoboken, (2012).
P. Liu, M. Lu, Q. Zheng, Y. Zhang, H. Dewald u. H. Chen, Recent advances of electrochemical mass spectrometry, Analyst 138, 5519–5539 (2013).
A. McAnoy, Novel Applications of Mass Spectrometry to Research in Chemical Defence, DSTO Fishermans Bend, Australia (2010).

Literatur zum Text

Differenzial-Mobilitäts-Analysator

G. Allmeier, C. Laschober u. W. Szymanski, Nano ES GEMMA and PDMA, new tools for the analysis of nanobioparticles – protein complexes, lipoparticles, and viruses, Journal of the American Society for Mass Spectrometry 19, 1062–1068 (2008).
E. Knutson u. K. Whitby, Aerosol classification by electric mobility: apparatus, theory, and applications, Journal of Aerosol Science 6, 443–451 (1976).
S. Kaufman, J. Skogen, F. Dorman, F. Zarrin u. K. Lewis, Macromolecule Determination Based on Electrophoretic Mobility in Air: Globular Proteins, Analytical Chemistry 68, 1895–904 (1996).
L. Pease, J. Elliott, D.-H. Tsai, M. Zachariah u. M. Tarlov, Determination of protein aggregation with differential mobility analysis: Application to IgG antibody, Biotechnology and Bioengineering 101, 1214–1222 (2008).
S.-H. Zhang, Y. Akutsu, L. Russell, R. Flagan u. J. Seinfeld, Radial Differential Mobility Analyzer, Aersol Science & Technology 23, 357–372 (1995).

Fast Atom Bombardment Massenspektrometrie

M. Barber, R. Bordoli, G. Elliott, R. Sedgwick u. A. Tyler, Fast atom bombardment mass spectrometry, Analytical Chemistry 54, 645A–646A, 649A–650A, 653A, 655A, 657A (1982).
R. Murphy u. K. Harrison, Fast-atom bombardment mass spectrometry of phospholipids, Mass Spectrometry Reviews 13, 57–75 (1994).
M. Sawada, Chiral recognition detected by fast atom bombardment mass spectrometry, Mass Spectrometry Reviews 16, 73–90 (1997).
R. Self, J. Eagles, G. Galletti, I. Mueller-Harvey, R. Hartley, A.Lea, D. Magnolato, U. Richli, R. Gujer u. E. Haslam, Fast atom bombardment mass spectrometry of polyphenols (syn. vegetable tannins), Biomedical & Environmental Mass Spectrometry 13, 449–468 (1986).

Ionenmobilitäts-Massenspektrometrie

G. Eiceman, Z. Karpas u. H. Hill, Ion Mobility Spectrometry, Taylor & Francis, Boca Raton, (2013).
C. Wilkins u. S. Trimpin, Ion Mobility Spectrometry – Mass Spectrometry: Theory And Applications, CRC Press, Boca Raton (2011).

Ionenzyklotronresonanz – Massenspektrometrie

S. Brown, G. Kruppa u. J.-L. Dasseux, Metabolomics applications of FT-ICR mass spectrometry, Mass Spectrometry Reviews 24, 223–231 (2005).

S. Forcisi, M. Moritz, B. Kanawati, D. Tziotis, R. Lehmann u. P. Schmitt-Kopplin, Liquid chromatography-mass spectrometry in metabolomics research: Mass analyzers in ultra high pressure liquid chromatography coupling, Journal of Chromatography A 1292, 51–65 (2013).

A. Marshall, Theoretical signal-to-noise ratio and mass resolution in Fourier transform ion cyclotron resonance mass spectrometry, Analytical Chemistry 51, 1710–1714 (1979).

A. Marshall, C. Hendrickson u. G. Jackson, Fourier transform ion cyclotron resonance mass spectrometry: a primer Mass Spectrometry Reviews 17, 1–35 (1998).

R. Sleighter u. P. Hatcher, The application of electrospray ionization coupled to ultrahigh resolution mass spectrometry for the molecular characterization of natural organic matter Journal of Mass Spectrometry 42, 559–574 (2007).

Orbitrap-Massenspektrometrie

Q. Hu, R. Noll, H. Li, A. Makarov, M. Hardman u. G. Cooks, The Orbitrap: A new mass spectrometer, Journal of Mass Spectrometry 40, 430–443 (2005).

Photoionisations-Massenspektrometrie

U. Bösl, Laser mass spectrometry for environmental and industrial chemical trace analysis, Journal of MassSpectrometry 35, 289–304 (2000).

L. Hanley u. R. Zimmermann, Light and Molecular Ions: The Emergence of Vacuum UV Single-Photon Ionization in MS, Analytical Chemistry 81, 4174–4182 (2009).

R. Huang, Q. Yu, L. Li, L.. Lin, W. Hang, J. He u. B. Huang, High irradiance laser ionization orthogonal time-of-flight mass spectrometry: A versatile tool for solid analysis, Mass Spectrometry Reviews 30, 1256–1268 (2011).

Y.Li u. F. Qi, Recent Applications of Synchrotron VUV Photoionization Mass Spectrometry: Insight into Combustion Chemistry, Accounts of Chemical Research 43, 68–78 (2010).

A. Raffaelli u. A. Saba, Atmospheric pressure photoionization mass spectrometry, Mass Spectrometry Reviews 22, 318–331 (2003).

C. Schwab, A. Damiao, C. Silveira, J. Neri, M. Destro, N. Rodrigues u. R. Riva, Laser techniques applied to isotope separation of uranium, Progress in Nuclear Energy 33, 217–264 (1998).

Z. Zhou, H. Guo u. F. Qi, Recent developments in synchrotron vacuum ultraviolet photoionization coupled to mass spectrometry, TrAC, Trends in Analytical Chemistry 30, 1400–1409 (2011).

Präparative Massenspektrometrie

T.A. Blake, Instrumentation for Preparative Mass Spectrometry, Dissertation, Purdue Univ., West Lafayette, IN, USA (2006).

J. Benesch, B. Ruotolo, D. Simmons, N. Barrera, N. Morgner, L. Wang, H. Saibil u. C. Robinson, Separating and visualising protein assemblies by means of preparative mass spectrometry and microscopy, Journal of Structural Biology 172, 161–168 (2010).

G. Siuzdag, T. Hollenbeck u. B. Bothner, Preparative mass spectrometry with electrospray ionization, Journal of Mass Spectrometry 34, 1087–1088 (1999).

G. Verbeck, W. Hoffmann u. B. Walton, Soft-landing preparative mass spectrometry, Analyst 137, 4393–4407 (2012).

Quadrupol-Massenspektrometer

M. Balogh, A mass spectrometry primer, part III, LCGC North America *26*, 1176, 1178, 1180, 1182, 1184–1189 (2008).

R. March u. F. Londry, Theory of quadrupole mass spectrometry, Practical Aspects of Ion Trap Mass Spectrometry *1*, 25–48 (1995).

R. March, Quadrupole ion trap mass spectrometry. A view at the turn of the century, International Journal of Mass Spectrometry *200*, 285–312 (2000).

M. Petrovic u. D. Barcelo, Application of liquid chromatography/quadrupole time-of-flight mass spectrometry (LC-QqTOF-MS) in the environmental analysis, Journal of Mass Spectrometry *41*, 1259–1267 (2006).

20 Wanderung gelöster Ladungsträger im elektrischen Feld (Elektrophorese; Elektrodialyse)

20.1 Geschichtliche Entwicklung

Die grundlegenden Untersuchungen über die Wanderung gelöster Ionen im elektrischen Feld stammen von Kohlrausch (1897). Auf Unterschieden der Wanderungsgeschwindigkeiten beruhende Trennungen wurden erstmals von Kendall (1923) beschrieben, das Verfahren kam aber erst durch Tiselius (1930) zu größerer Bedeutung, der mit einer andersartigen Apparatur Trennungen hochmolekularer biologischer Substanzen erzielen konnte. Die Methode wurde später durch die Einführung von Dünnschicht-Verfahren (Papier-Elektrophorese nach v. Klobusitzky; 1939) apparativ vereinfacht und durch die zweidimensionale Arbeitsweise zu kontinuierlichen Trennungen erweitert (Philpot; 1940).

20.2 Allgemeines

20.2.1 Definitionen

Die Wanderung von geladenen Teilchen in Lösungen beim Anlegen eines elektrischen Feldes wird als „Elektrophorese" bezeichnet. Handelt es sich bei den geladenen Teilchen um kleine Ionen, so spricht man auch von „Ionophorese". Für Verfahren, bei denen die flüssige Phase in einem porösen Trägermaterial aufgesaugt ist, findet man die Ausdrücke „Elektropherographie" und „Trägerelektrophorese"; wenn – wie üblich – hierbei die Analysenprobe in Form eines dünnen Streifens aufgetragen wird, so liegt das Verfahren der „Zonenelektrophorese" vor. Bei der „Elektrodialyse" befindet sich in der Trennstrecke eine semipermeable Wand, die nur für kleine Teilchen durchlässig ist.

20.2.2 Erscheinungen beim Stromdurchgang durch Elektrolyte (Bildung von Grenzflächen – Stromwärme)

Während im Abschnitt 7.2.5 des zweiten Teils („Elektrolyse") die chemischen Reaktionen an den Elektroden im Vordergrund standen, sollen nunmehr die Erscheinungen im Elektrolyten selbst betrachtet werden.

Beim Anlegen einer elektrischen Spannung an zwei in einer Elektrolytlösung befindliche Elektroden bewegen sich die Kationen unter dem Einfluss des Feldes zur Kathode, die Anionen zur Anode; beide Ionenarten wandern unabhängig voneinander, und die Wanderungsgeschwindigkeiten sind in der Regel verschieden.

Wenn die Lösung homogen ist, werden – wenigstens zu Beginn des Versuches – im Elektrolyten keine Konzentrationsänderungen beobachtet (diese beschränken sich auf die unmittelbar an die Elektroden angrenzenden Teile, d. h. sie spielen sich an den Grenzflächen fest – flüssig ab). Das Bild ändert sich jedoch, wenn die Lösung Inhomogenitäten enthält, wenn sie z. B. aus zwei Salzlösungen besteht, die durch eine scharfe flüssige Grenze voneinander getrennt sind.

In einem senkrecht stehenden Rohr möge eine spezifisch leichtere Natriumacetat-Lösung über eine schwerere Natriumchlorid-Lösung geschichtet sein, sodass die Grenzfläche zwischen beiden nicht durch Konvektion zerstört wird (Abb. 20.1). Beim Anlegen einer Spannung im angegebenen Sinne bleibt die ursprüngliche Grenzfläche stationär bestehen, man beobachtet jedoch die Bildung einer zusätzlichen Grenzfläche, die langsam nach unten wandert. Diese trennt Acetat- und Chlorid-Ionen, die stationäre besteht zwischen zwei Na-Acetat-Lösungen verschiedener Konzentration.

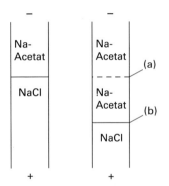

Abb. 20.1: Grenzflächen in einem inhomogenen Elektrolyten vor und nach Stromdurchgang.
a) stationäre Grenzfläche;
b) wandernde Grenzfläche.

Die Anzahl der Grenzflächen ist durch die Anzahl der Ionen zu beiden Seiten der ursprünglichen Inhomogenität gegeben; bei Anwesenheit von n Ionen entstehen $n-1$ Grenzflächen, von denen eine stationär ist.

Wie weiter unten noch genauer ausgeführt wird, sind die Konzentrationsverhältnisse zu beiden Seiten einer wandernden Grenzfläche nicht willkürlich wählbar, sondern gesetzmäßig festgelegt.

Ein für elektrophoretische Trennungen störender Nebeneffekt ist das Auftreten von Wärme („Stromwärme") beim Durchgang des Stromes durch Lösungen. Die entwickelte Wärme H (in cal/s) beträgt

$$H = \frac{V \cdot I}{4{,}18} = \frac{R \cdot I^2}{4{,}18} \tag{1}$$

(mit der Spannung V, der Stromstärke I und dem Widerstand R). Die Stromwärme steigt demnach mit dem Quadrat der Stromstärke, was sich besonders störend bemerkbar macht, wenn Elektrophoresen bei hohen Feldstärken durchgeführt werden sollen. Zwar werden Trennungen durch Erwärmen des Elektrolyten kaum beeinflusst, aber die Grenzflächen können durch Konvektionsströmungen gestört und die Lösungen durch gesteigerte Verdunstung verändert werden.

20.2.3 Ionenwanderung in flüssiger Phase – Ionenbeweglichkeiten

Bei der Bewegung von Teilchen in einer Flüssigkeit treten Reibungskräfte auf; geladene Teilchen werden nach dem Anlegen eines Feldes zunächst beschleunigt, aber nach sehr kurzer Zeit stellt sich eine konstante Geschwindigkeit v ein, die gleich dem Quotienten aus einwirkender Kraft K und Reibungskonstante W ist; die Kraft K wiederum ist gleich dem Produkt aus Feldstärke Q und Ladung Z des Teilchens:

$$v = \frac{K}{W} = \frac{Q \cdot Z}{W}. \tag{2}$$

Wenn das Teilchen kugelförmig ist, gilt für die Reibungskonstante nach dem Stokes'schen Gesetz:

$$W = 6\pi \cdot \eta \cdot r \tag{3}$$

(η = Viskosität der Flüssigkeit; r = Teilchenradius).

Somit ist in diesem Fall

$$v = \frac{Z \cdot Q}{6\pi \cdot \eta \cdot r}. \tag{4}$$

Um die Wanderungsgeschwindigkeiten (Dimension cm/s) verschiedener Ionen miteinander vergleichen zu können, werden sie auf eine einheitliche Feldstärke von 1 V/cm bezogen; die erhaltenen Werte heißen „Ionenbeweglichkeiten" (Dimension $\frac{cm/s}{V/cm} = cm^2 \cdot s^{-1} \cdot V^{-1}$). Sie bedeuten die Wanderungsstrecken in cm, die die Ionen pro s in einem Feld von 1 V/cm zurücklegen. Die Beweglichkeiten von Kationen werden gewöhnlich positiv, die von Anionen negativ gerechnet. Einige Ionenbeweglichkeiten sind in Tab. 20.1 angegeben; die Werte sollen nur einen ungefähren Anhaltspunkt geben, sie hängen von der Temperatur, dem pH-Wert und vor allem von der Ionenstärke der Lösung ab. Bemerkenswert sind die verhältnismäßig hohen Beweglichkeiten des H^+- und OH^--Ions.

Gl. (4) gibt unbeschadet ihrer prinzipiellen Gültigkeit die tatsächlichen Verhältnisse nur unbefriedigend wieder, da mit ihr mehrere Faktoren nicht erfasst werden, die für die Ionenwanderungsgeschwindigkeit von Bedeutung sind. Zunächst ist nicht der aus Kristallstrukturbestimmungen ermittelte Ionenradius, sondern der nur schwierig zu bestimmende Radius der solvatisierten Ionen in Lösung in Gl. (4) einzusetzen. Ferner sind die Ionen – besonders die organischer Verbindungen – häufig nicht kugelförmig, außerdem hängt die Wanderungsgeschwindigkeit bzw. Beweglichkeit noch von der Ionenstärke der Lösung und vom Dissoziationsgrad ab. Letzterer wiederum kann vom pH-Wert der Lösung bestimmt sein. Und schließlich beeinflussen auch Eigenheiten des elektrischen Feldes (Inkonstanz und Anwesenheit von Wechselstromkomponenten) die Beweglichkeiten. Da sich nicht alle diese Einflüsse rechnerisch erfassen lassen, müssen die Wanderungsgeschwindigkeiten experimentell bestimmt werden.

Tab. 20.1: Ionenbeweglichkeiten in $cm^2 \cdot s^{-1} \cdot V^{-1}$ (Beispiele)

Ion	Beweglichkeit	Ion	Beweglichkeit
H^+	+0,00326	OH^-	−0,00180
Na^+	+0,00025	Cl^-	−0,00032
K^+	+0,00033	$H_2PO_4^-$	−0,00016
Diethanolamin	+0,00016	Acetat$^-$	−0,00019
		Nukleinsäure	−0,00014
Triethanolamin	+0,00014	Albumin	−0,00006
		Globulin	−0,00001

In Gl. (4) tritt die Masse der Teilchen nicht auf; eine verfeinerte Theorie muss auch diese berücksichtigen, wie bis zu einem gewissen Grade erfolgreiche Versuche zur elektrophoretischen Isotopentrennung gezeigt haben. Für alle praktisch vorkommenden chemischen Trennungen kann jedoch der Einfluss der Ionenmassen vernachlässigt werden.

Im Folgenden seien die wichtigsten Variablen, von denen die Ionenbeweglichkeiten abhängen, ausführlicher besprochen.

Einfluss des pH-Wertes auf die Beweglichkeiten. Die Ionenbeweglichkeiten starker Elektrolyte sind in erster Näherung pH-unabhängig, da deren Dissoziation immer praktisch vollständig ist. Bei schwachen Säuren und Basen sowie bei Ampholyten zeigt sich dagegen ein ausgeprägter pH-Einfluss; obwohl die Beweglichkeiten der Ionen von der Säurekonzentration der Lösung nicht direkt beeinflusst werden sollten, wandern Grenzflächen, die von derartigen Verbindungen gebildet werden, je nach dem pH-Wert der Lösung mehr oder weniger schnell. Die Erklärung soll für das Anion einer schwachen Säure anhand der Abb. 20.2 gegeben werden.

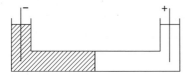

Abb. 20.2: Einfluss des pH-Wertes auf die Wanderungsgeschwindigkeit einer Grenzfläche.

Ein Rohr sei mit der Lösung einer starken Säure gefüllt, und in einem Abschnitt dieses Rohres befinde sich zusätzlich eine schwache Säure (schraffiert gezeichnet). Im elektrischen Feld bewegt sich das Anion dieser schwachen Säure mit bestimmter Geschwindigkeit nach rechts; wenn es über die Grenzfläche in den Teil des Rohres eintritt, der nur die starke Säure enthält, wird sich zwar die Wanderungsgeschwindigkeit nicht ändern, aber da der (weit überwiegende) undissoziierte Anteil nicht mitgewandert ist, wird es durch Reaktion mit den vorhandenen H^+-Ionen der starken Säure fast vollständig in die nicht wandernde undissoziierte Form umgewandelt. Erst wenn sich unmittelbar rechts von der Grenzfläche eine ausreichende Konzentration an undissoziierter schwacher Säure aufgebaut hat, stehen wieder merkliche Mengen an Anionen zur Verfügung, die weiter wandern können.

Die (verringerten) Netto-Ionenbeweglichkeiten u_n einer unvollständig dissoziierten Verbindung lassen sich aus dem Dissoziationsgrad α und den (echten) Beweglichkeiten u der Ionen folgendermaßen berechnen: Man kann den Dissoziationsgrad α ansehen als den Zeitbruchteil t_1, den der betreffende Anteil des Moleküls in der dissoziierten Form verbringt; in nichtionisierter Form verbringt er den Zeitanteil t_2, die insgesamt betrachtete Zeitspanne beträgt $t_1 + t_2$, d. h.

$$\alpha = \frac{t_1}{t_1 + t_2}. \tag{5}$$

Die Wanderungsstrecke d, die experimentell beobachtet wird, beträgt im Zeitraum $t_1 + t_2$

$$d = u_n(t_1 + t_2). \tag{6}$$

Diese Wanderungsstrecke ist nun aber ebenfalls gegeben durch die Beweglichkeit u des dissoziierten Anteils und die Zeit t_1, in der er dissoziiert ist:

$$d = u \cdot t_1. \tag{7}$$

Daraus ergibt sich

$$u_n = \frac{d}{t_1 + t_2} = \frac{u \cdot t_1}{t_1 + t_2} = \alpha \cdot u. \tag{8}$$

Die Nettobeweglichkeiten u_n sind daher gleich dem Produkt aus den echten Beweglichkeiten der Ionen und dem Dissoziationsgrad der die Ionen liefernden Verbindung; die pH-Abhängigkeit der Nettobeweglichkeiten muss daher der des Dissoziationsgrades parallel laufen. Diese wiederum lässt sich nach dem Massenwirkungsgesetz berechnen.

Für eine schwache Säure gilt z. B. (A⁻ = Anion):

$$\frac{[H^+][A^-]}{[HA]} = K. \tag{9}$$

Durch Logarithmieren und Umformen erhält man

$$pH = pK + \log \frac{[A^-]}{[HA]} = pK + \log \frac{\alpha}{1-\alpha}, \tag{10}$$

wobei pK der negative Logarithmus der Dissoziationskonstanten K ist. Trägt man den Dissoziationsgrad (oder anschaulicher die prozentuale Dissoziation) gegen den pH-Wert auf, so ergeben sich die bekannten s-förmigen Kurven, deren Lage durch den pK-Wert gegeben ist (Abb. 20.3).

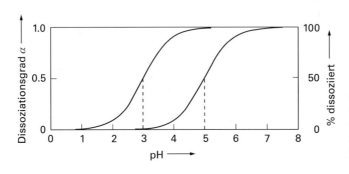

Abb. 20.3: Abhängigkeit des Dissoziationsgrades vom pH-Wert für zwei Säuren mit pK-Werten von 3 und 5.

Für den pH-Einfluss auf die Netto-Ionenbeweglichkeit erhält man nach Gl. (8) entsprechende Kurven, deren Höhe durch die echte Ionenbeweglichkeit u gegeben ist. In Abb. 20.4 sind einige derartige Kurven von Kationen (positive Werte für u_n) und Anionen (negative Werte für u_n) mit unterschiedlichen Beweglichkeiten u wiedergegeben, wobei jeweils die Dissoziationskonstanten den gleichen Wert besitzen sollen.

Eine Änderung der Dissoziationskonstanten bei gleichen Beweglichkeiten u drückt sich in einer Parallelverschiebung der Kurven aus; man braucht dabei nur auf der Ordinate der Abb. 20.3 den Dissoziationsgrad durch die Netto-Beweglichkeit zu ersetzen.

Die Änderung der Ionenbeweglichkeiten spielt sich (ebenso wie die des Dissoziationsgrades) im wesentlichen innerhalb eines pH-Bereiches von etwa ±2 Einheiten von dem pH-Wert ab, der dem pK-Wert entspricht; in diesem Bereich ändert sich die prozentuale Dissoziation von ca. 1 % auf ca. 99 % und die Netto-Beweglichkeit u_n entsprechend von ca. 1 % auf ca. 99 % des Wertes von u.

Ampholyte liegen je nach dem pH-Wert der Lösung in Form von Anionen oder Kationen vor; ihre Wanderungsrichtung im elektrischen Feld ist in saurer Lösung positiv; beim Erhöhen des pH-Wertes nimmt sie ab, bis sie beim Erreichen des isoelektrischen

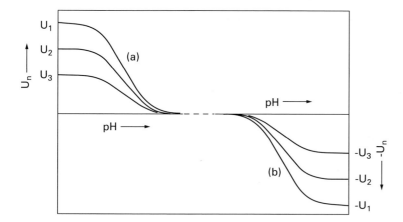

Abb. 20.4: pH-Abhängigkeit der Nettobeweglichkeiten für Ionen mit gleichen Dissoziationskonstanten, aber unterschiedlichen Beweglichkeiten u.
a) Kationen; b) Anionen.

Punktes Null wird. Nach dem Überschreiten dieses Punktes steigt die Wanderungsgeschwindigkeit unter Änderung der Richtung wieder an (vgl. Abb. 20.5).

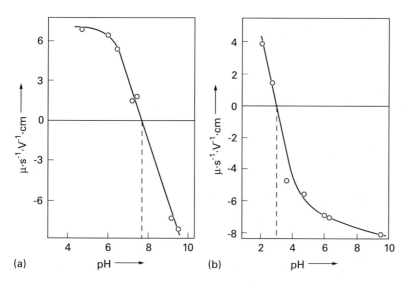

Abb. 20.5: Elektrophoretische Wanderungsgeschwindigkeiten von Ampholyten in Abhängigkeit vom pH-Wert.
a) Histidin; b) Glutaminsäure.

Die Trennung von Ionen mit pH-abhängigen Wanderungsgeschwindigkeiten ist am günstigsten bei dem pH-Wert durchzuführen, bei dem die Differenz der Nettobeweglichkeiten ein Maximum ist. Man kann diesen aus den Ionenbeweglichkeiten und der Dissoziationskonstanten berechnen, doch ist die graphische Ermittlung nach Auftragen der Beweglichkeitskurven (wie in Abb. 20.4) vorzuziehen, zumal sich dann die Verhältnisse beim Vorliegen von mehr als 2 Ionen besser übersehen lassen.

Als Konsequenz dieser Überlegung ergibt sich weiterhin, dass man auch Ionen gleicher Beweglichkeiten u elektrophoretisch trennen kann, wenn nur die Dissoziationskonstanten unterschiedlich sind.

Einfluss von Komplexbildnern auf die Beweglichkeiten von Ionen. Komplexbildungsreaktionen bewirken durch ihren Einfluss auf die Ionenradien eine Änderung der Beweglichkeiten. Von wesentlich größerer Bedeutung ist jedoch, dass vielfach außerdem noch die Ladung und evtl. sogar das Vorzeichen der Ladung wechseln, wodurch die Wanderungsrichtung umgekehrt wird. Man kann den Einfluss von Komplexbildnern mit dem des pH-Wertes vergleichen. Die Konzentration des Komplexbildners entspricht der der H^+-Ionen, die Komplexbildungskonstante der Dissoziationskonstanten. Wenn bei einer bestimmten Konzentration des Komplexbildners die Konzentrationen an negativ und an positiv geladenen Teilchen gleich sind, wandert die betreffende Komponente nicht, ein Verhalten, das dem der Ampholyte beim isoelektrischen Punkt gleicht.

Einfluss der Ionenstärke auf die Beweglichkeit. Je größer die Ionenstärke einer Lösung ist, umso mehr behindern sich die Ionen in ihrer Wanderung gegenseitig, da mit zunehmender Annäherung entgegengesetzt geladener Teilchen die Anziehungskräfte zunehmen (Abb. 20.6).

Für relativ große geladene Teilchen gilt angenähert, dass die Wanderungsgeschwindigkeit proportional $\frac{1}{\sqrt{\mu}}$ ist (μ = Ionenstärke). Im Großen und Ganzen ist der

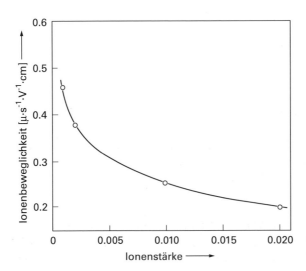

Abb. 20.6: Einfluss der Ionenstärke auf die Beweglichkeit von Leucin.

Einfluss der Ionenstärke komplex, da durch sie zusätzlich die Feldstärke (über die Leitfähigkeit) und die Viskosität der Lösung geändert werden. Im Allgemeinen versucht man, elektrophoretische Trennungen bei möglichst geringen Ionenstärken durchzuführen; üblich sind Werte von etwa 0,01–0,1 mol/l. Anderseits muss normalerweise eine ausreichende Pufferkapazität vorhanden sein.

Einfluss der Temperatur auf die Beweglichkeit. Der Temperatureinfluss auf die Ionenbeweglichkeit ist im Wesentlichen durch die Änderung der Viskosität der Lösung gegeben. Sind die Beweglichkeit u, die Viskosität η bei einer bestimmten Temperatur sowie die Temperaturfunktion der Viskosität bekannt, so lässt sich die Beweglichkeit bei anderen Temperaturen überschlagsmäßig nach folgender Beziehung berechnen:

$$\eta \cdot u = \text{konstant}. \tag{11}$$

20.3 Eindimensionale elektrophoretische Trennungen ohne Träger (Tiselius-Methode)

Das Prinzip der von Tiselius (1955) ausgearbeiteten Methode sei anhand von Abb. 20.7 beschrieben. Im unteren Teil eines U-Rohres befindet sich eine Pufferlösung, die zusätzlich die zu trennenden Ionen enthält. In beiden Schenkeln ist reiner Puffer darüber geschichtet, sodass zwischen den Lösungen scharfe Grenzflächen bestehen. Puffer und zu trennende Verbindungen sollen das Anion gemeinsam besitzen, es sollen demnach nur die Kationen getrennt werden. Bei dieser Anordnung ist die untere Lösung (Puffer + Kationen) spezifisch schwerer als die überstehende reine Pufferlösung.

Legt man an die Elektroden eine Spannung an, so wandern die Kationen mit unterschiedlichen Geschwindigkeiten zur Kathode hin, und in den Schenkeln des Gefäßes bilden sich neue Grenzflächen aus.

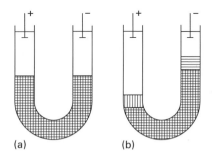

Abb. 20.7: Prinzip der Tiselius-Methode (schematisch). a) Anfangszustand; b) teilweise Trennung nach Anlegen der Spannung.

Bei der apparativen Durchführung derartiger Trennungen müssen die Elektrodenräume von den Schenkeln des Trenngefäßes abgesondert werden, damit die Lösung nicht durch Elektrolyseprodukte verunreinigt werden kann. Ferner führt man die Trennungen bei + 4 °C, dem Dichtemaximum des Wassers, durch, um Störungen durch Wärmekonvektion möglichst auszuschalten. Die Feldstärke beträgt in der Regel etwa 5–10 V/cm, sie wird begrenzt durch die mit steigender Stromstärke stark erhöhte Wärmeentwicklung. Die Substanzmengen liegen in der Größenordnung von einigen Hundert Milligramm, doch lassen sich unter Verkleinerung der Küvetten auch Mengen von etwa 1–5 mg Protein trennen.

Die Wanderung gefärbter Ionen kann direkt mit dem Auge verfolgt werden; Farblose Ionen werden durch optische Schlierenmethoden sichtbar gemacht, wobei man zweckmäßig in Elektrophoresegefäßen von rechteckigem Querschnitt arbeitet.

Nach einer ausreichenden Versuchszeit sollten unterschiedlich schnell wandernde Ionen völlig voneinander getrennt werden. Das ist jedoch aus mehreren Gründen nicht zu erreichen: zum einen lassen sich die Grenzflächen wegen der doch nicht völlig zu beseitigenden Konvektion und wegen der Diffusion des Gelösten nicht genügend lange scharf erhalten (zumal beim Vorliegen von relativ schnell diffundierenden kleinen Ionen); zum anderen würde bei quantitativer Trennung eine Zone mit reiner Pufferlösung zwischen zwei Zonen mit Puffer + getrennter Substanz liegen. Da der Puffer die spezifisch leichteste Phase im System ist, würde er von einer schwereren Phase überlagert, was zur Zerstörung der Grenzfläche führen müsste.

Das Verfahren gestattet daher nur, die Zonen etwas auseinander zu ziehen, sodass nur ein Teil der am schnellsten wandernden Komponente in dem einen und ein Teil der am langsamsten wandernden im anderen Schenkel rein zu erhalten ist. Es ähnelt in dieser Hinsicht der früher besprochenen Frontalanalyse (vgl. 2. Teil, Kap. 6.7.5). Obwohl durch Arbeiten in Kapillaren oder durch Anwendung eines Dichtegradienten in der Lösung die Schwierigkeiten beseitigt werden können, wird die Methode nur noch wenig angewendet, zumal apparativ einfachere und in der Trennwirkung leistungsfähigere Verfahren ausgearbeitet wurden. Die Tiselius-Methode leistet allerdings noch heute gute Dienste bei der Bestimmung von Ionenwanderungsgeschwindigkeiten.

20.4 Eindimensionale elektrophoretische Trennungen mit Träger (Trägerelektrophorese)

20.4.1 Trägermaterialien – Besonderheiten bei der Verwendung von Trägern (Adsorption – Elektroosmose – Sogströmung – Änderung der Ionenwanderungsgeschwindigkeiten – relative Beweglichkeiten)

Die bei der Tiselius-Methode erheblich störenden Strömungserscheinungen lassen sich durch Aufsaugen der Lösungen in poröse Trägermaterialien verhindern. Als solche werden verschiedene möglichst inerte Substanzen in Pulver-, Gel- oder Membranform eingesetzt (vgl. Tab. 20.2). Besonders die Elektrophorese in Gelen hat zu wirksamen Trennungen geführt.

Die Verwendung von Trägern bringt gegenüber der „freien" Arbeitsweise außer der Beseitigung der Konvektionsströmungen noch eine weitere wesentliche Änderung: Man kann das Substanzgemisch als schmale Zone strichförmig auf das Trägermaterial aufbringen, sodass schon nach verhältnismäßig kurzen Wanderungsstrecken eine Auftrennung der einzelnen Komponenten in Zonen, die durch Bereiche mit reiner Pufferlösung voneinander getrennt sind, stattfindet („Zonenelektrophorese"). Anderseits wird ein wesentliches Merkmal der Tiselius-Methode beibehalten; die zu trennenden Substanzen wandern wie bei dieser in einer einheitlichen Pufferlösung, und die Konzentrationsverhältnisse werden so gewählt, dass die Stromleitung hauptsächlich von den Ionen des Puffers übernommen wird. Störend treten die Erscheinungen der Adsorption am Träger, der Elektroosmose und der Sogströmung auf.

Tab. 20.2: Trägersubstanzen für elektrophoretische Trennungen (Beispiele)

Pulverform	Gelform	Membranform
SiO_2	Kieselgel	Cellulose (Papier)
Glas	Agargel	Celluloseacetat
Stärke	Stärkegel	PVC-Folie
PVC-Pulver	Polyacrylamidgel	Glasfaserpapier
Al_2O_3		Polyesterfilme

Adsorption. Die gelösten Ionen werden mehr oder weniger stark am Träger adsorbiert, sodass sich der elektrophoretischen Wanderung ein Chromatographieeffekt (bei manchen Gelen auch noch ein Siebeffekt) überlagert. Da die Adsorption in der Regel zu einer unerwünschten Zonenverbreiterung führt, sucht man sie durch Wahl geeigneter Trägermaterialien möglichst zu vermeiden. Es gibt allerdings auch Verfahren, bei denen die Trennung mehr auf Unterschieden in der Adsorption als auf der Elektrophorese beruht; man spricht dann von „Elektro-Chromatographie".

Elektroosmose. Bei Verwendung von Trägern beobachtet man in der Lösung eine gerichtete Strömung, die als „Elektroosmose" bezeichnet wird. Es handelt sich dabei um die Umkehrung der Elektrophorese.

Der Träger übernimmt gewissermaßen die Rolle der gelösten Ionen; da er sich nicht bewegen kann, überträgt sich die bewegende Kraft auf die Flüssigkeit.

Die Stärke der Strömung hängt u. a. von der Art des Trägermaterials ab; in Glaspulver ist sie beispielsweise relativ stark, in manchen organischen Gelen, z. B. Polyacrylamid, wesentlich geringer.

Die Elektroosmose wirkt sich besonders bei der Bestimmung von Ionenbeweglichkeiten störend aus. Man schaltet diesen Effekt aus, indem man mit dem zu untersuchenden Ion eine neutrale, nicht wandernde Verbindung, z. B. Zucker, löst und deren

Verschiebung von der des Ions abzieht. Trennungen werden durch die Elektroosmose kaum beeinflusst.

Sogströmung. In Elektrophoresegeräten, bei denen durch die Stromwärme ein Teil der Flüssigkeit von der Trennstrecke verdampfen kann, tritt zusätzlich zur Elektroosmose eine Sogströmung auf. Diese ergibt sich aus dem Nachströmen von Lösung aus den Elektrodenbehältern durch die Kapillarkräfte der Poren des Trägers.

Bei der Ermittlung von Wanderungsgeschwindigkeiten muss auch die Sogströmung berücksichtigt werden; sie gibt ferner gelegentlich zu Störungen Anlass, da die Pufferkonzentration und damit die Leitfähigkeit der Lösung geändert wird.

Änderung der Wanderungsgeschwindigkeiten in Trägersubstanzen – relative Beweglichkeiten. In Trägersubstanzen sind die Wanderungsgeschwindigkeiten von Ionen gegenüber denen bei der freien Elektrophorese scheinbar verringert; die Erklärung ist im wesentlichen in der durch die Windungen der Poren vergrößerten Laufstrecke zu suchen. Der Effekt hängt von der Art des Trägermaterials ab und ist z. B. auch für verschiedene Papiersorten unterschiedlich.

Da es nur schwierig möglich ist, die in Trägern gefundenen Ionenbeweglichkeiten auf die Werte der trägerfreien Elektrophorese umzurechnen, begnügt man sich oft mit der Ermittlung von relativen Beweglichkeiten, d. h. man bezieht die gefundenen Werte auf die einer Standardsubstanz, die unter gleichen Bedingungen gewandert ist. Das Verhältnis von Wanderungsstrecke der untersuchten Substanz zu der des Standards ergibt (unter Berücksichtigung der elektroosmotischen Strömung) die relative Beweglichkeit u_r. Diese Werte sind gut reproduzierbar und leicht zu erhalten, zumal auch kleinere Temperaturschwankungen nicht berücksichtigt zu werden brauchen, da sie sich im Allgemeinen auf beide Ionen gleich auswirken.

20.4.2 Säulenverfahren

Zur Trennung größerer Substanzmengen (ca. 1–10 g) werden säulenförmige Anordnungen des Trägers verwendet. Die Elektroden befinden sich am Kopf und am unteren Ende der Säule, ferner muss Lösung, die durch die elektroosmotische Strömung die Säule verlässt, wieder in diese zurückgeführt werden (vgl. Abb. 20.8). Bei nicht zu großem Durchmesser der Säule genügt ein äußerer Kühlmantel, andernfalls muss ein zweites Kühlrohr im Innern angebracht werden, sodass der Träger sich in einem Ringspalt zwischen den beiden Kühlrohren befindet.

Nach Beendigung der Trennung kann man die Lösung nach unten abfließen lassen und fraktionsweise wie bei den chromatographischen Verfahren auffangen. Bei einer anderen Methode wird der untere Teil der Säule kontinuierlich mit Pufferlösung gespült, sodass die aus der Trägerschicht herauswandernden Substanzen nacheinander aus der Apparatur entfernt werden (vgl. Abb. 20.8).

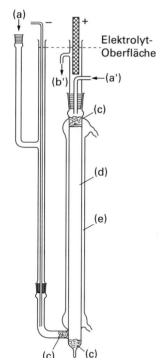

Abb. 20.8: Säulenelektrophorese.
a, a') Elektrolytzufluss;
b, b') Elektrolytablauf;
c) Glaswollepfropfen;
d) Säule;
e) Kühlmantel.

20.4.3 Dünnschichtverfahren – Papier-Elektrophorese – Hochspannungselektrophorese – Mikro- und Ultramikroverfahren

Wesentlich vereinfachen lässt sich die Trägerelektrophorese durch Anwenden der Dünnschichttechnik. Man bringt den mit Pufferlösung getränkten Träger auf eine nicht leitende Platte auf und verbindet beide Enden durch Dochte mit Pufferreservoiren, in denen sich die Elektroden befinden. Das zu trennende Substanzgemisch wird in Form eines dünnen Streifens an einer Seite oder – wenn sowohl Kationen als auch Anionen zu trennen sind – in der Mitte der Dünnschichtplatte aufgetragen. Nach dem Anlegen der Spannung wandern die Ionen der Analysenprobe mit unterschiedlichen Geschwindigkeiten, sodass sich die ursprüngliche Auftragsstelle verschiebt und in eine Reihe von Zonen auftrennt; durch Diffusion verbreitern sich diese allmählich.

Von den Dünnschichtmethoden hat wohl die Papier-Elektrophorese die breiteste Anwendung gefunden, da die apparative Durchführung bei diesem Verfahren besonders einfach ist. Man legt einen langen Papierstreifen auf eine Unterlage, z. B. auf eine Glasplatte, oder befestigt ihn freihängend an zwei Trägern (vgl. Abb. 20.9). Die Enden tauchen in die Pufferreservoire; die Elektroden sind durch poröse Trennwände abgeschirmt, damit die Elektrolyseprodukte nicht die Zusammensetzung der Lösung auf

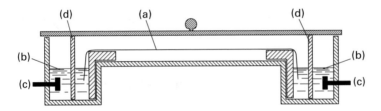

Abb. 20.9: Papier-Elektrophorese (Prinzip).
a) Papierstreifen; b) Pufferlösung; c) Elektroden; d) poröse Trennwände.

dem Papierstreifen verändern können. Die ganze Vorrichtung wird zum Vermeiden von Verdunstungsverlusten in einer geschlossenen Kammer untergebracht.

An Stelle von Papier verwendet man auch verschiedene andere Substanzen in Folienform als Trägermaterialien. Als besonders günstig haben sich einige Kunststofffolien (z. B. Celluloseacetat oder Polyacrylamid) erwiesen, die durch definierte Herstellungsbedingungen mit verhältnismäßig einheitlichen Porengrößen erhalten werden können.

Farblose Zonen werden gewöhnlich – wie auch bei den chromatographischen Verfahren – nach der Trennung durch Anfärben mit geeigneten Reagenzien sichtbar gemacht. Die getrennten Verbindungen werden dann direkt auf der Schicht oder nach dem Herauslösen fotometrisch bestimmt.

Hochspannungselektrophorese. Die als Folge der Diffusion eintretende Zonenverbreiterung lässt sich durch Erhöhen der Wanderungsgeschwindigkeiten unter Verkürzen der Versuchszeiten erheblich verringern. Man erreicht dies durch höhere Feldstärken (ca. 20–100 V/cm anstelle der sonst üblichen 5–10 V/cm). Derartige Verfahren werden als „Hochspannungselektrophorese" bezeichnet.

Die Hauptschwierigkeit hierbei besteht in der Abführung der Stromwärme, die – wie oben erwähnt – mit dem Quadrat der Stromstärke und damit auch mit dem Quadrat der Spannung ansteigt. Man muss daher besonders wirksame Kühlvorrichtungen verwenden. Bei der sog. „Flüssigkeitskühlung" hängt man den Papierstreifen in einen mit einer organischen Flüssigkeit gefüllten Trog, wobei diese aber die zu trennenden Substanzen weder lösen noch chemisch verändern darf. Allgemeiner anwendbar sind Verfahren, bei denen der Papierstreifen auf einer gekühlten Glasplatte oder besser noch zwischen zwei gekühlten Platten liegt („Sandwich-Technik"). Dadurch wird die Verdunstung des Elektrolyten vollständig verhindert.

Mikro- und Ultramikroverfahren. Bei der Papier-Elektrophorese liegen die Einwaagen gewöhnlich im Bereich von etwa 0,1–1 mg, es handelt sich also um ein ausgesprochenes Mikroverfahren. Auf sehr schmalen Papierstreifen und vor allem auf Celluloseacetat-Folien lassen sich noch Proben von einigen µg bis herab zu ca. 0,01 µg trennen. Eine extrem empfindliche Methode mit mikroskopischer Beobachtung stellt die sog. Kapillarelektrophorese für Substanzmengen von < pg (= 10^{-12} g) dar. Zur Detektion der getrennten Analyten wird z. B. die Laserfluoreszenz eingesetzt.

20.5 Spezielle Effekte bei inhomogenen Trennstrecken

Bei den bisher besprochenen elektrophoretischen Methoden war die Trennstrecke einheitlich mit Pufferlösung konstanter Zusammensetzung ausgefüllt, und die zu trennenden Ionen waren in verhältnismäßig geringer Konzentration anwesend. Es lassen sich jedoch spezielle Effekte erzielen, wenn in der Trennstrecke unterschiedlich zusammengesetzte Lösungen aneinander stoßen oder wenn Gradienten vorhanden sind; unter bestimmten Bedingungen können die Grenzflächen gegen den Einfluss der Diffusion stabilisiert werden, die Zonen mit dem zu trennenden Substanzgemisch verengt und die Ionen an bestimmten Punkten der Trennstrecke fokussiert werden.

20.5.1 Grenzflächenstabilisierung nach Kendall

Der Effekt der Grenzflächenstabilisierung sei am Beispiel einer Natriumacetat- und einer Natriumchlorid-Lösung erläutert, die in einem Rohr unter Bildung einer scharfen Grenzfläche aneinander stoßen (Abb. 20.10). Das elektrische Feld soll so gerichtet sein, dass das Acetat-Ion mit der kleineren Beweglichkeit u_{Ac} – dem Chlorid-Ion mit der größeren Beweglichkeit u_{Cl} – folgt (in Abb. 20.10 wandern somit beide Anionen nach rechts).

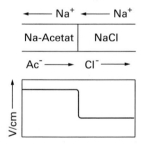

Abb. 20.10: Verlauf des elektrischen Feldes an einer wandernden Grenzfläche (Acetat-Chlorid-Ionen).

Nach einiger Zeit sollte wegen der größeren Beweglichkeit des Cl$^-$-Ions eine Lücke zwischen den beiden Anionen entstehen, was jedoch durch die Elektroneutralitätsbedingung ausgeschlossen wird (die Lücke könnte nur Na$^+$-Ionen enthalten). Das bedeutet, dass die beiden Anionen gleich schnell wandern müssen; es gilt daher

$$v_{Ac^-} = v_{Cl^-}. \tag{12}$$

Gleiche Wanderungsgeschwindigkeiten v können aber nur dann vorliegen, wenn die Feldstärken in den beiden Abschnitten der Wanderungsstrecke unterschiedlich sind, denn die Wanderungsgeschwindigkeiten sind nach dem früher Gesagten durch die Beweglichkeit u und die Feldstärke Q gegeben,

$$v_{Ac^-} = u_{Ac^-} \cdot Q_{Ac} \qquad (13)$$
$$v_{Cl^-} = u_{Cl^-} \cdot Q_{Ch}. \qquad (13a)$$

(Q_{Ac} und Q_{Ch} sind die Feldstärken im Acetat- bzw. im Chlorid-Abschnitt).

Es folgt:

$$u_{Ac^-} \cdot Q_{Ac} = u_{Cl^-} \cdot Q_{Ch} \qquad (14)$$

und

$$\frac{Q_{Ch}}{Q_{Ac}} = \frac{u_{Ac^-}}{u_{Cl^-}}. \qquad (15)$$

Die Feldstärken in den beiden Abschnitten der Apparatur verhalten sich demnach umgekehrt wie die Wanderungsgeschwindigkeiten der Anionen. Die Feldstärke nimmt an der Grenzfläche von links nach rechts (in Abb. 20.10) sprunghaft ab.

Diese sprunghafte Feldstärkenänderung bewirkt nun eine Stabilisierung der Grenzfläche, bei der der Einfluss der Diffusion ausgeschaltet wird. Wenn ein Acetat-Ion durch Diffusion vorauseilt, gelangt es im Chlorid-Abschnitt in eine Region niederer Feldstärke, sodass es hier langsamer wandert und wieder zurückbleibt. Umgekehrt gelangt ein Cl⁻ Ion, das durch die nach links gerichtete Komponente der Diffusion hinter der Grenzfläche zurückbleibt, im Acetat-Abschnitt in ein Gebiet höherer Feldstärke, sodass es schneller wandert, bis es wieder im Chlorid-Abschnitt angekommen ist.

Das von Kendall (1923) angegebene Trennverfahren nutzt diesen Stabilisierungseffekt mehrfach aus. Die Trennstrecke, die aus einem horizontal liegenden Glasrohr besteht, enthält z. B. bei einem Versuch zur Trennung von Chlorid- und Thiocyanat-Ionen nacheinander folgende Lösungen: Na-Acetat/Na-Chlorid + Na-Thiocyanat/Na-Hydroxid. Zum Vermeiden von Strömungen wird Agar-Gel als Träger verwendet (Abb. 20.11).

Nach dem Anlegen der Spannung wandern die Anionen nach rechts, und zwischen SCN⁻ und Cl⁻ Ionen bildet sich eine neue Grenzfläche aus. Die drei Grenzflächen bewegen sich mit gleichen Geschwindigkeiten weiter, ohne unscharf zu werden, da in jedem Falle ein Ion mit geringerer Beweglichkeit einem Ion mit größerer Beweglichkeit folgt.

Da die Länge der Trennstrecke beliebig gewählt werden kann, lassen sich auf diese Weise sehr wirksame Trennungen erzielen; so wurden bei (allerdings erfolglosen) Versuchen zur Trennung von Isotopen Wanderungsstrecken von 30 m erreicht, wobei die Grenzflächen völlig scharf blieben. Nachteilig ist bei dieser Methode, dass die

Zonen der getrennten Ionen direkt aneinander grenzen, sodass eine vollständige Trennung aus rein mechanischen Gründen nicht möglich ist (diese Schwierigkeit lässt sich jedoch durch Zwischenschieben von Hilfssubstanzen beseitigen).

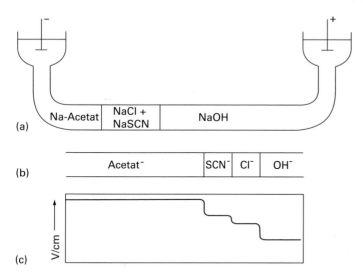

Abb. 20.11: Elektrophoretische Trennungen n. Kendall (schematisch).
a) Ausgangszustand; b) Zonen nach der Trennung; c) Feldstärke längs der Trennstrecke.

20.5.2 Zonenschärfen – Disc-Elektrophorese

Eine hohe Trennwirkung lässt sich bei der Zonenelektrophorese nur dann erreichen, wenn die einzelnen Zonen möglichst schmal gehalten werden. Das wird einmal durch Auftragen des Substanzgemisches in Form eines dünnen Striches quer zur Laufrichtung angestrebt. Außerdem gibt es aber Methoden, mit denen die Breite einer wandernden Zone während des Trennprozesses verringert werden kann; dieser Effekt der „Zonenschärfung" wird erzielt durch
– Ausnutzen der „Regulationsfunktion" nach Kohlrausch (s. u.),
– durch Verlangsamen der Zonenfront oder
– durch Beschleunigen der Zonenrückseite.

Regulationsfunktion nach Kohlrausch. Im vorigen Abschnitt war gezeigt worden, dass das Feldstärkenverhältnis zu beiden Seiten einer wandernden Grenzfläche durch die Beweglichkeiten der Ionen gegeben ist. Wie Kohlrausch (1897) fand, gilt zusätzlich auch für die Konzentrationsverhältnisse eine gesetzmäßige Beziehung.
    Es sei nochmals die in Abb. 20.10 wiedergegebene Anordnung betrachtet. Während der Elektrophorese muss offenbar die Stromstärke in beiden Abschnitten des Rohres gleich sein; diese ist gleich dem Produkt aus der spezifischen Leitfähigkeit k

und der Feldstärke Q. Bezeichnen wir wieder die Chlorid-Seite mit dem Index Ch und die Acetat-Seite mit dem Index Ac, so gilt:

$$k_{Ch} \cdot Q_{Ch} = k_{Ac} \cdot Q_{Ac} \tag{16}$$

bzw.

$$\frac{k_{Ch}}{k_{Ac}} = \frac{Q_{Ac}}{Q_{Ch}}. \tag{16a}$$

Nun ist die spezifische Leitfähigkeit eines Elektrolyten gegeben durch die Konzentrationen C und die Beweglichkeiten u der darin enthaltenen Ionen. Für den Chlorid-Abschnitt gilt daher

$$k_{Ch} = C_{Na^+} \cdot u_{Na^+} + C_{Cl^-} \cdot u_{Cl^-}. \tag{17}$$

Entsprechend ist im Acetat-Abschnitt

$$k_{Ac} = C_{Na^+} \cdot u_{Na^+} + C_{Ac^-} \cdot u_{Ac^-}. \tag{18}$$

Da die molaren Konzentrationen von Kation und Anion wegen der Elektroneutralitätsbedingung an jeder Stelle der Lösung gleich sein müssen, kann man Gl. (17) und (18) umformen:

$$k_{Ch} = C_{Cl^-} \cdot u_{Na^+} + C_{Na^+} \cdot u_{Cl^-} \tag{19}$$

und

$$k_{Ac} = C_{Ac^-} \cdot u_{Na^+} + C_{Na^+} \cdot u_{Ac^-}. \tag{20}$$

Aus Gl. (19), (20) und (16) sowie der Beweglichkeitsgleichung (15) ergibt sich:

$$\frac{k_{Ch}}{k_{Ac}} = \frac{C_{Cl^-} \cdot u_{Na^+} + C_{Na^+} \cdot u_{Cl^-}}{C_{Ac^-} \cdot u_{Na^+} + C_{Na^+} \cdot u_{Ac^-}} \begin{array}{c}\text{(im Ch-Abschn.)}\\ \text{(im Ac-Abschn.)}\end{array} = \frac{Q_{Ac}}{Q_{Ch}} = \frac{u_{Cl^-}}{u_{Ac^-}}. \tag{21}$$

Formt man um und dividiert beide Seiten durch u_{Na^+}, so erhält man

$$\frac{C_{Cl^-} \cdot u_{Na^+} + C_{Na^+} \cdot u_{Cl^-}}{u_{Cl^-} \cdot u_{Na^+}} \text{ (im Ch-Abschn.)} =$$

$$\frac{C_{Ac^-} \cdot u_{Na^+} + C_{Na^+} \cdot u_{Ac^-}}{u_{Cl^-} \cdot u_{Na^+}} \text{ (im Ac-Abschn.)} \tag{22}$$

oder:

$$\frac{C_{Cl^-}}{u_{Cl^-}} + \frac{C_{Na^+}}{u_{Na^+}} \text{ (im Ch-Abschn.)} = \frac{C_{Ac^-}}{u_{Ac^-}} + \frac{C_{Na^+}}{u_{Na^+}} \text{ (im Ac-Abschn.).} \quad (23)$$

Gl. (23) besagt allgemein, dass die Summe der Konzentrationen jeder Ionenart, dividiert durch die entsprechenden Beweglichkeiten, auf der einen Seite der wandernden Grenzfläche gleich der Summe der Konzentrationen, ebenfalls dividiert durch die Beweglichkeiten, auf der anderen Seite ist. Diese Gleichung wird als die „beharrliche Funktion" oder „Regulationsfunktion" von Kohlrausch bezeichnet. Sie bedeutet, dass auf beiden Seiten einer wandernden Grenzfläche auch die Konzentrationsverhältnisse fixiert sind.

Es sei nun nochmals eine Anordnung betrachtet, wie sie bereits von Kendall verwendet wurde: Einem schnell wandernden Anion (Cl⁻) folgt eine Zone mit einem langsamer wandernden Protein-Anion (P⁻) in einem Glycinat-Puffer, die wiederum an eine Zone mit reinem Glycinat-Puffer angrenzt; die Wanderungsgeschwindigkeit des Glycinat-Ions ist noch geringer als die des Protein-Ions (Abb. 20.12).

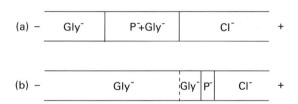

Abb. 20.12: Zonenschärfen durch Anwendung der Kohlrausch-Funktion.
a) Ausgangszustand; b) Zustand nach Trennung der Anionen.

Nimmt man der Einfachheit halber an, dass die Beweglichkeiten der Ionen vor und hinter der Grenzfläche ähnliche Werte besitzen, so muss sich im obigen Beispiel die Protein-Konzentration nach Ausbildung der Protein-Zone so einstellen, dass sie größenordnungsmäßig der der Chlorid-Ionen entspricht. Diese vor allem bestimmt die Protein-Konzentration hinter der wandernden Grenzfläche.

Die Länge der Protein-Zone hängt nun ab von der sich einstellenden Konzentration, von der Absolutmenge an Protein in dem System und von dem Durchmesser des Rohres der Elektrophorese-Apparatur. Ist die Protein-Menge gering und stellt sich eine verhältnismäßig hohe Konzentration ein, so wird sich eine schmale Zone ausbilden. Deren Breite ist unabhängig von der Breite der anfänglichen Zone vor der Elektrophorese und damit auch unabhängig von der Anfangskonzentration der Protein-Lösung.

Die Konzentrationen an Anion und Kation hinter der Protein-Zone sind wiederum durch die Kohlrausch-Funktion festgelegt. Sie stellen sich in der Weise ein, dass eine stationäre Grenzfläche entsteht, durch die beim Vorrücken der Protein-Zone Elektrolyt nachfließt.

Zonenschärfen durch Verlangsamen der Zonenfront. Tritt eine Zone aus einem Gebiet höherer in ein Gebiet kleinerer Wanderungsgeschwindigkeit ein, so wird sie im Verhältnis der beiden Wanderungsgeschwindigkeiten zusammengedrückt. Dieser Effekt kann auf verschiedene Weise erzielt werden.

Die Wanderungsgeschwindigkeit verringert sich, wenn die Feldstärke auf dem Weg der Zone durch Erhöhen der Pufferkonzentration (und damit der elektrischen Leitfähigkeit) absinkt. Eine weitere Möglichkeit besteht darin, durch eine Änderung des pH-Wertes die Ionenbeweglichkeit zu beeinflussen, und schließlich verlangsamt sich die Wanderungsgeschwindigkeit, wenn die Zone aus einer klaren Lösung in ein Gel eintritt oder wenn sie in einem Gel wandert, dessen Porengröße sich verringert. So ist z. B. die Ionenbeweglichkeit in 5 %igen Polyacrylamid-Gelen kleiner als in 3 %igen Gelen.

Die Verringerung der Wanderungsgeschwindigkeit kann entweder durch abruptes Ändern der Leitfähigkeit, des pH-Wertes bzw. der Porengröße von Gelen an einer bestimmten Stelle der Trennstrecke erfolgen oder aber auch durch allmähliche Änderungen in einem Gradienten längs der Trennstrecke.

Zonenschärfen durch Beschleunigen der Zonenrückseite. Der Effekt der Zonenschärfung lässt sich weiterhin durch Beschleunigen der Wanderungsgeschwindigkeit der Rückseite einer Zone erreichen. Diese Beschleunigung tritt ein, wenn die Zone von einer wandernden Grenzfläche überholt wird, hinter der die Feldstärke ansteigt.

Im Gegensatz zur Zonenschärfung mithilfe der Kohlrausch-Funktion, bei der die Breite der Zone nicht von ihrer ursprünglichen Abmessung abhängt, wird bei den anderen Schärfungsmethoden ein Zusammendrücken auf einen bestimmten Bruchteil der ursprünglichen Ausdehnung bewirkt.

Disc-Elektrophorese. Bei der von Ornstein (1964) und Davis (1964) angegebenen „Disc-Elektrophorese" (nach disc = discontinous und disc = Scheibe) werden mehrere der beschriebenen Schärfungs-Effekte zusammen ausgenutzt. Eine Applikation davon stellt die *Isotachophorese* dar.

In einem senkrecht stehenden Röhrchen (Abb. 20.13, links) befindet sich oben der Kathoden-Elektrolyt (Glycinat-Pufferlösung vom pH 8,3), darunter eine Zone mit dem zu trennenden Substanzgemisch und darunter wieder ein Gebiet mit Pufferlösung. Diese beiden Zonen sind durch ein weitporiges Polyacrylamid-Gel gegen Störungen durch Konvektion geschützt, der darin enthaltene Elektrolyt weist einen pH-Wert von 6,7 auf; beide enthalten Cl^- Anionen.

Bei der Elektrophorese trennen sich zunächst die schnell wandernden Cl^--Ionen von den langsameren Protein-Ionen in der Substanz-Zone. Die Glycinat-Ionen der Kathoden-Zone gelangen in das Gebiet mit dem pH-Wert 6,7, wo ihre Wanderungsgeschwindigkeit sehr klein ist, da dieser pH-Wert dem ihres isoelektrischen Punktes nahe kommt. Somit liegt eine Anordnung wie bei der Kendall-Methode vor. Die Protein-Ionen ordnen sich nach ihren individuellen Wanderungsgeschwindigkeiten

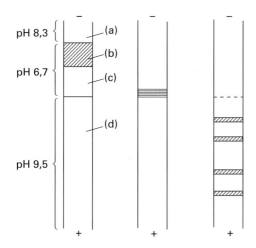

Abb. 20.13: Disc-Elektrophorese (Prinzip).
a) Kathoden-Puffer; b) Substanzzone;
c) Schärfungszone; d) Trennzone.

in aneinander grenzenden Schichten an, die sich mit gleichen Geschwindigkeiten nach unten bewegen. Da ihnen ein Anion mit kleinerer Beweglichkeit folgt und eines mit größerer Beweglichkeit vorausläuft, tritt Grenzflächenstabilisierung ein. Gleichzeitig wird durch geeignete Einstellung der Ionenkonzentration in der dritten Schicht ein starker Schärfungseffekt nach der Kohlrausch-Funktion erzielt; die Dicke der einzelnen Protein-Schichten liegt nach der Konzentrierung in der Größenordnung von etwa 10 µm (Abb. 20.13, Mitte).

Bei weiterem Vorrücken tritt die Protein-Zone nunmehr in einen vierten Abschnitt der Trennstrecke ein, in welchem sich sowohl der pH-Wert als auch die Porengröße des Gels ändern. Die Pufferlösung wird auf pH 9,5 eingestellt, und das Polyacrylamid-Gel ist durch höhere Konzentration beim Polymerisieren engporiger. Die Protein-Zone wandert demnach in diesem Gel langsamer, wodurch eine Zonenschärfung eintritt. Durch die pH-Änderung wird die Wanderungsgeschwindigkeit der nachfolgenden Glycinat-Ionen soweit erhöht, dass sie die Protein-Zone überholen und diese durch Beschleunigen der Zonenrückseite erneut zusammendrücken. Anschließend wandern die Proteine in einem Bereich mit einheitlichem Glycinat-Puffer, in dem sie nach dem Prinzip der gewöhnlichen Träger-Elektrophorese in getrennte Zonen auseinander gezogen werden (Abb. 20.13, rechts). An der Grenze der beiden Gele bildet sich eine stationäre Grenzfläche aus, über die der pH-Unterschied erhalten bleibt.

Die Disc-Elektrophorese wird gewöhnlich als Mikro-Methode in kleinen Röhrchen von etwa 7 cm Länge und 5 mm Durchmesser ausgeführt. Die Leistungsfähigkeit des Verfahrens zeigt sich u. a. darin, dass menschliches Serum-Eiweiß, welches bei der Papierelektrophorese in nur 5 Fraktionen aufgespalten wird, im Disc-Verfahren über 30 Zonen ergibt. Durch Wahl verschiedener Puffersysteme lässt sich ferner die Methode den verschiedensten Trennproblemen anpassen.

20.5.3 Ionenfokussierung

Wie bereits erwähnt, nimmt die Wanderungsgeschwindigkeit von Ampholyten beim isoelektrischen Punkt den Wert Null an. Lässt man einen Ampholyten längs einer Trennstrecke wandern, die einen pH-Gradienten in Richtung des elektrischen Stromes aufweist, so bewegt sich die kationische Form im sauren Bereich nach links (Abb. 20.14) und die anionische Form im basischen Bereich nach rechts, bis jeweils der isoelektrische Punkt erreicht ist.

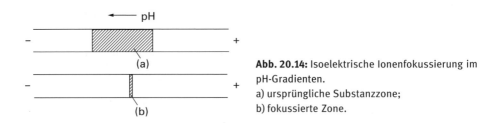

Abb. 20.14: Isoelektrische Ionenfokussierung im pH-Gradienten.
a) ursprüngliche Substanzzone;
b) fokussierte Zone.

Der Ampholyt wird demnach beim pH-Wert dieses Punktes fokussiert, gleichgültig, an welcher Stelle des pH-Gradienten sich die ursprüngliche Auftragungsstelle befand und wie breit die Anfangszone war.

Die Schärfe der Fokussierung hängt ab von der Steilheit des pH-Gradienten und der vorhandenen Menge an Ampholyt. Die Konzentrationsverteilung in der Fokussierungszone entspricht einer Gauß-Kurve. Enthält ein Substanzgemisch mehrere Ampholyte mit unterschiedlichen isoelektrischen Punkten, so sammeln sich diese an verschiedenen Stellen des pH-Gradienten und bilden ein sog. „isoelektrisches Spektrum".

Die Hauptschwierigkeit besteht bei diesem Verfahren darin, während der Elektrophorese den pH-Gradienten zeitlich konstant zu halten, da ja die H^+-Ionen im elektrischen Feld ebenfalls wandern. Nach einem Vorschlag von Svensson fügt man zur Lösung ein Gemisch von Polyaminopolycarbonsäuren zu. Diese Verbindungen, die unter der Bezeichnung „Ampholine®" im Handel sind, sind ebenfalls Ampholyte und ordnen sich daher nach ihren isoelektrischen Punkten längs der Trennstrecke unter Ausbildung eines beständigen pH-Gradienten an.

Eine weitere Fokussierungsmethode, die vor allem für anorganische Ionen angewendet wird, wurde von Schumacher angegeben. Man gibt in den Anodenbehälter eines Gerätes zur Papier-Elektrophorese eine starke Säure und in den Kathodenraum einen Komplexbildner, z. B. das Diammoniumsalz der Nitrilotriessigsäure (Abb. 20.15). Beide Lösungen diffundieren in den Papierstreifen; in der Mitte bildet sich eine Zone aus, die einen von links nach rechts zunehmenden Gradienten der Säurekonzentration und einen von rechts nach links zunehmenden Gradienten der Komplexbildner-Konzentration enthält. Da die freie Nitrilotriessigsäure sehr wenig dissoziiert ist, ist die Konzentration der für die Komplexbildung maßgeblichen Nitrilotriacetat-Ionen im sauren Bereich sehr gering, steigt aber mit zunehmendem pH-Wert, d. h. mit der Annäherung an die Kathode, stark an.

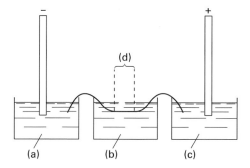

Abb. 20.15: Elektrophoretische Ionenfokussierung im Komplexbildner-Gradienten.
a) Kathodenraum mit Komplexbildner;
b) Kühlflüssigkeit (CCl_4);
c) Anodenraum mit Säure;
d) Substanzzone (auf Papierstreifen).

Bringt man ein Gemisch von Kationen, die mit den Nitrilotriacetat-Ionen negativ geladene Komplexe zu bilden vermögen (z. B. Ionen der dreiwertigen Seltenen Erden), in einer breiten Zone auf die Mitte des Papieres auf, so bilden sich auf der Kathodenseite anionische Komplexe, die im elektrischen Feld nach rechts zur Anode wandern. Auf der Anodenseite des Papierstreifens sind wegen der hohen Säurekonzentration kaum Nitrilotriacetat-Ionen vorhanden; die Kationen der zugegebenen Seltenen Erden bleiben daher als solche im Elektrolyten und wandern nach links zur Kathode hin. An einer bestimmten Stelle, die durch die Konzentration an Komplexbildner und die Dissoziationskonstante des Komplexes gegeben ist, sind Kationen und Anionen einer bestimmten Seltenen Erde in gleichen Konzentrationen vorhanden; hier ist die Nettobeweglichkeit Null, und an dieser Stelle wird die betreffende Substanz zu einer schmalen nicht wandernden Zone fokussiert.

Ionen mit unterschiedlichen Komplexbildungskonstanten ergeben Fokussierungszonen an verschiedenen Stellen des Komplexbildner-Gradienten. Die auf diese Weise erreichbaren Trennungen werden nur durch Unterschiede in den Komplexbildungskonstanten, nicht durch Unterschiede in den Ionenbeweglichkeiten erzielt.

20.6 Eindimensionale Trennungen mit semipermeabler Membran (Elektrodialyse)

Die Methode der Elektrodialyse bewirkt Trennungen mithilfe von Membranen, durch die Ionen mit kleinem Durchmesser hindurchtreten können, während Ionen mit größeren Abmessungen und Kolloide zurückgehalten werden.

Die Membranen bestehen in der Regel aus Kunststofffolien, am meisten werden Cellulose und Nitrozellulose angewendet. Durch kontrollierte Herstellungsbedingungen lassen sich verschiedene Porenweiten erzielen (vgl. Kap. 4, Dialyse). Eine Sonderstellung hinsichtlich der Selektivität nehmen Membranen aus Ionenaustauschern ein: Kationenaustauscher-Membranen sind praktisch nur für Kationen, Anionenaustauscher-Membranen nur für Anionen durchlässig.

Für Laboratoriumszwecke werden häufig Apparaturen mit drei getrennten Kammern verwendet; ein Mittelraum mit dem Substanzgemisch wird von zwei Membranen begrenzt, in den beiden Seitenräumen befinden sich die Elektroden (Abb. 20.16). Geräte mit Ionenaustauscher-Membranen enthalten meist nur eine einzige Membran, welche Anoden- und Kathodenraum trennt.

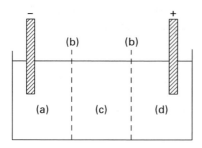

Abb. 20.16: Prinzip der Elektrodialyse.
a) Kathodenraum;
b) Membranen;
c) Mittelraum;
d) Anodenraum.

Die Elektrodialyse wird meist in präparativem Maßstab, vor allem zum Entfernen von niedermolekularen Anteilen aus Lösungen hochmolekularer Verbindungen (z. B. Eiweiß) verwendet.

Als Beispiel für die analytische Anwendung von Ionenaustauscher-Membranen sei die Abtrennung von Bor-Spuren aus Natrium-Metall nach Logie angeführt. Man löst das Metall in Wasser und füllt die Natriumborat-haltige NaOH-Lösung in den Anodenraum einer mit einer Kationenaustauscher-Membran geteilten Elektrodialysezelle; der Kathodenraum enthält 0,5 N NaOH-Lösung. Bei der Elektrodialyse wandern die Na^+-Ionen durch die Membran, während Borat-Anionen (zusammen mit Aluminat, Chromat u. a.) im Anodenraum bleiben. Die Elektroneutralität wird dadurch aufrecht erhalten, dass an der Anode Hydroxyl-Ionen unter Bildung von Wasser entladen werden. Mit diesem Verfahren wurden Bor-Gehalte bis herab zu etwa 1 ppm bestimmt.

20.7 Gegenstrom-Elektrophorese

Sollen Ionen mit nur geringen Unterschieden in den Wanderungsgeschwindigkeiten durch Elektrophorese voneinander getrennt werden, so sind lange Laufstrecken, d. h. verhältnismäßig große Apparaturen erforderlich. Man kann jedoch die Laufstrecken verkürzen, indem man den Elektrolyten gegen die Wanderungsrichtung der Ionen fließen lässt. Experimentell kann dies durch Elektrophorese in einem mit Zu- und Ablauf versehenen Rohr oder durch Abspulen eines Papierbandes (als Träger) geschehen, das durch Kathoden- und Anodenraum gezogen wird. Derartige Verfahren sind jedoch etwas umständlich; sie sind vor allem für Versuche zur Isotopentrennung ausgearbeitet worden.

20.8 Zweidimensionale Arbeitsweise

20.8.1 Übersicht

Durch die zweidimensionale Arbeitsweise, bei der der Elektrolyt senkrecht zur Richtung des elektrischen Feldes strömt, können kontinuierliche elektrophoretische Trennungen bewirkt werden. Hierfür sind mehrere Methoden ausgearbeitet worden, von denen die gebräuchlichste die mit einheitlicher Pufferlösung ist (Abb. 20.17, oben). Eine weitere Anordnung leitet sich von der Kendall-Methode ab: Der Elektrolyt besteht aus drei Teilströmen mit abgestuften Ionenbeweglichkeiten, und zwar dem Kathoden- und dem Anoden-Puffer und der dazwischen liegenden Substanz-Zone (Abb. 20.17, Mitte). Schließlich kann auch die Fokussierungsmethode kontinuierlich durchgeführt werden, indem man in dem senkrecht zum Feld strömenden Elektrolyten einen pH-Gradienten aufrecht erhält (Abb. 20.17, unten).

Von diesen Verfahren soll nur das zuerst genannte näher besprochen werden, da die anderen bisher keine Bedeutung erlangt haben. Außerdem ist eine „Immuno-Elektrophorese" genannte Methode zu erwähnen, die als ein zweidimensionales, aber diskontinuierliches Verfahren anzusprechen ist.

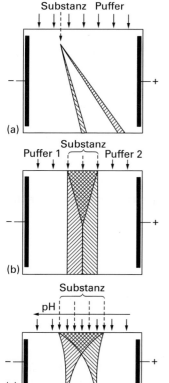

Abb. 20.17: Zweidimensionale kontinuierliche Elektrophorese.
a) Verfahren mit einheitlicher Pufferlösung;
b) Verfahren n. Kendall;
c) kontinuierliche Ionenfokussierung.

20.8.2 Verfahren mit einheitlicher Pufferlösung

Kontinuierliche elektrophoretische Trennungen mit einheitlicher Pufferlösung lassen sich trägerfrei oder in einem Träger durchführen. Bei der trägerfreien Arbeitsweise fließt die Pufferlösung in einem schmalen Spalt von etwa 0,5 mm Breite zwischen zwei gekühlten Glasplatten, die ein wenig schräg gestellt werden. In die an der oberen Seite zufließende Pufferlösung wird an einer bestimmten Stelle die Substanzlösung eingeführt. Die getrennten Komponenten sammelt man kontinuierlich am unteren Rand mithilfe einer größeren Anzahl von dünnen Ableitungsschläuchen.

Da dieses Verfahren apparativ recht aufwendig ist, wird meist die Trägermethode vorgezogen. Man lässt dabei einen senkrechten Papiervorhang in einen am oberen Ende angebrachten Trog mit Pufferlösung tauchen (Abb. 20.18).

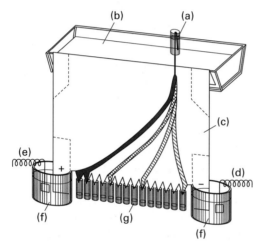

Abb. 20.18: Kontinuierliche zweidimensionale Trägerelektrophorese.
a) Substanzbehälter mit Docht;
b) Trog mit Pufferlösung;
c) Papiervorhang;
d,e) Elektroden;
f) Elektrodenbehälter;
g) Auffang-Gefäße.

Durch die Kapillarkräfte wird die Flüssigkeit angesaugt, sie fließt dann im Papier nach unten. Die Substanzzufuhr erfolgt über einen Docht; das Gemisch wird durch die Wirkung des elektrischen Feldes auseinander gezogen, und die einzelnen Komponenten können am unteren Rand getrennt aufgefangen werden.

20.8.3 Immuno-Elektrophorese

Bei der von Grabar angegebenen „Immuno-Elektrophorese" wird zusätzlich zur elektrophoretischen Trennung eine immunochemische Fällungsreaktion zum Identifizieren von Proteinen durchgeführt. Man trennt zunächst das Protein-Gemisch durch Agargel-Elektrophorese in Zonen auf. Längs der Trennzone befindet sich in der Agarplatte eine Rinne, die man mit einer Antigen-Lösung füllt (Abb. 20.19). Diese diffundiert senkrecht zur Längsrichtung der Rinne in das Gel ein, während die Proteine aus den elektrophoretisch getrennten schmalen Zonen ihrerseits radial in entgegengesetzter Richtung diffundieren. Sofern das betreffende Eiweiß mit dem Antigen reagiert, tritt an Stellen mit günstigem Konzentrationsverhältnis (vgl. Teil 2, Abschn. 7.2.3) eine Fällung ein. Die Fällungszonen sind wegen der unterschiedlichen Diffusionsrichtungen Ellipsenabschnitte.

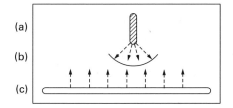

Abb. 20.19: Immuno-Elektrophorese (Prinzip).
a) Agargel mit Proteinzone;
b) Reaktionszone;
c) Rinne mit Antigen-Lösung.

20.9 Wirksamkeit und Anwendungsbereich der Methode

Durch Elektrophorese sind Trennungen von Ionen auch bei großer chemischer Ähnlichkeit mit verhältnismäßig geringem experimentellem Aufwand möglich; die eingesetzten Substanzmengen können dabei in weiten Grenzen schwanken.

Im Bereich der anorganischen Chemie wird das Verfahren zur Trennung von stabilen Komplexen verwendet, ferner wurden gelegentlich Gemische radioaktiver Ionen aus Kernspaltungsversuchen mit der Fokussierungsmethode untersucht. Dabei ist vorteilhaft, dass die Methode besonders für extrem geringe Substanzmengen geeignet ist.

Das Hauptanwendungsgebiet der Elektrophorese liegt jedoch auf dem Gebiet der organischen Analyse, und dort vor allem im Bereich der Biochemie. Mithilfe dieser Analysenmethode können niedermolekulare Verbindungen wie Aminosäuren (vgl. Abb. 20.20), Amine, Alkaloide, Säuren, Phenole, Zucker und Polysaccharide (als Borsäure-Komplexe), Farbstoffe, Hormone, Vitamine und viele andere Substanzen getrennt werden; außerdem ist das Verfahren für hochmolekulare Substanzen anwendbar, und es hat – auch wegen der überaus schonenden Bedingungen, unter denen es arbeitet – vor allem zur Trennung von empfindlichen Eiweiß-Stoffen eine einzigartige Stellung unter sämtlichen Untersuchungsmethoden erlangt. Ein wichtiger Anwendungszweig ist dabei die klinische Diagnose, die sich der Elektrophorese von Blut-Serum zur Diagnose von Nieren-, Leber- und Bluterkrankungen bedient (vgl. Abb. 20.21). Ferner können auch größere Teilchen wie Viren, Zellbestandteile und Bakterien auf Grund ihrer Wanderungsgeschwindigkeiten unterschieden und z. T. getrennt werden.

Als Nachteil ist der erhebliche Zeitbedarf anzusehen (falls man nicht im Ultramikromaßstab mit sehr kleinen Wanderungsstrecken arbeitet), ferner sind bei der Trägerelektrophorese Verluste durch Adsorption möglich.

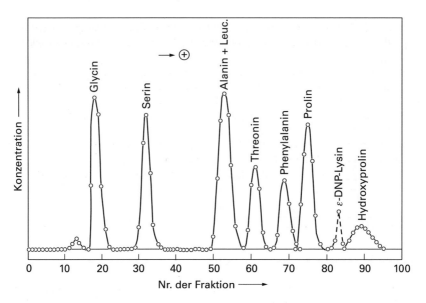

Abb. 20.20: Trennung von Aminosäuren durch Säulenelektrophorese.

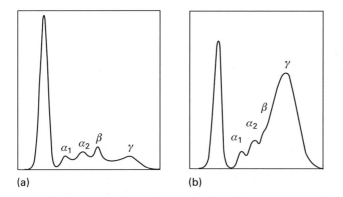

Abb. 20.21: Elektrophorese von menschlichem Serum.
Hauptbande = Albumin; α_1, α_2, β, γ = Globuline.
a) Normalserum;
b) Patient mit Leberzirrhose.

Allgemeine Literatur

P. Camilleri, Capillary Electrophoresis: Theory and Practice, CRC, Boac Raton (1998).

H. Engelhardt, W. Beck, Wolfgang u. T. Schmitt, Capillary Electrophoresis: Methods and Potentials. Vieweg, Wiesbaden, Germany (1996).

R. Frazier, J. Ames, u. H. Nursten, Capillary Electrophoresis for Food Analysis: Method Development, Royal Society Of Columbus, Cambridge, UK (2000).

B. Gas, Fundamentals of Electrophoresis, Wiley-VCH Verlag, Weinheim (2008).

C. Garcia, K. Chumbimuni-Torres u. E. Carrilho, Capillary Electrophoresis and Microchip Capillary Electrophoresis: Principles, Applications and Limitations, John Wiley & Sons, Inc., Hoboken, N.J.) (2013).
B. Hames, Gel Electrophoresis of Proteins. Oxford University Press, Oxford, UK (1998).
D. Hawecroft, Electrophoresis: The Basics, Oxford Univ Press, Oxford, UK (1997).
P. Jones u. D. Rickwood, Gel Electrophoresis: Nucleic Acids., Wiley, New York, (1995).
J. Jorgenson, Electrophoresis, Analytical Chemistry 58, 743A–744A, 746A, 748A, 750A, 752A, 754A, 756A–758A, 760A (1986).
S. Magdeldin, Gel-Electrophoresis-Principles and Basics, InTech, Rijeka, Croatia (2012).
R. Waetzig, Quantitation and Validation in Electrophoresis, Wiley-VCH Verlag, Weinheim (2005).
P. Righetti, Capillary electrophoresis, in: Handbook of Proteins, edited by M. Cox u. G. Phillips, Vol. 2, 855–858. John Wiley & Sons Ltd., Chichester, UK (2007).

Literatur zum Text

Disc-Elektrophorese

R. Allen u. M. Doktycz, Discontinuous electrophoresis revisited: a review of the process, Applied and Theoretical Electrophoresis 6, 1–9 (1996).
A. Chrambach, Analytical polyacrylamide gel electrophoresis in multiphasic buffer systems ("disc electrophoresis"), in: P. Righetti, C. van Oss u. J.Vanderhoff, Electrokinet. Sep. Methods, Elsevier, Amsterdam, 275–292 (1979).
Y. Michikawa, A. Umetsu u. T. Imai, Application of preparative disc gel electrophoresis system to proteomics research, Bunseki Kagaku 12, 667–671 (2005).
A. Saoji u. P. Khare, Poly-acrylamide gel disc electrophoresis (PAGDE). Part-I, Indian journal of pathology & microbiology 28, 85–89 (1985).

Elektrodialyse

L. Bazinet, F. Lamarche u. D. Ippersiel, Bipolar-membrane electrodialysis: applications of electrodialysis in the food industry, Trends in Food Science & Technology 9, 107–113 (1998).
C. Huang, T. Xu, Y. Zhang, Y. Xue u. G. Chen, Application of electrodialysis to the production of organic acids: State-of-the-art and recent developments, Journal of Membrane Science 288, 1–12 (2007).
M. Kariduraganavar, R. Nagarale, A. Kittur, S. Kulkarni, Ion-exchange membranes: preparative methods for electrodialysis and fuel cell applications, Desalination 197, 225–246 (2006).
K. Mani, Electrodialysis water splitting technology, Journal of Membrane Science 58, 117–138 (1991).
T. Xu u. C. Huang, Electrodialysis-based separation technologies: a critical review, AIChE Journal 54, 3147–3159 (2008).

Fokussierung

P. Righetti u. A. Bossi, Isoelectric focusing of proteins and peptides in gel slabs and in capillaries, Analytica Chimica Acta 372, 1–19 (1998).
P. Righetti, E. Fasoli u. S. Righetti, Conventional isoelectric focusing in gel slabs and capillaries and immobilized pH gradients Methods of Biochemical Analysis 54 (Protein Purification), 379–409 (2011).

Immuno-Elektrophorese

L. Amundsen u. H. Siren, Immunoaffinity CE in clinical analysis of body fluids and tissues, Electrophoresis 28, 99–113 (2007).
N. Heegaard u. T. Boeg-Hansen, Affinity electrophoresis in agarose gels. Theory and some applications, Applied and Theoretical Electrophoresis 1, 249–259 (1990).
P. Heegaard, N. Heegaard u. T. Boeg-Hansen, Affinity electrophoresis for the characterization of glycoproteins. The use of lectins in combination with immunoelectrophoresis, Affinity Electrophor. 3–21 (1992).
D. Schmalzing, S. Buonocore u. C. Piggee, Capillary electrophoresis-based immunoassays, Electrophoresis 21, 3919–3930 (2000).
A. Verbruggen, Quantitative immunoelectrophoretic methods: a literature survey, Clinical chemistry 21, 5–43 (1975).

Isotachophorese

P. Kosobucki u. B. Buszewski, Isotachophoresis, Springer Series in Chemical Physics 105 (Electromigration Techniques), 93–117 (2013).
J. Pospichal, P. Gebauer u. P. Bocek, Measurement of mobilities and dissociation constants by capillary isotachophoresis, Chemical Reviews 89, 419–430 (1989).
S. Shrivastava, A. Jain, S. Mhaske u. S. Nayak, Isotachophoresis: a technique of electrophoresis for the separation of charged particles, Research Journal of Pharmacy and Technology 2, 642–647 (2009).
P. Smejkal, D. Bottenus, M. Breadmore, R. Guijt, C. Ivory, F. Foret u. M. Macka, Microfluidic isotachophoresis: a review, Electrophoresis 34, 1493–1509 (2013).

Kapillarelektrophoresetechniken

V. Dolnik, S. Liu u. S. Jovanovich, Capillary electrophoresis on microchip, Electrophoresis 21, 41–54 (2000).
V. Kasicka, Recent developments in capillary electrophoresis and capillary electrochromatography of peptides, Electrophoresis 27, 142–175 (2006).
X. Subirats, D. Blaas u. E. Kenndler, Recent developments in capillary and chip electrophoresis of bioparticles: Viruses, organelles, and cells, Electrophoresis 32, 1579–1590 (2011).
W. Thormann, Capillary electrophoretic separations, Methods of Biochemical Analysis 54 (Protein Purification), 451–485 (2011).

Trägerfreie zweidimensionale Elektrophorese

D. Kohlheyer, J. Eijkel u. A. van den Berg, Miniaturizing free-flow electrophoresis – a critical review, Electrophoresis 29, 977–993 (2008).
M. Bowser u. R. Turgeon, Micro free-flow electrophoresis: theory and applications, Analytical and Bioanalytical Chemistry 394, 187–119 (2009).
G. Weber u. R. Wildgruber, A versatile free-flow electrophoresis system for proteomics applications, American Biotechnology Laboratory 22, 26, 28 (2004).

21 Wanderung von Teilchen im Konzentrationsgradienten (Diffusion)

21.1 Geschichtliche Entwicklung

Die Formulierung der die Diffusion beherrschenden Gesetzmäßigkeiten ist auf Fick zurückzuführen. Trennungen durch Diffusion unter Verwendung semipermeabler Membranen führte erstmals Graham (1861) durch; den entscheidenden Fortschritt in der Herstellung von Membranen mit reproduzierbaren Porengrößen erzielte Elford (1930).

21.2 Allgemeines

21.2.1 Definitionen

Grenzen zwei verschiedene Gase oder zwei miteinander mischbare Lösungen unterschiedlicher Zusammensetzung aneinander, so tritt infolge der regellosen Brown'schen Molekularbewegung mit der Zeit eine gegenseitige Vermischung, d. h. ein Konzentrationsausgleich, ein, bis die Zusammensetzung des Systems an allen Stellen einheitlich ist. Dieser Vorgang wird als „Diffusion" bezeichnet.

Trennungen durch Diffusion in flüssiger Phase unter Zuhilfenahme einer Membran, welche nur für einen Teil der gelösten Substanzen durchlässig ist, werden „Dialyse" genannt. Die Ausgangslösung mit den zu dialysierenden Verbindungen ist das „Dialysat", die Flüssigkeit, in die die abzutrennenden Anteile hineindiffundieren, das „Diffusat".

21.2.2 Fick'sches Gesetz

Die Menge dS einer Substanz, die in der Zeit dt durch einen Abschnitt der Dicke dx mit dem Querschnitt q (z. B. eines Rohres) hindurchdiffundiert, hängt u. a. von dem Konzentrationsgradienten $\frac{dc}{dx}$ ab:

$$\frac{dS}{dt} = -D \cdot q \cdot \frac{dc}{dx} \tag{1}$$

oder

$$dS = -D \cdot q \cdot \frac{dc}{dx} \cdot dt. \tag{1a}$$

Der Ausdruck auf der rechten Seite der Gleichung besitzt ein negatives Vorzeichen, weil die gelöste Substanz in Richtung der kleineren Konzentration diffundiert.

Die Konstante D ist der sog. „Diffusionskoeffizient", der eine für die diffundierende Substanz charakteristische Größe ist. D gibt die Anzahl der in der Zeiteinheit durch einen Querschnitt von 1 cm^2 diffundierenden Mole an Substanz bei einem Konzentrationsgefälle von 1 mol/l wieder. Der Diffusionskoeffizient von undissoziierten Verbindungen ist in erster Näherung von der Konzentration unabhängig, ändert sich aber stark bei einem Wechsel der Temperatur oder des Lösungsmittels.

D ist mit der Größe des diffundierenden Teilchens oder Moleküls in einem Medium wie folgt verbunden:

$$D = K \cdot T \cdot B \qquad K = \text{Boltzmann-Konstante} \qquad (2)$$
$$T = \text{Temperatur}$$
$$B = \text{Partikelbeweglichkeit}$$

wobei

$$B = [1 + A \cdot l/r_p + Q \cdot l/r_p \cdot \exp(-b\, r_p/l)] 6\pi \nu r_p \qquad (3)$$
$$b, Q, A = \text{empirische Konstanten}$$
$$l = \text{mittlere freie Weglänge eines Gasmoleküls}$$
$$r_p = \text{Partikelradius}$$
$$\nu = \text{Gasviskosität}$$

ist. Es kann somit eine Teilchen- oder Molekülgröße durch deren Diffusionskoeffizient D ausgedrückt werden.

Gase diffundieren verhältnismäßig schnell, sodass man in nicht zu großen Gefäßen mit dem Ausgleich von Konzentrationsunterschieden in Zeiträumen von Minuten bis Stunden rechnen kann. In Lösungen dauert der Vorgang jedoch wesentlich länger; hier benötigt man Tage, Wochen oder sogar Monate bis zur völligen Vermischung. Partikel im Nano- und Mikrometerbereich, wie sie etwa in der Atmosphäre aus Verbrennungsvorgängen existieren, benötigen zur völligen Durchmischung noch wesentlich längere Zeiträume.

21.2.3 Membranen

Da die Diffusion eine ungerichtete, nach allen Seiten verlaufende Bewegung ist, an der sämtliche Komponenten eines Systems teilnehmen, lässt sie sich nicht ohne weiteres zu wirksamen Trennungen ausnutzen. Man verbessert die Trennwirkung entweder durch die zweidimensionale Arbeitsweise (s. u.) oder durch Verwendung spezieller Trennwände, die nur für einen Teil der zu trennenden Stoffe durchlässig sind, die anderen jedoch zurückhalten. Diese Trennwände werden meist in Form dünner Membranen eingesetzt.

Wenn derartige Membranen bei Trennungen in wässrigen Lösungen verwendet werden, so pflegt man sowohl die zu dialysierende Lösung auf der einen als auch die Flüssigkeit auf der anderen Seite der Membran intensiv zu rühren, um die Trennung zu beschleunigen. Dann verläuft der Diffusionsprozess nicht mehr im gesamten Volumen des Systems, sondern ausschließlich in der Membran, und man kann das Fick'sche Gesetz in folgender Weise umformen:

$$dS = K \cdot A \cdot \frac{C_1 - C_2}{dx} \cdot dt. \tag{4}$$

An die Stelle des Ausdruckes dc ist dabei die Differenz der Konzentrationen $C_1 - C_2$ zu beiden Seiten der Membran getreten; wählt man als C_1 die kleinere Konzentration im Diffusat, so wird das Minus-Zeichen der ursprünglichen Gleichung beseitigt. A ist die Membranfläche, und K wird als „Permeabilitätskonstante" bezeichnet. Diese ist (außer von der Temperatur) abhängig von der Art der diffundierenden Substanz und der Durchlässigkeit der Membran. Bestimmt man die Permeabilitätskonstanten verschiedener Membranen mit derselben diffundierenden Substanz, so lassen sich Vergleiche über deren Durchlässigkeiten ziehen.

Man unterscheidet mehrere Arten von derartigen Trennwänden:
– Poröse Membranen,
– Ionenaustauscher-Membranen und
– „Lösungs-Membranen".

Poröse Membranen zur Trennung von Gasen bestehen aus zusammengesintertem Glas- oder Metallpulver mit Porenweiten von etwa 1–5 µm. Die relativ engen Poren lassen Atome oder Moleküle leichter Gase, wie H_2 oder He, wesentlich schneller hindurchdiffundieren als größere organische Moleküle. Man erreicht mit derartigen Trennwänden jedoch keine quantitativen Trennungen, sondern nur mehr oder weniger gute Anreicherungen.

Zur Trennung gelöster Verbindungen sind an die Stelle der früher verwandten Membranen aus tierischen Häuten (Schweinsblase, Därme) heute Filme aus Kunststoffen getreten; diese können durch kontrollierte Herstellungsbedingungen mit reproduzierbaren Porenweiten erhalten werden. U. a. werden Cellulose, Acetylcellulose, Nitrozellulose, PTFE und Polyacrylate eingesetzt.

Nitrozellulosefilme mit bestimmten Porengrößen werden z. B. durch Aufgießen einer Lösung von Nitrozellulose in Ether-Alkohol-Gemischen auf Glasplatten und Verdunsten des Lösungsmittels gewonnen. Die Porosität lässt sich durch das Mischungsverhältnis der beiden Lösungsmittelkomponenten variieren; je höher der Ethergehalt ist, desto dichter wird die Membran.

Die mittleren Porenweiten handelsüblicher Membranen liegen meist zwischen etwa 3 µm und 500–700 µm, doch lässt sich der Bereich noch etwas erweitern; z. B. sind Nitrozellulose-Membranen mit Porenweiten von ca. 1–3000 µm erhältlich.

Ionenaustauscher-Membranen werden gelegentlich bei Trennungen durch Elektrodialyse angewendet, sollen aber hier im Zusammenhang mitbesprochen werden.

Die Herstellung mechanisch ausreichend stabiler homogener Ionenaustauscher-Membranen ist schwierig; man geht daher meist von Mischungen aus Ionenaustauscher-Pulver mit einem inerten plastischen Bindematerial (Polyethylen, Polystyrol, Kautschuk, Phenolharz u. a.) aus. Dabei muss der Austauscher zu einem hohen Prozentsatz in der fertigen Membran vorhanden sein, damit die einzelnen Teilchen nicht vollständig vom Inertmaterial eingehüllt werden, sondern durchgehende Bereiche bilden können.

Das wesentliche Merkmal derartiger Membranen ist die hohe elektrische Ladungsdichte, die durch die große Konzentration an dissoziierenden funktionellen Gruppen bedingt wird (auch Cellulose- und Kollodium-Membranen tragen elektrische Ladungen, jedoch in so geringer Dichte, dass ihre Eigenschaften dadurch verhältnismäßig wenig beeinflusst werden). Als Folge setzen Ionenaustauscher-Membranen dem Durchgang von Ionen, die das gleiche Ladungsvorzeichen wie das Austauschergerüst tragen, einen sehr hohen Widerstand entgegen, während Ionen mit entgegengesetztem Ladungsvorzeichen hindurchdiffundieren können. Kationenaustauscher-Membranen sind somit nur für Kationen, Anionenaustauscher-Membranen nur für Anionen durchlässig. Diese Erscheinung wird als „Permselektivität" bezeichnet.

Bei der dritten Art von Membranen, die hier „*Lösungs-Membranen*" genannt werden sollen, ist ein Lösungsmechanismus als für die Diffusion maßgebend anzusehen. Als Materialien verwendet man Filme aus hydrophoben Verbindungen, wie z. B. Silikonpolymer, Acetylcellulose u. a., durch die unpolare organische Substanzen hindurchtreten können, während Ionen und hydrophile Stoffe zurückgehalten werden. Auf diesem Prinzip beruhende Trennverfahren wurden von Brintzinger als „*Diasolyse*" bezeichnet.

Eine Erweiterung der Methode lässt sich von Trennungen ableiten, bei denen man Substanzen aus wässrigen Lösungen mit organischen Lösungsmitteln ausschüttelt (Teil 2, Kap. 7). So kann z. B. Eisen(III)-chlorid aus stark salzsauren Lösungen mit β, β′-Dichlordiethylether als solvatisierte Verbindung $HFeCl_4$ ausgeschüttelt werden. Stellt man sich eine Membran aus Polyvinylchlorid mit einem Anteil dieses Ethers her, so vermag diese Eisen(III) durchzulassen, während andere Chloride, z. B. des Al^{3+}, quantitativ zurückgehalten werden.

Entsprechend lässt sich Uranylnitrat durch PVC-Membranen mit Tributylphosphat (u. a. Phosphorsäureestern) als Weichmacher aus wässrigen nitrathaltigen Lösungen entfernen. Die Methode, die zweifellos noch erweiterungsfähig ist, arbeitet sehr selektiv.

Schließlich ist hier noch die Diffusion von Wasserstoff durch Palladium-Membranen zu erwähnen, die auf der Löslichkeit des Gases in dem Metall beruht.

21.3 Eindimensionale Trennungen durch Diffusion

21.3.1 Trennungen in der Gasphase

Diffusionsseparation setzt das Vorhandensein einer Diffusionssenke voraus. Diese kann durch raschen, ständigen Abtransport eines Analyten im Gasstrom oder durch irreversible Fixierung desselben durch Adsorption oder chemische Bindung realisiert werden. Über der Oberfläche einer Diffusionssenke herrscht angenähert eine Analytkonzentration von Null, so dass gemäß den Fick'schen Gesetzen ein Nachströmen des Stoffes zur Senke erfolgt, welcher dort das Konzentrationsungleichgewicht auszugleichen versucht.

Gaspermeation. Die wirksamste aller Trennungen durch Diffusion in der Gasphase beruht auf der Diffusion von Wasserstoff durch Palladium-Membranen bei Temperaturen ab etwa 200 °C. Das Verfahren wird vor allem zur präparativen Gewinnung von extrem reinem Wasserstoff verwendet, besitzt aber – vor allem in der zweidimensionalen Arbeitsweise – auch analytische Bedeutung (s. u.).

Andere Diffusionsverfahren von Gasen, z. B. die Diffusion von H_2 und He durch Quarzmembranen bei erhöhter Temperatur oder von He durch Membranen aus fluorierten Kunststoffen, werden weniger angewendet.

Gewisse Bedeutung besitzt die Gaspermeation aber für die Herstellung von definierten Kalibrier-Gaskonzentrationen (z. B. flüchtige org. Halogenkohlenwasserstoffe, H_2S, SO_2, NO_2, HF, etc.). Dabei wird bei konstanter Temperatur ein konstanter Partialdruck des Gases eingestellt. Die Gasmoleküle permeieren dann mit einer ebenfalls konstanten Rate durch die Trennmembran. Da auf der anderen Membranseite das Gas durch ein ständig strömendes Verdünnungsgas (z. B. Luft oder Stickstoff) abtransportiert. Dadurch lassen sich Spurengaskonzentrationen im pptv-Bereich kontinuierlich erzeugen.

Umgekehrt lassen sich bei Anwendung ausgewählter Membranen selektiv gasförmige Analyten aus den die Membranoberfläche umgebenden Medien (Außenatmosphäre, Wasser) abtrennen. Dies ist z. B. für Einlasssysteme von mobilen Massenspektrometern (Polysiloxanmembran) zur Überwachung von toxischen Gasen in der Luft realisiert worden.

21.3.2 Trennungen in flüssiger Phase (Dialyse)

Gelöste Stoffe werden ausschließlich unter Zuhilfenahme von Membranen durch Diffusion getrennt. Da die Porenweiten nicht einheitlich sind, sondern mit einer gewissen Streuung um den Mittelwert schwanken, können wirksame Trennungen nur erzielt werden, wenn die Molekülgrößen der zu trennenden Verbindungen erhebliche Unterschiede aufweisen. Die Methode dient daher vor allem zum Entfernen von niedermolekularen Verbindungen aus Lösungen von Hochpolymeren; durch Membransätze mit abgestuften Porenweiten können allerdings in begrenztem Umfange auch höhermolekulare Verbindungen voneinander getrennt werden.

Da die Diffusionsgeschwindigkeiten in Lösungen sehr klein sind, empfiehlt es sich, durch apparative Maßnahmen die Trennungen zu beschleunigen. Die Auswertung der Gl. (2) ergibt, dass eine möglichst große Membranfläche im Verhältnis zum Lösungsvolumen anzustreben ist. Ferner sind kleine Diffusionsstrecken, d. h. dünne Membranen, und große Konzentrationsgradienten günstig. Letztere werden durch ein großes Volumen an Diffusat und öftere Erneuerung des Lösungsmittels erreicht. Weiterhin soll man durch Rühren dafür sorgen, dass die diffundierenden Verbindungen laufend an die Membran heran- bzw. von ihr weggeführt werden, damit nicht zusätzliche Diffusionsprozesse in den Lösungen stattfinden müssen. Und schließlich lässt sich das Verfahren durch Temperaturerhöhung wesentlich beschleunigen.

Bei der experimentellen Durchführung von Dialysen verwendet man häufig Membranen in Form von schlauch- oder beutelförmigen Behältern, die das Dialysiergut enthalten und in ein größeres Gefäß mit Wasser eingehängt werden. Andere Geräte enthalten ebene Membranen, durch die der Behälter in Kammern eingeteilt wird. Ein Beispiel für die zahlreichen Ausführungen ist in Abb. 21.1 wiedergegeben.

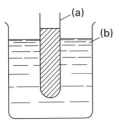

Abb. 21.1: Dialyse (Prinzip).
a) Beutelförmige Membran mit dem Dialysat;
b) Diffusat.

Sollen die dialysierten Substanzen aus dem Diffusat gewonnen werden, so empfiehlt sich ein Gerät, bei dem die Flüssigkeit kontinuierlich verdampft und in die Zelle zurückgeführt wird; auf diese Weise lässt sich das Eindampfen großer Flüssigkeitsmengen nach der Dialyse vermeiden (Abb. 21.2).

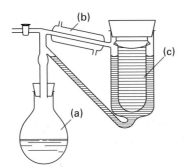

Abb. 21.2: Dialysator mit kontinuierlicher Eindampfung des Diffusates.
a) Kolben zum Eindampfen des Diffusates;
b) Kühler;
c) Dialysat.

Bei den sog. „Schnelldialysatoren" wird vor allem eine Vergrößerung der Membranfläche angestrebt. So besitzt z. B. ein von Craig (1955) beschriebenes Gerät eine Membran von 45 cm^2 Oberfläche bei nur 0,6 ml Lösungsvolumen.

Umkehrosmose. Ein weiteres Verfahren zum Beschleunigen von Trennungen durch Diffusion stellt die „Umkehrosmose" dar; man presst die zu dialysierende Lösung mit einem Überdruck von mehreren Atmosphären durch die semipermeable Membran hindurch. Dadurch wird die Umkehrung des ansonsten freiwillig ablaufenden Prozesses des Konzentrationsausgleichs bewirkt. Für die im großen Stil angewandte Meerwasserentsalzung werden bis zu 80 bar angewandt. Der Membranaufbau ist dabei so optimiert, dass nur das Solvens Wasser die Membran passieren kann, nicht jedoch die darin gelösten Stoffe. Weitere Anwendungen sind die Aufkonzentrierung von Fruchtsäften im Lebensmittelbereich, Es kommen zunehmend Hohlfaser- und Nanofiltrationsmembranen zum Einsatz.

21.4 Pervaporation

Der Begriff „Pervaporation" entstammt den zwei unterliegenden Prozessen: der Permeation des gelösten Stoffes durch die Membran und der Evaporation in die Gasphase. Dabei steht das zu trennende Flüssigkeitsgemisch an einer Membranseite unter geringem Überdruck an, während auf der abströmenden Seite ein Vakuum das Permeat in die Gasphase bringt. Fallweise kann auch durch ein Spülgas der Abtransport des Permeats und damit die notwendige Diffusionssenke geschaffen werden. Treibende Kraft ist hierbei der Unterschied in den Partialdrücken der beteiligten Analyten. Die Trennung erfolgt dabei auf Grund der unterschiedlichen Löslichkeit der Analyten in der Membran. Diese kann durch ein Lösung – Diffusion – Modell beschrieben werden. Durch gezielte Hydrophilisierung oder Hydrophobierung kann der Trennprozess gesteuert werden.

21.5 Gegenstromverfahren

Die Gegenstromdialyse lässt sich am einfachsten verwirklichen, indem man in das Innere eines wasserdurchströmten Rohres einen Dialysierschlauch verlegt, durch den das Dialysat in umgekehrter Richtung fließt. Für größere Substanzmengen sind Geräte mit mehreren Kammern entwickelt worden, die abwechselnd von Dialysat und Diffusat durchströmt werden.

Die Gegenstromdialyse wird vor allem für präparative Zwecke angewendet; das Verfahren dürfte analytisch ohne Bedeutung sein. Besonders in Form von Hohlfasermodulen wird diese Technik für die Produktion von reinem Wasser eingesetzt.

21.6 Zweidimensionale Trennungen durch Diffusion

Die zweidimensionale Arbeitsweise liegt bei den sog. „Molekül-Separatoren" vor, von denen die Trenndüse nach Becker (1955), der Fritten-Separator nach Watson und Biemann (1964), der Palladium-Separator nach Lovelock (1969) und der Spalt-Separator nach Brunnée (1969) erwähnt seien. Bei diesen Geräten wird die senkrecht zur Strömungsrichtung eines Gasstromes verlaufende Komponente der Diffusion ausgenützt.

Trenndüse nach Becker und Ryhage. Das zu trennende Gasgemisch tritt aus einer engen Düse aus, strömt eine kurze Strecke frei und tritt dann wieder in ein Rohr ein (Abb. 21.3). Auf der freien Wegstrecke tritt durch Diffusion eine Verbreiterung des Gasstrahles ein, wobei die am schnellsten diffundierenden Komponenten am weitesten nach außen gelangen. Beim Wiedereintritt in das Rohr wird der äußere Teil des Gasstromes abgeschält und aus dem Außenraum durch Absaugen entfernt. Im verbleibenden inneren Teil werden somit die langsamer diffundierenden Anteile angereichert. Durch Hintereinanderschalten von mehreren derartigen Trenndüsen kann die Wirksamkeit des Verfahrens erhöht werden. Eine weitere Verbesserung der Trennfähigkeit wird durch Anwendung eines gekreuzten Laserstrahls erreicht.

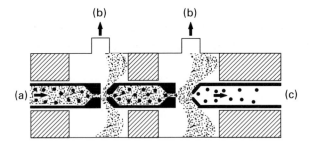

Abb. 21.3: Trenndüsen in zweistufiger Anordnung.
a) Gaseintritt;
b) Pumpenanschlüsse;
c) Gasaustritt.

Fritten-Separatoren bestehen aus einem porösen Rohr aus Glas oder Metall mit Porenweiten von etwa 1–5 μm, durch das das Gasgemisch strömt (Abb. 21.4). Da kleine Moleküle schneller durch die Poren des Röhrchens diffundieren als größere, tritt ei-

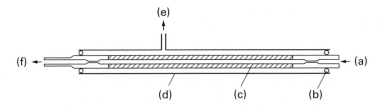

Abb. 21.4: Molekül-Separator.
a) Gaseintritt; b) Dichtungsring; c) poröses Rohr; d) evakuierbares Außenrohr; e) Pumpenanschluss; f) Gasaustritt.

ne teilweise Trennung unter Anreicherung der höhermolekularen Verbindungen im restlichen Gasstrom ein.

Im Prinzip ähnlich ist ein von Lovelock angegebener Separator, bei dem das Gasgemisch durch ein auf etwa 250 °C erhitztes Palladium-Röhrchen strömt. Die Vorrichtung dient zur Abtrennung von Wasserstoff, der als einziges Gas durch das Metall hindurchdiffundieren kann und bei ausreichender Länge des Rohres vollständig entfernt wird. Das Gas wird aus dem Außenraum abgesaugt oder an der Wand des Palladiumröhrchens mit Sauerstoff verbrannt.

Da reines Palladium durch Wasserstoffeinwirkung nach einiger Zeit brüchig wird, verwendet man Palladium-Silberlegierungen mit etwa 25 % Ag. Die Wirksamkeit der Röhrchen wird durch Quecksilber-, Iod- und Schwefelverbindungen zerstört; ungesättigte Verbindungen im Gasstrom können durch die katalytische Wirkung des Palladiums hydriert werden.

Schließlich wurde von Brunnée ein sog. „Spalt-Separator" angegeben, bei dem das Gasgemisch in einer kreisförmigen Rinne zwischen zwei konzentrischen Rippen strömt. Die Rinne ist durch einen oben nicht ganz dicht abschließenden Deckel begrenzt, sodass durch den dadurch gebildeten Ringspalt Gas sowohl nach außen als auch nach innen abdiffundieren kann (Abb. 21.5). Der die Rinne auf der der Eintrittsöffnung entgegengesetzten Seite verlassende Teil des Gas-Stromes ist mit schweren Komponenten angereichert. Der Vorteil des Systems besteht vor allem darin, dass man die Spaltweite zwischen 0 und 50 μm beliebig einstellen kann, sodass sich das Mengenverhältnis von eintretendem zu angereichertem Gas variieren lässt.

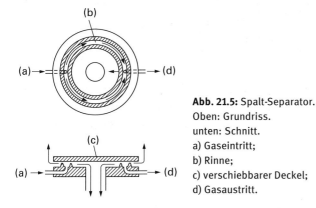

Abb. 21.5: Spalt-Separator.
Oben: Grundriss.
unten: Schnitt.
a) Gaseintritt;
b) Rinne;
c) verschiebbarer Deckel;
d) Gasaustritt.

Diffusionsabscheider zur Gas/Partikeltrennung. Zur anreichernden Probenahme von Spurengasen aus dem atmosphärischen Aerosol haben sich Diffusionsabscheider (angelsächs. denuder) durchgesetzt. Bei zahlreichen Luftüberwachungsproblemen muss die gesuchte Spurenkomponente vom Aerosol (Partikel bzw. Tröpfchen; in einem Trägergas suspendiert) abgetrennt werden, da im nachfolgenden analytischen

Bestimmungsverfahren die gesuchte Gasspezies nicht immer von Partikelbestandteilen unterschieden werden kann.

Häufig werden zu diesem Zweck röhrenförmige Abscheider (siehe Wirkungsprinzip in Abb. 21.6) eingesetzt, deren Innenwände die Diffusionssenke darstellen. Da Gase im Vergleich zu den störenden atmosphärischen Partikelbestandteilen ($3\,\text{nm} < d_\text{p} < 10\,\mu\text{m}$) einen um mehrere logarithmische Größenordnungen höheren Diffusionskoeffizienten besitzen, erreichen Gasmoleküle während eines Durchganges durch ein Rohr auf Grund der Brown'schen Molekülbewegung häufig die Innenwand, nicht jedoch die Aerosolpartikel. Kommt es dort zu einer irreversiblen Bindung der Gasmolekel, werden weitere Gasmoleküle ebenfalls während des Durchtritts abgeschieden. Es wird daher das Aerosol von dieser abgeschiedenen Spurengaskomponente befreit und an der Innenwand angereichert.

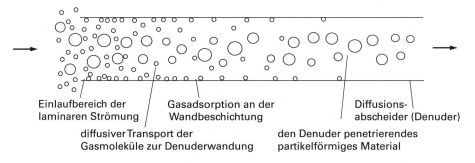

Abb. 21.6: Wirkungsprinzip eines Diffusionsabscheiders zur Gas/Partikeltrennung.

In der Abb. 21.7 ist ein sequenziell angeordnetes Denudersystem für die Abscheidung von verschiedenen gasförmigen und thermisch labilen Sulfat-Aerosolbestandteilen dargestellt.

Dabei wird das zu untersuchende Aerosol bei konstanter Durchflussrate durch vier sequenziell angeordnete Denuder gezogen:
a) K_2CO_3 oder PbO_2-Denuder zur Bindung von H_2S und SO_2 (T = RT);
b) Aktivkohle-Denuder zur Abscheidung organischer flüchtiger Schwefelbestandteile (T = RT);
c) Cu/CuO-Denuder zur Abscheidung thermisch verflüchtigbarer H_2SO_4 (T = 120 °C);
d) Cu/CuO-Denuder zur Abscheidung thermisch verflüchtigbarer Ammoniumsulfataerosole (T = 220 °C).

Nach einer Anreicherungsperiode können die in den Cu/CuO-Denuder abgeschiedenen Sulfatanteile einzeln unter einer zugeschalteten Wasserstoffatmosphäre nach schnellem Ausheizen zu SO_2 konvertiert und kontinuierlich mit einem flammenphotometrischen Detektor quantitativ vermessen werden. Während der Ausheizphase wird bereits in einer Parallelanordnung weiter Probe genommen. Es gelingt so die auto-

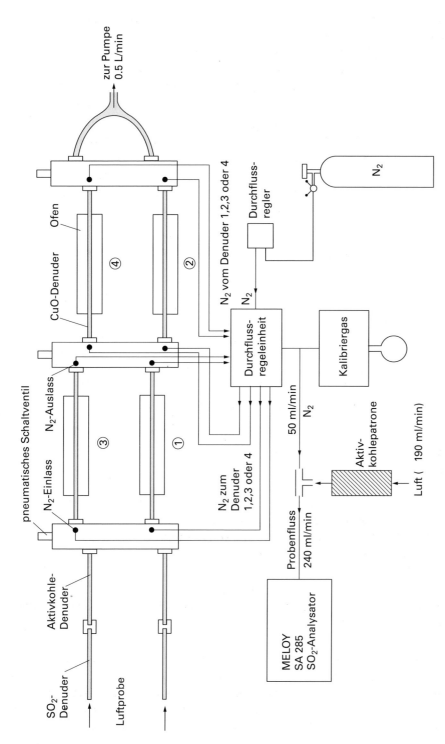

Abb. 21.7: Sequenzieller Denuder zur getrennten Sammlung atmosphärischer Schwefelsäure und ihrer Salze

matisierte quasikontinuierliche separate Messung von atmosphärischem Ammoniumsulfat und Schwefelsäure. Analoge Messverfahren sind für die Bestimmung von Salpetersäure und Ammoniumnitrat in Außenluft entwickelt worden.

Diffusionsbatterie. Bereits Townsend (1900) erkannte die Möglichkeit, durch Messung der Diffusionsverluste von Gasionen bei der Penetration durch ein Rohr auf deren Teilchengröße rückschließen zu können. Gormley & Kennedy (1949) fassten die ausschließlich auf Diffusionsabscheidung beruhenden Penetrationsverluste P wie folgt zusammen:

$$P = N/N_0 = 0.819 \exp(-3.657\Delta) + 0.097 \exp(-22.3\Delta) + 0.032 \exp(-57\Delta) + \ldots \quad (5)$$

N = Teilchenanzahlkonzentration am Ausgang eines Kanals

D = Diffusionskoeffient

N_0 = Teilchenanzahlkonzentration am Eingang eines Kanals

Wobei

$$\Delta = D x / R^2 v \quad (6)$$

x = Länge des Kanals

R = Radius des Kanals

v = Mittlere Geschwindigkeit im Kanal

ist.

Interessant ist dabei die Tatsache, dass die Diffusionsabscheidung materialunabhängig erfolgt, solange der Energieübertrag der stoßenden Trägergasmoleküle auf die darin suspendierten Partikeln ausschließlich elastisch erfolgt. Die Frage nach der Trennschärfe einer auf Diffusion beruhenden Partikelabscheidung lässt sich durch Betrachtung der Abhängigkeit des Diffusionskoeffizienten D von der Teilchengröße $2r_p$ beantworten (siehe Abb. 21.8).

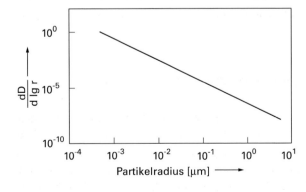

Abb. 21.8: Relative Unterschiede im Diffusionskoeffizient in Abhängigkeit von der Partikelgröße.

Es ist ersichtlich, dass je kleiner die Partikelgröße ist, die Trennschärfe durch Diffusionsabscheidung logarithmisch zunimmt. Möchte man Partikel im Größenbereich unter einigen Hundert Nanometern separieren, so sind gemäß Gl. (5) sehr große Kanallängen dafür notwendig. Dies kann durch Nutzung sog. Diffusionsbatterien, einer Parallelanordnung von plattenförmigen Kanälen, Rohrbündeln oder gestapelten Sieben umgangen werden. Durchgesetzt hat sich eine Diffusionsbatterie aus gestapelten Sieben, deren offene Maschenweite im Größenbereich von etwa 10–30 µm liegt. Abb. 21.9 zeigt die Abhängigkeit der Penetration P von monodispersen Aerosolen durch 55 übereinander gestapelte Siebe.

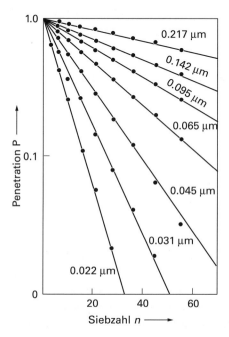

Abb. 21.9: Penetration von Nanometer-Aerosolpartikeln durch eine Sieb-Diffusionsbatterie (SS 400 – Siebe).

Es ist ersichtlich, dass im Bereich kleiner 30 nm eine Auflösung von ±1 nm erreicht wird. Im Bereich unter 20 nm Partikeldurchmesser werden Größenauflösungen im Ångströmbereich möglich.

21.7 Wirksamkeit und Anwendungsbereich der Methode

Molekül-Separatoren werden bei der Kopplung von Gas-Chromatographen mit Massenspektrometern als Zwischenglied eingesetzt, um einen Teil des Trägergases vor dem Eintritt in das Massenspektrometer abzutrennen und die Konzentration der im Eluat des Gas-Chromatographen enthaltenen getrennten Verbindungen zu erhöhen. Da das Verfahren umso wirksamer ist, je größer der Unterschied der Molekulargewichte von Trägergas und Substanzen ist, werden die Gas-Chromatographen in diesem Falle ausschließlich mit Wasserstoff oder Helium betrieben.

Palladium-Separatoren gestatten eine praktisch vollständige Abtrennung des Wasserstoffes bei 100 proz. Ausbeute an Analysensubstanz; damit diese noch in das Massenspektrometer transportiert werden kann, muss entweder ein Teil des Wasserstoffes im Gasstrom zurückbleiben oder eine kleine Menge eines anderen Gases zugesetzt werden; z. B. wird bei einem Zusatz von 1 % Stickstoff und vollständiger H_2-Entfernung eine Anreicherung der Analysensubstanzen um den Faktor 100 erzielt. Der Nachteil dieser Separatoren liegt in der verhältnismäßig hohen Arbeitstemperatur.

Trenndüsen und Fritten-Separatoren sind wesentlich weniger wirksam; man kann mit Anreicherungsfaktoren von etwa 50 bis 100 bei Substanzverlusten von 50–80 % rechnen. Der Vorteil dieser Geräte besteht in der Möglichkeit, auch Helium als Trägergas verwenden zu können. Der Betrieb von Fritten-Separatoren hat sich als einfacher erwiesen als der von Trenndüsen, da bei letzteren die Druckverhältnisse zwischen abgetrenntem und und hindurch gehendem Teil des Gasstromes sorgfältig aufeinander abgestimmt werden müssen.

Große Bedeutung besitzen diffusionsbasierte Separatoren in der Nuklearindustrie zur Isotopentrennung.

Der Anwendungsbereich der Dialyse gelöster Substanzen liegt zwar im wesentlichen im Bereich der präparativen Chemie, doch wird die Methode gelegentlich auch für analytische Aufgaben eingesetzt. Man kann damit niedermolekulare Verbindungen von hochmolekularen abtrennen, was u. a. bei der Untersuchung von Naturstoffen von Bedeutung sein kann.

Allgemeine Literatur

M. Cheryan: Handbuch Ultrafiltration, B. Behr's Verlag GmbH & Co, Hamburg (1990).

J. Coronas u. J. Santamaria, Separations using zeolite membranes, Separation and Purification Methods *28*, 127–177 (1999).

E. von Halle u. J. Shacter, Diffusion separation methods, in: Kirk-Othmer Separation Technology, John Wiley & Sons, Inc., Hoboken, N. J *1*, 816–871 (2008).

R. Krishna, Diffusion in porous crystalline materials, Chemical Society Reviews *41*, 3099–3118 (2012).

Y. Lin, I. Kumakiri, B. Nair u. H. Alsyouri, Microporous inorganic membranes, Separation and Purification Methods *31*, 229–379 (2002).

R. Niessner, M. Malejczyk, M. Schilling u. D. Klockow, Diffusion as a method of sampling for gas-particle separation, VDI-Berichte *608*, (Aktuel. Aufgaben Messtech. Luftreinhalt.), 153–180 (1987).

F. Richter, N. Dauphas u. F.-Z. Teng, Non-traditional fractionation of non-traditional isotopes: Evaporation, chemical diffusion and Soret diffusion, Chemical Geology *258*, 92–103 (2009).

Literatur zum Text

Diasolyse

W. Albrecht u. K. Beyermann, Separation by diasolysis by means of swollen silicone rubber membranes, Fresenius' Zeitschrift fuer Analytische Chemie 286, 102–106 (1977).
J. Luo, C. Wu, T. Xu u. Y. Wu, Diffusion dialysis-concept, principle and applications, Journal of Membrane Science 366, 1–16 (2011).
F. Vlacil u. K. Beyermann, Diasolysis of inorganic compounds (iron as an example), Fresenius' Zeitschrift fuer Analytische Chemie 314, 37–40 (1983).

Diffusionsabscheider

Y.-S. Cheng, Instruments and samplers based on diffusional separation, in: P. Kulkarni, P. Baron u. K. Willeke, Aerosol Measurement, John Wiley & Sons, Inc., Hoboken, N. J, 365–379 (2011).
R. Lewis u. R. Coutant, Determination of phase-distributed polycyclic aromatic hydrocarbons in air by grease-coated denuders, Advances in Environmental, Industrial and Process Control Technologies 2 (Gas and Particle Phase Measurements of Atmospheric Organic Compounds), 201–231 (1999).
J. Slanina, C. Schoonebeek, D. Klockow u. R. Niessner, Determination of sulfuric acid and ammonium aulfates by means of a computer-controlled thermodenuder system, Analytical Chemistry 57, 1955–1960 (1985).
J.-C. Wolf u. R. Niessner, High-capacity NO_2 denuder systems operated at various temperatures (298–473 K), Analytical and Bioanalytical Chemistry 404, 2901–2907 (2012).
G. Wyers, R. Otjes u. J. Slanina, A continuous-flow denuder for the measurement of ambient concentrations and surface-exchange fluxes of ammonia, Atmospheric Environment, Part A: General Topics 27A, 2085–2090 (1993).
Y. Ye, C.-J. Tsai, D. Pui u. C. Lewis, Particle transmission characteristics of an annular denuder ambient sampling system, Aerosol Science and Technology 14, 102–111 (1991).

Diffusionsbatterie

B. Chen, Y. Cheng, H. Yeh, W. Bechtold u. G. Finch, Tests of the size resolution and sizing accuracy of the Lovelace parallel-flow diffusion battery, American Industrial Hygiene Association Journal 52, 75–80 (1991).
Y. Cheng u. H. Yeh, Theory of a screen-type diffusion battery, Journal of Aerosol Science 11, 313–320 (1980).
P. Feldpausch, M. Fiebig, L. Fritzsche u. A. Petzold, Measurement of ultrafine aerosol size distributions by a combination of diffusion screen separators and condensation particle counters, Journal of Aerosol Science 37, 577–597 (2006).
M. Fierz, S. Weimer u. H. Burtscher, Design and performance of an optimized electrical diffusion battery, Journal of Aerosol Science 40, 152–163 (2009).
V. Gomez, F.Alguacil u. M. Alonso, Deposition of aerosol particles below 10 nm on a mixed screen-type diffusion battery, Aerosol and Air Quality Research 12, 457–462 (2012).
Y. Julanov, A. Lushnikov u. V. Zagaynov, Diffusion aerosol spectrometer, Atmospheric Research 62, 295–302 (2002).
A. Reineking u. J. Porstendoerfer, High-volume screen diffusion batteries and α-spectroscopy for measurement of the radon daughter activity size distributions in the environment, Journal of Aerosol Science 17, 873–879 (1986).

Membranen

S. El-Safty, Designs for size-exclusion separation of macromolecules by densely-engineered mesofilters, TrAC, Trends in Analytical Chemistry *30*, 447–458 (2011).

M.-B. Haegg, Membranes in gas separation, in: A. Pabby, S. Rizvi u. A. Sastre, in: Handbook of Membrane Separations, CRC Press, Boca Raton, 65–105 (2008).

A. Kumar, Fundamentals of membrane processes, in: T. Zhang et al., Membrane Technology and Environmental Applications, ASCE, Reston 75–95 (2012).

C. Lau, P. Li, F. Li, T.-S. Chung u. D. Paul, Reverse-selective polymeric membranes for gas separations, Progress in Polymer Science *38*, 740–766 (2013).

M. Luque de Castro, Membrane-based separation techniques: dialysis, gas diffusion and pervaporation, in: S. Kolev u. I. McKelvie, Comprehensive Analytical Chemistry, Elsevier, Amsterdam *54*, 203–234 (2008).

A. Pabby u. Sastre, Hollow fiber membrane-based separation technology: performance and design perspectives, in: M. Aguilar u. J. Cortina, Solvent Extraction and Liquid Membranes CRC Press, Boca Raton, 91–140 (2008).

P.Pinacci u. A. Basile, Palladium-based composite membranes for hydrogen separation in membrane reactors, Woodhead Publishing Series in Energy *55* (Handbook of Membrane Reactors, Volume 1), 149–182 (2013).

L. Robeson, Correlation of separation factor versus permeability for polymeric membranes, Journal of Membrane Science *62*, 165–185 (1991).

A. Sastre, A. Kumar, J. Shukla u. R. Singh, Improved techniques in liquid membrane separations: An overview, Separation and Purification Methods *27*, 213–298 (1998).

D. Sanders, Z. Smith, R. Guo, L. Robeson, J. McGrath, D. Paul u. B. Freeman, Energy-efficient polymeric gas separation membranes for a sustainable future: A review, Polymer *54*, 4729–4761 (2013).

Molekül-Separatoren

E. Becker, W. Bier, W. Ehrfeld, K. Schubert, R. Schuette u. Seidel, D. Uranium enrichment by the separation-nozzle process, Naturwissenschaften *63*, 407–411(1976).

E. Becker, W. Bier, P. Bley, W. Ehrfeld, K. Schubert u. D. Seidel, Development and technical implementation of the separation nozzle process for enrichment of uranium-235, AIChE Symposium Series *78*, 49–60 (1982).

J. Eerkens u. J. Kim, Isotope separation by selective laser-assisted repression of condensation in supersonic free jets, AIChE Journal *56*, 2331–2337 (2010).

Y. Okada, S. Isomura, K. Ashimine u. K. Takeuchi, Condensation of uranium hexafluoride in supersonic Laval nozzle flow, Applied Physics B: Lasers and Optics *67*, 247–251 (1998).

E. Suzuki, T. Saito u. O. Suto, Numerical simulation of an expanding pulsed flow in a Laval Nozzle for the molecular laser isotope separation, Journal of Nuclear Science and Technology *36*, 152–159 (1999).

Palladium-Separatoren

A. Santucci, S.Tosti u. A. Basile, Alternatives to palladium in membranes for hydrogen separation: nickel, niobium and vanadium alloys, ceramic supports for metal alloys and porous glass membranes, in: A. Basile, Handbook of Membrane Reactors, Woodhead Publishing Ltd., Cambridge *1*, 183–217 (2013).

Y. Ma, I. Mardilovich u. E. Engwall, Thin composite palladium and palladium/alloy membranes for hydrogen separation, Annals of the New York Academy of Sciences *984* (Advanced Membrane Technology), 346–360 (2003).

Y. Ma u. F. Guazzone, Metallic membranes for the separation of hydrogen at high temperatures, Annales de Chimie (Cachan, France) *32*, 179–195 (2007).

S. Yun u. S. Oyama, Correlations in palladium membranes for hydrogen separation: A review, Journal of Membrane Science *375*, 28–45 (2011).

Pervaporation

J. Fontalvo Alzate, Design and performance of two-phase flow pervaporation and hybrid distillation prodess, Technische Universiteit Eindhoven, The Netherlands: JWL Boekproducties (2006).

P. Shao u. R. Huang, Polymeric membrane pervaporation, Journal of Membrane Science *287*, 162–179 (2007).

22 Wanderung von Teilchen im Gravitationsfeld (Sedimentation – Flotation)

22.1 Allgemeines – Definitionen – Zentrifugalkraft

Die Wanderung von Teilchen im Gravitationsfeld wird als „Sedimentation" bezeichnet; verläuft die Bewegung gegen das Schwerefeld, so spricht man von „Aufschwimmen" oder „Flotation". Sedimentation kann entweder im Kraftfeld der Erde oder durch die Zentrifugalkraft einer Zentrifuge erfolgen. Sedimentation oder Flotation tritt nur ein, wenn ein Dichteunterschied zwischen dem betreffenden Teilchen und dem umgebenden Medium vorhanden ist.

Während die Sedimentation von in Flüssigkeiten suspendierten gröberen Teilchen im Allgemeinen keine Schwierigkeiten bereitet, überwiegt bei gelösten Molekülen die Brown'sche Molekularbewegung, die eine Diffusion bewirkt, sodass normalerweise kein Absitzen erfolgt. Erst in extrem hohen Gravitationsfeldern, die in sehr schnell laufenden sog. „Ultrazentrifugen" erreicht werden, kann eine Sedimentation von Molekülen erzwungen werden, aber auch nur dann, wenn die Molekulargewichte nicht zu klein sind.

Bei einer Kreisbewegung ist die Radialbeschleunigung b gleich dem Produkt aus dem Radius r und dem Quadrat der Winkelgeschwindigkeit ω[1]:

$$b = r \cdot \omega^2. \tag{1}$$

Die Zentrifugalkraft Z, die auf ein Teilchen der Masse m einwirkt, ergibt sich demnach zu

$$Z = m \cdot r \cdot \omega^2. \tag{2}$$

Wie Gl. (2) zeigt, wächst die Zentrifugalkraft proportional zum Radius, aber mit dem Quadrat der Winkelgeschwindigkeit. Zum Erzielen hoher Gravitationsfelder ist es daher am günstigsten, große Winkelgeschwindigkeiten anzustreben.

---

[1] Kreisbewegungen werden durch zwei Größen beschrieben. Die Bahngeschwindigkeit v (auch Lineargeschwindigkeit genannt) mit der Dimension $m \cdot s^{-1}$, die den von einem Punkt auf dem Kreisumfang in der Zeiteinheit zurückgelegten Weg angibt, und die Winkelgeschwindigkeit ω (Dimension s^{-1}), welche den von einem Radius des Kreises in der Zeiteinheit zurückgelegten Winkel bezeichnet. Der Winkel α wird dabei meist nicht in Grad, sondern im Bogenmaß (als arc α) angegeben. Der Kreisumfang beträgt $2\pi r$, für $r = 1$ somit 2π. Der im Bogenmaß gemessene Winkel 1 entspricht danach $360°/2\pi = 57{,}3°$; diese Größe wird auch als „Radian" bezeichnet. Die Winkelgeschwindigkeit $\omega = 1$ bedeutet also, dass der Radius des Kreises pro Sekunde einen Winkel von $57{,}3°$ zurücklegt, das entspricht einer Umdrehungszahl von $60/2\pi \approx 9{,}5$ Umdr./min.

Die Beschleunigung, die ein Teilchen in einer Zentrifuge erfährt, wird häufig in Vielfachen der Erdbeschleunigung $g = 9{,}81\ \mathrm{m \cdot s^{-2}}$ angegeben. Handelsübliche Ultrazentrifugen arbeiten mit Umdrehungszahlen von etwa 50 000–60 000 pro min und Zentrifugalkräften von ca. 150 000–200 000 g, doch sind auch noch wesentlich höhere Werte erreicht worden.

22.2 Trennungen mit Hilfe von schweren Flüssigkeiten

Suspendiert man ein Mineralgemisch in einer Flüssigkeit, deren Dichte zwischen der von verschiedenen Komponenten des Gemisches liegt, so sinken die spezifisch schwereren Bestandteile zu Boden, und die leichteren schwimmen auf. Voraussetzungen für derartige Trennungen sind Unlöslichkeit der betreffenden Verbindungen und das Freiliegen der einzelnen Mineralkörner.

Als schwere Flüssigkeiten werden bei dieser Methode wässrige Lösungen von K_2HgI_4 (Thoulet'sche Lösung), Thallium-Malonat- + Thallium-Formiat-Lösung (Clerici'sche Lösung), Bromoform und Methyleniodid verwendet. Durch Zumischen von Benzol oder Ethanol in verschiedenen Mengenverhältnissen zu den organischen Flüssigkeiten lassen sich Zwischenwerte der Dichten erhalten. Der Trennvorgang kann durch Zentrifugieren beschleunigt werden. Einige Beispiele für Mineraltrennungen sind in Tab. 22.1 wiedergegeben.

Tab. 22.1: Mineraltrennungen durch schwere Flüssigkeiten (Beispiele)

Kalzit (d 2,72)	—	Aragonit (d 2,95)
Gips (d 2,3–2,4)	—	Anhydrit (d 2,9–3,0)
Baryt (d 4,48)	—	Flussspat (d 3,1–3,2)
Sillimanit (d 3,2)	—	Disthen (d 3,5–3,7)
Quarz (d 2,6)	—	Almandin (d ca. 4,2)
Feldspat (d 2,6–2,7)	—	Pyroxen (d 3,1–3,5)

22.3 Trennungen durch Sedimentation im Gravitationsfeld der Erde

Beim „Absitzenlassen" von Suspensionen können dadurch Trennungen erreicht werden, da sowohl gröbere als auch spezifisch schwerere Teilchen schneller in einer Flüssigkeit absinken als kleinere oder spezifisch leichtere. Dieses Verfahren spielt in der Technik eine große Rolle, hat aber für die analytische Chemie kaum Bedeutung.

Ebenfalls nur erwähnt sei das in der Technik viel verwandte Flotationsverfahren, bei dem an einzelne Bestandteile von Mineralgemischen feine Luftbläschen angeheftet werden, wodurch ein selektives Aufschwimmen der betreffenden Komponenten aus der Suspension bewirkt wird.

22.4 Trennungen mit Hilfe der Ultrazentrifuge

Die Abtrennung von Niederschlägen durch Zentrifugieren (an Stelle der Filtration) ist nur als ein Hilfsmittel anzusehen (vgl. 2. Teil, Kap. 7, Löslichkeit) und soll hier nicht weiter behandelt werden. Dagegen sind Trennungen gelöster Moleküle durch Ultrazentrifugation als ein gesondertes Trennverfahren zu behandeln.

In extrem starken Gravitationsfeldern von Ultrazentrifugen kann die Sedimentationsgeschwindigkeit gelöster Moleküle größer werden als die Diffusionsgeschwindigkeit, sodass ein Absitzen zu erreichen ist. Sind in der Lösung mehrere Molekülarten mit unterschiedlichen Sedimentationsgeschwindigkeiten anwesend, so treten Trenneffekte auf; es ist jedoch nicht ohne weiteres möglich, brauchbare Trennungen zu erzielen, sondern man kann im Prinzip nur einen Teil der am langsamsten sedimentierenden Komponente im oberen Teil der Flüssigkeit rein erhalten. Das Verfahren ähnelt in dieser Hinsicht der früher besprochenen Frontalanalyse; es wird in dieser Form für Trennungen nicht angewendet; leistet allerdings ausgezeichnete Dienste bei der Molekulargewichtsbestimmung von Makromolekülen und bei der Ermittlung der Einheitlichkeit von isolierten hochmolekularen Naturstoffen und von Fraktionen synthetischer Polymere.

Gute Trennungen lassen sich dagegen – wie zuerst Pickels (1942) zeigte – durch Zentrifugieren von Lösungen mit einem Dichtegradienten erhalten. Man bringt eine Lösung mit nach oben abnehmender Dichte in das Zentrifugenglas und überschichtet sie mit einer schmalen Zone des zu trennenden Substanzgemisches. Beim Zentrifugieren wandern Molekülarten mit unterschiedlichen Sedimentationsgeschwindigkeiten verschieden schnell nach unten und bilden nach einiger Zeit getrennte Zonen aus. Zentrifugiert man zu lange, so befinden sich schließlich sämtliche Komponenten am Boden des Gefäßes. Der Konzentrationsgradient braucht nicht sehr steil zu sein; er ist nur erforderlich, damit die einzelnen Zonen beim Abstellen der Zentrifuge nicht als Folge der Überlagerung von weniger dichten Zonen durch dichtere wieder zusammen fließen.

Eine weitere Methode arbeitet ebenfalls mit einem Dichtegradienten, aber nach einem anderen Prinzip: Das zu trennende Substanzgemisch befindet sich homogen verteilt in der gesamten Lösung, die durch Zugabe eines gelösten inerten Materials zusätzlich einen Dichtegradienten erhält. Beim Zentrifugieren wandert jede Substanzart an die Stelle des Gradienten, der ihrer eigenen Dichte entspricht, und verbleibt hier stationär. Die Breite der sich auf diese Weise ausbildenden Zonen hängt von der Steilheit des Dichtegradienten und der Stärke des Gravitationsfeldes ab. Im Gegensatz zu der zuerst beschriebenen Methode, bei der Unterschiede in den Sedimentationsgeschwindigkeiten für die Trennungen maßgeblich waren, sind hier die Dichteunterschiede der entscheidende Faktor.

Die Dichtegradienten werden durch Mischen von reinem Lösungsmittel mit Lösungen niedermolekularer Substanzen, meist Zuckern, in der üblichen Weise hergestellt. Einfacher ist es, eine Verbindung mit relativ hohem Molekulargewicht, z. B. CsBr, mit der Analysenprobe zusammen zu lösen; beim Zentrifugieren bildet das Cäsiumbromid den Dichtegradienten von selbst aus. Die verschiedenen Verfahren sind in Abb. 22.1 dargestellt.

22.5 Wirksamkeit und Anwendungsbereich der Methode

Trennungen durch schwere Flüssigkeiten gehören zum Bereich der Phasenanalyse (vgl. Teil 2, Kap. 13, Extraktion), da hierbei einzelne Kristallarten isoliert werden können. Das Verfahren ist eine wertvolle Ergänzung der wenigen anderen auf diesem Gebiete vorhandenen Methoden, allerdings ist seine Anwendung begrenzt, da keine Flüssigkeiten mit Dichten über etwa 3,3 g / ml zur Verfügung stehen. Über die Wirksamkeit der Trennungen lassen sich kaum allgemeine Angaben machen, da Verwachsung und Zerkleinerungsgrad der Mineralien von entscheidendem Einfluss sind.

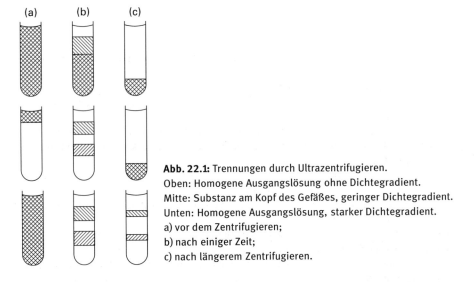

Abb. 22.1: Trennungen durch Ultrazentrifugieren.
Oben: Homogene Ausgangslösung ohne Dichtegradient.
Mitte: Substanz am Kopf des Gefäßes, geringer Dichtegradient.
Unten: Homogene Ausgangslösung, starker Dichtegradient.
a) vor dem Zentrifugieren;
b) nach einiger Zeit;
c) nach längerem Zentrifugieren.

Die Ultrazentrifuge wird – sofern sie zu Trennungen verwendet wird – vor allem im Bereich der hochmolekularen biochemisch bedeutsamen Verbindungen eingesetzt. Dabei sind auch größere Teilchen, z. B. Bakteriophagen und Virenarten, getrennt worden. Die Methode ist experimentell recht aufwendig, besitzt aber einen breiten Anwendungsbereich.

Allgemeine Literatur

N. Boujtita u. Noles, Ultracentrifugation – application possibilities and obstacles, LaborPraxis *34*, 46–48 (2010).

J. Edzwald Principles and applications of dissolved air flotation, Water Science and Technology *31* (3–4, Flotation Processes in Water and Sludge Treatment), 1–23 (1995).

T. Laue u. W. Stafford, Modern applications of analytical ultracentrifugation, Annual Review of Biophysics and Biomolecular Structure *28*, 75–100 (1999).

J. Lebowitz, M. Lewis u. P. Schuck, Modern analytical ultracentrifugation in protein science: a tutorial review, Protein Science *11*, 2067–2079 (2002).

A. Letki u. N. Corner-Walker, Centrifugal separation, in: A. Seidel, Kirk-Othmer Encyclopedia of Chemical Technology (5th Edition) John Wiley & Sons, Inc., Hoboken *5*, 505–551 (2004).

A. Lynch, G. Harbort, u. M. Nelson, History of flotation. (Australasian Institute of Mining and Metallurgy Spectrum Series, Number 18), Australasian Institute of Mining and Metallurgy, Victoria, Australia (2010).

H. Nirschl, Effect of physical chemistry on separation of nanoparticles from liquids, Chemie Ingenieur Technik *79*, 1797–1807(2007).

L. Svarovsky, Sedimentation, in: A. Seidel, Kirk-Othmer Encyclopedia of Chemical Technology (5th Edition), John Wiley & Sons, Inc., Hoboken *22*, 50–71 (2006).

W. Trahar u. L. Warren, The flotability of very fine particles – A review, International Journal of Mineral Processing *3*, 103–131 (1976).

Literatur zum Text

Flotation

S. Farrokhpay, The significance of froth stability in mineral flotation – A review, Advances in Colloid and Interface Science *166*, 1–7 (2011).

J. Kohmuench, M. Mankosa, E. Yan, H. Wyslouzil, L. Christodoulou u. G. Luttrell, Advances in coarse particle recovery – fluidized-bed flotation, Publications of the Australasian Institute of Mining and Metallurgy *7/2010*, 2065–2076 (2010).

S. Lu, Z. Song u. C. Sun, Review on some research methods of mineral crystal chemistry and computer simulation on flotation, Publications of the Australasian Institute of Mining and Metallurgy *7/2010*, 3269–3275 (2010).

C. Luo, H. Li, L. Qiao u. X. Liu, Development of surface tension-driven microboats and microflotillas, Microsystem Technologies *18*, 1525–1541 (2012).

J. Rubio, M. Souza u. R. Smith, Overview of flotation as a wastewater treatment technique, Minerals Engineering *15*, 139–155 (2002).

W. Trahar, A rational interpretation of the role of particle size in flotation, International Journal of Mineral Processing *8*, 289–327 (1981).

L. Wang, M.-H. Wang, N. Shammas u. M. Krofta, Innovative and cost-effective flotation technologies for municipal and industrial wastes treatment, in: Y.-T. Hung, L. Wang u. N. Shammas, Handbook of Environment and Waste Management, World Scientific Publishing Co. Pte. Ltd., Singapore, Singapore 1151–1176 (2012).

Separation durch Sedimentation

H. Imhof, J. Schmid, R. Niessner, N. Ivleva u. C. Laforsch, A novel, highly efficient method for the separation and quantification of plastic particles in sediments of aquatic environments, Limnology and Oceanography: Methods *10*, 524–537 (2012).

A. Majumder, Settling velocities of particulate systems – a critical review of some useful models, Minerals & Metallurgical Processing *24*, 237–242 (2007).

S. Vesaratchanon, A. Nikolov u. D. Wasan, Sedimentation in nano-colloidal dispersions: Effects of collective interactions and particle charge, Advances in Colloid and Interface Science *134–135*, 268–278 (2007).

S. Yu, Particle sedimentation, in: H. Masuda, K. Higashitani, Y. Ko u. H. Yoshida, Powder Technology Handbook, CRC Press, Boca Raton, 133–141 (2006).

Ultrazentrifuge

T. Arakawa, T. Niikura, Y. Kita u. F. Arisaka, Structure analysis of short peptides by analytical ultracentrifugation: review, Drug Discoveries & Therapeutics *3*, 208–214 (2009).

T. Arakawa, T. Niikura, Y. Kita u. F. Arisaka, Structure analysis of short peptides by analytical ultracentrifugation: review, Drug Discoveries & Therapeutics *3*, 208–214 (2009).

H. Cölfen u. W. Wohlleben, Analytical ultracentrifugation of latexes, in: L. Gugliotta u. J. Vega, Measurement of Particle Size Distribution of Polymer Latexes, Research Signpost, Trivandrum, India, 183–222 (2010).

J. Cole, J. Correia u. W. Stafford, The use of analytical sedimentation velocity to extract thermodynamic linkage, Biophysical Chemistry *159*, 120–128 (2011).

J. Gabrielson u. K. Arthur, Measuring low levels of protein aggregation by sedimentation velocity, Methods (Amsterdam, Netherlands) *54*, 83–91 (2011).

A. Ortega, D. Amoros, u. J. Garcia de la Torre, Global fit and structure optimization of flexible and rigid macromolecules and nanoparticles from analytical ultracentrifugation and other dilute solution properties, Methods (Amsterdam, Netherlands) *54*, 115–123 (2011).

K. Planken u. H. Cölfen, Analytical ultracentrifugation of colloids, Nanoscale *2*, 1849–1869 (2010).

23 Trennung von Teilchen im gekreuzten Kraftfeld

23.1 Allgemeines – Definitionen – Asymmetrische Feldflussfraktionierung – Anwendungen

Die Anwendung gekreuzter Kraftfelder ermöglicht prinzipiell eine kontinuierliche Trennung von Teilchen. Beispiele dazu wurden bereits vorgestellt, wie etwa eine kontinuierliche, zweidimensionale Säulenchromatographie in Kap. 10.7, der Differenzielle Mobilitätsanalysator in Kap. III 19.5.4, sowie die kontinuierliche zweidimensionale Elektrophorese in Kap. III 20.8.2.

Allen diesen Verfahren gemeinsam ist die Nutzung eines laminar fließenden, die Analytteilchen enthaltenden Trägerstroms als eine wirkende Kraftkomponente, sowohl gasförmig oder flüssig. Eine zweite, orthogonal einwirkende Kraftkomponente sorgt für eine Auslenkung der Analytteilchen aus den ursprünglichen Strömungslinien und somit für eine räumliche Separation.

Giddings (1966) stellte eine Familie von Trennverfahren vor, welche sich steigender Beliebtheit bei der Trennung von Makromolekülen bis hin zu Partikeln im Größenbereich von mehreren Hundert µm. Diese Feldflusstechniken, im angelsächsischen *„field flow fractionation: FFF"* genannt, stellen eine interessante Möglichkeit zur schnellen Partikelseparation dar. Abb. 23.1 illustriert dieses Prinzip.

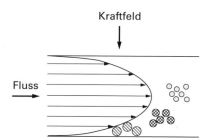

Abb. 23.1: Wirkprinzip einer Feld-Fluss-Fraktionierung.

Die Partikeltrennung findet dabei in einem rechteckig gestalteten Fließkanal statt, wobei die Kanalhöhe w im Bereich von etwa 100 µm liegt. Die zu trennenden Teilchen befinden sich dabei in einer laminaren Strömung. Die orthogonal einwirkende Kraftkomponente F bewirkt die Auslenkung des Teilchenschwarms in Richtung der unteren Akkumulationswand. Dieser auslenkenden Kraft wiederum entgegengerichtet ist die Brown'sche Molekularbewegung, welche gerade bei kleinen Teilchen einen längeren Verbleib in den mittig verlaufenden, schnellen Strömungslinien bewirkt. Während also größere Teilchen im zeitlichen Mittel sich in den langsameren Strömungsbereichen entlang der Akkumulationswand bewegen, verlassen die kleinen Teilchen frühzeitig den Trennkanal. Die dadurch auftretende zeitliche Änderung der Retentionszeit kann vereinfacht wie folgt beschrieben werden:

$$t_r/t_o = Fw/6kT \tag{1}$$

Dabei ist t_r die Retentionszeit eines durch eine orthogonale Kraftkomponente ausgelenkten Teilchens, gegenüber der Verweilzeit t_o eines nicht abgelenkten Teilchens. Die Zeitverzögerung folgt dabei in erster Näherung der einwirkenden Kraft F, welche für eine erfolgreiche Separation im Bereich von 10–16 N liegen sollte. Die derzeit bekannt gewordenen Anwendungen gekreuzter Kraftfelder zur Partikeltrennung sind in Tab. 23.1 zusammengefasst.

Tab. 23.1: Orthogonal wirkende Kraftfelder zur Partikeltrennung in der FFF-Technik

Kraftkomponente 1	Kraftkomponente 2
Hydrodynamischer Fluss	Hydrodynamischer Fluss
Hydrodynamischer Fluss	Sedimentation/Zentrifugalkraft
Hydrodynamischer Fluss	Dielektrophorese
Hydrodynamischer Fluss	Thermophorese
Aerodynamischer Fluss	Thermophorese
Aerodynamischer Fluss	Photophorese
Hydrodynamischer Fluss	Photophorese
Hydrodynamischer Fluss	Magnetkraft
Aerodynamischer Fluss	Magnetkraft
Aerodynamischer Fluss	Diffusiophorese

Asymmetrische Fluss-Feldfluss-Fraktionierung (AF⁴). Ein weithin gebräuchlicher Aufbau eines AF^4-Trennsystems ist in der Abb. 23.2 dargestellt.

Die Akkumulationswand des Trennkanals ist dabei aus einer porösen Membran gefertigt. Die orthogonale Trennkraft entsteht dabei durch die einsetzende Strömungsteilung zwischen Kanalauslass und der Permeation des Solvens durch die Membran. Bei dieser Anwendung wird die Trennung nicht kontinuierlich, sondern analog einer chromatographischen Trennung sequenziell intermittierend durchgeführt. Die hydrodynamische Kraftkomponente wird durch eine handelsübliche HPLC-Pumpe erzeugt. Zur Detektion wird ebenfalls ein gewöhnlicher Streulicht- oder UV-Detektor benutzt.

Fraktogramme. Der Trennprozess wird üblicherweise als Fraktogramm aufgezeichnet. Die den Trennkanal verlassenden Teilchen werden dabei durch einen kontinuierlichen optischen Detektor registriert und aufgezeichnet. Eine typisches Fraktogramm von diversen monodispersen Polystyrol-Kalibrier-Latices ist in der Abb. 23.3 dargestellt. Wie ersichtlich ist, beträgt die Zeit für eine Trennung im unteren Nanometer-Bereich nur wenige Minuten. Durch den Kalibrierprozess kann die Retentionszeit hier einem hydrodynamischen Partikeldurchmesser zugeordnet werden. Bei Verwendung

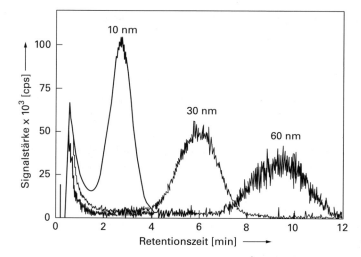

Abb. 23.2: Fraktogramme diverser monodisperser Hydrosole.

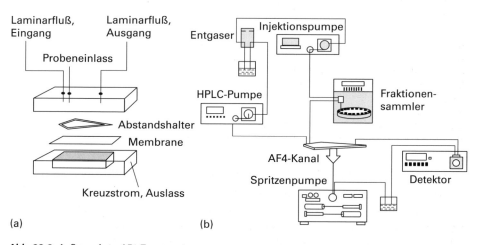

Abb. 23.3: Aufbau eines AF4-Trennsystems.

bekannter Biomakromoleküle wie Rinderserumalbumin o.ä. ist die Molekülgröße unbekannter Makromoleküle ermittelbar.

Anwendungen. Während die AF^4 bereits weit in der Nanomaterial- und Polymerforschung Einsatz zur Größencharakterisierung findet, wird die Thermophorese zur kontinuierlichen Probenahme von Aerosolpartikeln aus Abgasen verwendet. Es wurden auch bereits Bakterien, Viren u. Proteine erfolgreich und schonend getrennt. Durch die Kombination mit element- oder molekülselektiven kontinuierlichen Nachweistechniken ist die Partikelgrößenverteilung einer Spezies- oder Elementform zugänglich. Dies ermöglicht gerade in der Umweltforschung Aussagen zu Quellen und Senken besser zu verstehen.

Literatur zum Text

J. Chmelik, Applications of field-flow fractionation in proteomics: presence and future, Proteomics textit7, 2719–2728 (2007).

A. Exner, M. Theisen, U. Panne u. R. Niessner, Combination of asymmetric flow field-flow fractionation (AF4) and total-reflexion X-ray fluorescence analysis (TXRF) for determination of heavy metals associated with colloidal humic substances, Fresenius' Journal of Analytical Chemistry 366, 254–259 (2000).

A. Exner, B. Seidel, W. Faubel, U. Panne u. R. Niessner, Characterization of hydrocolloids by asymmetric flow field-flow fractionation (AF4) and thermal lens spectroscopy, AIP Conference Proceedings 463 (Photoacoustic and Photothermal Phenomena), 87–89 (1999).

J. Giddings, Field-flow fractionation: analysis of macromolecular, colloidal, and particulate materials, Science (Washington, DC, United States) 260, 1456–1465 (1993).

C. Haisch, C. Kykal u. R. Niessner, Photophoretic velocimetry for the characterization of aerosols, Analytical Chemistry (Washington, DC, United States) 80, 1546–1551 (2008).

C. Helmbrecht, R. Niessner u. C. Haisch, Photophoretic velocimetry – a new way for the in situ determination of particle size distribution and refractive index of hydrocolloids, Analyst (Cambridge, United Kingdom) 136, 1987–1994 (2011).

C. Helmbrecht, R. Niessner u. C. Haisch, Photophoretic velocimetry for colloid characterization and separation in a cross-flow setup, Analytical Chemistry (Washington, DC, United States) 79, 7097–7103 (2007).

J. Liu, J. Andya u. S. Shire, A critical review of analytical ultracentrifugation and field flow fractionation methods for measuring protein aggregation, AAPS Journal 8, E580–E589 (2006).

S.-W. Nam, S. Kim, J.-K. Park u. S. Park, Dielectrophoresis in a slanted microchannel for separation of microparticles and bacteria, Journal of Nanoscience and Nanotechnology 13, 7993–7997 (2013).

H. Prestel, L. Schott, R. Niessner u. U. Panne, Characterization of sewage plant hydrocolloids using asymmetrical flow field-flow fractionation and ICP-mass spectrometry, Water Research 39, 3541–3552 (2005).

P. Reschiglian u. M.H. Moon, Flow field-flow fractionation: A pre-analytical method for proteomics, Journal of Proteomics 71, 265–276 (2008).

B. Roda, A. Zattoni, P. Reschiglian, M.H. Moon, M. Mirasoli, E. Michelini u. A. Roda, Field-flow fractionation in bioanalysis: A review of recent trends, Analytica Chimica Acta 635, 132–143 (2009).

A. Zattoni, D. Rambaldi, S. Casolari, B. Roda u. P. Reschiglian, Tandem hollow-fiber flow field-flow fractionation, Journal of Chromatography A 1218, 4132–4137(2011).

Stichwortverzeichnis

Abreicherungsfaktor 4
Absorptionsgefäß mit Glockenrührer 104
Absorptionsmittel für Gase 102, 132
Absorptionsvorlage nach Zimmermann 105
Adsorbenzien für Gase 126
Adsorbenzien LC 142
Adsorptions-Chromatographie LC 154
Adsorptionsisotherme nach Freundlich 124
Adsorptionsisothermen 123
Adsorptionsisothermen LC 144
Adsorptive Filtration 151
Affinitäts-Chromatographie 147
Aktivkohle 129
Amalgamaustausch 81
Ampholine 382
Ampholyte 366
Anreicherungsfaktor 4
Antigen-Antikörper-Reaktion 221
appearance potential 341
Atmosphärendruck-Ionisation (APCI) 343
Auffangvorrichtung für Gase 116
Auflösung 57
Auflösungsvermögen 355
Auftrittspotenzial 341
Ausbeutebestimmung 15
Ausfrieren 331
Ausgeschüttelte Verbindungen 72
Austausch von Ionen ungleicher Wertigkeit 183
Austauscher mit selektiven funktionellen Gruppen 187
Austauschgeschwindigkeit 188
Austauschgleichgewichte 180
Austauschisotherme 182
Austauschreaktionen 9, 174
Austreiben von Gasen 298
Azeotrop 277
Azeotrope Destillation 303, 314

Batch-Verfahren 150
Beeinflussung der Löslichkeit 206
Beladung der Säule 54
BET-Isotherme 125
Bindungsfestigkeiten verschiedener Ionen 184
Breite einer Elutionskurve 56

Cellulose als Ionenaustauscher 179
change of state 9
Chemische Ionisierung (CI) 343
Chemisorption 123
Chromatographie 141
cloud point 70
Cox-Diagramm 270

Dalton'sches Partialdruckgesetz 273
Dampfdruckdiagramm 274
Dampfdruckkurve 270
Dampfdruckminimum 276
Dampfdrücke von Flüssigkeitsgemischen 273
Dampfraum-Probenahme 102
Dampfraumanalyse 284
Denuder 399
Desorptions-Elektrospray-Ionisation (DESI) 344
Destillation 269
Destillation aus wässrigen Lösungen 301
Destillation mit totalem Rücklauf 307
Destillationskolonne 306
Destillationskurven 282
Detektoren 94
Dextran-Gel 146
Dialysator 396
Dialyse 396
Diasolyse 394
Dichtegradienten 412
differential mobility analyzer, DMA 353
Differenzielle Destillationskurve 284
Differenzielle Ionisierung 341
Differenzieller Mobilitätsanalysator 353
Diffusion 391
Diffusionsabscheider zur Gas/Partikeltrennung 399
Diffusionsbatterie 402
Diffusionskoeffizient 392, 402
dip stick 165
Disc-Elektrophorese 377
Doppelt fokussierende Massenspektrometer 349
Doppelte Isotopenverdünnung 18, 20
Drehbandkolonne 311
Driftröhre 347
Dünnschicht-Chromatographie 58, 163

Dünnschicht-Ionenaustausch-
    Chromatographie 200
Durchbruchskurven 51
Durchflussgeschwindigkeit 53
Dynamische Dampfraum-Probenahme 104

Einfach fokussierende
    Massenspektrometer 348
Einfache Isotopenverdünnung 16
Einfluss der Temperatur LC 157
Einfluss gleichioniger Zusätze 78
Einfluss von Komplexbildnern 78
Einphotonen-Ionisation (SPI) 345
Einschlussverbindungen 219
Einzeltropfen-Mikroextraktion (SDME) 82
Elektrische Mobilität der Partikeln 354
Elektrodenpotenzial 224
Elektrodenreaktionen 223
Elektrodialyse 383
Elektrolyse 222
Elektrolyse bei kontrolliertem Potenzial 231
Elektrolyse bei kontrollierter Spannung oder
    kontrolliertem Potenzial 231
Elektrolytische Abscheidungen 229
Elektronenstoß (ES) – Ionisierung 340
Elektroosmose 371
Elektrophorese 361
Elektrospray-Ionisation (ESI) 343
Eluotrope Reihe nach Trappe 148
Elution 45
Elutionsdiagramm GC 117
Elutionskurven 45
Entwickeln des Chromatogramms 44
Ermittlung der Trennstufenanzahl 309
Ermittlung der Trennstufenanzahl einer Säule 55
Eutektisches System 259
Extraktion 249
Extraktionsgerät n. Soxhlet 252

Fällung aus homogener Lösung 211
Fällung in vorgelegtem Medium 212
Fällungen mit Ionenaustauschern 244
Fällungs-Chromatographie 245
Fällungs-pH-Werte 205
Fällungsaustausch 193, 241
Fällungsreaktionen 204
Fällungsreaktionen organischer
    Verbindungen 220
Fast Atom Bombardment (FAB)-Ionisierung 342
Fehler durch Verspritzen 292

Feldflusstechniken 415
Festphasen-Mikroextraktion 103, 150
Fick'sches Gesetz 391
field flow fractionation: FFF 415
Filtertiegel 215
Filtertyp 214
Filtrieren 214
Flotation 409
Flugzeit-MS 346
Fluss-Feldfluss-Fraktionierung (AF^4) 416
Flüchtigkeit 281
Form der Elutionskurven 45
Fouriertransformations – Ionenzyklotron-
    resonanz-MS FT-ICR-MS 351
Fraktionierte Destillation 292
Fraktionierte Kondensation 331
Fraktioniertes Fällen 243
Fraktogramme 416
Fritten-Separatoren 398
Frontalanalyse 52
Füllkörperkolonnen 310
Funken-Ionisierung 344
Funktionelle Gruppen 173

Gas-Chromatographie 106
Gasbürette nach Bunte 101
Gase in Metallen 286
Gaspermeation 395
Gaspipette nach Hempel 101
Gasschleife 108
Gefriertrocknung 323
Gegenstrom-Elektrophorese 384
Gegenstromverfahren 60
Gekoppelte Plasma (ICP)-Ionisierung 342
Gekreuzter Kraftfelder 415
Gel 145
Gel-Chromatographie 161
Gerichtetes Erstarren 261
Gerät nach Hecker 86
Geschwindigkeit der
    Gleichgewichtseinstellung 66
Geschwindigkeit von Fällungsreaktionen 205
Gleichgewichtsdiagramm 275
Gleichung von Clausius-Clapeyron 270
Glockenbodenkolonne 307
Golay-Säulen 107
Gradient-Extraktion 253
Gradienten-Elution 46, 94, 158
Grenzflächenstabilisierung nach Kendall 375

Halbwertsbreite HWB 57
head space analysis 284
headspace sampling 102
Henry'sche Gesetz 99
HETP 308
High pressure liquid chromatography 92
Hilfsphasen 29
Hochspannungselektrophorese 374
Höhe eines theoretischen Bodens 308
Horizontaldestillation 334
HPLC 93

Immunaffinitätschromatographie 151
Immuno-Elektrophorese 386
Innere Elektrolyse 233
Inverse Isotopenverdünnung 17
Ionenaustausch 173
Ionenaustausch-Chromatographie 193
Ionenaustauscher 173
Ionenaustauscher-Membranen 394
Ionenbeweglichkeiten 363
Ionenfallen – Massenspektrometrie 351
Ionenwanderung in flüssiger Phase 363
Ionen – Mobilitäts – Spektrometrie, IMS 347
Ionisierungsverfahren 340
Isoelektrische Ionenfokussierung 382
Isotachophorese 380
Isotopenverdünnungsmethode 16

Kapillar-Säulen GC 107
Kapillarelektrophorese 375
Kieselgel 128
Kodestillation 299
Kofler-Bank 327
Kolonnentypen 310
Komplexbildner 185
Komplexbildner im Ionenaustausch 185
Kondensation 331
Kontinuierliche Säulen-Chromatographie 168
Konzentrationsangaben 25
Korngröße der stationären Phase 54
Kováts-Retentionsindex 118
Kreislauf-Verfahren 36
Kreuzreaktivität 6
Kreuzstrom-Verfahren 61
Kristallisation 259
Kristallisation im Dreieckschema 265
Kunstharz-Ionenaustauscher 178
Kurzweg-Destillation 293

Langmuir-Isotherme 124
Liquid chromatography 89
Löslichkeitsdiagramm für Hydroxide 205
Löslichkeitsprodukt 203
Lösungs-Membranen 394
Luftpeak 117
Lyophilisierung 323

Makroporöse Austauscher 188
Maskierung von Störungen 9
Masse/Ladung-Verhältnis m/e 339
Massenspektrometer 340
Massenspektrometrie 339
Matrix-unterstützte Laserdesorptions-Ionisation (MALDI) 344
Membran-gestützte Flüssig/Flüssig-Extraktion 85
Membranen in der Diffusion 392
Membranfilter 215
Merkmale des Einzelschrittes 61
Metall-organische Gerüststruktur MOF 130
Methode nach Růžička u. Starý 21
Mikrodiffusion 294
Mikroscheidetrichter 80
Mitfällung 210
Mitreißeffekt 210
Mitreißisothermen 237
Mizellare Extraktion 69
Mobile oder bewegte Phase 41
Mobile Phase GC 111
molecularly imprinted polymers MIPs 148
Molekular geprägte Polymere 148
Molekular-Destillation 293
Molekularsiebe 126
Molekül-Separatoren 398
Monolithische Säulen 152

Nachfällung 210
Negative chemische Ionisierung (NICI) 343
Nernst'sche Potenzialgleichung 226
Nernst'sches Verteilungsgesetz 65
Nernst-Verteilung 31
Neutralsalzadsorption 189
Normalpotenzial 226

Oberflächenladung des Niederschlages 239
Orbitrap – Massenspektrometrie 352
Organische Fällungsreagenzien 217
Organische Komplexbildner 73
Orthogonal wirkende Kraftfelder 416

Palladium-Separator 404
Papier-Chromatographie 165
Papier-Elektrophorese 373
Perforatoren 83
Permeabilitätskonstante 393
Permselektivität 394
Pervaporation 397
pH-Verteilungskurven 73
Phasenanalyse 254
Phasenpaare 29
Photoionisation (PI) 345
Physisorption 123
Planar-Verfahren 163
Polymerphasentrennung 68
Porengrößenverteilung 127
Poröse Membranen 393
Potenzialkontrolle 232
Potenzialmessung 225
Probenaufgabesystem 91
Proteinfällung 221
Proteinkristallisation 222
Präparative Massenspektrometrie 355
purge-and-trap 104
Pyrohydrolyse 325

Quadrupol-Massenspektrometer 350
Quecksilberkathode 230

Reaktions-Gas-Chromatographie 119
Redoxpuffersystem 224
Regeneration 175
Regulationsfunktion nach Kohlrausch 377
Resonanzverstärkte Multiphotonen-Ionisation (REMPI) 345
Retention 48
Retentionsvolumen 49, 50
Retentionszeit 50
reversed phase 89
Reversions-Gas-Chromatographie 114
R_f-Wert 49, 167
Ringofenmethode 250
Ringspaltkolonnen 311
Rotationsverdampfer 292
Rücklaufregelung 312
Rücklaufverhältnis 308

Sättigungsanalyse 19
Säulendurchmesser 53
Säulenelektrophorese 373
Säulenkristallisation 266

Säulenmaterial LC 154
Scheidetrichter 80
Schmelzdiagramm 260
Schwere Flüssigkeiten 410
Schütteltrichtern 80
Sedimentation 409
Sekundärionenstrahl (SI)-Ionisierung 342
Selektivität 5
Sequenzieller Denuder 401
Siedeanalyse 282
Siedediagramm 275
Silicagel 128
single-drop microextration: SDME 82
Sogströmung 372
Sol-Gel-Glas 148
solid phase microextraction SPME 103, 150
Soxhlet 252
Spalt-Separator 399
Spannungsreihe 226
Spezifität 5
Splitting 109
Spurenfänger 238
Stabilisotopen-markiert 22
Standardadditionsverfahren 22
Stationäre Phase 41
Stationäre Phase GC 109
Stufenweise Elution 46, 94
Sublimation 321
Sublimationsgerät mit Kühlfinger 323
Substanzaufgabe 90
Substöchiometrischer Reagenszugabe 19
supercritical fluid 112
supercritical fluid chromatography 112
Superkritische Fluidextraktion (SFE) 250
supported liquid membrane: SLM 85
Synergistischer Effekt 71
Systematische Wiederholung (Kaskade) 38
Systematische Wiederholung (Trennsäulen) 43

Tailing 48
Taylor-Kegel 343
Temperaturabhängigkeit der Löslichkeit 207
Temperaturgradienten 114
Temperaturprogrammierung 114
Theoretischer Boden 308
Thermodesorptionsanalyse 324
Tieftemperaturdestillation 312
Time of flight mass spectrometer, TOF-MS 346
Tiselius-Methode 369
Totvolumen 50

Trägerelektrophorese 370
Trägergasverfahren 297
Trägermaterial GC 107
Transportreaktion 11
Trenndüse nach Becker 398
Trennfaktor β 3
Trennstufenhöhe einer
    Ionenaustauschersäule 195
Trennungen durch den Siebeffekt 193
Trockenpistole 290
Trocknen 290

Überkopfdestillation 291
Überspannung 227
Übersättigung 209
Ultrazentrifuge 409
Umfällen 243
Umkristallisieren 264
Umsublimieren 324
Unregelmäßige Verteilungskurven 77

Vakuumschmelzverfahren 288
van-Deemter-Gleichung 113
van-Deemter-Gleichung GC 113
Verbessern von Trennungen 35, 36
Verdampfungsanalyse 324
Vergleichselektroden 225

Vergrößerung der Säulenlänge 53
Verteilung zwischen zwei Flüssigkeiten 65
Verteilungs-Chromatographie 89
Verteilungsbatterie n. Hecker 87
Verteilungsisotherme 30, 31
Verteilungskoeffizient α 74
Vollentsalzung 193

Wasserbestimmung durch
    Kreislaufdestillation 304
Wasserdampfdestillation 299
Widmark-Kölbchen 295
Wiederholung (Dreiecksschema) 40
Wirksamkeit von Trennsäulen 52

Zentrifugal-Chromatographie 165
Zersetzungsspannung 223
Zerstörung von Kontaminanten 12
Zirkular-Chromatographie 58
Zonenschmelzen 262
Zonenschärfen 379
Zweidimensionale
    Dünnschicht-Chromatographie 59
Zweidimensionale kontinuierliche
    Elektrophorese 385
Zweiphasenfällung 241
Zwischenschieben von Hilfssubstanzen 35